천 개의 태양보다 밝은

천 개의 태양보다 밝은

우리가 몰랐던 원자과학자들의 개인적 역사

특별판

로베르트 융크 지음 | 이충호 옮김

다산사이언스

"내가 가장 흥미롭게 읽은 책 중 하나.

어떤 소설보다 흥미진진하면서

새롭고 가치 있는 정보가 넘치는 책이다."

-버트런드 러셀

✦

왜 우리는 과학자가 하는 일만 생각하고,

과학자가 어떤 사람인지에 대해서는 전혀 생각하지 말아야 하는가?

-조지 셔스터 George N. Shuster, "선과 악 그리고 그것을 넘어",

《미국정치사회과학연보》1947년 1월호

✦

천 개의 태양의 빛이 하늘에서 일시에 폭발한다면,

그것은 전능한 자의 광채와 같으리라.

-『바가바드기타』

비극적 결말의 러브 스토리,
원자폭탄의 역사

1945년 7월 16일, 미국 뉴멕시코주의 황무지 호르나다델무에르토 사막에서 첫 번째 원자폭탄 실험이 있었다. 새벽 5시 29분에 하늘과 산을 환하게 비춘 섬광과 함께 폭탄이 폭발하고, 거대한 화염 덩어리가 하늘로 치솟았다. 멀리 떨어져서 이를 관찰하던 과학자들과 군인들은 그 화염이 모든 세상을 집어삼킬 것 같다는 두려움에 몸을 떨었다. 시와 예술을 사랑했으며 산스크리트 어로 힌두교 경전인 『바가바드기타』를 암송하던 맨해튼 프로젝트의 책임자 오펜하이머는 이 순간 경전의 한 구절을 읊었다.

천 개의 태양의 빛이
하늘에서 일시에 폭발한다면,
그것은 전능한 자의
광채와 같으리라.

로버트 융크는 원자폭탄의 역사에 대한 책을 쓰면서 오펜하이머가 되새긴 "천 개의 태양"이란 문구를 원용해서 "천 개의 태양보다 밝은 Brighter than a Thousand Suns"이란 책 제목을 지었다. 융크는 이책에서 천 개의 태양보다도 밝은 에너지를 가졌고, 히로시마와 나가사키에 떨어져서 수십만 명의 인명을 살상했으며, 냉전의 시대를 열면서 미국과 구舊소련 사이의 군비경쟁을 낳음으로써 인류를 절멸시킬 위기로 까지 몰고 간 원자폭탄이란 존재가 어떻게 만들어졌는가를 흥미롭게 분석하고 있다.

가공할 위력의 원자폭탄도 그 시작은 로맨스였다. 1920년대 유럽의 물리학자들은 서서히 베일을 벗던 원자와 뜨거운 사랑에 빠졌다. 뮌헨과 괴팅겐의 젊은 물리학자들은 원자의 실체를 놓고 논쟁을 하고, 이론을 만들었으며, 수식을 휘갈겼다. 이들은 강의실에서, 연구소에서, 실험실에서, 심지어 카페에서도 토론을 하고 계산을 했으며, 걷다가 돌부리에 걸려 넘어지면 길바닥에 엎드려서 머릿속으로 하던 계산을 마저 했다. 카페의 종업원들은 탁자 위에 휘갈긴 수식을 지우지 않았는데, 그다음 날 다른 젊은이가 와서 이를 마저 끝내는 경우가 있었기 때문이다. 20대 중반에 아이작 뉴턴 경이 냈음직한 업적을 내는 스타 과학자들이 여기저기서 등장했고, 이들의 이론과 실험에 의해서 원자는 그 깊숙한 속에 숨겨놨던 강력한 힘을 조금씩 드러냈다.

방사능 원소의 원자핵이 분열할 때 예상을 초월하는 에너지가 발생한다는 사실이 밝혀졌고, 중성자를 이용해서 원자핵을 쪼갤 수 있다는 사실도 발견되었다. 그리고는 우라늄-235 같은 물질을 쪼갰을 때 핵이 아령 모양으로 갈라지면서 여분의 중성자가 방출되고, 이를 이용하면 거대한 에너지를 방출하는 연쇄 반응을 일으킬 수 있다는 것도 이론적, 실험적으로 확인되었다. 이런 연쇄 반응을 이용하면 상상도 할 수 없는 파괴력을 가진 폭탄이 만들어질 수 있었다. 독일에서는 나치가 권력을 잡아 전쟁을 일으켰고, 20대에 원자물리학을 개척한 젊은이들은 마흔 줄이 되어 각국의 원자폭탄 제조 계획을 책임지기 시작했다. 미국에서 활동하던 유능한 과학자들은 독일이 개발하기 전에 연합군이 먼저 원자폭탄을 개발해야 한다는 신념을 가지고 정치권을 설득하고 연구에 뛰어들었지만, 미국의 원자폭탄 개발은 독일이 그럴 능력이 없다는 사실이 확인되고 심지어 항복을 한 뒤에도 중단 없이 진행되었다. 국경을 뛰어넘어 카페에서 밤새 토론을 하던 물리학자들의 "아름다운 시절"은 끝나고, 군부가 주도하는 대규모 핵개발에 그들의 능력을 동원해야 하는 "고통스러운 시절"이 찾아왔다. 순수했던 로맨스와 러브 스토리는 이렇게 비극적 결말로 막을 내렸다. 1945년 7월 16일에 천 개의 태양을 읊은 오펜하이머가 바로 죽음의 신을 되뇌었듯이.

나는 죽음이요, 세상의 파괴자가 되었다.

융크의 책은 오래전(1956년)에 처음 출판되었지만 지금 읽어도 전혀 손색이 없다. 오히려 시간이 지날수록 그 의미가 더 살아나고 가치가 더 커지는 책이다. 융크는 이 책을 쓰기 위해 미국과 유럽 각지를 돌아다니면서 핵무기 개발과 관련을 맺은 60명이 넘는 과학자들과 30명이 넘는 관계자들을 인터뷰했으며, 이를 통해 이들의 개인적 경험과 견해를 생생하게 담을 수 있었다. 이 책에 "우리가 몰랐던 원자과학자들의 개인적 역사"라는 부제가 붙은 것은 이런 이유 때문이다. 시간이 지나면서 원자폭탄에 대한 문서에 걸려 있던 비밀이 해제되고, 이후의 역사가들은 융크보다 더 풍부한 사료를 접할 수 있었다. 그렇지만 융크만큼 원자무기 개발에 직접 참여한 과학자들을 인터뷰한 역사가는 나오지 못했다. 이제『천 개의 태양보다 밝은』은 현대 과학 서적의 고전이 되었다고 봐도 손색이 없다.

이 책이 출판되고 찬사와 비판이 쏟아졌다. 원자폭탄 개발 계획에 참여했던 과학자 한스 베테와 로버트 윌슨은 이 책이 오펜하이머처럼 원자폭탄 개발에 참여한 미국의 과학자들을 도덕적으로 비난하면서, 하이젠베르크와 같은 독일 과학자들에게는 면죄부를 주었다는 점을 비판했다. 가장 논쟁이 되었던 부분은 책의 6장인데, 여기서 융크는 전쟁 전에 이미 나치의 독재를 경험했던 독일 과학자들이 원자폭탄을 만들라는 독일 정부의 명령을 지키는 척하면서 실제로는 슬그머니 태업을 해서 이 계획을 실패로 돌아가게 했다고 적고 있다. 반면에 연합군의 대의와 미국의 민주주의 정부에 대한 믿음이 강했던 미국의 과학자들은 정부와 군부를 믿고 원자폭탄의 개발에 전력을 다했다는 것이다. 이런 해석은 1941년 가을에 코펜하겐에서 이루어진 하이젠베르크와 닐스 보어 사이의 만남에도 비슷하게 적용되었다. 보어는 당시 독일 원자폭탄 계획을 총 책임지던 옛 제자인 하이젠베르크가 연합군의 원자폭탄 연구의 진행 상황을 염탐하기 위해서 자신을 찾아왔다고 생각했지만, 융크는 하이젠베르크가 독일의 원자폭탄 개발이 잘 진행되지 않고 있음을 보어에게 알리고, 이를 통해 평화를 도모하려는 의도를 가지고 보어를 접촉했다고 해석했다. 이런 융크의 해석은 하이젠베르크와의 인터뷰에 의존한 것이었다.

우수한 과학자들을 보유하고 있었으며 전쟁을 위해 물자를 총동원했던 독일이 왜 원자폭탄을 개발하는 데 성공하지 못했을까? 융크가 지적했듯이 하이젠베르크 같은 과학자들이 정부 몰래 태업을 했기 때문일까? 하이젠베르크가 1941년에 코펜하겐의 보어를 방문한 이유는 무엇이고, 둘 사이에 무슨 대화가 오갔을까? 하이젠베르크는 염탐꾼이었을까, 아니면 몰래 독일의 정보를 흘리려고 한 것일까?

독일 원자폭탄 계획에 대해서는 1980년대 이후에 새로운 사료에 근거한 연구가 많이 이루어졌고, 과학사가들은 융크의 해석이 하이젠베르크의 진술을 너무 곧이곧대로 받아들인 결과라고 평가하고 있다. 이런 과학사가들은 하이젠베르크가 도덕적 이유 때문이 아니라 임계 질량을 너무 크게 잘못 계산하는 바람에 원자폭탄을 불가능한 것이라고 판단하고 열심히 일하지 않았을 뿐이라고 해석한다. 1941년의 만남에 대해서도 보어의 입장에 동의하는 해석이 주류이다. 그렇지만 최근에 이 만남을 소재로 저술된 마이클 프레인의 희곡 「코펜하겐」은 보어와 하이젠베르크 양자의 입장 중 하나를 택하기 힘들다는 입장을 취했고, 이에 대해서 또 한 차례의 논쟁이 이어졌다. 융크의 『천 개의 태양보다 밝은』의 독자는 특히 6장을 읽을 때 이런 최근 해석들을 염두에 둘 필요가 있다. 이에 대해서 더 알고 싶은 독자에게는 리처드 로즈의 『원자폭탄 만들기』와 『수소폭탄 만들기』를 추천한다.

융크의 첫 국역본은 1961년에 『천 개의 태양보다 더 밝다: 핵분열과 20세기의 운명』으로 출판되었다. 이 책은 오래전에 절판되었고, 국내 독자들은 이후 융크의 책을 접할 기회가 없었다. 평자는 대학원에서 과학사를 공부할 때 이 책의 영문판을 밤을 새워가며 읽었다. 처음 접하는 내용이 너무 흥미로워서 책장을 덮을 때까지 잠이 오지 않았으며, 이 책을 읽고 과학자들의 사회적 책임이라는 문제에 대해서 한참 동안 고민하고 토론했던 기억이 있다. 늦게나마 이 책이 다시 번역되어 독자들에게 소개되는 것이 무척 반갑다. 핵무기가 지구상에서 사라지기 전까지, 원자폭탄의 공포라는 유령이 떠돌아다니는 세상이 어떻게 만들어졌는가를 이해하기를 원하는 모든 독자들에게 이 책을 추천한다.

홍성욱(서울대학교 교수, 과학기술사)

이 책에 등장하는 사람들은 대부분 아직 살아 있기 때문에, 나는
많은 사람들과 대화를 나누거나 편지를 통해 그들로부터 직접 정
보를 얻을 수 있었다. 다만 소련 과학자들로부터는 이와 같은 공
개적이고 검열받지 않은 정보를 얻을 수 없었다. 피사, 제네바, 로
체스터 등에서 열린 물리학자들의 여러 국제 학회에서 그런 정보
를 얻으려고 노력했는데도 별 성과를 거두지 못했다. 그래서 불행
하게도 이 책은 서구 세계에서 일어난 성과와 실패만 다룰 수밖에
없었는데, 어쩔 수 없는 이 제약은 미래 역사가들이 바로잡아주리
라고 기대한다. 이 책에 소개된 모든 진술의 인용과 해석에 관한
책임은 내게 있다. 출처를 밝히지 않은 인용도 일부 있는데, 익명
으로 남길 원하는 정보원의 요청에 따른 것이다. 내게 많은 시간
을 할애해주고 큰 인내심을 보여준 다음 과학자들에게 큰 고마움
을 표시하고 싶다.

오스트레일리아: 올리펀트 M. Oliphant.

덴마크: 보어 N. Bohr.

독일: 보프 F. Bopp, 카리오 G. Cario, 플뤼게 S. Flügge, 겐트너 W. Gentner, 게를 라흐 W. Gerlach, 한 O. Hahn, 학셀 O. Haxel, 하이젠베르크 W. Heisenberg, 요오 스 G. Joos, 요르단 P. Jordan, 코르싱 H. Korsching, 노다크 I. Noddack, 폴 R. Pohl, 쇤 M. Schön, 슈트라스만 F. Strassmann, 바이츠제커 C. F. von Weizsäcker.

프랑스: 할반 H. von Halban, 졸리오-퀴리 I. Joliot-Curie, 코바르스키 L. Kowar-ski, 마르탱 Ch. N. Martin.

영국: 보른 M. Born, 프리슈 O. R. Frisch, 퍼스 K. Furth, 론스데일 K. Lonsdale, 파이얼스 R. Peierls, 페린 M. Perrin.

일본: 후쿠다 노부유키 福田信之.

오스트리아: 티링 H. Thirring.

폴란드: 인펠트 L. Infeld.

스위스: 호우테르만스 F. Houtermans, 파울리 W. Pauli.

미국: 애그뉴 H. Agnew, 알바레즈 L. Alvarez, 베테 H. Bethe, 브레이트 G. Breit, 브로드 R. Brode, 브라운 H. Brown, 콤프턴 A. H. Compton, 대니얼 C. Daniel, 에 번스 C. Evans, 파인먼 R. Feynman, 프랑크 J. Franck, 가모프 G. Gamow, 하우드 스밋 S. A. Goudsmit, 호프만 F. de Hoffman, 캘머스 H. Kalmus, 란츠호프 R. Land-shoff, 랩 R. Lapp, 마크 C. Mark, 마셜 L. Marshall, 마이어 R. L. Meier, 모리슨 P. Morrison, 오펜하이머 J. R. Oppenheimer, 폴링 L. Pauling, 파시키스 V. Paschkis, 라비노비치 E. Rabinowitch, 스터티번트 A. H. Sturtevant, 쥐스 H. Suess, 실라르 드 L. Szilard, 텔러 E. Teller, 테니 G. H. Tenney, 바이스코프 V. Weisskopf, 위너 N. Wiener, 위그너 E. Wigner.

내게 많은 격려를 보내고 중요한 정보를 제공한 사람들에게도 큰 신세를 졌다.

보어 부인 Fr. M. Bohr, 브로드 부인 Mrs. Brode, 펠트 R. Felt, 페르미 부인 Mrs. L. Fermi, 헤이거 부인 Fr. M. Hager, 제트 부인 Mrs. E. Jette, 매키븐 부인 Mrs. D. McKibben, 심프슨 부인 Mrs. A. Simpson, 발렌틴 부인 Mme. A. Vallentin, 앰린 M. Amrine, 베르지에 J. Bergier, 버틴 L. Bertin, 버스토 R. J. C. Bustow, 슈발리에 H. Chevalier, 다메스 W. Dames, 파라고 L. Farago, 푹스 E. Fuchs, 갈루아 P. Gallois, 기세비우스 H. B. Gisevius, 그로브스 L. R. Groves, 하인 P. Hein, 히르슈펠트 K. Hirschfeld, 매코맥 A. MacCormack, 맥도널드 D. MacDonald, 네이선 O. Nathan, 프레겔 B. Pregel, 라이더 R. Reider, 색스 A. Sachs, 슈미트 R. Schmidt, 슈바이처 A. Schweitzer, 젤마이어 K. Selmayr, 조머펠트 E. Sommerfeld.

내가 입수한 자료 중에는 미발표 자료도 다수 있었다.

- 괴팅겐 대학 기록 보관소에서 찾은, 1933년에 승진하거나 해임된 교수에 관한 파일과 서류 일체. 젤레 G. von Gelle의 도움으로.
- 워싱턴의 미국과학자연맹 문서. 히긴보섬 D. Higinbotham의 도움으로.
- 시카고 대학 하퍼기념도서관(스페셜 컬렉션)에서 찾은 원자과학자 비상위원회 파일. 로젠솔 R. Rosenthal의 도움으로.
- 일본 원자과학자 니시나 요시오 仁科芳雄의 증언. 워싱턴 미 육군 군사편찬실의 도움으로.
- 하우드스밋이 소장한 '알소스' 임무 파일.

조머펠트 교수의 서한. 젤마이어 K. Selmayr의 도움으로.

- 조머펠트와 베테가 주고받은 서한. 조머펠트의 도움으로.
- '자발적으로 부과한 검열' 문제에 관한 서한(1939). 실라르드의 도움으로.
- 오펜하이머와 슈발리에가 주고받은 서한. 슈발리에의 도움으로.

바이츠제커는 하우드스밋이 쓴 『알소스』에 관한 자신의 미발표 비평과 "원자폭탄에 관한 소견 Bemerkungen zur Atombombe"(1945년 8월에 작성한 미완성 주석들)을 내게 보여주었다. 하이젠베르크는 「파우스트」를 패러디한 연극 대본(Copenhagen, 1932) 복사본을 빌려주었다. 파스쿠알 요르단은 하이젠베르크에 관한 미발표 원고를 제공했다. 마이클 앰린은 '과학자들의 십자군 전쟁'에 관한 다양한 메모와 글을 소개해주었다.

Contents

1 9 1 8 ～ 1 9 2 3

변화의 시대

1

제1차 세계 대전 마지막 해에 원자 연구로 이미 명성이 자자했던 어니스트 러더퍼드 Ernest Rutherford가 영국에서 열린 전문가 위원회 회의에 참석하지 못한 일이 있었다. 적 잠수함에 대처하는 새 방어 체계에 관해 조언을 하는 자리였다. 개성 강한 뉴질랜드 출신의 이 과학자는 이 일로 비난을 받자 조금도 당황하지 않고 이렇게 반박했다.

"좀 부드럽게 말씀해주시겠습니까? 전 인공적인 원자 분해 가능성을 시사하는 실험을 하고 있습니다. 만약 정말로 가능하다면, 이것은 전쟁보다 훨씬 중요합니다."

1919년 6월, 베르사유를 비롯한 파리 외곽 지역에서 4년에 걸친 피비린내 나는 전쟁을 끝내기 위한 평화 조약이 체결되고 있을 때, 러더퍼드는 《철학 잡지 Philosophical Magazine》에 자신의 연구 결과를 발표했다. 이 실험은 인류의 오랜 꿈을 실현하는 데 성공했음을 결정적으로 보어주었는데, 질소 원자에 알파 입자를 충돌시킴으로써 질소를 산소와 수소로 변환하는 데 여러 번 성공했다.

연금술사들이 그토록 오랫동안 그 비결을 찾으려고 노력했던 '물질 변환'이 이제 엄연한 현실이 되었다. 하지만 전체 세계를 자신들의 영역으로 여긴 현대 과학의 선구자들은 변환된 물질뿐만 아니라 그런 성과에 따를 도덕적 결과까지 깊이 생각했다. 그들은 후대의 연구자들에게 "권력자와 그 전사들이 작업장에 들어오지 못하게 하라."라고 경고했다. "왜냐하면 그들은 신성한 불가사의를 권력을 위해 오용할 테니까."

질소 원자 변환 과정에 관한 러더퍼드의 유명한 설명에는 그런 경고가 없었다. 하기야 그랬더라면 20세기의 소중한 원칙을 어기는 일이 되었을 것이다. 비록 러더퍼드의 연구가 발표된 곳이《철학 잡지》이긴 해도, 현대 과학자가 발견의 부수 효과를 철학적으로 고찰했더라면 부적절한 행동으로 보였을 것이다. 17세기에 과학 아카데미들이 학술회의에서 정치적, 도덕적, 신학적 문제는 일절 논의하지 않기로 결정한 이래 이 방침은 줄곧 과학계의 규칙으로 통용돼왔다.

하지만 이미 1919년 무렵부터 과학 연구가 따로 분리되어 존재할 수 있다는 개념은 이미 시대에 동떨어진 작업 가설(검증된 것은 아니지만, 연구를 손쉽게 진행하기 위한 수단으로 세우는 가설 – 옮긴이)에 지나지 않았다. 이제 막 끝난 전쟁은 과학적 발견을 실제로 응용해 만든 무기를 통해 전장에서 멀리 떨어진 연구실과 피로 물든 전쟁터의 현실 사이에 가로놓인 운명적 관계를 아주 선명하게 보여주었다. 훗날 히틀러 때문에 지구 반대편까지 피신해야 했던 베를린의 작가 알프레트 되블린Alfred Döblin은 1919년 10월에 "오늘날 인류에 대한 결정적 공격은 제도판과 실험실에서 나온다."라고 썼다.

전쟁은 러더퍼드의 작업실에도 난폭하게 침입했다. 러더퍼드는 자신을 아버지처럼 존경하던 조수들과 학생들을 자신의 '아이들'이라고 불렀는데, 그들은 거의 다 군에 징집되었다. 동료 사이에서 가장 뛰어난 재능을 보였던 헨리 모즐리Henry Moseley는 1915년에 다르다넬스해협에서 벌어진 전투 도중 전사했다. 러더퍼드가 원자 실험에 사용한 라듐의 공급원(라듐은 우라늄이 주성분인 피치블렌드 광물에 극소량 포함돼 있다 – 옮긴이)은 모두 압수되고 말았다. 운명의 장난이랄까, 그게 '적국의 재산'이었기 때문이다.

전쟁 전에 빈 라듐연구소는 존경하던 영국인 동료 러더퍼드에게 그 소중한 물질을 250밀리그램 빌려주었다. 그것은 1914년 이전의 오스트리아가 쉽게 보여줄 수 있던 우호의 제스처였다. 유럽에서 유일하게 생산성 있는 우라늄 광상은 보헤미아 지역인 요아힘스탈에 있었는데, 그 당시에 이곳은 아직 오스트리아-헝가리 제국에 속해 있었다. 러더퍼드는 오스트리아가 자신에게 빌려준 라듐을 압수하는 정부 결정에 순순히 따르지 않았으며, 이 소중한 금속 원소를 당분간 사용하라고 허락해준 당국의 조처에도 만족하지 않았다. 그는 굽힐 줄 모르며 원칙을 중시하는 기질로 유명한 과학자였다. 적대 행위가 끝난 뒤에는 개인적으로 빌린 이 물질을 오스트리아의 동료에게 돌려주거나 정당한 대가를 지불하고 구입해야 마땅하다고 주장했다. 러더퍼드의 단호한 태도는 결국 승리를 거두었다. 1921년 4월 14일, 러더퍼드는 살인적인 인플레이션에 시달리던 빈의 옛 동료 스테판 마이어 Stefan Meyer에게 마침내 편지를 보낼 수 있었다. "빈 라듐연구소의 재정 상황을 전해 듣고 걱정이 되었습니다. 그래서 관대한 빈 아카데미가 오래전에 내게 빌려주어 연구에 아주 소중한 도움이 되었던 소량의 라듐을 어떻게 해서든 구입하기 위해 기금을 모으려고 열심히 노력했습니다."

마이어는 그 당시 세계 시장에서 거래되는 라듐의 가격이 '터무니없이 높은' 사실을 경고했다. 러더퍼드는 전혀 개의치 않았다. 그는 수백 파운드의 기금을 모았고, 그것은 화폐 평가절하가 극심하던 시절에 빈 라듐연구소가 위기를 넘기는 데 큰 도움이 되었다.

심지어 전쟁 중에도 러더퍼드는 중립국을 거쳐 보내는 편지를 통해서 독일과 오스트리아-헝가리 제국의 제자들이나 친구들과 연락을 주고받았다. 특히 신뢰하는 예전 조수 한스 가이거 Hans Geiger와 자주 연락했는데, 가이거는 보이지 않는 방사능을 측정하는 가이거 계수기 발명으로 유명했다. 국제 물리학자 가족은 이처럼 힘이 닿는 한 협력 관계를 유지했다. 그 관계는 상대를 향해 독기 어린 성명서를 쏟아낸 다른 분야의 문인이나 지식인보다 훨씬 긴밀했다. 물리학자들은 전쟁 전에 편지나 공동 연구를 통해(그것도 여러 해 동안) 서로 협력해왔다. 상부의 명령이라고 해서 갑자기 하루아침에 서로 등을 돌리고 적이 될 수는 없었다. 그들은 상황이 허락하는 한 최선을 다해 서로를 도왔다. 제임스 채드윅 James

Chadwick의 독일인 스승이었던 발터 네른스트Walther Nernst와 하인리히 루벤스Heinrich Rubens는 채드윅이 전쟁 초기에 베를린 근처의 룰레벤 수용소에 억류되자, 제자를 위해 그곳에 작은 실험실을 마련하도록 도와주었다. 러더퍼드의 가까운 동료이자 나중에 노벨물리학상을 수상한 채드윅은 그곳에 수용된 다른 사람들과 함께 흥미로운 실험을 많이 했다. 프랑스 북부에서 치열한 전투로 매일 수많은 영국인과 독일인이 죽어가고 있던 1918년 5월, 채드윅은 러더퍼드에게 보낸 편지에서 이렇게 썼다.

"우리는 지금 빛을 이용해 염화카르보닐을 만드는 방법을 연구하고 있습니다. 아니, 연구하려고 합니다……. 지난 몇 달 사이에 저는 루벤스와 네른스트와 바르부르크Otto Warburg를 찾아가 만났습니다. 그들은 기꺼이 도움을 주려 했고, 할 수만 있다면 우리에게 무엇이든지 주려고 했습니다. 사실, 모든 사람들이 우리에게 장비를 빌려주었습니다."

국경 지역의 단속이 좀 느슨해지자, 물리학자들은 전쟁 기간에 일어난 진전에 관한 정보를 교환하기 위해 즉각 접촉을 재개했다. 신속한 정보 교환을 위해 편지와 전보가 오갔다. 코펜하겐의 전신 기사들은 메시지를 정확하게 전달하는 데 어려움을 겪을 때가 많았다. 닐스 보어Niels Bohr 교수가 영국과 프랑스, 네덜란드, 독일, 미국, 일본으로 보내는 전보에는 전혀 이해할 수 없는 수식이 잔뜩 포함돼 있었기 때문이다.

그 당시 원자 연구 지도에서 주목을 끈 중심지가 세 군데 있었다. 케임브리지에서는 러더퍼드가 자신이 맨 처음 밝혀낸 가장 작은 차원의 왕국을 통치했다. 신랄한 독설을 함부로 내뱉는 러더퍼드는 걸핏하면 화를 내는 군주 같았다. 코펜하겐에서는 박학다식한 닐스 보어가 새롭고 불가사의한 미시 우주 영역에 관한 여러 법칙을 선포했다. 한편, 괴팅겐의 삼두 체제, 즉 막스 보른Max Born, 제임스 프랑크James Franck, 다비트 힐베르트David Hilbert 는 영국에서 새로운 발견이 일어날 때마다 즉각 질문을 제기했다. 물론 덴마크에서 영국 쪽의 발견을 정확하게 설명하는 것처럼 보이는 발표가 나올 때에도 마찬가지였다.

원자 세계가 제기한 흥미로운 질문 가운데에는 편지만으로는 만족스럽게 답할 수 없는 게 많았다. 바야흐로 학회와 회의의 시대가 시작되었다. 보어는 자신의 연구 결과에 관해 괴팅겐에서 일주일 동안 강연하겠다고 발표하기만 하면 되었다. 그러면 모든 물리학자들이 강연을 들으려고 온갖 불편을 감수해가며 그곳까지 왔다. 심지어 전쟁 전에는 물리학 연구를 전혀 하지 않았거나 그다지 중요하지 않은 실험만 하던 나라에서도 흥미로운 실험 소식과 결과가 날아왔다. 인도와 미국, 혁명이 일어난 러시아도 과학 정보 교환을 위해 노력했다. 이 기간에 서구 과학자들과 가장 열성적으로 접촉한 나라는 소련이었다. 볼셰비키의 지배 아래 놓인 이 나라는 자국 과학자들이 '해외' 과학자들로부터 새로운 지식을 배우는 것에만 만족하지 않았다. 자국 과학자들의 연구 결과를 영어와 프랑스어, 독일어로 번역해 알리는 데에도 많은 노력을 기울였다. 그 당시에는 이 독재 국가조차도 연구 분야에서 비밀주의나 검열 원칙을 강요하지 않았다.

그 당시 한 유명한 물리학자는 물리학계 전체가 마치 개미 군집처럼 행동한다고 말했다. 어떤 개미가 방금 수집한 작은 지식 조각을 가지고 흥분해서 개미집을 향해 달려가려고 하는데, 등을 돌리자마자 다른 개미가 별안간 그것을 휙 낚아채 달려가는 일이 빈번하게 일어났다. 20세기로 넘어올 무렵만 해도 물리학은 매우 탐구하기 쉽고, 어느 정도 확고한 기반 위에 서 있는 것처럼 보였다. 그런데 막스 플랑크 Max Planck, 알베르트 아인슈타인 Albert Einstein, 퀴리 부부, 러더퍼드, 보어가 차례로 큰 충격을 가하면서 그 체계를 뒤흔들었다. 전후 세대의 가장 훌륭한 스승으로 꼽히는 뮌헨 대학의 아르놀트 조머펠트 Arnold Sommerfeld는 물리학을 공부하려는 학생에게 "주의! 붕괴 위험! 전면적인 재건축을 위해 잠정 폐쇄함!"이라고 경고해야 한다고 말했다.

러더퍼드는 혼란의 원인이 실험물리학자들이 아니라 이론물리학자들에게 있다고 서슴없이 비난했다. "그들은 분수를 모르고 너무 기고만장하다. 우리 같은 실용적인 물리학자들이 그들을 끌어내려야 한다."라고 으르렁댔다.

그 당시에 실제로 어떤 일들이 일어났을까? 혁명과 인플레이션 등 전후 세계의 혼란 속에서 사람들은 모든 혁명 중에서도 가장 심오한 혁명, 모든 평가절하 중에서도 가장 중요한 평가절하, 즉 우리 세계관에 일어난 급진적 변화의 의미를 파악할 시간이나 인내심 혹은 추진력이 없었다. 플랑크는 수천 년 동안 자명한 것으로 간주해온 믿음, 즉 자연은 급작스럽게 나아가지 않는다는 믿음을 뒤흔들었다. 아인슈타인은 그때까지 고정된 양이라고 간주해온 시간과 공간에 관한 '사실'을 상대적인 것이라고 정의했다. 그리고 물질이 '얼어붙은' 에너지라는 사실을 밝혀냈다. 거기다가 이제 퀴리 부부와 러더퍼드와 보어는 그동안 더 이상 쪼개질 수 없다고 믿어온 물질이 사실은 쪼개질 수 있고, 고체는 더 정밀하게 들여다보면 안정하지 않으며 끊임없이 움직이고 변한다는 사실을 증명했다.

그 당시에 러더퍼드의 알파 입자가 뒤흔든 것은 질소 원자뿐만이 아니었다. 그것은 우리 마음의 평안마저 뒤흔든 게 분명했다. 수백 년 동안 잊고 있던 세상의 종말에 대한 두려움이 부활했다. 하지만 그 당시 사람들이 보기에 이 모든 발견은 일상생활의 현실과는 아무 관계가 없는 것 같았다. 물리학자들이 복잡한 장비와 그보다 더 복잡한 계산을 통해 우리 세계의 진정한 본질에 대해 얻은 결론은 여전히 그들만의 문제라고 생각했다. 실제로 물리학자들도 자신들의 발견이 현실적으로 당장 어떤 결과를 낳으리라고는 기대하지 않았던 것으로 보인다. 러더퍼드는 인류가 원자 속에 잠들어 있는 에너지를 절대로 이용하지 못할 것이라고 자신의 생각을 분명히 밝혔다. 이것은 그가 1937년에 세상을 떠날 때까지 굳게 믿었던 오류였다.

독일 물리학자이자 노벨상 수상자인 발터 네른스트는 1921년에 "우리는 솜화약으로 만든 섬에 살고 있다고 말할 수 있다."라고 썼다. 그는 러더퍼드의 최신 연구 결과를 널리 알리려고 노력하다가 이렇게 말했다. 하지만 그러고 나서 즉각 사람들을 안심시키는 말을 덧붙였다. "하지만 다행히도 우리는 아직 그것을 점화할 성 냥을 찾지 못했다."

그렇다면 염려할 이유가 뭐란 말인가?

물리학자들이 뭔가를 염려한 것만은 사실이다. 사실, 당분간 그들은 세계보다는 자신들의 과학 자체를 염려했다. 전통적인 개념 가운데 계속 성립하는 것이 거의 없었기 때문이다. 하지만 바로 이 때문에 새롭고 놀라운 개념들, 이전 세기들에서는 알려지지 않은 개념들이 나타나고 있었다.

그것은 경이롭고 흥미진진한 시대였다. 그 당시 젊은 물리학자였던 미국의 로버트 오펜하이머J. Robert Oppenheimer는 훗날 다음과 같이 썼다.

원자물리학, 곧 우리가 원자 체계의 양자론이라 부르는 이 분야에 대한 우리의 이해는 세기가 바뀔 무렵에 일어나 1920년대에 위대한 종합과 해결책에 이르렀다. 그것은 영웅적인 시대였다. 그것은 어느 한 사람의 업적으로 이루어진 일이 아니었다. 그것은 다양한 분야에 종사하는 과학자 수십 명의 협력 연구를 통해 완성되었는데, 다만 전체적인 일을 처음부터 끝까지 인도하고 억제하고 심화하고 그리고 마침내 변화시킨 것은 창조적이고 심세하고 비판적인 닐스 보어의 정신이었다. 그것은 연구실에서 끈기 있는 작업이 진행되고, 중요한 실험과 과감한 행동이 일어나고, 잘못된 출발과 뒷받침할 수 없는 추측이 난무한 시대였다. 진지한 서신 교환과 허겁지겁 준비한 학회, 토론과 비판과 명석한 즉흥적 수학 계산이 활발하게 일어난 시대이기도

했다. 참여한 사람들에게는 창조의 시대였다. 그들의 새로운 통찰에는 열광적인 기쁨도 있었지만 두려움도 있었다.

그 시대를 증언하는 또 한 사람은 독일의 위대한 물리학자 파스쿠알 요르단Pascual Jordan이다. 그는 다음과 같이 회상한다.

모두가 숨이 멎을 정도로 심한 긴장감에 사로잡혔다. 마침내 얼음이 깨진 것이다. …… 여기서 우리가 전혀 예상치도 못한, 아주 깊은 곳에 숨어 있던 자연의 비밀을 우연히 발견했다는 사실이 점점 더 분명해졌다. 현재 절정에 이른 모순들 - 나중에 겉으로만 모순처럼 보이는 것으로 드러나긴 했지만 - 을 해결하려면, 물리학 분야에서 이전의 모든 개념을 넘어서는 완전히 새로운 사고 과정이 필요하다는 것이 명백했다.

세계 각지에서 온 젊은 물리학자들이 뮌헨 대학의 조머펠트 밑에서 공부하고 있었다. 그들은 심지어 문제를 카페로까지 가져가 계속 생각했다. 윗면이 대리석으로 된 테이블은 수식을 휘갈긴 낙서로 뒤덮였다. 호프가르텐 근처에 있던 카페 뤼츠에는 뮌헨 대학의 물리학자들이 자주 드나들었는데, 이곳 웨이터들은 특별한 허락이 없는 한 테이블을 닦지 말라는 지시를 받았다. 밤에 카페가 문을 닫을 때까지도 풀리지 않은 문제가 있으면, 그 다음 날 저녁에 다시 와서 계산을 계속했기 때문이다. 게다가 그사이에 누군가가 용감하게 답을 적어놓는 일도 자주 일어났다. 아마도 다음 날 저녁에 사람들을 다시 만날 때까지 참고 기다릴 수 없었던 젊은 물리학자가 그랬을 것이다.

아름다운 시절

2

자연에 대한 과학적 견해에 일어난 이토록 큰 변화에 필적할 만한 것은 코페르니쿠스 Copernicus가 일으킨 세계관의 변화뿐이었다. 정말로 중요한 모든 지적 혁명과 마찬가지로 이 혁명은 어느 모로 보나 지극히 평온한 장소들에서 시작되었다. 20세기에 가장 큰 영향력을 떨친 혁명은 목가적인 장소들에서 탄생했다. 그림 같은 코펜하겐의 공원, 조용한 베른의 골목, 독일의 헬골란트 섬 해변, 나무 그늘이 드리워진 케임브리지의 강, 뮌헨의 호프가르텐, 파리의 조용한 팡테옹 인근 지역, 취리히베르크의 완만한 산기슭, 괴팅겐의 바스락거리는 키 큰 나무들로 둘러싸인 낡은 성채 등이 바로 그런 장소들이었다.

1920년대에 물리학계의 진정한 중심지는 괴팅겐이었다. 이곳에서는 물리학자들의 활발한 지적 활동이 끊임없이 일어났다. 다른 대학의 유명한 물리학자들이 속속 이곳을 방문했다. 그런 사람들은 너무나도 많아서(특히 여름철에는 더) 오스트리아 출신 네덜란드 물리학자 파울 에렌페스트Paul Ehrenfest는 그 상황을 재치 있게 다음과 같이 표현했다.

"절정에 이른 시기에는 몰려오는 외국인 동료들을 피하기 위해 우리는 학계의 다른 장소들을 방문했다."

1920년부터 1930년까지 괴팅겐은 19세기 중엽과 마찬가지로 여전히 목가적이고 평온한 장소였다. 1908년에 자동차 여행과 항공학을 위한 독일 최초의 시험장이 이 도시에 생기긴 했다. 그리고 전쟁이 끝난 뒤 괴팅겐에는 항공역학 연구를 위한 유럽 최초의 거대한 풍동風洞이 세워졌다. 하지만 이러한 실험 장소는 모두 구시가 성벽 밖에 위치해 도시 외관에 큰 영향을 주지 않았다. 우아하게 조각된 기둥들과 함께 오랜 세월 연기에 그을려 검게 변한 목재 골조 집들, 야코비키르헤 성당의 우뚝 솟은 고딕 양식 탑, 독일 화가 카를 슈피츠베크Carl Spitzweg가 그린 그림처럼 뒤엉킨 클레마티스와 글리지니아로 뒤덮인 빌헬름베버 거리의 교수들 저택, 자욱한 연기와 함께 학생들로 가득 찬 선술집, 하얀색 금박 기둥들과 함께 고전적인 평온함을 풍기는 괴팅겐 대학의 대강당……. 이 모든 것이 합쳐져 제1차 세계 대전을 거치고도 보존된 오래되고 위안을 주는 어떤 것이 그곳에 있다는 인상을 풍겼다.

나우엔 송신소에서 라디오로 시간을 알리는 신호를 내보냈지만, 하루의 끝을 알리는 야경꾼의 경적은 수년간 계속 이어졌다. 괴팅겐에서 농담으로 '윤활유 학부'라고 부르던 지저분한 붉은색 벽돌 담 뒤에서는 온갖 종류의 최신식 차량을 설계할 수 있었다.

하지만 정작 시민들은 소음이 심한 그 발명품을 대부분의 다른 독일 도시 주민보다 훨씬 덜 사용했다.

대부분의 주민은 괴팅겐에서 여전히 두 발로 걸어다녔다. 도시 안에서 이동해야 할 거리가 아주 짧아서 굳이 자동차나 오토바이를 탈 이유가 없었다. 제1차 세계 대전이 끝난 뒤에야 학생들과 교수들이 자전거를 타기 시작했는데, 이 신기한 발명품이 모든 사람에게 인기를 끌었던 것은 아니다. 흥미로운 발상은 강의 전후에 유유자적하게 거닐던 산책 시간에 자주 나오지 않았을까? 거리 모퉁이나 그림처럼 아름다운 도시 성벽 곁에서 일어난 우연한 만남에서 정식 세미나와 위원회 회의에서보다 큰 성과가 더 많이 나오지 않았을까?

유서 깊은 게오르크 아우구스트 괴팅겐 대학(줄여서 흔히 괴팅겐 대학이라고 부름)은 1918년 이후에도 도시의 정신적, 지리적 중심지였다. 사실, 낡은 정치 질서가 붕괴된 이후 괴팅겐 대학의 중요도는 오히려 이전보다 더 커졌다. 이제 대학 학장과 교수가 제국 시절에 고위 공직자와 고급 장교가 누리던 신뢰와 맞먹는 존경을 누리고 있었다. 괴팅겐의 자부심 강한 시민들에게는 이들이 받은 훈장과 상, 학위, 외국 과학학회 회원 자격이 '옛날의 좋은 시절'에 수여된 훈장과 작위를 보상해주는 것으로 비쳤다.

비록 정도는 덜했지만 이러한 존경심은 대학생들에게까지 확대되었다. 특히 전쟁이 끝난 뒤 처음 몇 년간 지속된 지적 흥분 시기에 학생들이 밤늦게까지 거리에서 논쟁을 벌이더라도, 시민들은 그것을 가끔 취객이 술집에서 나와 집으로 돌아갈 때 일으키는 소란 정도로 대수롭지 않게 여겼다. 프리틀랜더 베크, 니콜라우스 부르거 베크, 두스테러 아이헨베크를 따라 늘어선 하숙집의 여주인들은 여러 세대를 거치는 동안 빚을 지는 학생들에게 익숙해졌다. 하지만 빚은 결국 어떻게든 청산되었다. 이들이 보여준 인내심은 자기희생에 가까울 때가 많았다.

유명한 서점에 오랫동안 책값을 지불하지 않은 1학년 물리학도가 있었는데, 어느 날 이 젊은이가 춤추는 곰을 데리고 서점 앞에 나타났다. 순회 쇼맨에게서 원하는 목적에 마음대로 쓰라고 받아 온 곰이었다. 젊은이는 정색한 표정으로 서점 주인에게 오랫동안 고통을 겪은 이 동물을 책값 대신 주겠다고 했다. 이런 일에 이력이 난 서점 주인은 조금도 놀라지 않았다. 그리고 코가 잡혀 끌려다니는 신세가 된 것은 곰이 아니라 바로 자신이라고 쓴웃음을 지으며 말했다.

은퇴한 교수들은 군주 같은 대우를 받았다. 모든 사람들로부터 받는 존경은 당연한 것이었다. 그들은 더 이상 강의를 하지 않았지만 도시의 지적 생활에 활기를 불어넣는 역할을 계속 맡았다. 대부분은 여전히 과학 단체에 소속해 활동했고, 그런 단체를 관장하는 경우가 많았다. 외부 강연자가 방문할 때에도 가장 좋은 자리는 그들에게 배정되었다. 은퇴한 이들 노교수가 거리(가끔은 이미 자신의 이름이 붙어 있는 경우도 있었다)를 한가로이 산책할 때면, 열린 창문 옆에 앉아 강의를 준비하던 젊은 동료나 이제 막 다른 대학에서 초청을 받고 와 벤치에 앉아 떠오르는 생각을 공책에 적는 데 여념이 없던 젊은 강사에게서 존경 섞인 인사를 받거나 심지어 조언을 구하는 요청을 받았다. 과학의 꾸준한 발전과 지식 습득은 아무 탈 없이 순조롭게 굴러갔고, 외부의 어떤 방해도 장애가 되지 않을 것처럼 보였다.

이 '아름다운 시절'의 괴팅겐에서만큼 대학 구성원들이 스스로를 진정한 사회 지도자로 여긴 적은 일찍이 – 그리고 필시 그 후로도 다시는 – 없었다. 라츠켈러 식당에는 옛날 학생들이 남긴 *"Extra Gottingam non est vita."*라는 좌우명이 적혀 있었는데, "괴팅겐 바깥에는 삶이 없다."란 뜻이다. 괴팅겐에서 공부하거나 가르치거나 저녁 시간을 보낸 많은 대학 구성원들에겐 이 구절이 매일 새롭게 와닿았을 것이다.

게오르크 아우구스트 괴팅겐 대학이 세계적 명성을 얻기까지는 저명한 언어학자, 철학자, 신학자, 생물학자, 법학 교수 등의 공이 컸다. 하지만 가장 크게 기여한 사람들은 수학자들이었다. 카를 프리드리히 가우스Carl Friedrich Gauss는 19세기 중엽까지 괴팅겐 대학에서 학생들을 가르쳤다. 그는 괴팅겐 대학을 모든 과학 분야 중 가장 추상적인 분야의 중심지로 만들었다. 1886년부터 이 명성 높은 괴팅겐 대학의 교수가 된 또 한 사람도 괴팅겐 대학의 명성을 굳히고 심지어 더 높였는데, 단지 사상가로서뿐만 아니라 과감하고 지칠 줄 모르며 탁월한 영감이 넘치는 조직자로서의 능력을 유감없이 발휘함으로써 그렇게 했다. 그 사람은 바로 펠릭스 클라인Felix Klein이다.

클라인은 1886년부터 1913년까지 30여 년 동안 괴팅겐 대학에서 일했다. 키기 크고 자세가 꼿꼿했으며, 상대의 마음속을 꿰뚫어보는 듯한 밝은 눈을 가지고 있었다. 수학자 카를 룽게 Carl Runge의 딸은 그를 "왕과 비슷한 기품이 있는" 사람이라고 묘사했다. 1893년에 미국을 여행하고 나서 클라인은 그 당시 유럽에서 엄격하게 유지되고 있던 순수과학과 다양한 응용 분야 사이의 구분을 없애려고 적극 나섰다. 나아가 수학을 "실생활과 더 긴밀히 접촉하게" 만들려고 끊임없이 노력했다.

괴팅겐 대학에서 천문학, 물리학, 기술, 기계 분야의 많은 연구소를 설립하거나 확대하는 노력을 실질적으로 기울이기 시작한 사람도 바로 클라인이었다. 그 결과, 이들 연구소를 중심으로 과학 측정 장비와 광학 정밀 도구 생산을 위한 민간 산업 부문이 성장했다. 이제 구식 도시는 가장 현대적인 기술의 요람으로 변신했다.

클라인이 정반대의 지적 견해를 가졌던 다비트 힐베르트나 헤르만 민코프스키 Hermann Minkowski 같은 수학자를 망설이지 않고 괴팅겐으로 초대한 것은 그 당시 여전히 괴팅겐 학계를 지배하던 진보적 전통을 잘 보여주는 사례이다. 이 두 수학자는 모든 종류의 전문화와 아무리 임시적인 것이더라도 수학을 실용적으로 응용하려는 모든 시도에 단호하게 반대했다. 힐베르트의 고상한 정신은 오로지 궁극적 본질에만 초점을 맞추었기 때문에 '기술자'에게는 경멸적 태도를 보였다.

클라인이 조직한 공학자들의 연례회의가 하노버에서 열린 적이 있었는데, 마침 몸이 아파 참석하지 못한 클라인 대신에 힐베르트가 수학과 학생들을 인솔하는 교수로 참석했다. 힐베르트는 사전에 유화적 자세로 강연을 해야 하며, 과학과 기술이 양립할 수 없다는 개념을 내비치지 말라는 주의를 받았다. 힐베르트는 이 충고를 유념해 자신이 좋아한 동프로이센의 다소 거친 방언을 사용하면서 이렇게 말했다.

"과학자와 공학자 사이의 적대 관계에 대해 많은 이야기가 들립니다. 전 그런 이야기를 전혀 믿지 않습니다. 솔직히, 그런 이야기는 사실일 리가 없다고 확신합니다. 그 이야기에는 일말의 진실도 있을 수 없는데, 어느 쪽도 상대방과 아무 관계가 없기 때문입니다."

힐베르트가 솔직한 마음을 이처럼 지독하게 통명스러운 표현으로 표출한 일화는 괴팅겐에서 수십 가지나 회자되었지만, 누구도 반어적 표현으로 표출된 그의 악의와 특정 대상을 향한 조롱을 불만스럽게 여기지 않았다. 그것은 힐베르트가 수학 분야를 연구할 때 마찬가지로 적용하는 원칙인 불변의 정직성을 나타냈다. 이러한 특성 때문에 힐베르트는 지적 관행에 조금도 신경 쓸 필요 없이 전혀 예상치 못한 결론을 향해 계속 나아갈 수 있었다. 당연히 그의 강의를 들으려고 전 세계 각지에서 학생들이 몰려왔다. 힐베르트가 자신의 책상을 내려다보는 거대한 계산자 옆에 서서 아직 풀리지 않은 수학 문제를 제시할 때면, 강의를 듣는 학생들은 모두 자신이 새로운 지식 발견의 순간에 직접 동참하고 있다는 느낌을 받았다. 그의 강의를 듣는 학생들은 오래전에 증명된 죽은 사실이 아니라, 살아 있는 질문을 품고서 강의실을 떠났다.

힐베르트가 의도적으로 풀지 않으려고 자제한 문제가 딱 하나 있었는데, 그것을 풀면 상당한 상금(10만 마르크)을 받을 수 있는데도 그런 태도를 유지했다. 다름슈타트의 한 박식한 시민이 17세기 이래 풀리지 않은 채 남아 있던 수학 문제를 푸는 사람에게 상금을 내걸었는데, 그 문제는 바로 그 유명한 '페르마의 마지막 정리'였다. 정확한 해解가 발견되지 않는 한, 그 유산을 맡아 관리하는 사람들은 기금에서 나오는 이자를 자신들이 원하는 목적에 마음대로 쓸 수 있었다. 이자는 매년 뛰어난 수학자들과 물리학자들을 괴팅겐에 초대해 강연을 개최하는 데 쓰였다. 이렇게 초대받은 사람들 중에는 앙리 푸앵카레 Henri Poincaré, 헨드릭 안톤 로런츠 Hendrik Antoon Lorentz, 아르놀트 조머펠트, 막스 플랑크, 피터 디바이 Peter Debye, 발터 네른스트, 닐스 보어, 폴란드의 마리안 폰 스몰루초프스키 Marian von Smoluchowski 등이 있었다. 이들은 모두 강연에서 중요한 이야기를 했다. 힐베르트는 매년 그 문제를 다루는 위원회에 의장 자격으로 참여했다. 그리고 아마추어와 전문 수학자가 제출한 해법을 훑어보면서 언제나처럼 모두 정답이 아니라고 선언했다. 힐베르트는 그때마다 "이 난제를 풀 수 있는 사람이 아마도 나밖에 없다는 사실이 정말 다행이다."라고 말했다. 또 이렇게도 덧붙였다. "하지만 나는 이토록 훌륭한 황금 알을 낳는 거위를 죽이지 않도록 신중을 기할 것이다."

매주 목요일 오후 3시 정각이면 수학연구소의 네 거장인 클라인, 룽게, 민코프스키, 힐베르트가 힐베르트의 집 정원에 자리잡은 사랑채에 모였다. 그곳에는 큰 칠판이 서 있었는데, 절반 정도는 방 밖으로 삐죽 나와 있었다. 힐베르트는 자주 마지막 순간까지

칠판에 뭔가를 적었는데, 재킷 소매에 묻은 분필 가루가 그것을 증언했다. 그곳에서는 새로운 공식들에 대한 토론이 시작되는 경우가 많았다. 토론은 대개 참석자들이 숲과 탁 트인 평원을 지나 높은 지대에 위치한 '케어' 호텔에 이를 때까지 계속 이어졌다. 이 유명한 4인조는 그곳에서 커피를 마시면서 사생활과 그들이 사랑한 대학, 넓은 세계의 크고 작은 온갖 문제에 관해 이야기를 나누었다. 그들의 대화는 인간 이해의 한계에 자주 도달했고, 가끔 왁자한 웃음이 터지면서 정복 불가능한 경계처럼 보이는 곳에 도달한 이 위대한 지성들에게 위안과 휴식을 가져다주었다.

펠릭스 클라인의 조직 능력은 괴팅겐 대학에 중요한 시설과 연구소를 많이 선물했다. 그중 하나는 강당 건물에 만든 수학 독서실이었다. 이곳에는 전 세계의 수학과 물리학 분야의 주요 정기 간행물이 갖춰져 있을 뿐만 아니라, 소책자와 안내서 등의 참고도서 도서관이 있었고, 또 최근의 강연 내용을 요약한 원고와 심지어 때로는 전체 내용을 타자한 원고까지 갖춰져 있었다. 두 방의 열쇠를 가진 교수들과 학생들은 강의 사이의 빈 시간에 이곳에 와 완벽하게 평온한 분위기에서 연구할 수 있었고, 또한 엄격한 정숙 규칙을 꼭 지킬 필요가 없는 곁방으로 가서 읽은 내용을 놓고 서로 토론을 할 수도 있었다. 현대에 들어와 자연과학의 발전 과정에서 드러난 모순적인 개념을 표현하는 데 수학의 도움이 절대적으로 필요해진 이후로 물리학자들과 수학자들 사이에서는 토론이 멈춘 적이 없었다. 힐베르트는 특유의 짜증 섞인 어투로 "이

건 절대 안 돼! 물리학은 물리학자가 하기에는 명백히 너무 어려워!"라고 말했다.

힐베르트는 부정적 견해를 표명하는 것에 만족하지 않았다. 특유의 열정을 발휘해 자신이 흔히 "지적으로 빈곤에 찌든" 물리학이라고 부른 분야의 문제를 붙들고 수학적 지원을 제공하려고 노력했다.

'새로운 학파'에 속한 이론물리학자들 가운데 아주 뛰어난 재능을 지닌 사람이 1921년에 괴팅겐에 초대를 받은 것도 아마도 힐베르트의 영향력 때문이었을 것이다. 그 당시 38세였던 막스 보른은 괴팅겐 대학에 낯선 사람이 아니었다. 보른은 브레슬라우(현재는 폴란드의 브라츠와프. 1945년까지는 독일 영토였기 때문에 브레슬라우라고 불렸다 – 옮긴이)에서 유명한 생물학자의 아들로 태어났다. 1907년에 수학연구소의 매우 총명한 학생 중 하나로 괴팅겐 대학을 졸업했으며, 연구 업적으로 상도 받았다. 보른은 케임브리지, 브레슬라우, 베를린, 프랑크푸르트를 돌아다니며 연구와 여행을 했다. 분젠슈트라세에 있던 제2물리학연구소(프로이센 기병 막사처럼 지은, 이루 말할 수 없을 정도로 조야한 붉은색 벽돌 건물)에 보른이 오면서부터 짧았지만 쉴 새 없이 생산적으로 돌아간 괴팅겐 원자물리학의 황금기가 시작되었다.

운명의 장난은 가끔 엄청난 결과를 빚어내는데, 보른이 도착하고 나서 얼마 안 돼 바로 그런 운명의 장난에 해당하는 관료 절차상의 작은 실수가 그에게 큰 도움을 주었다. 괴팅겐 대학에 실험물리학 교수 자리는 항상 있었지만, 그 자리에 있던 로베르트 폴

Robert Pohl 교수는 사실상 모든 시간을 학생들을 가르치는 데 썼으며, 보른이 기대한 연구를 하기에는 시간이 너무 부족했다. 이 연구소의 새 우두머리가 된 보른은 문서를 검토하다가 두 번째 실험물리학 교수 자리에 배정할 예산이 있다는 조항을 발견했다. 그 자리는 그때까지 채워지지 않은 채 방치돼 있었다. 문의 결과, 그 조항이 사무상의 실수라는 답변을 들었다. 하지만 보른은 순순히 물러서지 않았고, 규정을 자구 그대로 해석해야 한다고 고집했다. 그래서 훗날 노벨상을 안겨준 발견을 포함해 이미 실험 연구에서 이룬 발견으로 유명한 제임스 프랑크를 괴팅겐으로 불러올 수 있었다.

뛰어난 재능과 지칠 줄 모르는 근면성, 자연을 새로운 관점으로 바라보려는 열정을 지닌 3인조인 힐베르트와 보른과 프랑크는 1921년부터 괴팅겐에서 함께 연구했다. 세 사람은 근본적으로 서로 너무 달랐다. 세 사람 가운데 외부 세계에 가장 많은 관심을 보이고, 다가가기가 가장 쉽고, 가장 다재다능한 사람은 보른이었다. 아주 다양한 분야에 재능이 있어서 마음만 먹었더라면 일류 피아니스트나 작가가 될 수도 있었을 것이다. 부유했던 아버지는 보른이 대학에서 본격적으로 공부를 하기 전에 이렇게 충고했다고 한다. "모든 길을 시험 삼아 가보고 나서 어느 길을 택할지 결정하거라." 그래서 브레슬라우에서 대학을 다니기 시작하면서 처음 몇 학기는 법학, 문학, 심리학, 정치경제학, 천문학 강의를 골고루 들었다. 그러다가 천문학에 가장 끌렸는데, 그 이유는 별들의 세계를 강의하는 건물이 다른 건물보다 마음에 들었기 때문이라고 보른은 설명했다.

프랑크는 보른처럼 오래전 독일에 정착한 유대 인 가문 출신이었다. 그는 자신이 함부르크 출신임을 결코 잊지 않았다. 인정 넘치는 언동과 따뜻함으로 학생들에게 큰 인기를 끌었지만, 그래도 다른 사람들과 항상 어느 정도 거리를 두었다. 그는 언제나 함부르크 귀족으로 남아 있었다. 그 당시 사람들은 그를 "기품 있는 친구"라고 불렀다. 훗날 프랑크와 함께 일한 사람들은 그를 성인^聖人이라고 불렀다. 단지 그가 매우 따뜻한 마음을 지녔기 때문만이 아니라, 종교적인 것에 가까울 정도의 헌신을 물리학에 쏟아부었기 때문이기도 했다. 프랑크는 학생들에게 물리학에 푹 빠져 실제로 꿈에서도 물리학을 하는 사람만이 깨달음을 기대할 수 있다고 말하곤 했다. 그는 자신의 영감을 중세 신비주의자의 언어로 이야기했다. "새로운 개념이 정말로 중요하다는 사실을 유일하게 알 수 있는 방법은 나를 사로잡는 공포감이다."

시대를 막론하고 뛰어난 재능을 가진 사람들은 특정 영역의 성찰과 창조적 활동에 특별한 매력을 느낀다. 좀체 가만히 있지 못하고 새로운 것을 추구하는 이들은 어느 시대에는 건축에 특별한 관심을 보이는가 하면, 다른 시대에는 그림이나 음악, 신학, 철학에 몰두한다. 어떻게 그런 일이 일어나는지는 아무도 모르지만, 극도로 민감한 사람들은 새로 개척된 영역이 무엇인지 알아채고서 단지 새로운 영역의 후계자가 아니라 창시자와 거장이 되기 위해 최선을 다한다.

제1차 세계 대전 이후에는 원자물리학이 바로 이러한 마법을 발휘했다. 철학적 재능이 있는 사람들과 예술적 재능이 뛰어난 사람들, 정치적 감각이 뛰어나지만 혼란한 현실 정치에 거부감을 느낀 젊은이들, 모험심이 뛰어나지만 가장 먼 대륙까지 전부 다 탐험된 세계에서 더 이상 정복할 곳이 없는 사람들이 여기에 뛰어들었다. 모든 현상 가운데 가장 보기 어렵고 가장 미시적인 이 영역에는 새로 발견할 무언가가 아직 남아 있었다. 여기서는 새로운 법칙의 흔적을 발견할 수도 있었고, 이전에 어느 누구도 생각지 못했던 것을 생각하거나 이전에 어느 누구도 보지 못했던 것을 보는, 두려움이 뒤섞인 환희를 경험할 수도 있었다.

원자 연구 분야는 새롭고 불확실한 부분이 아주 많았다. 그래서 다른 분야보다 선생과 학생 사이의 관계가 훨씬 긴밀했다. 경험과 지식은 별로 중요하지 않았다. 물질의 내부 세계를 탐구하는 이 여행에서는 늙은 사람과 젊은 사람이 나이를 초월한 동지가 되었다. 양쪽 다 지식의 단편들을 함께 정복하는 길에 나섰다는 데 자부심을 느꼈다. 불가해한 수수께끼 앞에서 양쪽 다 동일한 겸손과 당혹스러움을 드러냈다.

이미 노벨물리학상을 수상한 제임스 프랑크는 어려운 계산을 하다가 막히면 칠판에서 돌아서서 한 학생을 지목해 "혹시 '자네'가 다음 단계를 풀 수 있는가?"라고 물었다. 교수들은 자신의 실수와 의심을 숨기지 않았다. 그들은 미해결 문제에 관해 외국 동료들과 논의한 개인 서신 내용을 학생들에게 알려주었고, 젊은 협력자들에게 자신들이 찾지 못한 설명을 찾아보라고 권했다.

학기 중 매주의 하이라이드는 제2물리학연구소 204호실에서 보른과 프랑크, 힐베르트가 주최한 '물질에 관한 세미나'로, 아주 가까운 사람들끼리 모여서 진행한 무료 세미나였다. 힐베르트가 순진해 보이는 말투로 질문을 던지며 세미나를 시작하는 것이 거의 하나의 전통이 되었다. "자, 그럼 여러분의 의견을 말해주길 바랍니다. 원자란 정확하게 무엇인가요?"

매번 다른 학생이 힐베르트에게 깨달음을 주려고 시도했다. 매번 새로운 방식으로 이 문제에 접근했고, 매번 다른 해결책을 찾으려고 노력했다. 하지만 어떤 젊은 천재가 복잡한 수학적 설명의 심원한 경지로 도피하려고 할 때마다 힐베르트는 아주 강한 억양의 동프로이센 방언을 쓰면서 끼어들었다. "젊은 친구, 도대체 무슨 말인지 이해할 수 없구려. 자, 다시 한 번 설명해주겠소?" 모든 사람은 자신의 생각을 최대한 명확하게 표현해야 했다. 지식의 간극을 성급한 비약으로 건너뛰려 하는 대신에 그 사이를 잇는 튼튼한 다리를 놓아야 했다.

이러한 토론은 점점 더 인식론의 가장 기본적인 문제들을 다루게 되었다. 원자물리학의 발견은 인간 관찰자와 관찰되는 세계 사이의 이원성을 없앴는가? 이제 주체와 객체를 실질적으로 구별하는 것은 불가능한가? 상호 배타적인 두 가지 주장도 더 높은 관점에서 보면 둘 다 옳은 것이 될 수 있는가? 원인과 결과 사이의 밀접한 관계가 물리학의 기반이라는 견해를 포기해야 하는가? 하지만 만약 그렇다면, 자연의 법칙 같은 게 존재할 수 있는가? 신뢰할 수 있는 과학적 예측을 하는 것이 과연 가능한가?

질문이 나오고, 또 다른 질문이 나오고, 계속해서 더 많은 질문이 나왔다. 그런 질문을 놓고 끝없는 토론이 이어졌고, 모두 그 질문에 대해 뭔가 할 말이 있었다. 1926년 겨울 학기 때 뛰어난 재능을 가진 이들 중에서 호리호리하고 약간 연약하게 생긴 미국인 학생이 두각을 나타냈다. 이 학생은 종종 충동적으로 논문 전체에 해당하는 내용을 즉석에서 술술 만들어냈다. 다른 사람들은 감히 끼어들어 말할 기회조차 없었다. 사람들은 처음에는 이 젊은이의 이야기를 흥미롭게 경청했다. 하지만 시간이 지나자 그의 지나친 수다와 웅변은 많은 동료들 사이에 짜증을, 그리고 아마도 그와 함께 시기심까지 유발했다. 그들은 한 교수에게 천방지축으로 행동하는 그 신동을 제지할 필요가 있다는 진정서를 제출했다. 그 젊은이는 그로부터 20년도 못 돼 세계적으로 유명한 물리학자로 우뚝 서게 될 로버트 오펜하이머였다. 1945년 8월, 신문들은 처음으로 그를 "원자폭탄의 아버지"라고 공개적으로 소개했다.

오펜하이머는 그 당시에 물리학을 배우기 위해 구세계로 건너온 많은 미국인 젊은이 가운데 한 명이었다. 이들은 가끔 자신들을 "되돌아온 콜럼버스 기사단"이라고 불렀는데, 콜럼버스 일행이 갔던 방향과는 반대로 왔기 때문이다. 그리고 그들 역시 '새로운 대륙'을 찾아왔다. 거기서 그들은 믿기 힘든 정보와 환상적인 발견을 얻어 여전히 '구식 물리학'을 가르치고 있던 조국으로 돌아갔다. 이들이 갖고 간 정보와 지식은 16세기의 에스파냐 항해자들이 얻은 황금처럼 자신들의 조국에 아주 큰 이익을 가져다주지만, 그와 함께 큰 논란도 낳게 된다.

유럽으로 건너온 이 미국인 젊은이들은 대부분 풍족한 장학금 혜택을 받았다. 이들 외에 나이 든 사람들도 있었는데, 안식년(전통에 따라 7년마다 한 번씩 1년 동안 봉급을 전액 지급받으면서 개인 연구에 몰두할 수 있는 시간)을 유럽의 동료들과 아이디어를 교환하면서 배움의 기회로 활용하려고 온 교수들이었다.

대서양 건너편에서 온 이들 과학자 관광객은 전쟁으로 가난해진 유럽의 대학 도시들에 외화를 가져다주었다. 달러 자본이 추가로 더 따라오기도 했는데, 미국 대학들에서 온 이들이 임시 모교가 된 유럽 대학의 대의명분을 호소해 자선 단체로부터 기금을 얻어내는 데 성공하는 경우가 많았기 때문이다.

특히 재정 감소로 연구 자금 부족을 끊임없이 불평하던 독일의 과학 연구소들은 미국의 이런 지원에 큰 도움을 받았다. 록펠러재단의 지원으로 빈약한 예산을 가끔 개선할 수 없었더라면, 뮌헨 대학의 추밀원 고문이던 조머펠트는 무슨 일을 할 수 있었겠는가? 석유왕이 기부한 기금을 분배하는 임무를 맡았던 위클리프 로즈 Wickliff Rose 는 유럽을 여행할 때마다 여러 대학에서 전제군주 같은 환대를 받았다. 그가 내놓는 수표 액수에 따라 다음 해에 진행할 연구 계획의 수와 장학금을 줄 젊은 연구자의 수가 결정되었다.

미국인 수학자들과 물리학자들은 특히 괴팅겐을 좋아했다. 제1차 세계 대전 이전에 찰스 마이컬슨 Charles Michelson 은 괴팅겐 대학에서 한 학기 동안 객원 교수로 일했고, 미국 물리학계와 화학계의 원로가 된 로버트 밀리컨 Robert Millikan 과 어빙 랭뮤어 Irving Langmuir 도 괴팅겐 대학에서 공부했다.

1920년대에는 괴팅겐 대학의 자연과학부에 등록한 미국인이 거의 항상 10명을 넘었다. 그들은 괴팅겐에 미국 캠퍼스의 자유로운 분위기도 약간 가져왔다. 특히 매년 기념하는 부활절 만찬은 큰 인기를 끌었는데, 가장 기억에 남을 만한 것은 1926년에 미국 물리학자 칼 테일러 콤프턴 Karl Taylor Compton 이 주최했다. 미국인들은 독일인 동료들에게 칠면조와 사탕옥수수 먹는 법을 보여주었고, 대신에 맥주를 마시고 노래를 부르고 하이킹하는 법을 배웠다. 훗날 원자력 개발로 유명해진 미국인들은 거의 다 1924년부터 1932년 사이의 어느 시기를 괴팅겐에서 보냈다. 그중에는 괴팅겐 숙소의 불편함을 생동감 넘치는 방식으로 불평한 에드워드 콘든 Edward Condon, 전광석화처럼 빨리 돌아가는 머리를 가진 노버트 위너 Norbert Wiener, 늘 깊은 사색에 잠겼던 로버트 브로드 Robert Brode, 겸손한 로버트 리히트마이어 Robert D. Richtmyer, 쾌활한 라이너스 폴링 Linus Pauling(조머펠트 밑에서 배우던 학생으로, 뮌헨에서 괴팅겐을 자주 방문했다), 그리고 경이로운 '오피 Oppie'(오펜하이머의 애칭)가 있었다. 오펜하이머는 괴팅겐에서 물리학뿐만 아니라, 철학과 언어학, 문학도 취미로 공부했다. 오펜하이머는 특히 단테의 『신곡』 중 「지옥 편」에 심취했는데, 오피는 저녁에 동료들과 함께 화물역에서 시작하는 철길을 따라 산책하면서 단테가 영원한 탐구 장소로 천국 대신 지옥을 선택한 이유에 관해 토론하곤 했다.

어느 날 저녁, 평소에 아주 과묵한 폴 디랙 Paul Dirac 이 오펜하이머를 한쪽으로 데려가더니 부드러운 말투로 나무랐다. "듣자 하니 자네는 물리학 공부 외에 시도 쓴다고 하더군. 어떻게 그 두 가지를 동시에 할 수 있단 말인가? 과학은 이전에 아무도 알지 못했던 것을 모두가 이해할 수 있는 방식으로 이야기하려고 하지. 하지만 시는 정반대란 말일세!"

오펜하이머와 디랙은 둘 다 가이스마러 란트슈트라세가 시작되는 지점에 화강암으로 지은 근사한 집에서 살았다. 건너편에는 카를 프리드리히 가우스가 한때 일하던 천문대가 있었다. 그 집 주인은 카리오 Cario 라는 의사였다. 그 아들 귄터 카리오 Günther Cario 는 프랑크의 조수로 일하면서 장차 훌륭한 물리학자가 될 준비 과정을 밟고 있었다. 그 당시 괴팅겐에서는 사회적 지위가 높은 가정들에서 학생들을 '유료 손님'으로 맞이하는 게 일종의 관행이었다. 학생들은 바깥 세계를 지방 도시의 응접실로 끌어들여 소개했고, 그 대신에 가정의 안락함과 안전을 제공받았다. 이들은 처음에는 이것을 대수롭지 않게 여겼지만 곧 소중한 것으로 여기게 되었고, 세월이 지나자 그 시절을 그리워하게 되었다. 방을 빌려준 사람과 세입자 사이에는 장기적인 우정이 싹트는 일이 많았고, 때로는 결혼으로까지 이어졌다. 전 세계의 교수 부인들 중에는 작은 도시인 괴팅겐 출신이 놀랍도록 많다.

외국인 학생들은 이들 가족으로부터 독일어를 상당히 빨리 배웠다. 심지어 학교를 다니는 동안 과학 정기 간행물에 독일어로 논문을 쓰는 경우도 많았다. 하지만 대화를 할 때에는 재미있는 실수를 자주 저질렀다. 한번은 영국의 젊은 천체물리학자 로버트슨Robertson이 해외로 보낼 편지 무게를 정확하게 재고 싶었다. 그래서 한 가게로 들어가 계산대 뒤에 있던 아가씨에게 숨을 헐떡이면서 물었다. "하벤 지 아이네 비게? 이히 모흐테 에트바스 바겐Haben Sie eine Wiege? Ich mochte etwas wagen(요람 있어요? 난 위험한 일을 하고 싶어요)." 아가씨가 얼굴을 붉히면서 빤히 쳐다보자, 로버트슨은 금방 고쳐 말했다. "죄송합니다. 원래 하려던 말은 이거였어요. '하벤 지 아이네 바게? 이히 모흐테 에트바스 비겐Haben Sie eine Waage? Ich mochte etwas wiegen(저울 있나요? 난 어떤 물건의 무게를 재고 싶어요).'"

미국 학생들은 독일 대학들에서 보편적으로 통용되던 관료 절차에 잘 적응하지 못했다. 심지어 오펜하이머도 관료 절차 때문에 낭패를 본 적이 있었다. 1927년 봄에 오펜하이머는 박사 학위 시험을 보겠다고 신청했다. 그런데 놀랍게도 괴팅겐 대학을 관할하는 프로이센 교육부는 그의 신청을 단호하게 거부했다. 자연과학부 학장이 문의한 결과, 베를린의 장관 고문 폰 로텐부르크von Rottenburg로부터 다음과 같은 회신이 왔다.

"오펜하이머 씨는 완전히 부적절한 신청을 했습니다. 이에 따라 교육부는 그 신청을 거부할 수밖에 없었습니다."

오펜하이머는 괴팅겐 대학에 입학 신청을 할 때 자신의 이력을 자세히 기술해야 한다는 규정을 깜빡했던 것 같다. 그래서 그는 공식적으로 대학에 입학한 적이 없었고, 그 결과 대학의 구성원이었던 적도 전혀 없었던 것이다!

장차 원자폭탄의 아버지가 될 학생의 담당 교수들은 대학 이사회와 교육부에 이 학생의 구제를 탄원하는 편지를 써야 했다. 막스 보른은 박사 학위를 위해 오펜하이머가 한 연구가 너무나도 탁월해 괴팅겐 논문 시리즈의 하나로 발표하고 싶다고 말했다. 뒤늦게라도 대학 입학을 인정해달라고 당국에 제출한 청원서에서 이 미국인 대학생은 정식 절차에 따라 시험을 치르기 위해 한 학기를 더 기다릴 형편이 안 된다고 호소했다. "경제적 여건상 오펜하이머가 여름 학기가 끝난 뒤까지 괴팅겐에 머무는 것은 불가능합니다."

이 주장은 과연 사실과 부합했을까? 오펜하이머는 열일곱 살 때 독일에서 미국으로 건너가 큰돈을 번 뉴욕 사업가의 아들이었다. 따라서 어느 모로 보나 오펜하이머에게 부족했던 것은 돈이 아니라 인내심이었다. 그는 괴팅겐에서 한 학기를 더 보내는 것은 시간 낭비라고 생각했다. 하지만 그 당시 이런 사소한 거짓말은 조사 위원회의 관심사가 아니었다. 청원은 아무 이의 없이 통과되었다.

오펜하이머는 1927년 5월 11일 오후에 구두시험을 보았다. 물리화학만 제외하고 모든 과목을 '최우수' 또는 '우수' 성적으로 통과했다. 막스 보른은 그의 박사 학위 논문이 평균적인 수준을 훨씬 뛰어넘는 우수한 과학적 성취의 증거라고 강조했다. 보른의 평가에서 유일하게 비판적인 문장은 다음과 같다. "이 연구에서 한 가지 잘못은 읽기 어렵다는 점이다. 하지만 이러한 형식적 단점은 이 논문에 '우등' 점수를 제안하고 싶은 실제 내용에 비하면 별로 중요하지 않다."

1920년대의 괴팅겐에서는 장학금이나 매달 보내오는 두둑한 수표가 없더라도 그럭저럭 살아갈 수 있었다. 러시아 수학자 레프 슈니렐만Lev Schnirelmann은 칫솔과 소수에 관한 자신의 최신 연구 논문 복사본 외에는 빈손으로 이곳에 왔지만, 괴팅겐 대학에 먼저 와 있던 러시아 수학자 레프 란다우Lev Landau가 이미 '슈니렐만 명제'에 관한 강의를 한 적이 있었으며, 그 덕분에 누더기 상태로 도착한 이 젊은 수학자는 곧 물리학자들이 자주 드나드는 유명한 펜션 분데를리히에서 근사한 옷과 식사와 숙소를 제공받았다. 익명의 후원자들은 현금이 필요한 곳에 쓰라고 매달 소액의 우편환도 보내주었다. 그 덕분에 언제나 멍하니 먼 허공의 수들에 시선을 고정한 채 구두끈이 풀린 채 괴팅겐 중심가를 천천히 걸어가는 그의 모습을 자주 볼 수 있었다.

그 당시 괴팅겐에서 공부했던 저명한 무대 감독 쿠르트 히르슈펠트Kurt Hirschfeld는 이 젊은 수학자들과 물리학자들이 얼마나 괴상한 사람들이었는지 들려준다. 히르슈펠트는 보른의 '유치원' 멤버 한 명을 본 적이 있었는데, 그 학생은 생각에 골똘해 걸어가다가 넘어지면서 그대로 얼굴을 땅에다 처박았다. 히르슈펠트는 얼른 달려가 그를 도와 일으켜세우려고 했다. 하지만 넘어진 학생은 여전히 땅에 엎드린 채 도움의 손길을 맹렬하게 뿌리쳤다. "그냥 내버려두시겠어요? 전 지금 바빠요!" 뭔가 새로운 해답이 막 머릿속에 떠오른 게 분명했다. 현재 스위스 대학에서 물리학 교수로 일하는 프리츠 호우테르만스Fritz Houtermans는 니콜라우스부르크 거리에 있던 자신의 집 일층 창문을 누가 요란하게 두드리는 바람에 한밤중에 잠에서 깬 이야기를 들려준다. 한 동료 학생이 다급한 표정으로 제발 집 안으로 들여보내달라고 간청했다. 그 학생은 막 대단한 생각이 떠올랐다고 말했는데, 새로운 이론에서 풀리지 않은 일부 모순을 해결할 수 있는 것이라고 했다. 단잠을 방해받은 호우테르만스는 이 불청객을 쫓아내는 대신에 가운을 걸치고 슬리퍼를 신고 나가 안으로 맞아들였다. 두 사람은 새로 만든 방정식을 가지고 새벽까지 함께 계산을 했다.

흥분이 넘치던 이 시절에는 아주 젊은 학생에게 떠오른 그와 같은 '영감'이 국제 학계에 큰 파문을 일으키기도 했다. 심지어 거의 하룻밤 사이에 논문 저자에게 명성을 가져다주는 일도 자주 일어났다.

예를 들면, 교회사 교수의 아들로 태어난 베르너 하이젠베르크 Werner Heisenberg 는 뮌헨 '평의회' 혁명*이 일어나던 와중에 고등학교의 마지막 학년을 보냈고, 반공 학생 조직에 가담했다. 봉쇄된 도시에서 굶주리는 가족에게 음식을 가져다주기 위해 하이젠베르크는 두 번이나 목숨을 걸고 '백군'과 '적군'의 경계선을 뚫고 지나가는 모험을 했다. 신학교 지붕에서 보초를 설 때에는 플라톤의 저서를 읽으면서 고대 그리스 인이 주장한 원자설에 자극을 받았다. 하지만 플라톤의 『티마이오스 Timaios』에서 원자가 보통의 실제 물체라고 한 주장은 자신의 물리학 교과서에서 원자를 갈고리와

---

* 전쟁이 끝나기 직전인 1918년에 조직된 공산주의 계열의 '노동자-병사 평의회' 또는 소비에트. 독일 11월 혁명의 기폭제가 되었고, 이 혁명으로 독일 제정이 붕괴하고 공화국이 탄생했다.

눈이 달린 것으로 묘사한 그림만큼 만족스럽지 않았다. 어떤 권위도 존중하길 거부하는 이러한 비판적 태도는 1921년에 지도 교수 조머펠트가 보어 축제에 참석하러 하이젠베르크를 괴팅겐으로 데려갔을 때에도 여전했다. 열아홉 살에 불과했던 이 젊은이는 코펜하겐에서 온 위대한 물리학자의 말을 경청하기는커녕 론스와 하인베르크까지 가는 긴 산책 시간 동안 그와 함께 격론을 벌였다.

이 대화에서 큰 즐거움을 얻은 하이젠베르크는 물리학을 공부하기로 결정했다. 그의 이름은 얼마 지나지 않아 조머펠트가 발표한 논문에 협력자로 올라갔다. 스물세 살 때에는 보른의 조수로 일했고, 스물네 살 때에는 코펜하겐에서 이론물리학 강의를 했으며, 스물여섯 살 때에는 라이프치히 대학의 정교수가 되었다. 그리고 불과 서른두 살 때 중요한 이론적 연구를 한 업적으로 노벨물리학상을 받았는데, 그 연구는 실제로는 6~8년 전에 발표한 것이었다. 즉, 의학과 법학 분야라면 대부분의 학생이 막 공부를 마칠 나이에 그토록 대단한 업적을 이룬 것이다.

그와 가까웠던 친구는 괴팅겐 시절의 하이젠베르크를 이렇게 기억했다.

"그 당시에는 실제 모습보다 더 풋풋해 보였어요. 그의 마음을 사로잡은 도덕적 관념론인 독일 청년 운동에 가담해 활동했기 때문에 오픈 셔츠와 반바지를 자주 입었거든요. 하이젠베르크는 늘 원래부터 운이 좋다고 생각했는데, 그건 사실에 가까웠죠. '불확정성 원리'나 나중에 보른과 자신보다 몇 개월 어린 동료 학생인 파스쿠알 요르단의 도움으로 개발한 '행렬 미적분학'의 기본 개념 같은 것은 저절로 굴러들어온 것처럼 보였거든요.

하지만 정치적 격변이 그에게 슬픔과 의심을 안겨준 후 나중에 하이젠베르크를 안 사람들은 그가 한때 얼마나 빛나는 사람이었는지 모를 거예요. 혁명적인 양자역학 개념은 1925년에 헬리골란트에서 만들었는데, 그곳에서 하이젠베르크는 붉은색 절벽 위로 올라가 괴테의 『서동시집 西東詩集, West-östlicher Divan』을 읽으면서 그 사이에 틈틈이 일종의 지적 도취 상태에서 자신의 개념을 개발했지요. 그 행복했던 성령강림절(예수가 부활 후 제자와 교도 앞에 나타난 날. 부활 후 50일째 되는 날에 나타났다고 해서 오순절 伍旬節이라고도 한다 – 옮긴이) 휴가 기간에 하이젠베르크가 잠을 조금이라도 잤는지 의심스러워요."

마르고 홀쭉한 디랙은 스위스 인 아버지와 영국인 어머니 사이에서 태어났는데, 하이젠베르크보다 훨씬 어린 나이에 물리학계에서 높은 명성을 얻었다. 해당 분야의 전문 물리학자들조차 그의 정신적 사고 과정을 따라가기 힘들 때가 있었다. 하지만 이 '원자 신비주의자'는 전혀 개의치 않았다. 디랙은 케임브리지에 있지 않을 때에는 괴팅겐 대학의 제2물리학연구소 강의실 중 한 곳에서 연구할 때가 많았다. 그는 마치 꿈을 꾸는 듯이 칠판에 죽 적은 기호들과 정신적 대화를 나누었다. 다른 사람 앞에서도 디랙은 수학적 증명 단계를 말로 설명하는 경우가 드물었다. 물론 말로는 자신의 의중을 제대로 표현하지 못했을 것이다. 다른 물리학자들은 디랙이 너무나도 과묵해서 한 문장 전체를 말하는 일은 1광년에 한 번씩만 일어난다고 말했다.*

　천재성에서 영감을 얻거나 천재성을 타고난 이 20대 젊은이들 소집단에 속한 사람 가운데 괴팅겐의 뛰어난 동료 사이에서 별 주목을 끌지 못한 이탈리아의 엔리코 페르미 Enrico Fermi가 있었다. 또, 영국 해군 장교 출신으로 원자 수준에서 활동이 일어나는 경이로운 세계를 사진 찍고 해석한 '팻' 블래킷 'Pat' Blackett도 있었다. 소련에서 온 명랑하고 기이한 영혼 조지 가모프 George Gamow는 어느 누구보다도 많은 아이디어가 넘쳤지만, 참과 거짓을 구별하는 일은 다른 사람들에게 넘겼다. 빈에서 온 볼프강 파울리 Wolfgang Pauli도 있었는데, 그는 새로운 아이디어가 떠오르자 기쁨을 주체하지 못해 뮌헨의 아말리엔슈트라세에서 춤을 춘 적도 있었다. 물론 이들은 모두 자신이 엄청나게 중요한 연구에 동참하고 있다는 사실을 알았다. 하지만 다소 심원한 자신들의 연구가 그토록 빨리 그리고 그토록 심대하고 강렬하게 인류의 운명과 자신들의 삶에 영향을 미치리라고는 전혀 생각지 못했다.

　오스트리아에서 온 젊은이 프리츠 호우테르만스는 1927년에 동료 학생인 로버트 앳킨슨 Robert Atkinson과 함께 괴팅겐 근처에서

---

*　유럽 대학에서 학기 말에 흔히 벌어지는 풍경 가운데 4행시 짓기가 있다. 나는 다음 4행시를 디랙이 쓴 것이라고 생각한다.

　"나이는 당연히 고열과 오한이라네.
　모든 물리학자가 두려워하는 것이지.
　조용히 사느니 차라리 죽는 게 나아,
　물리학자가 서른 살을 넘긴다면 말이야!"

도보 여행을 하던 어느 무더운 여름날, 자신이 생각한 개념이 25여 년 뒤에 세계의 종말을 가져오는 데 결정적 역할을 할지도 모를 '절대' 무기인 최초의 수소폭탄 폭발로 이어지리라고는 꿈도 꾸지 않았다.

두 대학생은 무료한 시간을 보내기 위해 자신들의 머리 위에서 작열하던 태양의 무한정한 에너지원이 무엇일까 하는 오랫동안 풀리지 않은 문제를 반농담조로 이야기했다. 여기에 평범한 연소 과정이 관여할 리는 만무했는데, 그랬더라면 태양의 모든 물질은 수백만 년 이상 계속돼온 강렬한 열에 이미 오래전에 다 타버리고 말았을 것이다. 하지만 물질과 에너지의 상호 전환에 관한 아인슈 타인의 공식이 나오자, 하늘의 그 거대한 실험실에서 원자 변환 과정이 일어나는 것이 아닐까 하는 의심이 날로 커지고 있었다.

앳킨슨은 케임브리지에서 러더퍼드가 원자 변환 실험을 할 때 함께 참여한 적이 있었다. 그래서 동료에게 캐번디시연구소에서 일어난 일이 '저곳 위'에서도 분명히 일어날 수 있을 것이라고 언 급했다.

그러자 호우테르만스는 "당연히 그렇지! 그럼, 함께 그 수수께 끼를 풀어보는 게 어떨까? 태양의 경우에는 그런 일이 어떻게 일 어날 수 있을까?"라고 말했다.

바로 이것이 계기가 되어 앳킨슨과 호우테르만스는 태양의 열 핵 반응 이론을 생각하기 시작했다. 그리고 나중에 두 사람은 이 이론으로 큰 명성을 얻었다. 두 사람은 태양 에너지가 가벼운 원 자들의 파괴가 아니라 융합을 통해 발생할지도 모른다는 추측을 처음으로 내놓았다. 이 개념의 발전은 오늘날 인류의 생존을 위협하는 수소폭탄 개발로 곧장 이어졌다.

물론 그 당시 원자를 연구하던 이 두 젊은 학생은 그 연구가 이처럼 해로운 결과를 초래하리라고는 꿈에도 생각지 않았다.

호우테르만스는 그 당시의 일에 관해 이렇게 이야기했다. "그날 저녁, 과제를 마친 뒤에 나는 예쁜 아가씨와 산책을 했어요. 어두워지자마자 별이 하나씩 차례로 나타나면서 찬란한 빛을 내뿜었지요. 그 아가씨는 '정말 아름답게 빛나지 않아요?'라고 외쳤지요. 하지만 저는 가슴을 내밀면서 자랑하듯 말했어요. '왜 별이 빛나는지 어제 알아냈어요.' 하지만 아가씨는 그 말에 조금도 감동하는 것 같지 않았어요. 아마도 그 말을 믿지 못했겠지요. 어쩌면 그 순간에는 그 문제에 아무런 관심도 없었을 거예요."

1 9 3 2 ~ 1 9 3 3

정치적 갈등

3

레빈Levin이라는 직물 제조업자는 괴팅겐 메르켈슈트라세에 있던 자기 집 2층을 제임스 프랑크에게 세주었다. 어느 날 저녁, 이전에도 자주 그랬듯이 한 외국인 물리학자가 그 집 거실에 손님으로 왔다. 그런데 이번에는 사람들이 평소보다 방문객의 말에 더 귀를 기울였다. 그럴 수밖에 없었던 것이, 아브람 표도로비치 이오페Abram Fyodorovich Ioffe 교수는 소련에서 왔고, 국가가 과학자에게 제공하는 실질적 지원에 관한 경이로운 이야기를 들려주었기 때문이다. 소련에서는 제2물리학연구소가 직면한 것과 같은 재정적 고민이 전혀 없다고 했다. 1929년의 추운 겨울 내내 제2물리학연구소 건물은 난방이 거의 되지 않았다. 늦가을부터는 전기를 아끼기 위해 오전 10시 이전과 오후 4시 이후에 일하는 것을 엄격하게 금지했다. 레닌그라드에서 온 이 물리학자는 자신의 연구소에는 학생이 300명이나 있고 후한 급료를 받는 조수도 아주 많다고 말했다.

이들은 모두 안정적 일자리와 지속적 승진을 보장받았는데, 야심만만한 그들의 조국에는 유능한 과학자가 많이 필요하기 때문이라고 했다.

"여기까지는 듣기에 아주 좋은 이야기뿐이죠." 이오페는 이렇게 말하고 나서 갑자기 목소리를 낮추더니, 들릴락 말락 하는 목소리로 덧붙였다. "나는 가끔 화산 위에서 살아간다는 느낌이 듭니다. 화산이 언제 무슨 이유로 폭발할지는 아무도 모르지요."

소련에서 스탈린과 다른 공산당 파벌 사이에 벌어진 내부 권력 투쟁이 극에 달하자, 과학자들에게까지 그 여파가 미치기 시작했다. 이전에 별 어려움 없이 해외여행을 하던 소련 물리학자들 가운데 돌연 설명할 수 없는 이유로 유럽에서 그 모습을 볼 수 없게 된 사람들이 있었다. 유럽을 방문한 소수의 물리학자들마저 다른 나라 물리학자들과 거리를 두려는 태도가 눈에 띄게 드러났다. 소련 물리학자 란다우는 트로츠키주의(레닌과 스탈린의 일국—國 사회주의 건설 이론에 반대하여 트로츠키가 내세운 사회주의 혁명 이론. 혁명의 규모를 전 세계적 차원으로 확대하지 않으면 사회주의 혁명은 성공할 수 없다고 주장했다—옮긴이)를 지지한다는 의심을 받았다. 그래서 베를린 공과대학 동료들에게 자신과는 절대로 정치적 토론을 하지 말아 달라고 당부했다. 불과 몇 년 전만 해도 란다우는 정반대 태도를 보이면서 새로운 사회 질서를 열정적으로 옹호했다. 구멍 난 신발을 신고 베를린에 도착한 그는 어째서 자신에게 새 신발을 한 켤레가 아니라 두 켤레를 주는지 도저히 이해가 가지 않았다. 그는 그런 '자본주의 관습'을 비판하면서 "왜 신발이 두 켤

레나 필요하단 말인가?"라고 말했다.

가모프는 마술 묘기와 유치한 게임으로 청중을 즐겁게 해줄 준비가 항상 되어 있었고, 물리학자들 가운데 '순진무구한' 사람으로 소문이 나 있었다. 그런 가모프가 비밀경찰과 결코 우스꽝스럽다고 할 수 없는 숨바꼭질 놀이를 하고 있다는 소문이 괴팅겐과 케임브리지, 코펜하겐에 나돌았다. 더 이상 서방 세계를 방문할 수 없다는 사실을 안 가모프는 처음에는 아프가니스탄 국경을 넘어 탈출하려고 시도했지만, 도중에 붙잡히고 말았다. 가모프는 자신을 붙잡은 국경 경비병에게 자신이 그저 등산을 하고 있었을 뿐이라고 설득했다. 얼마 전에 결혼한 가모프는 곧 두 번째 탈출을 시도했다. 아내와 함께 작은 돛단배를 타고 흑해를 건너 터키 해안으로 갈 계획을 세웠다. 하지만 불행하게도 심한 폭풍을 만나 난파 직전에 자신이 피하려고 애썼던 국경 순시선에 구조되었다.

가모프는 공산주의에 찬성하지도 반대하지도 않고, 단순히 국가가 제공하는 교육과 직업의 기회를 활용하려고 한 혁명 후 세대에 속했다. 하지만 모스크바에 있는 국가 '기관'의 새 지배자들은 과학 전문가들의 중립적 태도를 더 이상 묵과하지 않겠다는 의지를 표명했다. 그들은 적극적인 이념적 지지를 요구했다.

소련의 문화 부문 정치위원들은 특히 현대 물리학(1920년대에 서구 세계에서 받아들여지던 형태로서는)을 이념적으로 의심스럽다고 판단했다. 아원자 과정을 관찰하는 행동에서 주체(관찰자)와 객체(관찰되는 물체)를 명확하게 구분하는 것이 더 이상 불가능하다는 주장(특히 보어와 하이젠베르크가 제기한 주장)은 유물론 교리와 정면으로 충돌했다. 이 견해에 따르면, 개인은 자연 현상에 지나치게 큰 영향력을 행사할 가능성이 있었다. 소련의 공식 철학자들은 이 사실을 인정하는 태도는 '위험한 관념론'에 해당하며, 그것은 결국 '기독교적 반계몽주의'로 이어진다고 보았다.

야로슬라프 프렝켈Jaroslav Frenkel은 모스크바에서 강연한 '노동자를 위한 강의'에서 빛은 관찰하는 시점의 조건에 따라 작은 입자나 파동으로 묘사할 수 있다는 이론을 소개했다. 그리고 농담으로 이렇게 덧붙였다. "물론 지금까지 우리가 널리 알고 있는 생각에 따른다면, 이 두 가지는 절대적으로 상호 배타적이지요. 그러니 동무 여러분, 월요일, 수요일, 금요일에는 입자설을 믿고, 화요일, 목요일, 토요일에는 파동설을 믿어도 됩니다." 그러자 청중 속에 있던 한 여성이 이 발언에 꼬투리를 잡고 나섰다. 그 여성은 강연자가 '부르주아 선전'에 빠졌다고 단호하게 비판했다. 당국은 이 소문을 듣고서 그 물리학자를 '반동분자'로 처벌했다. 그가 한 것이라고는 그저 자신의 전문 분야에서 일어난 최신 정보를 소개한 것뿐이었는데도 말이다. 심지어 소련 백과사전에 실린 프렝켈 항목도 소련에서 최고로 꼽을 만한 현대 물리학 교수에 대한 비난을 잊지 않았다. "프렝켈의 철학적 개념들은 유물론에 대한 그의 태도로 미루어보면 명료성과 일관성 면에서 그다지 뛰어나지 않다. 그의 책에 나오는 많은 진술은 직접적 또는 간접적으로 관념론적 왜곡이 있으며, 당연히 소련 과학계로부터 강한 비판을 받았다."

1930년에 경제 위기가 시작되자, 정치 분야의 삐걱거리는 파열음에서 생겨난 메아리가 점점 커지면서 괴팅겐의 평온함도 흔들리기 시작했다. 중산층이 많이 보던 이 도시의 최대 신문《일간 괴팅겐 Göttinger Tageblatt》은 몇 년 동안 매우 보수적인 태도를 견지해 왔다. 그런데 독일의 나머지 민족주의 언론이 '지도자'에 대한 판단을 여전히 어느 정도 유보한 태도로 다루던 시점에《일간 괴팅겐》은 아돌프 히틀러를 구세주로 찬양하기 시작했다. 제2물리학 연구소와 수학연구소 학생들은 조심스럽게 국가사회주의독일노동당(나치스) 아래로 뭉치기 시작했다. 이들의 활동은 당분간 지지자들 사이에 반유대주의 선전을 퍼뜨리는 데 국한되었고, 그나마 자신들의 유대 인 교수들은 당연히 그 비판 대상에서 제외했는데, 일상적인 경험을 통해 이들의 인품에 흠결이 없다는 것이 잘 알려져 있었기 때문이다. 괴팅겐 대학생들 사이에 작지만 활동적인 공산주의자 세포 조직도 있었는데, 이들은 공산주의 전단과 팸플릿을 몰래 물리학 대학 도서관으로 들여왔다. 이 사건에 대한 조사가 이루어졌다. 비록 범인은 찾아내지 못했지만, 이전에 분위기가 매우 우호적이었던 대학에는 긴장과 의심의 분위기가 커져갔다.

　몇 년 전에 베를린에서 민족주의자 학생들이 상대성 이론을 강의하던 아인슈타인에게 야유를 보내 그를 연단에서 내려가게 한 일이 있었다. 괴팅겐 사람들은 이 사건에 혐오감을 느꼈다. 그들은 "이곳에서 학생 시위는 딱 한 번밖에 없었습니다. 그때, 학생들은 막 도착한 유명한 물리학자의 집으로 행진해서 황혼녘에 플랑크의 양자 공식을 외침으로써 열광적으로 환영했지요."라고 말했다. 하지만 이제는 이 목가적인 대학 도시에서조차 뛰어난 수학자이자 아인슈타인과 가까운 친구인 헤르만 바일 Hermann Weyl 처럼 '못

마땅한' 교수를 비난하는 시위가 다소 자주 일어나기 시작했다.

갈색 셔츠를 입은 학생들은 폴란드나 헝가리에서 독일로 공부하러 온 유대 인이나 반‡유대 인 대학생들에게 특히 맹공격을 퍼부었다. 이들 학생은 자신들이 살던 나라에서도 이미 '냉혹한' 반유대주의의 희생자였는데, 학과당 유대 인 입학생 수를 제한하는 '입학 정원제'로 대학 입학을 거부당했기 때문이다. 이제 이들은 또다시 인종적 편견의 희생자가 되었다. 유진 위그너 Eugene Wigner, 레오 실라르드 Leo Szilard, 존 폰 노이만 John von Neumann, 에드워드 텔러 Edward Teller 처럼 재능 있는 젊은 과학자들은 그 당시 괴팅겐, 함부르크, 베를린에서 원자물리학 분야의 논의에 주목할 만한 기여를 하고 있었다. 불과 몇 년 뒤에 이들은 원자폭탄 개발에 가장 적극적으로 기여한 주역이 된다. 그토록 가공할 만한 무기를 히틀러가 먼저 손에 넣을 가능성에 이들이 느꼈을 공포는 1932년과 1933년에 국가사회주의독일노동당 학생들로부터 받았던 학대와 박해를 알아야만 제대로 이해할 수 있다. 이들은 정치적 광신의 침범으로 학계의 평화가 무너진 충격을 결코 완전히 잊지 못했고, 이 충격은 결국 새로운 역사를 만드는 계기가 되었다.

히틀러가 권력을 잡기 오래전에 노벨상 수상자인 필리프 레나르트 Philipp Lenard 와 요하네스 슈타르크 Johannes Stark 를 중심으로 '민족주의 연구자들'을 자처하는 독일인 물리학자 집단이 결성되었다. 이 집단은 대담하게도 아인슈타인의 상대성 이론을 '유대 인 세계의 허풍'이라고 선언했다. 이들은 아인슈타인과 보어의 데이터를 기반으로 한 모든 연구를 '유대 인 물리학'이라는 이름으로 폄하하려고 시도했다. 그 무렵에도 그들은 상대성 이론과 양자역학을 기반으로 자신의 연구를 발표한 아리아 인에게 '유대 인 정신을 가진' 사람이라는 딱지를 붙였다. 요하네스 슈타르크는 특히 조머펠트에게 원한이 사무쳤다. '독일 물리학'이라는 모호한 과학을 발명한 이 오만한 과학자는 뮌헨의 조머펠트가 자신의 연구를 겨냥해 뼈아픈 비판을 제기하자 발끈했는데, 조머펠트는 농담조로 슈타르크를 '조반니 포르티시모 Giovanni Fortissimo'*라고 불렀다. 아인슈타인이 처음 사용한 이 별명은 그 후 그대로 굳어졌다. 슈타르크는 또한 자신이 뷔르츠부르크 대학에서 잘린 것도 뮌헨의 저명한 동료 때문이라고 생각했다. 사실은 슈타르크가 해고된 이유는 따로 있었는데, 노벨 재단 규정을 어기고 자신의 노벨상 상금을 도자기 공장 매입에 사용했고, 그 후 과학적 의무를 다하기보다 이 일에 더 많은 관심을 기울였기 때문이다. 바이마르 공화국의 학계는 일부 구성원이 선동적인 인종 차별에 빠지는 것을 그다지 심각하게 여기지 않았다. 당분간은 학문적 업적을 무엇보다도 중요시했다. '독일 물리학'을 지지하면서 선동가로 변한 사람들은 더 이상 큰 관심을 끌지 못했고, 그들의 '어리석은 외침'은 별 의미가 없는 것으로 간주되었다.

이상한 사람들과 인정받지 못한 사람들과 성공하지 못한 사람들이 나치스 물리학자들 주위에 모이면서 불안을 점점 키워간 상

---

* 조반니는 바람둥이 귀족인 돈 후안을 가리키고, 포르티시모는 음악에서 '아주 강하게'란 뜻이다 ('슈타르크 Stark'가 독일어로 '강하다'라는 뜻이기 때문에 이런 농담을 한 것이다 - 옮긴이).

황은 독일의 심각한 정치적, 사회적 불안정을 반영했다. 실업률은 매주 높아만 갔다. 신문에서는 매일 '갈색 셔츠단'과 다른 정당원들 사이에 벌어진 연설회장 폭력 사태를 보도했다. 정치적 암살은 일상적 사건이 되었다. 하지만 괴팅겐의 원자물리학자들은 전 세계의 대다수 자연과학자들과 마찬가지로 처음에는 이와 같은 터무니없는 사건들을 무시하며 살아갈 수 있다고 생각했다. 그리고 편집광에 맞먹는 집요함을 보이면서 이전보다 훨씬 더 열심히 연구에 몰두했다.

15년 뒤에 프랑크는 이들이 이처럼 무사안일주의자 같은 태도를 보인 이유를 명쾌하게 분석했다. 1947년에 그는 원자과학자 비상위원회에서 이렇게 말했다.

무한히 많은 미해결 문제 가운데 활용 가능한 지식과 기술로 해결이 가능해 보이는 단순한 문제만 선택하는 것은 과학에서는 하나의 관행 – 어쩌면 원칙 – 입니다. 우리는 자신이 얻은 결과를 가장 혹독한 비판에 노출하도록 훈련받습니다. 이 두 가지 원칙을 고수하면 얻는 지식은 아주 적지만, 반면에 이 적은 지식이 옳다는 확신을 가질 수 있습니다.

우리 과학자들은 이런 원칙을 정치계와 사회 질서의 엄청나게 복잡한 문제에 적용할 수 없을 것처럼 보입니다. 일반적으로 우리는 신중하고 따라서 관대합니다. 그래서 완전한 해결책을 받아들이길 꺼리는 경향이 있습니다. 우리는 바로 이 객관적 태도 때문에 결코 어느 한쪽만이 완전히 옳을 수 없는 정치적 차이들 앞에서 강한 주장을 펼치지 못합니다. 그래서 우리는 상아탑 속으로 들어가 숨는, 가장 쉬운 길을 택했습니다. 우리는 과학 연구의 결과가 좋은 쪽이나 나쁜 쪽으로 활용되는 것은 자신의 책임이 아니라고 생각했습니다.

괴팅겐 대학의 명성은 수백 년에 걸쳐 꾸준하게 쌓인 눈부신 업적과 성공적인 연구를 통해 서서히 형성되었다. 그 명성은 전 세계에 널리 알려졌다. 그런데 1933년 봄의 몇 달, 아니 사실은 몇 주일 만에 그 명성이 와르르 무너지고 말았다. 괴팅겐 대학과 독일 전역의 대다수 대학들에서는 다수를 대변한다고 자처하던 소수의 학생들이 시끄러운 시위를 일으켰다. 정치적 선동가들이 격정적 연설을 통해 '새 질서'의 도래를 선언했다. 존경받던 학자들의 견해나 혈통을 마치 범죄인 양 비난하면서 그들을 대학에서 난폭하게 축출하는 사태도 일어났다. 조용한 도피처 같았던 괴팅겐에서 일어난 이런 일은 다른 대학 도시에서 일어난 것보다 더 무분별하고 터무니없는 짓처럼 보였다. 왜냐하면, 이곳에서는 동료 시민끼리 서로 너무나도 잘 알아 국가의 새 지도자들이 끊임없이 쏟아내는 비난을 믿지 않았기 때문이다. 자리에서 물러나라는 통보를 받은 사람들이 대체 불가능할 정도로 소중한 사람이라는 사실은 모두가 분명히 알고 있었다. 유럽 각지와 미국, 심지어 아시아의 학생들은 그들을 존경해서 이곳까지 왔다. 만약 이들이 떠난다면, 괴팅겐 대학은 그렇고 그런 지방 대학 수준으로 추락하고 말 게 뻔했다.

약 100년 전에 하노버 왕의 헌법 위반 행위에 항의했다는 이유로 교수 7명이 괴팅겐 대학을 떠나야 했던 일이 있었다. 이번에도 교수 7명이 또 다른 헌법 위반의 첫 번째 희생자가 되어 대학을 떠나라는 강요를 받았다. 히틀러가 권력을 잡은 지 한 달도 채 안 돼 자연과학부 교수 7명을 즉각 퇴출하라는 명령이 베를린에서 전보로 날아왔다. 마침 외국에 나가 있었던 막스 보른을 비롯해 대부분의 당사자는 이러한 자의적 결정에 이의를 제기하려는 노력을 진지하게 기울이지 않았다. 오직 한 사람, 수학자 리하르트 쿠란트Richard Courant만이 탄원서를 제출함으로써 그 결정에 저항하려고 노력했다. 하지만 제1차 세계 대전 때 베르됭 전투의 최전선에서 싸우다가 배에 총탄을 맞고 심한 독가스 공격을 받은 경력까지 있어 '애국 독일 시민'으로 대우받을 자격이 충분하다고 생각한다는 그의 주장은 받아들여지지 않았다. 하이젠베르크, 힐베르트, 루트비히 프란틀Ludwig Prandtl, 조머펠트뿐만 아니라, 노벨상 수상자 막스 폰 라우에Max von Laue와 플랑크까지 포함된 독일인 교수 22명이 그를 옹호하며 서명한 탄원서도 문제 해결에 조금도 도움이 되지 않았다.

프랑크는 처음에는 축출 대상에서 빠졌다. 노벨상 수상자로 해외에도 널리 알려진 명성이 분명히 도움이 되었을 것이다. 하지만 그는 그런 특권을 스스로 내려놓을 만큼 자부심이 강한 사람이었다. 1933년 4월 17일, 프랑크는 사직서를 보냈다. 이틀 뒤, 그는 아직 나치스의 방침에 완전히 복종하지 않던 몇몇 신문 지면을 통해 쫓겨난 동료들을 따라 자신도 교수직에서 물러나겠다고 발표했다. 그는 "유대 인 혈통을 물려받은 우리 독일인은 이제 이방

인이자 국가의 적처럼 취급받고 있습니다."라고 불만을 표시했고, 자신은 어떤 특별한 지위에도 아무 욕심이 없다고 강조했다.

하지만 괴팅겐 대학의 일부 교수들은 위대한 물리학자의 고결한 행동을 불쾌하게 받아들였다. 강사와 교수 42명은 학계의 자유와 지적 존엄성을 옹호하는 대신에 괴팅겐 지역 나치스 본부에 악명 높은 문서를 보냈다. 이 문서에서 이들은 프랑크의 행동을 "외국인의 잔학 행위 선전에 놀아나는 것"이라고 비난했다. 괴팅겐 대학의 자연과학자 가운데 유대 인 교수들의 해임에 공개적으로 항의할 만한 용기가 있었던 사람은 단 한 명뿐이었다. 바로 생리학자 오토 크라이어 Otto Krayer 였다. 크라이어는 자신의 해임(새 프로이센 교육부 장관 슈투카르트 Stuckart 의 명령으로 일어났다)이나 이제 평생 동안 다시는 교수로 임용되지 못할 수도 있다는 위협에 전혀 겁먹지 않았다.

대다수 괴팅겐 대학 교수들은 자신들의 고요한 피난처가 선동가들과 증오의 목소리로 시끄러워지는 사태를 개탄했지만, 자리를 보전하려는 생각에 감히 이의를 제기할 엄두를 내지 못했다. 장점이라곤 때맞춰 나치스에 가입한 것밖에 없는 2류나 3류 인물들이 모든 것을 재조직하고 이런저런 법령을 만들어 내놓기 시작했을 때, 이들은 가벼운 조롱만 받았을 뿐 실질적 저항이라곤 전혀 받지 않았다. 물론 그런 조롱은 어느 누구에게도 아무런 위해도 가하지 못하는 것이었다. 나치스의 새 도첸텐퓌러 Dozenten-führer (각 대학에서 교직원들을 감시하는 정치적 감독관 – 옮긴이)가 된 사람은 그 당시에 숙청 요원이자 새 질서의 대변인으로서 위세를 떨쳤지만, 얼마 지나지 않아 다른 사람들의 연구를 표절한 전력이 드러났다. 많은 사람들은 이 초기 단계부터 이미 그가 지적 재산을 훔친 도둑이자 허풍쟁이라는 사실을 알아챘다. 그러나 그의 직위 박탈을 요구할 만한 시민의 용기를 가진 사람은 아무도 없었다. 아직 건질 수 있는 것이나마 손에 쥐고 있으려면 협력하는 수밖에 없었기 때문이다. 남아 있던 교수들은 이런 태도를 통해 훗날 자신들의 나라뿐만 아니라 전 세계에 이루 말할 수 없는 불행을 초래할 정권을 용인한 위장 지지자가 되었다.

이 우울한 사건들이 일어나고 나서 몇 주일 뒤, 프랑크의 동료들과 학생들 그리고 친구들이 환송식을 위해 제2물리학연구소 휴게실에 모였다. 프랑크가 떠나기 전날 밤에 이들은 감사와 존경심을 표시하고자 했다. 조수인 귄터 카리오가 짧은 연설과 함께 프랑크에게 아름다운 시절의 기념품으로 가져가라고 괴팅겐의 사진이 실린 앨범을 건넸다. 프랑크는 그 선물을 받고서 감격한 기색을 감추지 못했다.

다음 날, 프랑크는 메르켈슈트라세에 있던 집의 방들을 비웠다. 그리고 혼자서 차를 몰고 역까지 갔는데, 사람들에게 혼자 떠나게 해달라고 부탁했기 때문이다. 그래도 역에는 많은 친구들이 나와 있었다. 짐을 날라준 알보른Ahlborn은 프랑크가 떠나던 장면을 다음과 같이 짧게 묘사했다. "상상해보세요. 교수님이 열차에 올라탄 뒤에도 열차가 움직이지 않았어요. 기관차는 가려고 하지 않았어요. 우리의 새 지도자들보다 훨씬 분별이 있었던 거지요!"

괴팅겐에 남은 사람들 — 그때에도 저명한 사람들이 일부 남아 있었다 - 이 제3제국에서 기울인 노력의 성과는 1920년대의 위대한 업적에 전혀 필적하지 못했다. 그 당시 괴팅겐 대학의 상태를 가장 명쾌하게 설명한 사람은 그 당시에 이미 나이를 먹을 만큼 먹은 수학자 힐베르트였다. 괴팅겐 대숙청이 일어난 지 약 1년 뒤, 힐베르트는 만찬 자리에서 새 교육부 장관 루스트Rust 옆의 상석에 앉았다. 루스트는 경솔하게 이렇게 물었다. "교수님, 유대 인과 그 친구들이 떠나고 나서 교수님 연구소가 큰 타격을 받았다는 이야기가 사실인가요?" 힐베르트는 최대한 냉정하게 응수했다. "타격을 받았느냐고요? 장관님, 연구소는 전혀 타격을 받지 않았습니다. 더 이상 존재하질 않으니까요!"

　시끄러운 정치적 광분의 격류 속에서도 상호 관용이 허용되는 평화로운 섬이 아직 하나 남아 있었다. 코펜하겐 블레그담스바이 15번지에 위치한 이론물리학연구소에는 히틀러가 권력을 잡고 스탈린이 '신노선'을 추구하기 이전 시절처럼 온갖 국적과 인종과 이념을 가진 물리학자들이 그들의 스승인 닐스 보어 주위에 모였다. 공적 생활에서 수치를 모르는 반쪽 진실과 거짓 주장이 한 나라에서 다른 나라로 점점 퍼져갈수록, 보어 집단에 속한 사람들은 잡힐 듯 잡힐 듯 하면서 계속해서 점점 더 깊은 층으로 도망가는 진리의 모호한 이미지를 발견하려고 더 열심히 노력했다. 새 독재자들은 자신들의 강령에서 벗어나는 것은 어떤 것도 용인하지 않았고, 자신들의 계획을 조금이라도 비판하는 사람에게는 야만적인 처벌을 내렸다. 반면에 '코펜하겐 정신'은 비판을 장려했다. 모든 것을 여러 관점에서 바라보라고 권장했고, 모순되는 것처럼 보이는 또 다른 수준에서 최종적인 종합을 구하려고 했다.

보어는 속세의 일에 초연할 것처럼 보였지만, 독재 정권 치하에서 살던 동료들을 돕기 위해 물리학자 가족 중 어느 누구보다도 신속하고 효과적인 행동을 취했다. 원자 연구를 하면서 아직 독일에 머물고 있던 많은 물리학자들은 사전에 그런 초대를 요청한 적이 없었는데도 편지함에서 보어가 보낸 긴급 초대장을 발견했다. 그 메시지는 대개 이런 식이었다. "여기로 와 당분간 우리와 함께 머물면서 어디로 갈지 결정할 때까지 조용히 생각할 시간을 가지는 게 어떻겠습니까?"

이들은 1933년 가을에 독일에서 출발한 열차를 타고 코펜하겐에 도착했다. 보어의 연구소에서 나온 사람들에게 친척처럼 다정한 환영을 받은 이들은 몇 시간 뒤에 당의 명령과 말없는 고통이 지배하던 세계에서 상호 존중과 우애가 넘치는 이전의 친숙한 환경으로 돌아온 것이 기적처럼 느껴졌다.

보어의 제자였던 카를 프리드리히 폰 바이츠제커 Carl Friedrich von Weizsäcker 가 말했듯이, 보어는 대부분의 학교장이 지녔던 자질 가운데 두 가지가 부족했다. 즉, 보어는 독단적인 선생도 폭군도 아니었다. 자신의 개념이 엄격한 비판을 받거나 심지어 무례한 비판을 받더라도, 자존심이 상한 기색을 전혀 드러내지 않았다. 1930년대가 시작되던 해에 매년 열리던 9월 세미나 시작을 기념해 보어의 외국인 학생들이 참여해 펼친 「파우스트」 패러디 공연은 보어가 이끈 학계에서 자유롭고 편한 스승과 학생 간의 관계가 어떤 것인지 생생하게 보여주었다. 이 연극에서 주님은 분명히 보어를 가리킨다. 메피스토펠레스 역은 그의 제자이자 지칠 줄 모르는 비판자인 볼프강 파울리가 맡았다. 패러디라서 약간 과장된 형태로 표현된 두 사람 사이의 대화는 다음과 같이 펼쳐졌다.

보어(주님): 또 말할 게 없느냐?

언제나처럼 이의만 제기할 거냐?

물리학은 아예 옳지 않다는 거냐?

파울리(메피스토펠레스): 아뇨, 이건 말이 안 돼요. 물리학은 늘 그런 것처럼 근본적으로 잘못됐어요!

심지어 내가 고통스러워하는 날에도 물리학은 나를 걱정하게 만들어요. 나는 물리학자들을 더욱더 괴롭힐 거예요.

보어(흥분할 때마다 늘 그러듯이 독일어와 영어를 섞어 쓰면서): 오, 정말 끔찍하구나! 이런 상황에서 우리는 고전적 개념들이 본질적으로 실패한 것을 기억해야 해……. 무스 이히 사겐 muss ich sagen (이 말은 꼭 해야겠어)……. 그저 몇 마디만……. 너는 질량에 관해 무슨 주장을 하고 싶은 거냐?

파울리: 뭐라고요? 질량이라고요? 그건 없애버려야 해요!

보어: 음, 그것 참 아주 흥미롭군……. 하지만…… 하지만…….

파울리: 아뇨, 말하지 마세요! 말도 안 되는 소리 그만하세요!

보어: 하지만…… 하지만…….

파울리: 제발 입을 다무세요!

보어: 하지만 파울리! 파울리! 우리는 실제로는 네가 생각하는 것

보다 훨씬 많은 점에서 의견이 일치해. 물론 나는 전적으로 동의해! 다만…… 분명히 우리는 질량을 없앨 수 있어. 하지만 전하만큼은 유지해야 해…….

파울리: 무엇 때문이죠? 왜요? 아니죠, 그건 희망 사항일 뿐이에요! 왜 전하까지 없애면 안 되는데요?

보어: 나는 묻지 않을 수 없어……. 물론 나는 완벽하게 이해해……. 하지만……, 하지만…….

파울리: 입 다물어요!

보어: 하지만 파울리, 말을 마칠 기회를 주어야지! 만약 질량과 전하를 모두 다 없앤다면, 뭐가 남지?

파울리: 오, 그야 아주 간단하지요! 뭐가 남느냐고요? 중성자지요!

(잠시 침묵이 흐르고, 두 사람은 이리저리 왔다 갔다 한다.)

보어: 이 모든 것은 비판이 아니라 배움을 위한 것이야.

이제 나는 그만 가봐야겠네.

(퇴장한다.)

파울리(독백으로): 종종 나는 저 노인이 보고 싶고, 사이가 나빠지는 걸 원치 않아. 위대한 주님이 몸소 파울리와 인간적인 대화를 나누려고 하는 것은 정말로 훌륭한 태도가 아닐 수 없어!

(퇴장한다.)

보어는 자신을 대단한 사람으로 여기지 않았으며, 그래서 적절한 존경을 받지 못하는 일이 있더라도 그다지 신경 쓰지 않는 것처럼 보였다. 아마도 바로 이 이유 때문에 그와 함께 일한 사람들은 모두 그를 매우 존경했으며 그에게서 따뜻한 애정을 느꼈는데, 다른 스승들은 좀체 누리기 힘든 복이었다. 그들은 딴 데 정신이 팔려 멍한 상태에 빠지는 보어의 버릇이나 나쁜 기억력에 미소를 지었지만, 그들이 미소를 짓는 바로 그 행동에서, 정말로 본질적인 것에 집중하기 위해 당분간 그 밖의 모든 문제를 외면하는 능력을 지닌 정신을 존경했다. 1932년, 정부는 덴마크에서 가장 뛰어난 지성을 가진 사람에게 그에 합당한 존경을 표시하는 의미로 칼스버그 성을 마음대로 사용하는 특권을 주었다. 보어는 자전거를 타고 성을 떠나 이론물리학연구소로 가는 동안 빨간색 신호등을 거의 보지 않았다. 전차를 타고 갈 때에는 생각에 깊이 빠진 나머지 내려야 할 곳을 그냥 지나쳐 종점까지 가기도 했고, 가끔은 거기서 돌아오는 길에도 내려야 할 곳을 또 그냥 지나치는 일도 있었다. 하지만 보어의 활동은 연구에만 국한되지 않았다. 학생들과 함께 요트를 타고, 풍차를 조각해 학생들에게 주고, 십자말 퍼즐을 푸는 학생들을 돕고, 함께 탁구를 치기도 했다. 하지만 가장 좋아한 게임은 축구였다. 젊었을 때에는 훌륭한 축구팀에서 유능한 선수로 활약했다. 보어가 때로는 상대편 문전 쪽으로 공을 차는 대신에 시합 도중에 가죽공 안에 들어 있는 게 무엇인지 궁금해 공을 집어 들어 살펴보았다고 조롱조로 이야기한 사람들이 있는데, 그것은 사실이다.

보어는 강의에 서툴렀다. 거의 모든 강의는 비슷한 문장으로 시작되었는데, 고전 물리학 이론을 버린 이유를 백 번이고 계속 되풀이해 말했다. 학생들은 이 서론을 '보어의 미사'라고 불렀다. 보어는 아주 낮은 목소리로 말하는 일이 잦았는데, 그것도 독일어와 덴마크어, 영어 표현을 섞어 말했고, 아주 중요한 구절을 말할 때에는 입 앞에 손을 바싹 갖다 대고 말했다. 수학 실력은 오히려 대다수 청중보다 낮았다. 하지만 그가 말하는 내용은 그 의미를 제대로 파악하려고 노력하기만 한다면, 명료성과 웅변술이 훨씬 뛰어난 다른 대학들의 물리학 교수들에게서 들을 수 있는 것보다 훨씬 심오했다.

학생들은 개인적 대화를 나눌 때 보어의 진정한 위대성을 가장 분명하게 느낄 수 있었다. 새로운 연구를 제출했을 때 보어의 첫 번째 반응은 대개 "훌륭하군!"이었다. 하지만 이 감탄사에 성급하게 기뻐하는 사람은 신출내기뿐이었다. 보어를 더 오래 안 사람들은, 예컨대 초빙 교수의 강의를 듣고 나서 약간 불만스러운 웃음을 지으면서 내뱉는 "아주아주 흥미롭군요!"라는 말이 실제로는 경멸을 나타낸다는 사실을 잘 알고 있었다. 위대한 물리학자는 조언을 들으러 온 젊은 물리학자에게 질문을 던지거나 때로는 장황하게 말하거나 몇 분 동안 침묵을 지키는 방법으로 그 연구가 아직 완벽한 상태가 아니라는 사실을 스스로 서서히 깨닫게 했다. 그런 면담은 밤늦게까지 몇 시간 동안 이어지기도 했다. 보어 부인이 가끔 조용히 그리고 전혀 젠체하지 않고 연구실을 찾아왔다. 학생들은 그녀의 고전적 아름다움보다는 가정주부로서의 고결한 품성을 훨씬 더 존경했다. 그녀는 한마디 말도 없이, 기껏해야 미소를 지은 얼굴로, 토론을 벌이는 사람들에게 맛있는 샌드위치가 담긴 접시를 늘 꺼지기 일쑤인 보어의 파이프에 불을 붙일 때 쓸 성냥갑 몇 개와 함께 건넸다.

결국 끝에 가서는 학생들은 단지 자신의 연구에 결함이 있다는 사실을 알아챌 뿐만 아니라, 스스로 그것을 가차 없이 갈기갈기 찢기 시작했다. 하지만 이 시점에서 보어는 학생들을 만류하면서 오류에도 나중에 유용한 것으로 드러날지 모르는 요소가 숨어 있을 수 있으니 무조건 거부하는 태도는 삼가는 게 좋다고 충고했다.

바이츠제커는 보어에 대해 이야기하면서 이렇게 말한 적이 있다. "몇 년 뒤에 보어의 연구소를 떠날 때쯤이면, 그 사람은 물리학에서 이전에는 알지 못했고 다른 방법으로는 절대로 배우지 못했을 어떤 것을 알게 된다." 보어 밑에서 유명한 과학자들이 그토록 많이 배출된 것은 놀라운 일이 아니다. 보어는 각자의 마음속에 잠자고 있는 천재성을 해방시키기 위해 주의를 주는 방법과 필요하다면 힘을 사용하는 방법을 알았던, 몇 안 되는 선생 중 하나였다. 보어는 대화를 통해 생각을 표현하는 소크라테스의 방법을 모범적이라고 생각했는데, 그 역시 소크라테스와 마찬가지로 아이디어의 산파 역할을 했다.

히틀러가 권력을 잡으면서 위기가 발생한 시기에 코펜하겐에서 보어와 함께 연구한 사람들 중에는 서로 친구 사이이면서 아주 상이한 두 사람이 있었다. 유명한 독일 외교관의 아들로 태어난 카를 프리드리히 폰 바이츠제커는 뛰어난 재능을 지니고 있었다. 에드워드 텔러는 헝가리 인이었는데, 히틀러가 만든 인종 차별적 법령 때문에 독일을 떠나야 했다. 독일인 귀족과 추방된 비독일인 사이의 우정은 희귀한 것이었는데, 바이츠제커는 독일의 많은 관념론자 젊은이들과 마찬가지로 히틀러와 그가 주창한 운동이 바이츠제커 자신이 거부한 몇 가지 특징에도 불구하고 정말로 훌륭한 결과, 즉 상업 정신과 메마른 주지주의_{主知主義}에 반기를 든 사회적, 종교적 부흥의 시작을 알리는 예비 징후일지 모른다고 잘못 믿었기 때문이다. 그는 이러한 기대를 공공연하게 내비쳤고, 처음에는 회의적인 텔러가 주장한 반대 의견에 귀를 기울이려 하지 않았다. 국가사회주의에 희생된 많은 사람들의 도피처가 된 코펜하겐에서 그 어두운 면을 너무나도 잘 보았지만, 바이츠제커는 그 정권에서도 뭔가 좋은 점을 찾는 것이 국민의 의무일지 모른다고 반복해서 주장했다. 실제로는 물리학과 일반 철학에 관한 대화에서 곁다리로 일어난 이러한 정치적 토론은 5년 뒤에 세계 역사의 진로에 중요한 영향을 미치게 된다. 왜냐하면, 1939년에 미국으로 건너간 텔러를 포함해 소수의 물리학자들이 독일의 '우라늄 계획'을 진행하는 책임을 바이츠제커가 맡은 것으로 보인다는 사실을 알게 되었기 때문이다. 그러자 텔러는 어느 누구보다도 앞장서서 미국 군 당국에 예방 조치로 원자폭탄을 만들라고 촉구했다. 텔러는 예전 동료 학생이 히틀러의 무력 외교가 거둔 정치적 성공을 존경한 나머지, 때로는 총통에게서 느꼈던 공포에도 불구하고 그를 지지할 것이라고 생각했다. 진실은 가장 가까운 독일인 친구들만 알고 있었을 테지만, 바이츠제커는 그 무렵에 국가사회주의에 대한 환상에서 완전히 벗어나 있었다.

부다페스트에서 존경받는 변호사의 아들로 태어난 텔러는 열 살 때부터 조국에서는 자신의 출셋길이 아예 막혀 있다는 사실을 깨달았는데, 법에 따라 유대 인은 대학 교육을 받을 수 없었기 때문이다. 그래서 열여덟 살 때 헝가리를 떠나 독일 카를스루에로 가 화학을 공부했다. 화학에 관심을 가진 결과로 양자론도 공부하기 시작했는데, 뮌헨에서 조머펠트 밑에서 공부를 계속할 계획을 세웠다. 하지만 바이에른 주 주도에서 텔러가 본 것이라곤 병실의 벽밖에 없었다고 해도 과언이 아니다. 등산을 좋아한 텔러는 뮌헨에 도착한 직후인 1928년의 어느 일요일 아침에 알프스 산맥으로 가는 유람 열차를 타려고 역으로 갔다. 다소 늦었다는 사실을 안 텔러는 역이 가까워지자 달리는 전차에서 서둘러 뛰어내리다가 그만 넘어지면서 오른쪽 발이 절단되고 말았다. 그러자 텔러는 "아무래도 이 도시는 나와 맞지 않는 것 같아."라고 생각하고서 라이프치히로 갔다. 때마침 얼마 전에 라이프치히 대학에 교수로 임명된 하이젠베르크가 재능 있는 학생들을 구하고 있었다. 텔러는 바로 이곳 라이프치히 대학에서 공상적이고 상상력이 뛰어난 바이츠제커를 만났다. 바이츠제커는 텔러보다 네 살 아래였다. 바이츠제커는 원래 일반 철학을 공부하려고 했는데, 외교관이던 아버지의 새 근무지 코펜하겐에서 보어와 함께 연구하던 하이젠베르크를 만났다. 아버지가 주최한 파티에서 만난 하이젠베르크는 텔러에게 "이젠 현대 물리학을 어느 정도 모르면 철학에서 아무 성과도 거둘 수 없어. 때를 놓치기 싫으면 당장 물리학 공부를 시작하는 게 좋을 거야."라고 말했다.

텔러는 늘 상상력이 넘쳤다. 텔러가 몰래 시를 쓴다는 사실은 극소수만 알았다. 텔러와 바이츠제커 사이의 우정은 과학에 대한 공통 관심보다는 시와 문학, 철학적 사색에 대한 사랑이 그 바탕이 되었다. 라이프치히 대학에서 박사 학위를 받은 뒤, 텔러는 괴팅겐 대학으로 가 보른 밑에서 연구를 했고, 함께 광학 연구에 관한 논문을 썼다. 히틀러가 권력을 잡자 텔러는 런던을 거쳐 코펜하겐으로 피신했다. 소년 시절에 알았던 여성과 결혼을 했지만, 그 사실을 비밀로 했다 ― 그가 받은 록펠러 장학금은 미혼 남성만 받을 자격이 있었다. 텔러는 보어의 연구소에서 일했던 미혼 남성들과 똑같이 근처의 민간 하숙집에서 살았다. 물리학자들 사이에서는 두 하숙집이 특별히 인기가 있었는데, 각각 하베Have와 탈비트세르Thalbitzer라는 두 여성이 주인이었다. 둘 중 어느 쪽이 더 특이한 인물인가 하는 것은 논쟁의 대상이었다. 하베는 박식한 하숙생들로부터 오랜 세월에 걸쳐 수학 지식을 아주 많이 습득해 하늘과 땅에 관한 자신의 이론을 그들에게 자세히 설명하길 좋아했다. 반면에 탈비트세르는 그렇게 세세하게 따지는 것을 끔찍하게 싫어했고, 파이프 담배를 피웠으며, 낡은 군인 모자를 자주 쓰는가 하면, 젊은이들에게 '어리석은 책'을 바다에 던져버리라고 말했다. 자주 여행을 가는 해변에서 돌아왔을 때에는 굵은 목소리로 "나는 우렁찬 파도 소리를 듣는 게 좋아요."라고 외쳤다. "자연을 배워야 할 곳은 그런 곳이에요! 무미건조하게 인쇄된 종이가 아니라!"

텔러와 바이츠제커는 자연을 이토록 열정적으로 사랑하는 탈비트세르의 집에서 머물렀다. 바이츠제커는 한밤중에 텔러의 방으로 건너가 우호적인 토론을 벌이면서 새벽 두 시까지 시간을 보내는 버릇이 있었다. 막상막하의 토론을 즐긴 나머지 텔러는 토론 게임을 만들기까지 했다. 가끔 두 사람 중 한 사람은 상대방에게 완전히 역설적인 진술을 참이라고 납득시키려고 노력했다. 이어지는 토론에서 한쪽은 플라톤의 대화처럼 적절한 질문을 던지는 방식으로만 자신의 견해를 표현했다. 그 당시 바이츠제커가 증명하려고 노력했던 명제 중 하나는 "차려 자세로 서 있는 것은 디오니소스형 경험이다."였던 반면(디오니소스형은 예술 활동에서 정열적, 도취적, 낭만적, 격정적인 예술 경향을 이르는 말이다. 그리스 신화의 신 디오니소스의 특성에 바탕을 두었고, 니체가 『비극의 탄생』에서 처음 쓴 용어이다 – 옮긴이), 텔러는 "악의적인 쾌락이 가장 순수한 쾌락이다."라는 명제를 전개했다.

진지한 배경이 있는 또 한 가지 게임은 각자가 상대방에게 제시하는 질문표로 이루어져 있었다. 훗날 세상에서 가장 무서운 무기를 '발명'하게 될 텔러는 나중에 자신이 한 일에 비춰볼 때 아주 흥미로운 답들을 내놓았다. 가장 관여하고 싶지 않은 일이 무엇이냐는 질문에 대해 수소폭탄 실험이 일어나기 20여 년 전인 그때 그는 '기계'라고 대답했다. "가장 하고 싶은 일은?"이라는 그 다음 질문에는 "사람들이 모호하다고 생각하는 것을 명쾌하게 설명하고, 사람들이 명쾌하다고 생각하는 것을 모호하게 만드는 것"이라고 대답했다. 훗날 미국 정부를 위해 장래의 역사에 큰 영향력을 미치게 될 비밀 보고서를 다수 작성한 텔러는 가장 싫어하는 일은 "다른 사람을 위해 글을 쓰는 것"이라고 대답했다. 또 다른 질문에 대답하면서 텔러는 자신을 동화의 등장인물 가운데 금덩어리가 녹아서 사라지는 불운을 겪는 행운아 한스에 비교했다. 또 역사적

인물 중에서는 모하치 전투에서 단 한 가지 전술에 모든 것을 걸었다가 왕국과 목숨까지 잃었다는 이유로 자신이 깊이 존경한 헝가리 왕 러요시 2세Lajos II에 비교했다.

텔러는 헝가리 시인 어디 엔드레Ady Endre를 좋아해 그의 시를 독일어로 자주 번역했다. 그 번역은 출판된 적이 없는데, 그중 어떤 시에는 텔러와 원자물리학을 연구하는 다른 과학자들이 맞이하게 될 운명을 예고하는 구절들이 넘친다.

> 주님은 자신이 내리치고 사랑하는 사람들을 모두 데려간다.
> 주님은 그들을 지구에서 아주 멀리 떨어진 곳으로 데려간다…….
> 그들의 심장은 불타고 그들의 뇌는 얼어붙고,
> 지구는 높은 곳에 있는 그들에게 웃음을 보내며,
> 동정심 많은 태양은 다이아몬드 먼지를
> 그들의 외로운 길 위에 뿌린다.

중앙유럽에서 탈출한 많은 원자과학자들에게 코펜하겐은 임시 피난처에 지나지 않았다. 불굴의 보어는 러더퍼드 경(러더퍼드는 1931년에 남작 작위를 받았다)에게서 큰 지원을 받아 일자리와 봉급과 저축을 빼앗긴 동료들에게 생계 수단을 구해주려고 번번이 애썼다. 하지만 이러한 의존적 삶은 어느 누구에게도 만족스럽지 않았다. 그런 상태는 영원히 지속될 수 없었다. 추방된 물리학자들은 전 세계 각지에서 일자리를 구하려고 애썼다. 그것은 생각처럼 쉬운 일이 아니었는데, 유럽의 여러 대학과 연구소는 그들을 받아들일 자리가 한정돼 있었기 때문이다. 비록 물질적 재산은 없지만 소중한 지식을 가진 이들 난민 과학자를 받아들이는 것이 부담이 아니라 큰 이익이 된다는 사실을 알아챈 나라는 아직 거의 없었다.

대학과 연구소가 수백 군데나 있는 미국만이 이들 난민 과학자에게 충분한 일자리를 제공할 수 있었다. 히틀러가 권력을 잡고 나서 처음 2년 동안 미국은 1929년에 시작된 경제 위기의 여파에서 완전히 벗어나지 못하고 있었다. 하지만 1933년 가을에 아인슈타인이 프린스턴에 새로 설립된 고등연구소의 자리를 수락하고 베를린에서 미국의 이 작은 대학 도시로 거처를 옮기자, 프랑스 물리학자 폴 랑주뱅 Paul Langevin 은 농반진반으로 훌륭한 예언을 했다. "그것은 바티칸이 로마에서 신세계로 옮겨간 것에 비견할 만큼 중요한 사건이다. 이제 물리학의 교황이 옮겨갔으니, 미국이 자연과학의 중심지가 될 것이다."

전에는 외국인 전문가를 맞아들이길 열렬히 원했던 소련이 추방된 과학자들을 받아들이는 데 별다른 노력을 기울이지 않았다는 사실이 놀랍다. 사실은 스탈린이 소련 국민의 애국심을 고취하고, 사보타주와 스파이에 대한 두려움이 커져가는 상황에서 소련과 나머지 세계 사이의 장막은 지나갈 수 없을 만큼 점점 더 두꺼워지고 있었다. 하지만 일시적으로 한쪽 모퉁이를 들어올리면서 외국인 '동지'들을 받아들인 적이 있었다. 이때 유명한 원자물리학자 몇 명이 공산당 '동조자' 또는 공산당원의 자격으로 소련으로 이주했다. 그곳에서 그들은 결국 끔찍한 운명을 맞이했다. 그들은 1937년까지는 물리학연구소에서 연구를 했고, 심지어 독일어로 정기 간행물을 발행하기도 했다. 하지만 바로 그해에 그들은 다른 외국인 공산주의자들과 마찬가지로 대숙청의 희생자가 되었다. 교도소로 끌려가 고문을 받으며 거짓 자백을 강요당했다. 그리고 결국 시베리아로 유배되었다.

서방 진영에서는 처음에는 이런 일을 전혀 짐작하지 못했다. 보어는 뒤늦게 1938년에 가서야 제자 두 명을 소련으로 보냈다. 얼마 전에 히틀러가 점령한 오스트리아에서 탈출한 새 난민 과학자들을 소련이 받아들일 여력이 있는지 알아보기 위해서였다. 빈에서 온 이 두 사람은 빅토어 바이스코프Victor Weisskopf와 게오르크 플라츠제크Georg Placzek(체코 출신)였다. 스탈린의 비밀경찰은 이 두 사람을 정찰 목적을 띠고 온 스파이로 간주했고, 결국 두 사람이 할 수 있는 일은 물리학자 프리츠 호우테르만스와 알렉산더 바이스베르크Alexander Weissberg의 운명에 관한 슬픈 소식을 코펜하겐에 보고하는 것뿐이었다.

아인슈타인과 보어, 장 프레데리크 졸리오-퀴리Jean Frédéric Jo-liot-Curie(졸리오-퀴리는 몇 년 뒤에 공산주의자가 되었다)가 서명한 탄원서가 크렘린으로 전달되었다. 이들의 탄원서 덕분에 두 유럽 인 과학자는 목숨을 구한 것으로 보인다. 호우테르만스와 바이스베르크는 처음에는 소련 시민권과 이전에 일한 자리로 복권을 제안받았지만, 두 사람 모두 앞서 경험한 끔찍한 고통 때문에 이 제안을 거절했다. 1940년, 소련 비밀경찰은 히틀러를 피해 탈출했던 두 과학자를 '총독부 Generalgouvernement'(독일군이 점령한 폴란드 지역) 국경까지 호송했다. 거기서 소련 비밀경찰은 두 사람을 그들의 게슈타포 '동료'에게 인계했다. 하지만 두 사람 앞에는 또다시 재판과 투옥의 운명이 기다리고 있었다.

1 9 3 2 ～ 1 9 3 9

예기치 못한 발견

4

1930년대 초, 고요한 연구실 세계에 정치가 난폭하게 침입한 그 무렵에 핵과학도 정치 세계의 문을 두드렸다. 1932년, 제임스 채드윅James Chadwick이 핵분열 반응의 열쇠인 중성자를 발견했다.[*]

하지만 그 노크 소리는 아주 작아서 그것을 들은 사람은 거의 없었다. 프리츠 호우테르만스는 1932년에 베를린 공과대학 교수 취임 연설에서 이 작은 입자가 물질 속에 잠자고 있는 강력한 힘을 해방시킬지도 모른다고 말했다. 하지만 그의 말은 별다른 주의를 끌지 못했다. 3년 뒤, 프레데리크 졸리오-퀴리는 아내 이렌Irène Joliot-Curie과 함께 인공 방사능을 발견한 업적으로 노벨상을 받으러

---

[*]　중성자는 양성자와 함께 원자핵을 이루는 원자 구성 입자이다. 원자핵은 양성자 때문에 강한 양전하를 띤다. 따라서 양전하를 띤 입자는 원자핵 속으로 들어갈 수 없지만, 중성자는 전기적으로 중성이기 때문에 원자핵 속으로 쉽게 침투할 수 있다.

스톡홀름으로 갔다.

그리고 노벨상 수락 연설에서 이렇게 말했다. "원소를 마음대로 만들고 파괴할 수 있는 과학자는 폭발적인 핵변환을 일으킬 능력이 있을지도 모릅니다……. 만약 그런 핵변환을 물질 속에서 확산시키는 데 성공한다면, 막대한 가용 에너지를 끌어낼 수 있을 것입니다."

졸리오-퀴리의 이 예언적 발언조차도 그저 일시적인 관심을 끄는 데 그쳤다. 중성자 발견이 준 과학적 계시에서 거의 즉각적으로 정치적 결론을 이끌어낸 과학자는 단 한 사람밖에 없었다. 세기가 바뀌기 2년 전에 태어난 헝가리 출신 물리학자 레오 실라르드는 젊을 때부터 정치적 격변 때문에 이미 큰 어려움을 경험했다. 그는 부다페스트 공과대학에 들어간 지 1년도 안 돼 군인으로 징집되었다. 전황은 삼국 동맹 측에 불리하게 돌아갔지만, 장교들은 황제 앞에서 사열을 받던 시절처럼 신병들을 엄격하게 훈련했다. 이 경험으로 실라르드는 군과 관련된 것이라면 아주 큰 반감을 갖게 되었다. 그 정도가 얼마나 심했던지 약 30년 뒤에 미국인 기자가 취미가 무엇이냐고 묻자, "고급 장교들과 싸우는 거요!"라고 대답했다.

실라르드는 제대한 뒤 처음에는 부다페스트에서 공부를 계속하려고 했지만, 쿤 벨러 Kun Béla (헝가리의 공산주의 정치인. 1919년에 혁명을 이끌어 헝가리 소비에트 정권을 수립하고 짧은 기간 통치했다. 1920년에 소련으로 망명했으나 스탈린에게 숙청당했다 – 옮긴이) 정권에서 일어난 몇 주간의 적색 테러와 그 뒤를 이어 호르티 미클로시 Horthy Miklós 통치 아래 일어난 몇 달간의 백색 테러를 경험하고 나서 베를린으로 가기로 마음먹었다. 일단 거기서 하를로텐부르크 공과대학을 다니다가 다음 해에 이 대학의 정식 대학생이 되었다. 그 당시 독일 수도에서는 아인슈타인, 네른스트, 폰 라우에, 플랑크 등이 학생들을 가르치거나 연구 활동을 하고 있었다. 실라르드는 처음에는 아버지처럼 토목공학자가 되려고 했지만, 이들의 영향 때문에 이론물리학으로 진로를 바꾸었다. 쾌활하고 상상력 넘치는 이 젊은 과학자는 곧 자신이 선택한 분야에서 점차 이름을 알리게 되는데, 처음에는 폰 라우에의 조수로, 그 다음에는 카이저 빌헬름연구소의 연구에 참여하는 무급 강사로 일했다.

히틀러가 권력을 잡자 실라르드는 빈으로 갔다. 하지만 현재의 사실을 바탕으로 미래의 사건을 추론하는 탁월한 능력 덕분에 오스트리아 역시 조만간 국가사회주의의 광풍에 휘말릴 것이라고 정확하게 예측했다. 그래서 빈에는 6주만 머문 뒤에 영국으로 갔다.

1933년 가을, 영국과학진흥협회 연례회의 때 러더퍼드는 연설에서 원자력의 대규모 방출을 예언하는 사람들은 "터무니없는 말"을 하는 것이라고 언급했다. 실라르드는 그때의 일을 이렇게 회상했다. "그 말을 듣고 나서 나는 깊이 생각했는데, 그러다가 1933년 10월에 중성자 하나를 흡수하면서 중성자 2개를 방출하는 원소가 있다면 연쇄 반응이 일어날지 모른다는 생각이 떠올랐습니다. 처음에는 베릴륨이 그런 원소가 아닐까 의심했고, 그 다음에는 우라늄을 포함해 다른 후보 원소를 몇 가지 생각했습니다.

하지만 이런서런 이유로 결정적인 실험은 전혀 하지 못했지요."

사실, 실라르드는 그 당시 중성자에 관한 실험을 더 이상 하지 않았다. 그는 미래의 사건을 예측하는 현실적인 학생으로서 만약 언젠가 원자력 방출에 정말로 성공한다면, 정치인과 기업가와 군인이 어떤 반응을 보일지 궁금했다. 그때까지 단단한 원자핵 속으로 들어가 거기에서 잠자고 있는 에너지를 끄집어내 실용적인 목적에 이용한 사람이 아무도 없었던 것은 사실이다. 하지만 아주 많은 연구자와 팀이 이미 열정적으로 달려들고 있었기 때문에, 머지않아 그 문제는 해결될 것으로 보였다. 아직은 '허공에 떠 있는' 상태인 이 발견이 마침내 현실이 된다면, 현재 강대국 정부들의 무관심한 태도가 열렬한 관심으로 바뀌리란 건 불 보듯 뻔했다. 과학자들이라면 그 가능성을 지금 당장 깨달을 필요가 있지 않을까?

이런 생각에서 실라르드는 일찍이 1935년부터 많은 원자과학자들에게 접근해 현재의 연구가 초래할 중대하고도 어쩌면 위험할 수도 있는 결과를 고려할 때, 앞으로 일어날 연구 결과 발표를 적어도 당분간 삼가는 것이 좋지 않겠느냐고 권했다. 그의 제안은 대부분 거부당했다. 사실, 원자 내부의 요새가 함락될 가능성은 거의 없어 보였다. 그런데도 실라르드는 벌써부터 전리품 처리 문제를 이야기하고 있었다! 이렇게 '때 이른' 제안을 하는 버릇 때문에 실라르드는 첫걸음을 내디디기도 전에 벌써 세 번째와 네 번째 걸음을 생각한다는 명성을 얻었다.

하지만 비슷한 추측을 하면서 염려하는 과학자들도 있었다. 제

3제국에서 탈출한 난민을 위해 많은 노력을 기울인 폴 랑주뱅은 이러한 생각에 불안이 커진 나머지 독일에서 탈출한 한 역사학도를 다소 색다른 방식으로 위로했다. "자네는 모든 것을 너무 심각하게 여기고 있네. 히틀러? 그 역시 다른 독재자들과 마찬가지로 오래지 않아 망하고 말걸세. 내가 우려하는 것은 따로 있다네. 그게 만약 악인의 손에 들어간다면, 조만간 멸망의 나락으로 떨어질 그 얼간이보다 세상에 훨씬 큰 해를 끼칠 수 있어. 그것은 그 얼간이와 달리 우리가 결코 제거할 수 없는 것일세. 내가 말하는 것은 바로 중성자야."

그 젊은 역사학도는 이토록 위험하다는 중성자에 관한 이야기는 그때까지 간간이 들은 것밖에 없었다. 그래서 자신과는 아무 상관도 없는 다른 분야의 일이라고 생각했다. 그 당시 그는 대부분의 동료들과 마찬가지로 위대한 과학적 발견은 강력한 독재자보다 역사에 훨씬 더 지속적인 영향을 미칠 수 있다는 사실을 잘 이해하지 못했다.

그 당시 과학계 사람들이 정치를 과소평가하긴 했지만, 정치인과 일반 대중이 과학을 과소평가하는 정도는 그보다 훨씬 더 심했다. 그 당시 히틀러라는 이름이 언급된 빈도를 '중성자'란 단어가 언급된 빈도와 통계적으로 비교한다면, 필시 100만 대 1보다도 더 큰 차이가 날 것이다. 심지어 '정보 시대'에도 우리는 현재 일어나는 사건 중 결국에는 어떤 것이 미래에 정말로 중요한지, 또는 어떤 것이 큰 재앙의 전조인지 제대로 판단하는 능력이 크게 떨어진다.

핵분열이 세계사에서 하나의 전환점이었음을 전 세계 사람들이 깨닫게 된 것은 원자력의 발견과 기술적 발전을 제대로 인식한 1945년 말 이후부터였다. 같은 12개월 동안에 중성자가 발견되고 (1932년 2월), 루스벨트가 미국 대통령에 당선되고(1932년 11월), 히틀러가 독일에서 권력을 장악한(1933년 1월) 것은 얼마나 기막힌 우연의 일치인가!

이로부터 운명적인 7년이 지난 뒤에야 물리학자들은 중성자의 중요성을 제대로 깨달았다. 이 7년 동안 파리와 케임브리지, 로마, 취리히, 베를린에서 중성자를 사용한 핵분열이 일어났지만, 그 사실을 제대로 알아챈 사람은 아무도 없었다. 과학자들 자신도 그 사실을 몰랐다. 1932년부터 1938년 말까지 그들은 과학 장비가 알려주는 사실을 믿길 거부했고, 그래서 다행히 손만 뻗으면 닿는 곳에 있었던 아주 강력한 무기의 본질을 정치인들도 알아채지 못했다. 우라늄 연쇄 반응은 1934년에 로마에서 처음으로 일어난 것으로 보인다. 만약 그것을 제대로 해석했더라면 어떤 결과가 빚어졌을지 추측해보는 것도 재미있다. 그랬다면 무솔리니와 히틀러가 원자폭탄을 먼저 개발했을까? 핵무장 경쟁이 제2차 세계 대전보다 앞서 시작되었을까? 그랬더라면 제2차 세계 대전은 양측 모두 핵무기를 보유한 상태에서 일어났을까?

이탈리아 수도에서 성공적으로 일어났지만 해석을 잘못한 그 실험에는 물리학자 에밀리오 세그레 Emilio Segrè 가 참여했다. 훗날 세그레는 핵분열을 연구한 많은 전문가들과 마찬가지로 스스로에게 자주 던진 그 질문들에 답하려고 시도했다. 20년 뒤, 스승 엔리코 페르미의 장례식에서 세그레는 "하느님은 불가해한 자신만의 이유로 그 당시 모든 사람들의 눈에 핵분열 현상이 보이지 않게 했습니다."라고 말했다.

중성자 발견이 다른 곳이 아닌 케임브리지 대학에 있던 러더퍼드의 연구소에서 일어난 것은 우연이 아니다. 1931년에 취리히에서 열린 물리학회에서 독일의 발터 보테 Walther Bothe 와 헤르베르트 베커 Herbert Becker 는 베릴륨에 알파 입자를 충돌시키자 설명할 수 없는 아주 강한 복사*가 방출되는 현상을 발견했다고 발표했다. 이 발표는 물리학자들 사이에 큰 반향을 일으켰다. 여기서 언급된 복사의 본질을 밝히기 위해 모든 나라의 연구자들이 즉각 이 실험을 재현하려고 시도했다. 졸리오-퀴리 부부가 그 수수께끼를 어느 정도 풀었다. 이들이 첫 번째 연구 결과를 발표한 지 한 달도 못 돼, 러더퍼드의 부추김을 받아 거의 쉬지도 않고 이 문제에 매달렸던 채드윅이 이 과정에 중성자가 관여한다고 발표했다. 중성자의 존재는 이미 17년 전에 러더퍼드가 예측한 바 있었다.

채드윅은 자신이 그토록 빨리 성공을 거둘 수 있었던 가장 큰 이유로 월등히 우수한 측정 장비, 특히 발명된 지 얼마 안 된 새로운 증폭기를 꼽았다. 1932년 당시에 캐번디시연구소만큼 훌륭한 장비를 갖춘 물리학 연구소는 전 세계 어디에도 없었다.

원자물리학자는 절대로 자신의 연구 대상을 맨눈으로 보거나

---

* 여기서 나온 복사는 '감마선'이었다.

조사할 수 없다. 과학 장비의 도움을 받아야만 그런 대상을 지각하고 측정할 수 있다. 이런 장비들에 의존하지 않고서는 인간이 하고자 하는 어떤 일도 자연의 가장 미소한 영역에서 실행에 옮길 방법이 없는데, 제1차 세계 대전이 끝날 무렵만 해도 이런 장비들은 여전히 상당히 원시적인 수준에 머물러 있었다. 연구자들은 조수들의 도움을 받아 전선과 밀랍, 그리고 자신들이 직접 불어 만든 유리 기구를 가지고 실험 장비를 만드는 데 익숙했다. 미지의 영역으로 더 깊이 들어가려고 할수록 장비는 더 무거워지고 복잡해졌다. 1919년, 영국 물리학자 엘리스 C. D. Ellis 는 러더퍼드가 최초의 원자 변환 실험을 할 때 사용한 실험 장비를 처음 보았다. 훗날 엘리스는 "전체 장비는 작은 놋쇠 상자에 들어 있었고, 신틸레이션 scintillation (형광체에 방사선이 충돌해 빛이 방출되는 현상)은 현미경으로 관찰했다. 그 장비가 그다지 인상적이지 않았다는 사실에 놀란 기억이 나는데, 사실은 약간 충격까지 받았다."라고 썼다. 그로부터 15년이 조금 못 돼 엘리스 자신이 캐번디시연구소의 러더퍼드 '마구간'에 합류해 일할 때에는 거대한 발전기와 감도가 아주 높은 신형 측정 장비 외에 다른 것은 거의 사용하지 않았다. 실제로 원자 연구에 몰두하는 연구실은 공장 조립라인과 점점 더 비슷해졌고, 전문 연구자들은 기술자와 비슷해졌다.

새로운 장비는 당연히 아주 비쌌다. 제1차 세계 대전이 끝날 때까지 캐번디시연구소는 새 장비를 장만하는 데 1년에 550파운드 이상을 쓴 적이 없었다. 이 금액은 점점 증가하다가 1930년대에는 몇 배나 늘어났다. 이것은 점차 원자과학자와 사회 사이의 관계에 변화를 가져왔는데, 다만 원자과학자들은 훨씬 나중에야 이 사실을 인식했다. 전에는 부유한 개인들이 매년 제공하는 기금으로 점점 늘어나는 연구소 운영비를 충당했다. 캐나다의 담배 유통업자 맥길 McGill (그런데 맥길 자신은 흡연을 해로운 습관이라 생각해 자신이 지원하는 연구소에서 흡연을 금지했다), 벨기에의 화학 물질 제조업자 에르네스트 솔베이 Ernest Solvay, '괴팅겐 물리학자들의 선한 천사'로 불린 독일 기업가 카를 슈틸 Carl Still 등이 그런 사람이었다. 그런데 이러한 기부도 이제 충분하지 않았고, 심지어 록펠러 가문과 멜런 가문, 오스틴 가문이 기부하는 수백만 달러도 부족해 보였다. 일부 정부, 예컨대 영국 정부는 도움을 줄 준비가 충분히 되어 있었지만, 다른 정부들은 주저하는 태도를 보였다. 공적 지원이 처음부터 미미한 경우에는 원자과학자들은 성공 가능성이 크다고 주장하면서 더 많은 지원을 요청했다. 그 당시에 원자과학자들은 새로운 후원자인 국가가 "돈을 어떻게 써야 할지 결정할 권리는 그 돈을 대는 당사자에게 있다."라고 말하는 날이 오리라고는 꿈에도 생각지 못했다.

그 당시 캐번디시연구소는 기술적으로 전 세계의 어떤 실험 연구소보다 월등한 장비를 갖추고 있었기 때문에, 원자물리학자들은 중성자 발견에 이어 원자핵 구성 요소의 성질과 그것에서 비롯되는 효과에 관해 추가로 중요한 소식이 곧 나오리라고 기대했다.

이러한 기대를 신뢰할 만한 근거가 있었는데, 러더퍼드가 아주 예외적인 협력자들로 연구팀을 꾸렸기 때문이다.

그중 한 사람은 1919년에 질량 분석기의 원형을 만든 프랜시스

애스턴Francis Aston이었는데, 애스턴은 질량 분석기를 사용해 최초로 동위원소들의 질량을 개별적으로 측정했다. 또 한 사람은 언제나 쾌활한 일본인 시미즈 다케오淸水武雄였는데, 그가 만든 새로운 '안개 상자'는 자동으로 원자들의 궤적을 사진으로 찍었다. 나머지 사람들 중에서는 블래킷 P. M. S. Blackett이 뛰어났다. 키가 크고 다소 뻣뻣한 해군 장교였던 그는 휴일 강습차 캐번디시연구소를 잠깐 방문했다가 새로운 연구에 매료된 나머지 그대로 눌러앉았다. 그리고 안개 상자 사진에 찍힌 원자 궤적 44만 개를 해석하면서 새로 정복한 땅의 지도를 만드는 데 자신이 가장 뛰어난 재능이 있음을 입증했다.

신경질적이었던 오스트레일리아 인 마크 올리펀트 Mark Oliphant 와 새로운 전기 장비를 다루는 데에서는 필적할 자가 없었던 존 콕크로프트 John Cockroft, 무엇보다도 초인적인 인내심으로 유명했던 노먼 페더 Norman Feather도 빼놓을 수 없다. 이들은 러시아 물리학자 표트르 카피차 Pyotr L. Kapitza 가 지휘하는 소집단으로 행동했다. 1921년, 카피차는 내전과 기아로 신음하던 조국을 떠나 케임브리지의 러더퍼드에게 왔다. 20여 명의 젊은이로 이루어진 카피차 클럽은 매주 한 번씩 연구소 밖에서 만나 자유로운 과학 토론을 나누었다. 한스 베테 Hans Bethe 는 그럴 때면 카피차는 2분마다 한 번씩 "그것은 왜 그렇지?"라고 물었다고 말한다.

원자를 연구하던 이 젊은이들은 모두 자신의 연구에 강렬한 열정을 품고 있었다. 러더퍼드는 그들을 자신의 '아이들 boys'이라고 불렀다. 러더퍼드는 대개 엄격한 교장 선생님처럼 그들을 다루었지만, 사실은 아버지처럼 그들을 사랑했다. 아들이 없었던 그는 모든 관심과 도움과 애정을 야심만만한 이들 젊은이에게 아낌없이 쏟아부었다. 자신의 '사내아이들' 중 하나가 뭔가 새로운 발견을 할 기미가 보이면, 아침부터 저녁까지 그에게 지나칠 정도로 많은 관심을 보였고, 심지어 밤늦게 연구소에 전화를 걸어 장비 앞에 앉아 실험을 하는 그에게 조언을 하고 따뜻하게 격려했다.

카피차는 누가 뭐래도 러더퍼드가 오랫동안 가장 총애한 제자였다. 러더퍼드는 이 러시아 청년이 지닌 불굴의 집요함과 명민함, 그리고 '피터'(표트르의 영어식 이름 – 옮긴이)의 작업 속도, 바쁘게 일하는 것을 광적일 정도로 좋아하는 기질을 높이 샀다. 하지만 무엇보다도 러더퍼드는 거의 스물다섯 살이나 차이가 나는 카피차에게서 동류의식을 느꼈다. 사람들은 러더퍼드에 대해 흔히 "그는 야만인이다. 어쩌면 고상한 야만인일지 모르지만, 그래도 어쨌든 야만인은 야만인이다."라고 말했다. 또 이런 말도 했다. "자연의 힘과는 친구가 될 수 없는 것처럼 러더퍼드하고도 친구가 될 수 없다." 이 말은 카피차에게도 똑같이 적용되었다. 카피차는 삶을 열정적으로 즐기는 점이나 지칠 줄 모르는 정력, 상상력 면에서 스승에게 전혀 뒤지지 않았다. 거기다가 덤으로 러시아 인 특유의 별난 기질까지 있었다.

제정 러시아 시대 장군의 아들로 태어난 이 젊은이는 늘 관습의 울타리에서 벗어나 살았다. 차를 몰고 조용한 영국 시골 도로를 최고 속도로 달리는가 하면, 주말에 길 옆 개천으로 벌거벗고 뛰어들어(깍깍 하고 우는 떼까마귀 흉내를 냄으로써 백조 무리에게 겁을 쉬 내쫓으면서) 청교도적 기질을 가진 영국인들의 눈살을 찌푸리게 했고, 잠도 자지 않고 며칠 밤을 새워 실험을 하면서 고주파 발전기로 벼락을 던지는 신처럼 부하를 점점 올리다가 마침내 케이블에 불을 내기도 했다. 카피차는 기계와 씨름하고 위험에 도전하는 것을 즐겼다. 카피차는 그 당시 세계 일주 여행을 하던 러더퍼드에게 보낸 편지에서 다음과 같이 썼는데, 고성능 최신 장비를 사용한 실험을 설명하는 전형적인 편지였다. "카이로에 가 계실 선생님에게 이 편지를 씁니다. 우리는 이미 단락 기계와 코일을 사용해 지름 1cm, 높이 4.5cm의 원통형 부피에서 27만 볼트가 넘는 전기장을 얻는 데 성공했습니다. 코일이 큰 폭음과 함께 터지는 바람에 실험을 계속할 수 없었는데, 선생님이 이 이야기를 듣고 무척 즐거워하리라 생각합니다. 회로의 전력은 약 1만 3500킬로와트로…… 케임브리지의 전력 공급 발전소 세 곳을 합친 것과 대략 비슷했습니다……. 그 사고는 모든 실험 가운데 가장 흥미로웠는데…… 우리는 1만 3000암페어의 아크 방전이 어떤 것인지 알게 되었습니다."

1931년에 취리히에서 열린 물리학회에서 그랬듯이, 카피차는 일상적인 사진을 찍으려고 포즈를 취할 때에도 극적인 모습을 보여주려고 했다. 그때 그는 자동차 바퀴 가까이에 누워 있는 모습으로 사진을 찍었다. 그러고는 "만약 내가 차에 치인다면 어떤 모습일지 알고 싶었다."라고 설명했다.

러더퍼드는 고압 전류가 흐르는 카피차의 '아기 거인들'을 위해 새로운 시설을 확보하느라 동분서주했다. 러더퍼드의 추천에 따라 왕립학회와 과학산업연구부(제1차 세계 대전이 끝난 뒤 설립된 정부 부처)가 특별한 연구소를 지었다. 화학자이자 백만장자인 몬드R. L. Mond의 이름을 딴 이 연구소는 1933년 2월에 문을 열었다. 개소식에 참석한 사람들은 정면에 문장처럼 조각된 기묘한 짐승을 보고 깜짝 놀랐다. 카피차의 특별한 요청에 따라 영국의 유명한 조각가 에릭 길Eric Gill이 돌에 정으로 쪼아 새긴 악어였다. 저 기이한 동물이 거기서 무엇을 하고 있느냐고 묻자, 카피차는 "음, 저건 과학의 악어입니다. 악어는 고개를 뒤로 돌릴 수 없지요. 과학과 마찬가지로 악어는 모든 것을 집어삼키는 턱을 가지고 항상 앞으로만 나아가야 합니다."라고 대답했다. 하지만 '악어'는 또한 카피차가 지어준 러더퍼드의 별명이기도 했는데, 캐번디시연구소에서 러더퍼드 자신만 빼고 모두가 아는 별명이었다.

카피차는 처음에는 자신의 새 연구소를 사용할 기회를 얻지 못했다. 1934년, 러시아 과학원은 레닌그라드에서 모스크바로 옮기면서 스탈린의 반대에도 불구하고 카피차를 회원으로 선출했다. 이를 계기로 카피차는 조국을 방문했다. 준이민자인 카피차가 조국을 다시 방문한 것은 이번이 처음이 아니었다. 하지만 이번에는 일이 순조롭게 풀리지 않았다. 케임브리지로 돌아가려고 하자, 소련 당국은 "히틀러라는 위험 요소를 감안할 때, 더 이상 그의 의무를 면제할 수 없다."라고 말했다. 이렇게 해서 카피차는 조국에서 발이 묶이고 말았다. 러더퍼드는 모스크바에 편지를 보내 과학을 위해 카피차가 본연의 자리로 되돌아가게 해달라고 요청했다. 이에 소련 정부는 "물론 영국은 카피차가 영국에 있으면 좋을 것이다. 하지만 우리 역시 러더퍼드가 소련에 있으면 좋겠다.”라는 답변을 보냈다. 이렇게 재치 있는 응수로 거절당한 러더퍼드는 스탠리 볼드윈Stanley Baldwin 영국 총리에게 호소했다. “소련 당국은 카피차가 전기 산업에 큰 도움이 되리라는 판단에서 그를 강제로 징발했는데, 아직 자신들의 판단이 잘못된 정보에서 비롯되었다는 사실을 모릅니다.” 하지만 볼드윈의 개입에도 별다른 성과가 없었다.

카피차의 한 친척은 런던 주재 소련 대사 이반 마이스키Ivan Maisky 에게 그의 귀국 문제를 제기하면서 다음과 같은 말로 호소했다. “어쨌든 당신들은 그를 가질 수 없을 겁니다. 우리 표트르는 아주 완고하니까요.” 그러자 소련 대사는 그 여성에게 “하지만 우리 스탈린 동지는 훨씬 더 완고하다오.”라고 대답했다고 한다.

모든 노력이 실패로 돌아가자, 러더퍼드는 과학의 국제적 성격에 대한 무한한 믿음과 잃어버린 애제자에 대한 애정을 보여주는 조치를 취했다. 새 연구소에서 카피차가 그토록 혼신의 노력을 기울여 사용하던 장비를 모두 소련에 있던 카피차에게 보내주기로 한 것이다. 이 소중하고 부피가 큰 장비 전달을 협의하기 위해 영국 과학자 에이드리언Adrian과 디랙이 모스크바로 갔다. 장비는 영국 항구에서 소련 화물선에 선적되어 얼마 후 냉동육 화물과 뒤죽박죽 섞인 채 레닌그라드에 도착했다. 소련 정부는 카피차의 환심을 사기 위해 몬드연구소 해체 비용으로 3만 파운드를 지불했을 뿐만 아니라, 그를 위해 모스크바에 영국 신사의 시골 대저택 스타일로 새 연구소를 지어주었다. 카피차는 운명이라고 체념하고 자신의 황금 새장 속으로 들어갔다. 그는 1936년에 러더퍼드에게 보낸 편지에서 이렇게 말했다. "어쨌든 우리는 운명이라는 강물에 휩쓸려 흘러가는 작은 물질 입자에 지나지 않습니다. 우리가 할 수 있는 거라곤 자신의 경로를 조금씩 바꾸면서 계속 흘러가는 일밖에 없습니다. 강물은 우리를 지배하니까요."

카피차가 자기 의사에 반해 케임브리지를 떠난 사건은 러더퍼드에게만 큰 영향을 주는 데 그치지 않았다. 캐번디시연구소에도 파멸적인 영향을 미쳤는데, 다음 몇 년 동안 그 웅장하던 연구팀이 해체되기 시작했다. 먼저 블래킷이 떠났고, 그 다음에는 채드윅이, 그리고 마지막으로 올리펀트도 떠났다. 이들은 각자 다른 대학에서 중요한 자리를 맡았다. 늘 건강과 힘을 보여주는 상징이었던 러더퍼드의 튼튼한 신체도 갑자기 늙기 시작했는데, 본인 자신은 결코 그것을 인정하려 하지 않았다. 하루는 검전기에 얇고 작은 금박을 집어넣으려고 하다가 손이 너무 심하게 떨리는 바람에 조수인 조지 크로 George Crowe 에게 그 일을 대신 시켰다. 며칠 뒤에도 같은 일이 일어났다. 크로는 걱정이 된 나머지 스승에게 "선생님, 오늘도 기력이 좋지 않은가요?"라고 물었다. 그러자 러더퍼드는 예의 그 사자 같은 목소리로 무섭게 고함쳤다. "기력이라니, 염병할! 네가 테이블을 흔들고 있잖아!"

1937년 10월 14일, 러더퍼드는 조금 힘들게 일하고 나서 탈장이 일어났다. 작은 수술이 필요했는데, 그 수술은 완벽하게 안전해 보였다. 하지만 경과가 좋지 않았고, 원자 실험 연구의 개척자는 5일 뒤에 숨을 거두었다(위키백과에 따르면, 탈장이 처음 일어났을 때 러더퍼드가 치료를 게을리하는 바람에 결국 창자가 꼬여 증상이 심각해졌고, 결국 긴급 수술을 받았으나 4일 뒤에 사망했다고 한다 – 옮긴이). 그의 죽음과 함께 순전히 진리에 대한 사랑에서 원자 세계의 본질을 이해하길 갈망했던 전통적 부류의 학자도 사라졌다. 자기 팀이 잇달아 큰 성공을 거둔 뒤인 1932년에 신문들이 미래에 원자력이 실용적 목적으로 응용될 가능성을 전망하기 시작했을 때, 러더퍼드는 즉각 그런 전망을 비난하고 나섰다. "실험자들은 새로운 에너지원이나 희귀하거나 값비싼 원소를 만드는 목표를 추구하지 않는다. 진짜 이유는 더 깊은 곳에 있다. 자연의 가장 심오한 비밀 중 하나를 찾으려는 욕구와 그것에 느끼는 매력과 밀접한 관계가 있다."

페더는 케임브리지에서 러더퍼드의 지도를 받으며 중성자의 효과에 관해 상당히 유익한 실험을 일부 했지만, 1934년 이후의 가장 흥미로운 연구 결과는 로마에서 나왔다. 영원한 도시 The Eternal City(로마의 별칭 – 옮긴이)는 그 당시 30세를 갓 넘긴 엔리코 페르미의 연구 덕분에 몇 년 전부터 물리학계의 수도로 떠오르고 있었다. 페르미는 분광학 대신에 원자물리학에 뛰어들기로 했는데, 이 결정은 테니스 코트 라커룸에서 자신의 연구팀과 토론을 하던 중에 아주 우연하게 일어났다. 그리고 그 뒤 그가 이룬 성공으로 그 결정이 옳았음을 증명했다. 첫 번째 연구부터 큰 반향을 몰고 왔는데, 특히 젊은 물리학자 세대 사이에서 큰 파장을 일으켰다. 그들은 이 이탈리아 물리학자를 만나려고 로마를 자주 방문했고, 페르미가 소년처럼 스포츠에 푹 빠져 큰 열정을 쏟았는데도 불구하고 모두 그를 과학자로 진지하게 대했다.

　페르미는 그들을 실망시키지 않았다. 아르놀트 조머펠트의 수제자 베테가 로마에서 스승에게 보낸 편지가 그들의 전형적인 반응을 잘 보여준다. "물론 저는 콜로세움을 보러 갔고, 그것을 보고 감탄했습니다. 하지만 로마 최고의 명물은 의심의 여지 없이 페르미입니다. 그는 어떤 문제든지 제시하기만 하면 즉각 그 답을 알아내는 놀라운 재주가 있습니다." 프랑스과학원에 제출한 결정적 보고서로 졸리오-퀴리 부부가 인공 방사성 원소를 만드는 데 성공했다는 사실이 알려진 1934년, 페르미는 바로 그 직전에 좌절을 맛보았다. 그 당시 과학 학술지 중에서 최고의 권위를 자랑하던 런던의《네이처》가 베타선에 관해 쓴 페르미의 논문 수록을 거부했기 때문이다. 그래서 페르미는 졸리오-퀴리 부부가 하던 것과 같은 실용적인 실험을 '재미 삼아' 한번 해보기로 했다. 그런데 좀더 젊은 협력자들 사이에서 '교황'으로 불리던 페르미는 졸리오-퀴리 부부가 사용한 알파선 대신에 더욱 강력하고 새로운 발사체인 중성자를 사용하기로 결정했다.

　페르미의 유능한 아내 라우라 Laura 는 '기적의 해'인 1934년에 남편과 그 제자들이 여러 원소를 대상으로 체계적인 중성자 충돌 실험을 어떻게 시작했는지 유머러스하게 묘사했다. 처음 여덟 원소의 실험 결과는 부정적이었다. 하지만 아홉 번째 원소인 플루오린을 가지고 실험할 때, 가이거 계수기가 재깍거리기 시작했다. 방사능이 인공적으로 만들어진 것이다. 이 연구는 아주 큰 흥분을 불러일으키는 것이어서, 물리화학을 전공하던 젊은 학생 다고스

티노d'Agositno는 원래는 몇 주일 동안만 연구팀에 동참해 일하려고 파리에서 왔지만, 출발을 자꾸 미루다가 그만 왕복 승차권 기일이 만료되는 바람에 그냥 로마에 눌러앉기로 결정했다.

이 실험을 통해 페르미와 그 협력자들은 중요한 발견을 두 가지 했다. 첫째는 사전에 물이나 등유를 통과시켜 속도가 느려진 중성자를 금속에 충돌시키면 금속에서 발생하는 방사능이 100배나 강해지는 기묘한 현상이었다 — 이 사실은 물리학과 건물 뒤편에 있던 그림 같은 금붕어 연못에서 처음 확인되었다. 둘째, 모든 금속 원소 중 가장 무거운 우라늄에 중성자를 충돌시키는 실험에서는 새로운 원소, 이른바 인공 초우라늄 원소가 하나 또는 여러 가지가 생겨난 것처럼 보였다. 첫 번째 발견은 나중에 옳은 것으로 입증되었고, 원자물리학의 후속 발전에 결정적 영향을 미쳤다. 그런데 두 번째 발견은 착각이었던 것으로 드러났다.

사실, 페르미는 중성자 충돌 실험에서 새로운 초우라늄 원소를 만든 것이 아니었다. 실제로는 우라늄 원자가 쪼개지는 일이 일어난 것이다(그리고 이 핵분열 실험에 성공한 것은 아마도 그가 세상에서 처음이었을 것이다). 원자번호 93번인 새 원소를 만든 것처럼 보인 페르미의 연구는 과학계에 아주 강렬한 영향을 미쳤다. 페르미는 비록 당분간 중성자 충돌의 효과(실제로는 훨씬 더 크고 혁명적인 의미를 지닌)를 설명할 수는 없었지만, 채드윅이 처음 발견한 새로운 원자 구성 입자인 중성자의 강력한 효과를 입증할 수 있었다.

이제 많은 연구소들이 페르미가 한 실험에 뛰어들기 시작했다. 전반적인 환호 분위기 속에서 나온 비판적 발언은 딱 하나밖에 없었다. 독일 브라이스가우에 있던 프라이부르크 대학 물리화학연구소에서 젊은 연구자 부부 이다 노다크Ida Noddack와 발터 노다크Walter Noddack는 1929년부터 천연 초우라늄 원소를 찾는 연구를 해오고 있었다. 이다 노다크는 청소년 시절이던 1925년에 그때까지 알려지지 않았던 원소 레늄을 발견했다. 두 사람은 '희토류' 원소의 화학 분석에 관한 한 최고 권위자로 간주되었다. 1934년, 두 사람은 체코슬로바키아 화학자 코블리츠Koblic로부터 빨간색 염 시료를 받았는데, 요아힘스탈에 있던 우라늄 광산에서 채취한 것이었다. 코블리츠는 그것이 초우라늄 원소라고 믿고서 '보헤뮴bohemium'이란 이름을 붙이려고 했다. 하지만 노다크 부부는 화학 실험을 통해 체코 과학자의 가정이 틀렸음을 확실하게 입증했다. 이다 노다크는 페르미의 '초우라늄 원소들'에 대해서도 마찬가지로 불리한 판정을 내렸다. 이다는 단지 페르미가 화학 분석을 통해 자신의 주장을 확실하게 뒷받침하는 증거를 보여주지 않았다고 지적하는 데 그치지 않았다. 과감한 가설까지 제시했는데, 이것은 1938년 말에 가서야 옳다는 것이 처음으로 입증되었다. 오토 한Otto Hahn과 프리츠 슈트라스만Fritz Strassmann이 우라늄 원자 핵분열을 처음 발견한 때로부터 4년도 더 전인 1934년에 이다 노다크는 《응용화학 학술지Zeitschrift für angewandte Chemie》에 발표한 논문에서 이렇게 썼다. "중성자를 사용하는 이 새로운 방법으로 원자핵이 파괴될 때 지금까지 양성자와 알파선을 사용한 원자핵 충돌 실험의 효과에서 관찰된 것과는 아주 다른 핵반응이 일어나는 것 역시 가능하다고 본다. 무거운 원자핵에 중성자를 충돌시킬 때, 해당 원자핵이 다수의 더 큰 조각으로 분해되는 것도 가능한데, 이 조각들은 알려진 원소들의 동위원소이지, 복사에 노출된 원소들의 이웃 원소들이 아님이 분명하다."

이 비판과 그것을 바탕으로 한 주장이 로마에 전해졌지만, 페르미는 대수롭지 않게 여겼다. 1볼트도 채 안 되는 힘을 가진 중성자가 100만 볼트의 폭격도 견뎌낼 만큼 단단한 원자핵을 쪼갠다는 주장은 물리학자인 그로서는 불가능한 가설로 보였다. 세상에서 라듐에 관한 한 최고 전문가로 꼽히던 오토 한이 자신의 생각에 동의하자 페르미는 더욱 확신했다.

그 당시 베를린달렘에 있던 카이저빌헬름연구소에서는 오토한과 빈에서 온 동료 리제 마이트너 Lise Meitner가 주축이 되어 페르미의 초우라늄 원소들을 광범위하게 연구하고 있었다. 1935년부터 1938년까지 발표한 많은 논문에서 한과 마이트너는 중성자 충돌의 결과로 생겨난 새로운 물체들의 화학적 성질을 광범위하게 기술했다. 이다 노다크는 이렇게 말했다. "저는 개별적인 초우라늄 원소를 확인했다는 그들의 주장에 대해 페르미의 해석에 대해 가졌던 것과 동일한 의심을 지속적으로 품고 있는데, 바로 그 원소들의 화학적 성질 때문이었지요. 남편과 저는 한과 수십 년 동안 잘 아는 사이이고, 그는 우리의 연구 진전에 대해 자주 문의했습니다……. 1935년인가 1936년에 남편은 한에게 강연이나 발표를 할 때 제가 페르미의 실험을 비판한 내용을 좀 언급해달라는 의견을 구두로 전달했는데, 한은 우라늄 원자핵이 더 큰 조각으로 폭발한다는 제 가정은 정말로 터무니없는 것이어서 제가 우스꽝스러운 사람으로 보이길 원치 않는다고 대답했지요."

페르미나 한과 마이트너가 이다 노다크의 가설을 진지하게 받아들이지 않은 이유를 이해하려면, 무거운 원자핵 속으로 들어가 그것을 쪼개는 데에는 일찍이 도달한 적이 없을 만큼 엄청난 관통력을 가진 발사체가 필요하다는 게 그 당시의 물리학 상식이었다는 점을 감안해야 한다. 러더퍼드의 첫 번째 실험 이후로 원자핵을 공격하는 대포는 위력이나 다양성 면에서 크게 증가했다. 특히 미국에서는 밴더그래프 발전기(정전 발전기의 일종으로, 미국 물리학자 로버트 밴더그래프Robert J. Van de Graaff가 1929년에 발명했다 – 옮긴이)와 사이클로트론 같은 원자 파괴 장치가 만들어졌다. 이런 기계는 발사체로 쓰는 특정 입자를 900만 볼트라는 엄청난 에너지로 가속할 수 있었다. 그러나 이 발사체들은 자연이 현명하게도 원자핵과 그 안의 엄청난 에너지 저장고 주위에 설치한 보호벽에 흠집을 남겼지만, 그 안으로 뚫고 들어가지는 못했다. 전하라곤 전혀 없는 중성자가 그토록 엄청난 전하를 가진 발사체가 할 수 없는 일을 해낸다는 개념은 너무나도 환상적이어서 믿기 어려웠다. 이것은 가장 구경이 큰 대포로 오랫동안 포격하고도 파괴하는 데 실패한 지하 방공호에 탁구공을 쏘아보라고 말하는 것이나 다름없었다.*

그런데 1935년부터 1938년까지 원자과학자들이 진실을 그토

---

* 이보다 더 나은 비유는 중성자를 힘 대신에 일종의 투명 망토의 도움을 받아 원자 내부로 침투할 능력이 있는 '파괴 공작원'으로 보는 것이다.

록 자주 외면했던 것은 단지 기술적 이유에서만이 아니었다. 예를 들면, 이탈리아가 아비시니아(에티오피아의 옛 이름)와 벌인 전쟁이 그 당시 막 놀라운 진전을 이루고 있던 페르미에게 어떤 영향을 미쳤는지 고려해볼 필요도 있다. 우리는 협력 연구자들의 진술로부터 페르미 연구팀의 연구가 그 전쟁 때문에 얼마나 큰 지장을 받았는지 알고 있다. 세계 여론이 이탈리아에 불리하게 돌아가면서 정치적 분위기가 악화되자, 당국이 모든 지식인을 철저히 감시하게 되었기 때문이다. 그 지식인 중에는 파니스페르나 거리의 연구소 사람들도 포함돼 있었다. 세그레에 따르면, 연구소 도서관에 있던 지도책은 얼마 지나지 않아 아비시니아가 실린 페이지가 자동적으로 펼쳐졌다고 한다. 페르미와 젊은 과학자들은 중성자 충돌 실험을 논의하는 대신에 아비시니아의 요새를 포격하는 문제를 놓고 토론했다. 그것은 명확한 사고와 과학적 자기비판이 활짝 만개할 수 있는 분위기와는 거리가 멀었다.

과학 연구를 기술할 때에는 정치적 사건이나 개인적인 사건은 전혀 언급하지 않는다. 오늘날 읽어보면 연구에 참여한 사람들이 헤매고 실수한 경로가 분명히 보이지만, 그 당시에는 헤매고 실수한 후에도 그들은 왜 그랬는지 알지 못했다. 그러나 이런 보고서에는 그 사람들이 어떻게 살았고 무엇을 느꼈는지에 대한 언급이 일절 없다.

우라늄 실험 드라마에서 주도적 역할을 한 두 사람 사이에 개인적 경쟁 관계가 점점 심화되었다는 사실을 일반 대중은 전혀 알지 못했다. 물론 고상한 과학계에서 그런 일을 공식적으로 인정하는 경우는 드물다. 이렌 졸리오-퀴리와 리제 마이트너는 그 시대에 라듐 연구 분야에서 가장 뛰어난 전문가들이었다. 두 사람이 타의 추종을 불허한다는 데 이의를 제기하는 사람은 아무도 없었다. 이윽고 두 사람 사이에 경쟁이 시작되었고, 협력자들이 그 불을 더 활활 타오르게 했다.

마찰은 1933년 10월에 브뤼셀에서 열린 솔베이 회의에서 시작되었다. 이렌 졸리오-퀴리는 남편과 함께 중성자를 알루미늄에 충돌시키는 실험을 설명했다. 그 다음에 일어난 일을 프레데리크 졸리오-퀴리는 다음과 같이 이야기한다. "우리의 보고는 활발한 토론으로 이어졌어요. 리제 마이트너는 자신도 비슷한 실험을 했지만 우리와 같은 결과를 얻지 못했다고 말했지요. 결국 회의에 참석한 물리학자들 중 대다수는 우리가 한 실험이 부정확하다는 결론에 이르렀습니다. 그 회의가 끝난 뒤 우리는 다소 자포자기 상태에 빠졌어요. 그때, 보어 교수가 다가오더니 자신은 우리가 얻은 데이터를 아주 중요하게 생각한다고 말했어요. 조금 뒤에는 파울리가 비슷한 방식으로 우리를 격려했습니다."

졸리오-퀴리 부부는 파리로 돌아와 하던 연구를 재개했다. 브뤼셀에서 마이트너가 부정확한 것이라고 비판했던 보고는 졸리오-퀴리 부부의 가장 중요한 발견, 즉 인공 방사능을 낳는 토대가 되었다. 이것은 파리의 울름 거리에 있던 연구소와 베를린달렘에 있던 연구소 사이의 관계 개선에는 도움이 되지 않았다. 한은 심지어 나중에 러더퍼드에게 졸리오-퀴리 부부에 대한 불만을 제기하기까지 했다. 이에 대해 러더퍼드는 이렇게 대답했다. "토륨-중성자 변환을 언급함으로써 나도 모르게 기분을 상하게 해서 미안합니다. 사실은 나는 월트셔 주에 있는 시골집에 갔을 때 논문을 썼는데, 그곳에는 참고할 만한 논문이 하나도 없었습니다. 나는 졸리오-퀴리 부부의 논문을 훑어보고는 증거가 다소 모호하다고 생각했고, 연설에서 그런 견해를 밝혔습니다. 그들이 논문을 발표하기 전에 당신이 《자연과학 Naturwissenschaften》에 편지를 발표했다는 사실을 그 당시에 잊고 있었지요. 그리고 $4n + 1$ 계열에 대한 당신의 결정적 진술을 구체적으로 언급해야 했다는 데 전적으로 동의합니다……. 기회가 닿을 때 이 문제를 반드시 바로잡도록 하겠습니다."*

바로 이러한 적대 관계 때문에 이렌 졸리오-퀴리가 발표한 연구들이 달렘에서는 아무렇지도 않게 '신뢰할 수 없는' 연구로 치부되었다. 한번은 1935년에 리제 마이트너가 달렘에서 자기 제자인 폰 드로스테 von Droste에게 파리에서 했던 특정 실험, 즉 토륨 원자 충돌 실험을 다시 해보라고 지시했다. 얼마 전에 이렌 졸리오-퀴리는 토륨 동위원소에서 알파선이 나왔다고 발표했다. 폰 드로스테는 그런 알파선을 발견하지 못했다. 리제 마이트너는 경쟁자

---

* 1956년에 이렌 졸리오-퀴리가 죽은 뒤에(방사성 물질을 사용한 연구 때문에 걸린 백혈병으로 사망했다) 리제 마이트너는 자신의 동료를 추모하면서 고인을 극찬하는 부고를 썼다. 여기서 마이트너는 30년 전에 그들 사이에 일어난 관계 악화를 설명하려고 시도했다. "그녀는 스스로 어엿한 과학자로 인정받는 것이 아니라 어머니의 딸로 간주될까 봐 두려워했던 것으로 보입니다. 이런 두려움이 낯선 사람에 대한 태도에 영향을 미쳤을지도 모릅니다. 사회적 관습에도 철저히 무관심했습니다. 자급자족의 내적 감정이 아주 강했는데, 자칫 사교성 부족이라는 오해를 받을 우려가 있었습니다."

의 실험이 부정확함을 또 한 번 입증했다고 믿었다. 그럼으로써 또 한 번 실수를 저질렀다.

폰 드로스테는 토륨뿐만 아니라 우라늄 실험도 했다. 만약 우라늄 실험 때 폭 3cm 미만인 입자도 걸러내는 필터를 사용하지 않았더라면, 폰 드로스테는 이렌 졸리오-퀴리가 얻은 결과가 사실임을 알아챘을 뿐만 아니라, 필연적으로 바로 거기서 우라늄 핵분열의 산물을 쉽게 발견했을 것이다. 이미 그 무렵에 실험은 우라늄 핵분열을 발견하는 단계에 바짝 가까이 다가가 있었다.

이렌 졸리오-퀴리가 그 다음에 쓴 초우라늄 원소에 관한 논문은 1938년에 발표되었는데, 유고슬라비아의 파울 사비치 Paul Savitch 가 공동 저자로 참여했다. 두 사람은 한과 그 협력자들이 연구해서 밝힌 원소들의 패턴과 일치하지 않는 물질을 언급했다.

달렘에서는 "마담 졸리오-퀴리는 아직도 저명한 어머니로부터 물려받은 화학 지식에 의존하고 있는데, 그 지식은 이젠 상당히 낡은 것이 되고 말았다."라고 서로 이야기했다. 한은 여기서 신중한 태도를 보일 필요가 있다고 판단했다. 과학 학술지를 통해 프랑스 인 동료의 부주의를 온 세상에 드러내는 것은 바람직하지 않다고 여겼다. 그는 "지금 독일과 프랑스 사이의 관계에는 신경이 상당히 곤두설 정도의 갈등이 존재한다. 그런 갈등이 증폭되는 걸 조장하지 않도록 노력하자."라고 말했다. 그래서 한은 울름 거리의 연구소에 개인적으로 편지를 보내 실험을 조금 더 세심하게 다시 해보라고 권했다.

하지만 파리에서는 아무 답장도 없었다. 오히려 이렌 졸리오-

퀴리는 또 다른 '죄'를 저질렀다. 첫 번째 논문의 데이터를 바탕으로 두 번째 논문을 발표한 것이다. 조수인 슈트라스만이 논문을 읽어보라고 권유했지만, 한은 거부했다. 한은 충고를 무시하는 완고한 파리 동료 탓에 심사가 뒤틀렸다. 게다가 그 무렵인 1938년 여름에 한은 물리학과 아무 상관 없는 문제 때문에 번뇌하고 있었다. 둘도 없는 벗을 자신에게서 떼어놓으려는 일이 일어나고 있었다. 리제 마이트너와 그녀의 '어린 수탉'*은 25년 넘게 함께 연구해왔다. 두 사람의 정체성은 아주 긴밀하게 융합돼 있었는데, 심지어 자신들의 마음속에서도 그랬다. 그래서 리제 마이트너는 학회에서 자신에게 말을 건 동료에게 무심결에 "절 오토 한 교수와 혼동한 것 같은데요."라고 대답한 적도 있었다.

갑자기 자신이 '아리아 인이 아니라는' 사실을 깨닫게 되었는데도 불구하고, 오스트리아 인이었던 리제 마이트너는 1932년 이후에도 카이저빌헬름연구소에서 계속 일할 수 있었다. 그런데 1938년 3월에 오스트리아가 독일에 병합되자, 제3제국의 인종 차별법이 마이트너(아버지가 유대 인이었다 - 옮긴이)에게도 적용되었다. 한과 막스 플랑크의 노력(플랑크는 히틀러를 직접 대면하기까지 했다)도 카이저빌헬름연구소에서 동료를 지켜내기에는 역부족이었다. 마이트너는 연구소를 떠나야 했다. 정부가 마이트너에게 독일을 떠나도록 허용할지도 불확실했기 때문에, 마이트너는 이전 동료들에게 작별 인사도 하지 못한 채 관광객으로 위장하여 네덜

---

* 독일어로 한Hahn은 '수탉'이란 뜻이다.

란드 국경을 몰래 넘어야만 했다. 카이저빌헬름연구소에서 여름 휴가를 떠난 리제 마이트너가 다시는 돌아오지 않으리란 사실을 안 사람은 한 외에 두세 사람밖에 없었다.

그해 가을, 이렌 졸리오-퀴리는 이전의 두 논문을 요약하고 확장해 세 번째 논문을 발표했다. 마이트너가 떠난 뒤, 라듐 화학 연구에서는 슈트라스만이 한의 가장 가까운 동료가 되었다. 슈트라스만은 이렌 졸리오-퀴리의 연구소에서 한 실험에 잘못이 없으며, 오히려 반대로 그 문제에 새롭게 접근하는 길이 열렸을지도 모른다는 사실을 한눈에 알아보았다. 그는 흥분해서 위층의 한에게 뛰어올라가 "반드시 이 논문을 읽어보아야 합니다!"라고 최대한 강조해 말했다.

한은 냉담했다. "나는 우리 숙녀 친구의 최신 논문에 관심이 없네."라고 대답하면서 조용히 시가를 빨았다.

슈트라스만은 물러서지 않았다. 한이 똑같은 말을 다시 반복하기 전에 이 새로운 연구에서 가장 중요한 요점을 간결하게 이야기했다. 그는 훗날 이렇게 회상했다. "그 말에 한은 벼락에 맞은 듯한 반응을 보였다. 시가를 다 피우지도 못했다. 아직 불타는 시가를 책상 위에 내려놓고는 나와 함께 아래층 연구실로 달려갔다."

전 세계의 대다수 연구자들과 마찬가지로, 한에게 자신이 몇 년 동안 잘못된 길을 걸어가고 있었다는 사실을 깨닫게 하기는 매우 어려웠다. 하지만 한은 그 사실을 깨닫자마자 즉각 방향을 돌려 진실을 향해 나아가기 위해 모든 노력을 다했다. 일련의 실수를 고백하는 것은 쉬운 일이 아니었다. 하지만 얼마 후에 자신의 경력에서 가장 큰 성공을 거둘 수 있었던 것은 바로 그 실수를 인정했기 때문이었다.

그들은 몇 주일 동안 계속 거의 쉬지 않고 매달렸다. 결국 이렌 졸리오-퀴리와 사비치가 한 실험을 라듐 화학의 가장 정확한 방법으로 완벽하게 검증할 수 있었다. 그 과정은 우라늄에 중성자를 충돌시키면 실제로 파리 연구팀이 주장한 것처럼 란타넘(란탄)과 아주 비슷한 물질이 생긴다는 것을 보여주었다. 하지만 한과 슈트라스만이 더 정밀하게 분석하자, 화학적으로는 이론의 여지가 없지만 물리적으로는 설명 불가능한 결과가 나왔는데, 문제의 원소는 주기율표에서 중간쯤에 위치하고 무게가 우라늄의 절반을 조금 넘는 바륨으로 드러났기 때문이다.*

처음에 이해할 수 없었던 바륨의 존재가 원자핵 '파열'(한의 용어를 그대로 옮기면)로 설명할 수 있다는 발견은 나중에 가서야 일어났다. 그 당시 한과 슈트라스만이 자신들의 화학적 연구에서 발견한 결과는 너무나도 믿기 힘든 것이어서 그들은 의심을 떨치지 못한 채 다음과 같이 표현했는데, 이 표현은 나중에 매우 유명해졌다.

"우리는 다음 결론에 이르렀다. 우리의 '라듐' 동위원소는 바륨

---

* 한은 이 문제와 관련해 내게 보낸 편지에서 이렇게 설명했다. "파리 사람들은 바륨은 전혀 언급하지 않고 란타넘만 언급했습니다. 그들은 이전에 다른 성질을 가졌다고 언급했던 불가사의한 물질이 란타넘과 너무나도 비슷하다는 사실을 발견했고, 그래서 실제로 분별 결정을 통해서만 그것을 란타넘과 분리할 수 있었지요. 이렌 졸리오-퀴리와 사비치가 우라늄을 쪼개는 방법을 발견하지 못하게 막았던 결정적 실수는 바로 이것이었습니다."

의 성질을 갖고 있다. 화학자로서 우리는 사실 새로운 물체가 라듐이 아니라 바륨이라고 단언하지 않을 수 없다. 왜냐하면, 라듐이나 바륨 외에 다른 원소가 존재할 가능성은 전혀 없기 때문이다……. 핵화학자로서 우리는 핵물리학에서 일어난 이전의 모든 경험과 모순되는 이 걸음을 내딛기로 결정할 수 없다."

두 독일 원자과학자는 아직 물리학으로 제대로 설명할 수는 없어도 주목할 만한 발견을 했다는 사실을 깨달았다. 그날은 1938년 크리스마스 바로 전날이었다. 한은 자신의 연구 결과를 최대한 빨리 발표하는 게 중요하다고 생각했다. 독일 슈프링거 출판사의 과학 고문이자 자신의 친구인 파울 로스바우트 Paul Rosbaud 에게 전화를 걸어 곧 발행될 《자연과학》 다음 호에 긴급한 정보를 실을 지면을 마련해줄 수 없느냐고 요청했다. 로스바우트는 그렇게 하겠다고 대답했다.

1938년 12월 22일에 완성된 논문은 이렇게 해서 한의 책상을 떠났다. 약 20년이 지난 뒤에 한은 내게 이렇게 말했다. "원고를 우송하고 나자 모든 것이 또 한 번 너무나도 터무니없다는 생각이 들어 당장 달려가서 우편함에서 원고를 도로 꺼내왔으면 하는 생각이 들었어요."

핵분열 시대는 바로 그러한 주저와 의심 속에서 막을 열었다.

제3제국의 인종 차별법에 반대한다는 것을 보여주는 동시에 수십 년 동안 지속된 신뢰를 입증하기 위해 오토 한은 새로 얻은 데이터를 즉시 이전의 협력자인 리제 마이트너에게 보냈다. 마이트너는 그때 스웨덴으로 이민해 스톡홀름에 머물고 있었다. 카이저 빌헬름연구소에서 한과 같은 부서에서 일하던 사람들이 아직 설명할 수 없는 새로운 발견에 관한 이 정보를 듣기도 전에 이미 편지가 발송되었다. 한은 이전의 모든 경험과 모순되는 이 놀라운 결과에 대해 이전 파트너가 뭐라고 말할지 초조하게 기다렸다. 한은 어떤 대답이 나올지 약간 두려웠다. 옛날부터 마이트너는 늘 한의 연구를 엄격하게 비판했기 때문이었다. 어쩌면 최신 데이터를 갈기갈기 찢어버릴지도 몰랐다.

리제 마이트너는 괴테보리 근처에 있는 소도시 쿵엘브에서 편지를 받았다. 망명한 뒤 처음 맞이한 크리스마스를 일반 가정집에서 운영하는 작은 하숙집에서 혼자 보내려고 해변에 위치한 이 휴양지를 찾았는데, 이곳에서는 겨울이 되면 생명의 흔적을 거의 찾아보기 힘들었다. 젊은 조카인 물리학자 오토 프리슈 Otto R. Frisch 는 1934년에 망명하여 코펜하겐에 있는 닐스 보어의 연구소에서 일하고 있었는데, 외롭게 지내는 이모가 안쓰러워 시간을 내 만나러 갔다. 프리슈가 찾아간 날은 마침 조용하고 아주 작은 이 지방 도시에 한의 편지가 도착했을 때였다. 이모는 편지를 읽자마자 크게 흥분했다. 만약 한과 슈트라스만이 한 라듐 화학 분석이 정확하다면―한의 연구가 얼마나 정밀한지 알고 있던 마이트너는 그것을 의심치 않았다―핵물리학에서 지금까지 이론의 여지가 없다고 간주돼온 몇몇 특정 개념은 더 이상 성립할 수 없었다. 마이트너는 뭔가 엄청난 진실이 예기치 못하게 드러났다는 사실을 한보다 훨씬 더 분명히 알아챘다.

마이트너는 마음속에 떠오르는 수많은 질문과 추측에 대해 논의하고 싶어서 마냥 참고 기다릴 수가 없었다. 보어의 집단에서 떠오르는 별 가운데 하나로 간주되던 조카가 때마침 함께 있다는 것이 큰 행운이었다. 하지만 프리슈는 이모와 '전문적인 토론'을 하려고 쿵엘브까지 온 게 아니라, 휴가를 즐기러 온 것이었다. 그는 훗날 이렇게 말했다. "이모가 내게 자신의 말에 귀를 기울이게 하는 데에는 시간이 좀 걸렸다." 사실, 프리슈는 이모의 설명이 듣기 싫어 멀리 달아나려고 했다. 스키의 버클을 잠그면서 그는 눈 위를 달리면 이모가 따라올 수 없는 거리 밖으로 금세 벗어날 수 있으리라고 기대했다. 도시 주변의 땅이 전부 다 절망스러울 정도로 평평하지만 않았더라면 그랬을 것이다. 이모는 별 힘 들이지 않고 프리슈를 따라왔고, 눈 위를 밟으면서 걸어가는 동안 끊임없이 대화를 이어갔다. 마침내 마이트너는 단어 폭격을 통해 프리슈를 에워싸고 있던 무관심의 벽을 뚫으면서 그의 뇌 속에서 개념들의 연쇄 반응을 일으키는 데 성공했다.

그날 저녁 늦게 그리고 계속 이어진 날들의 '망친 휴가' 동안 하숙집의 고풍스러운 라운지에서는 영감을 자극하는 토론이 벌어졌다. 프리슈는 다음과 같이 묘사했다.

우리는 우라늄 원자핵이 거의 동일한 두 부분으로 쪼개진 상황을…… 아주 다른 방식으로 그려보아야 한다는 사실을 아주 서서히 깨달았다. 그 그림은 원래 우라늄 원자핵이 점차 변형되다가 길게 늘어나면서 잘록한 허리가 생기고 마침내 두 개의 반쪽으로 나눠지는…… 것이었다. 이 그림이 세균이 증식할 때 일어나는 분열 과정과 놀랍도록 유사하다는 사실에 착안한 우리는 첫 번째 논문 발표에서 '핵분열'*이란 용어를 사용하기로 했다.

그 논문은 장거리 전화를 통해 다소 힘들게 작성되었고(마이트너 교수는 스톡홀름으로 갔고, 나는 코펜하겐으로 돌아갔으니까), 1939년 2월에 마침내 《네이처》에 실렸다……. 이 새로운 형태의 핵분열에서 가장 눈길을 끄는 특징은 거기서 방출되는 많은 에너지였다……. 하지만 정말로 중요한 질문은 그 과정에서 중성자가 방출되느냐 하는 것이었는데, 그것은 누구보다도 나 자신이 완전히 간과한 점이었다.

프리슈는 그 당시 자신의 발견에 대해 여전히 다소 불안감을 갖고 있었다. 그는 어머니에게 보낸 편지에서 이렇게 썼다. "정글을 걷다가 전혀 그럴 생각이 없었는데 코끼리 꼬리를 잡은 기분이에요. 그리고 이제 그걸 가지고 어떻게 해야 할지 모르겠어요."

마이트너와 프리슈가 한의 발견과 그것이 물리학에서 지니는 중대한 의미에 관한 소식을 터뜨렸을 때, 처음에 원자물리학자들은 대체로 당혹스러운 반응을 나타냈다. 프리슈가 스웨덴에서 코펜하겐으로 돌아와 한의 연구와 자신이 이모와 나눈 대화를 이야기하자, 보어는 자기 이마를 쳤다.

---

* 프리슈에게서 그 현상에 대한 설명을 듣고서 자신의 전문 분야에 쓰이던 이 전문 용어를 제안한 사람은 그 당시 코펜하겐에서 역시 보어와 함께 연구하던 미국 생물학자 제임스 아널드James Arnold 였다.

그리고 "어떻게 우리가 그렇게 오랫동안 그것을 알아채지 못할 수 있었단 말인가!"라고 외쳤다.

신뢰의 붕괴

5

지난 300년 동안 자연의 어둠에 빛을 던진 새 발견들은 대부분 진보라는 이름으로 환영받았다. 하지만 1939년 1월, 많은 과학자들은 두려움 때문에 연구를 주저했다. 그 당시 전쟁에 대한 두려움이 어두운 구름처럼 온 세계를 감싸고 있었다. 뮌헨 회담에서 민주주의 국가들이 뒤로 물러섬으로써 간신히 세계 평화가 한 번 더 연장되었다.

뮌헨에서의 양보는 긴장을 완화하는 데 아무 도움도 되지 않았다. 바로 그 무렵에 소수의 선구자들이 완전히 새로운 에너지원에 눈을 떴다. 하지만 그때에도 회의론이란 안경으로 우리의 시야를 흐릿하게 가림으로써 해방된 원자력이라는 눈부시면서도 무시무시한 전망을 보지 못하게 할 수 있었다. 1939년 초에 닐스 보어는 프린스턴에서 10년 동안 연구하고 있던 동료 유진 위그너에게 핵분열 과정의 실용화가 실현될 가능성이 없다고 생각하는 중요한 이유 열다섯 가지를 적시했다. 아인슈타인은 미국인 기자 로렌스 W. L. Laurence에게 원자에서 에너지를 끄집어내 이용할 수 있다고 믿지 않는다고 확언했다. 그리고 젊은 독일 물리학자 호르스트 코르싱 Horst Korsching에 따르면, 오토 한은 자신이 발견한 에너지원의 실용화 가능성에 대해 가까운 동료 몇 명과 토론을 하던 도중에 "그건 분명히 하느님의 뜻에 반하는 짓이야!"라고 소리쳤다고 한다.

그때까지 모든 핵분열 실험은 아주 소량의 우라늄만 사용했기 때문에 그런 실험에서 막대한 에너지를 얻을 가능성은 없었다. 물론 그때에도 이미 원자과학자들의 마음속에서는 기대와 두려움이 피어오르기 시작했지만, 그런 일은 소규모 핵분열 반응의 효과를 눈사태처럼 엄청난 규모로 늘리는 것이 가능하다고 증명될 때에만 현실화될 수 있었다. 이런 연쇄 반응은 이미 1932~1935년에 호우테르만스와 실라르드, 졸리오-퀴리가 이론적 가능성으로 제시한 바 있었다. 하지만 우라늄 원자핵이 분열할 때 항상 추가로 많은 중성자가 방출되고, 이것이 다시 다른 우라늄 원자핵을 쪼갤 때에만 실현될 수 있었다. 대부분의 원자물리학자들은 무엇보다 중요한 이 문제를 철저하게 조사하여 그 가능성을 확인하기 전까지는 불안해할 이유가 전혀 없다고 동료들을 안심시켰다.

기대 반 두려움 반으로 실시된 연쇄 반응 가능성에 관한 연구와 발맞추어 그에 못지않게 특이한 정치적 실험도 일어났는데, 이것은 사상사에서 새로운 장을 쓰는 것에 해당하는 실험이었다. 그 주인공은 얼마 전 영국에서 미국으로 이주한 실라르드였다. 보어와 위그너에게서 달렘과 코펜하겐에서 일어난 실험 이야기를 들자마자, 실라르드는 옥스퍼드에 남겨두고 온 자신의 실험 장비를 보내달라고 요청했다. 그리고 뉴욕에서 소규모 제조업체를 운영하던 리보위츠Liebowitz라는 친구에게서 2000달러를 빌려 라듐 1g을 구입하는 보증금으로 썼다. 실라르드는 아직 미국 내 대학에서 일자리를 구하지 못했지만, 특별 허가를 받은 컬럼비아 대학의 물리학 연구소에서 연구를 할 수 있었다. 실험을 시작한 지 사흘이 지났을 때, 실험 결과는 여분의 중성자 방출이 일어났음을 시사하는 것처럼 보였다. 실라르드는 이 실험의 불가피한 결과를 예상하면서 불안감이 더욱 커졌다. 유럽에서도 이런 실험이 일어나고 있을 게 뻔했다. 그의 뛰어난 상상력은 또 한 번 실제 사건들을 훨씬 앞질러 내달렸고, 핵무기 생산 경쟁에 불이 붙으리란 사실을 놀랍도록 정확하게 꿰뚫어보았다.

뭔가 손을 쓰지 않으면 안 되었다. 실라르드가 맨 먼저 접촉한 사람 중 하나는 페르미였다. 이 이탈리아 과학자는 1938년 11월에 노벨상 수상을 위해 스톡홀름으로 갔는데, 파시스트가 지배하던 이탈리아로 돌아가지 않겠다고 결심하고서 여행에 나섰었다. 페르미는 마침 그때 실라르드와 같은 대학 건물에서 일하고 있었는데, 젊은 미국인 허버트 앤더슨Herbert Anderson과 함께 역시 중성자 방출 문제를 연구하고 있었다. 처음에 페르미는 과학자들이 스스로 자신들의 연구를 자발적으로 검열해야 한다는 헝가리 인 동료 물리학자의 제안을 단호하게 거부했다. 페르미 자신은 검열과 비밀 규제가 지적 활동을 마비시킨 나라에서 막 탈출해 온 참이었으니 그럴 만도 했다.

실라르드의 다른 동료들도 대부분 그다지 긍정적인 반응을 보이지 않았다. 처음에는 단 세 사람만 그의 제안에 동의했다. 위그너와 텔러(텔러는 친구 가모프의 추천으로 1935년에 미국 수도에 있는 조지워싱턴 대학에 초청을 받았다), 그리고 로체스터 대학의 초청을 받아 코펜하겐에서 막 미국으로 건너온 바이스코프였다.

이 네 사람은 과학이 수백 년 동안 자유로운 견해 교환을 위해 싸워왔으니 그에 반하는 원칙을 지지해서는 안 된다는 반론에 흔들리지 않았다. 이들은 평생 동안 자유의 원칙을 열렬히 지지하고 군국주의에 단호히 반대해왔다. 그럼에도 불구하고, 이들은 이제 매우 예외적인 상황도 있다고 생각했다.

그 당시 세계는 히틀러가 어떻게 세계열강에 도전할 생각을 하는지, 그리고 그럴 능력이 있는지 자문하고 있었다. 히틀러의 원자재 자원과 생산 능력을 전 세계의 정치적 적수들과 비교한다면, 항공기와 탱크 전력에서는 일시적인 우위를 차지하고 있다 하더라도 총통이 최종적인 승리를 거둘 가능성은 희박해 보였다. 아니면, 연합국의 자신만만한 계산을 뒤집어엎을 히든카드라도 있단 말인가? 그 무렵에 가공할 위력을 지닌 원자폭탄의 가능성을 이미 알고 있던 극소수 물리학자들은 1939년의 무력 외교 방정식에서 미지수 'x'가 바로 이 예외적인 신무기라고 의심할 만한 근거가 충분히 있다고 생각했다. 만약 이 추측이 옳다면, 이것은 강도를 점점 높여가는 히틀러의 무모한 도발 행위를 설명할 수 있을 뿐만 아니라, 그가 우라늄 폭탄이라는 에이스 카드를 사용해 승리할 수 있다는 자신감에서 의도적으로 전쟁을 향해 나아가고 있다는 것을 의미할 수 있었다. 오직 히틀러만 원자폭탄을 갖고 있다면, 경제적 약점에도 불구하고 그는 무적의 상대가 될 것이다. 독일의 이 독재자는 전 세계 사람들을 노예로 굴복시킬 위치에 설 것이다. 히틀러가 그 목표를 이루지 못하게 막으려면 어떻게 해야 할까?

미국의 원자과학자들은 왜 이 운명적인 문제를 독일의 동료들과 먼저 의논하려고 시도하지 않았을까? 그러기에는 원자물리학자 가족들 사이의 상호 신뢰가 이미 너무 약해져 있었다. 물론 히틀러 정부와 물리학자들 사이의 관계가 나쁘다는 사실은 독일 밖에서도 알려져 있었다. 노벨상 수상자인 폰 라우에는 공공연히 히틀러 정권을 비판했다. 그런데도 폰 라우에가 국내에 머문 이유는, 해외에서 제공할 수 있는 일부 교수 자리는 히틀러의 박해로 쫓겨날 수밖에 없었던 사람들에게 돌아가야 한다고 생각했기 때문이다. 하이젠베르크를 포함해 최신 물리학을 지지한 사람들이 모두 다 1937년에 나치 친위대SS 의 공식 기관지《흑군단 Das Schwarze Korps》을 통해 '백인 유대 인'으로 공격을 받았다는 사실 역시 잘 알려져 있었다. 1934년에 뷔르츠부르크 물리학회에서 소위 '독일 물리학자' 분파와, '독일' 물리학이나 '유대 인' 물리학 따위는 존재하지 않으며 물리학은 그저 옳고 그름이 있을 뿐이라고 주장한 동료 물리학자 분파 사이에 소규모 전쟁이 공개적으로 벌어졌다는 사실도 알려져 있었다. 그럼에도 불구하고, 독일 밖의 물리학자들은 이성적인 독일 내 과학자들의 저항이 추가 원자력 연구 중단을 목표로 삼는 과학자들 사이의 비밀 협약을 보증하기에는 너무 약하다고 여겼다. 무엇보다도 독일 물리학자들이 히틀러의 영향력 아래에 있는 한, 협박이나 무력에 굴복해 국가사회주의의 목표를 위해 일하지 않으리란 보장이 없었다. 미국 물리학자 브리지먼P. W. Bridgman도 그렇게 생각했다. 브리지먼은 1939년 2월 말에 《사이언스》에 발표한 글에서, 따라서 자신은 유감스럽지만 전체주의 국가에서 온 과학자가 자신의 연구소에 접근하는 것을 금지하며, 동료들도 똑같이 행동하길 기대한다고 선언했다. 그는 그 글에서 이렇게 주장했다.

나는 다음 성명을 인쇄해 찾아오는 방문객에게 건네준다. "저는 지금부터 전체주의 국가 시민에게는 제 실험 장비를 보여주거나 제 실험에 관해 논의하지 않기로 결정했습니다. 그런 국가의 시민은 더 이상 자유로운 개인이 아니며, 강요에 따라 그 국가의 목적을 위해 어떤 활동도 할 수 있습니다……. 전체주의 국가와 과학적 소통을 중단하는 것은 그런 국가가 과학 정보를 오용하지 못하도록 막는 동시에, 개인에게 자신이 하는 일에 대한 혐오를 표현할 기회를 제공하는 이중의 목적에 부합하는 행동입니다."

놀랍게도 그 당시에 과학의 전통과 결별하자는 이 주장에 반대하는 목소리는 거의 없었다. 독재자들은 인간성과 자유의 원칙을 짓밟기 위해 유례없는 방법들 — 얼마 전에 프라하 점령을 통해 새로 입증된 방법들 — 을 사용했다. 그에 맞서려면 마찬가지로 유례

없는 조치가 필요하다는 신념이 거의 보편적으로 퍼져 있었다.

그래서 미국에서는 실라르드의 주장이 점차 힘을 얻었다. 물론 과학자들의 자가 검열은 추축국樞軸國 지지자들만 표적으로 삼아 작동했다. 심지어 이전에 자신은 그런 것에 상관하지 않겠다고 선언했던 페르미도 이제는 자발적인 자가 검열에 동의했다.

실라르드 집단은 유럽의 원자과학자들에게서는 향후 핵물리학 부문에서 일어나는 추가 연구를 모두 비밀로 하자는, 전통에 반하는 개념에 대해 동의를 얻어내기가 더 어렵다는 사실을 알게 되었다. 실라르드는 1939년 2월 2일에 졸리오-퀴리에게 보낸 편지에서 자신이 고려하는 조치를 따를 준비를 해달라고 당부했다. "약 2주일 전에 한의 논문이 이 나라에 도착했을 때, 우리 중 몇 사람은 우라늄 분해 과정에서 중성자가 방출되는가 하는 문제에 즉각 관심을 기울였습니다. 만약 중성자가 둘 이상 방출된다면, 일종의 연쇄 반응이 명백히 가능할 것입니다. 특정 상황에서 이것은 일반적으로 매우 위험할 뿐만 아니라, 특정 정부 손에 들어가면 특히 아주 위험한 폭탄의 제조로 이어질지 모릅니다."

실라르드는 이러한 상황 전개가 초래할지 모를 불행한 결과의 가능성 때문에 이전에 과학자들이 품었던 진보에 대한 기대가 오히려 진보에 대한 두려움으로 크게 후퇴했음을 보여주는 말로 편지를 끝맺었다. "우리 모두는 중성자 방출이 전혀 혹은 적어도 충분히 많이 일어나지 않아 염려할 일이 전혀 없길 바랍니다." 이 말은 실험이 실패하길 바란다는 희망을 피력한 것이나 다름없었다.

실라르드는 졸리오-퀴리에게 연구 데이터의 자발적 발표 보류를 실행하기 위한 합의가 이루어지면 전보를 보내겠다고 말했다. 실라르드는 또한 졸리오-퀴리의 의견을 개략적으로 알려달라고 요청했지만, 아무런 답도 듣지 못했다. 졸리오-퀴리의 침묵에는 충분히 그럴 만한 이유가 있었다. 졸리오-퀴리는 협력자인 한스 폰 할반Hans von Halban 과 레프 코바르스키Lew Kowarski 와 함께 실라르드가 염려스럽게 언급한 연쇄 반응을 실험에서 실현하기 직전 단계에 와 있었다. 그는 어떤 상황에서든 이 발견을 최초로 이루는 명예를 놓치고 싶지 않았다. 한 달 뒤에 실험이 성공하자, 졸리오-퀴리는 이전의 모든 연구와는 달리 그 논문을 프랑스 학술지에 발표하지 않았다. 대신에 영국 학술지 《네이처》에 보냈는데, 《네이처》는 대개 투고된 논문을 자연과학 분야의 어떤 학술지보다 더 빨리 실어주었기 때문이다. 코바르스키는 3월 8일에 파리 중심부에서 한 시간 거리인 르부르제 공항까지 직접 가서 그 문서가 런던행 우편 행낭에 들어가는 것을 지켜보았다. 이 중요한 논문이 다음 호에 실릴 수 있게 런던에 제때 도착하는지 재삼 확인하기 위해서였다. 1939년 봄 무렵에 이미 원자력 연구는 며칠을 다투는 경쟁 상태에 돌입했다. 치열한 국제적 경쟁이라는 완전히 새로운 연구 분위기가 생겨났다.

실라르드는 졸리오-퀴리가 자신의 편지를 무시했다는 걸 알아채자마자, 친구들과 함께 추가 연구 발표를 막기 위한 노력에 더욱 박차를 가했다. 그동안 영국 과학자들은 구체적인 행동에 돌입하기 전에 미국에서 어떤 조치를 취하는지 지켜보고 있었다. 이제 그들도 이 운동에 동참하겠다고 약속했다. 이전에 러더퍼드의 연구팀에서 일했던 존 콕크로프트는 4월 중순에 위그너에게서 받은 편지에 답장을 보냈다. 그는 아직 이 계획의 성공 가능성에 회의적이었지만, 확고한 찬성 의사를 밝혔다. 그는 이렇게 썼다. "디랙은 제게 우라늄에 관한 당신의 메시지를 전해주었습니다. 지금까지 저는 향후 몇 년 안에 여기서 이용 가능한 결과가 나올 가능성이 극히 희박하다고 생각했습니다. 하지만 현 상황에서는 모든 것을 운에 맡길 여유가 없습니다."

반면에 졸리오-퀴리는 여전히 이 일에 무관심한 것처럼 보였다. 바이스코프가 150단어로 된 전보를 보내 문제의 심각성을 강조하자, 마침내 졸리오-퀴리도 파리에서 전보로 다음과 같은 답장을 보냈다.

실라르드의 편지를 받았지만 약속하는 전보를 보내지 않았음. 3월 31일의 제안은 매우 합리적이지만 너무 늦었음. 2월에 사이언스 서비스가 로버트의 연구에 관한 정보를 미국 언론에 알렸음을 지난주에 알았음. 편지를 보내겠음.

졸리오, 할반, 코바르스키.

졸리오가 말한 것처럼 일부 정보가 언론에 제공된 것은 사실이다. 하지만 그 정보는 개괄적인 것에 불과해 그들이 운동에 동참하지 않은 이유로 내세운 주장은 변명에 지나지 않았다. 사실, 졸리오-퀴리가 그런 태도를 보인 이유는 여러 가지가 있다. 우선, 실라르드의 편지를 받아들이지 않은 이유는 그 제안이 단순히 이 형가리 인 동료 혼자서 벌인 행동이라고 생각했기 때문이다. 바이스 코프의 전보는 하필이면 만우절인 4월 1일에 도착해 소수 과학자들의 비공식적 제안이라는 인상을 강하게 풍겼다. 공식 경로를 선호하는 프랑스 인의 사고방식에 따르면, 그토록 중요한 문제라면 소수의 '개인주의자'와 '아웃사이더' 대신에 미국과학원이 나서서 추진해야 마땅했다.

이러한 심리적 이유보다 더 큰 이유가 있었는데, 이것은 졸리오-퀴리 연구팀에 속한 세 사람 중 한 명이 스스로 다음과 같이 밝혔다. "우리는 우리의 발견이 언론에서 프랑스 연구의 승리로 환호를 받으리라는 사실을 사전에 알았고, 그 당시 정부로부터 장래의 연구에 더 큰 지원을 받으려면 어떤 대가를 치르더라도 대대적인 홍보가 필요했다."

졸리오-퀴리의 견해가 발표되고 나서 실라르드의 미국인 동료들 사이에서 자신들의 연구에 자발적으로 부과한 검열―별로 내키지 않으면서도 마지못해 동의했던 자가 검열―에 대한 불만이 너무나도 커지자, 라비 I. I. Rabi 교수가 실라르드를 만나 이 문제에서 물러서지 않으면 컬럼비아 대학의 환대를 더 이상 기대할 수 없을 것이라고 경고했다. 실라르드는 그때까지 객원 연구원 자격으로 연구하고 있었다. 실라르드는 불만을 제기하면서도 우라늄 연쇄 반응에 관한 자신의 선구적 연구를 추후에 발표하기로 동의할 수밖에 없었다.

이 논란 과정에서 위그너는 장차 중요한 결과를 가져올 제안을 했다. 미국 정부에 '우라늄 상황'을 알려야 한다고 제안한 것이다.

그는 정부 당국이 미래에 일어날지도 모를 '갑작스러운 위협' – 히틀러의 원자폭탄 개발을 의미하는 – 에 제대로 대처하려면 이런 조처가 필요하다고 주장했다.

1939년 4월 말부터 7월 말까지 실라르드와 그 친구들은 원자과학의 최신 연구가 지닌 중요성과 그것이 전쟁 기술에 미칠 효과를 미국 정부에 가장 인상적으로 전달하려면 어떤 방법이 좋을지 깊이 고민했다. 이 문제에 정부 당국의 관심을 끌려는 첫 번째 시도는 어느 모로 보나 완전한 실패였다. 1939년 3월 17일, 페르미는 컬럼비아 대학의 조지 피그램George Peagram 학장이 써준 소개장을 갖고 해군 본부 기술국장이던 후퍼S. C. Hooper 제독을 찾아갔다. 그리고 원자폭탄의 가능성에 관해 논의했다. 하지만 이 문제에 관해 페르미가 제공한 정보는 제독에게 별로 큰 인상을 주지 못한 것으로 보인다. 어쨌든 당분간은 페르미는 물론 어떤 원자과학자도 그 문제의 추가 논의를 위한 부름을 받지 못했다. 흥미롭게도 4월 말에 《뉴욕 타임스》가 봄에 열린 미국물리학회 회의를 다룬 보도도 워싱턴 당국자들 사이에서 아무런 흥미를 끌지 못했다. 하지만 바로 그때, 다름 아닌 보어가 우라늄-235를 소량 포함한 폭탄을 저속 중성자로 충돌시키면, 아무리 낮춰 잡아도 전체 연구소와 주변 도시 대부분을 날려버릴 만큼 강력한 폭발이 일어날 것이라고 공개적으로 주장하고 나섰다.

실라르드와 위그너, 텔러, 바이스코프는 내부적 제약과 외부적 제약을 모두 극복하고 나서야 미국 정부 당국과 접촉할 수 있었다. 첫째, 중앙유럽에서 온 그들은 어떤 정부도 별로 신뢰하지 않았으며, 특히 군부에 대한 신뢰감이 가장 낮았다. 둘째, 그들 중 미국에서 태어난 미국 시민은 아무도 없었다. 위그너를 빼고는 모두 이민 온 지 충분히 오래되지 않아 아직 미국 시민권도 얻지 못한 상태였다.

실라르드와 그 친구들이 정말로 큰 영향력을 지닌 당국자의 관심을 끌 묘책을 찾으려고 여전히 골몰하고 있을 때, 제3제국에서 독일 정부의 지원을 받아 우라늄 문제에 관한 연구가 이미 진행되고 있다는 비밀 정보가 날아왔다. 가장 두려워하던 시나리오가 현실화되는 것처럼 보였다.

그 보고는 사실이었다. 1939년 4월, 과학교육민족문화부 장관이던 다메스W. Dames 박사는 두 물리학자 빌헬름 한레Wilhelm Hanle 와 게오르크 요오스Georg Joos로부터 '우라늄 기계'를 언급한 메시지를 받았다. 다메스는 4월 30일에 베를린에서 회의를 소집했는데, 원자과학 분야 전문가 여섯 명이 참석했다. 핵분열을 발견한 한은 그 명단에 없었다. 한을 부르지 않은 공식적인 이유는 그가 물리학자가 아니라 화학자였기 때문이다. 하지만 진짜 이유는 따로 있었다. 고위 당국자들은 한이 나치즘에 호의적이지 않다는 사실을 잘 알고 있었기 때문이다. 심지어 과학계에서 한은 "나는 물리학자 여러분이 우라늄 폭탄을 절대로 만들지 않기만을 간절히 바란다. 만약 히틀러가 그런 무기를 손에 넣는다면 나는 자살하고 말 것이다."라고 외쳤다는 소문까지 나돌았다.

운터덴린덴 69번지에 위치한 건물에서 열린 첫 번째 회의에서는 원자 무기에 관한 이야기는 사실상 전혀 나오지 않았다. 참석자들은 그저 핵분열을 이용한 차량 추진 가능성에 대해서만 논의했다. 요오스가 해외와 국내의 원자력 연구 진행 상황을 조사한 뒤 그런 종류의 실험을 해보기로 결정이 났다. 해당 분야에서 현역으로 활동하는 선도적인 물리학자들이 공동으로 실험을 수행하기로 했다. 4월 30일에 열린 이 회의에 참석한 사람들은 회의 내용을 비밀로 하라는 지시를 받았다. 하지만 그중 한 사람인 요제프 마타우흐 Josef Mattauch 는 이 명령을 따르지 않았다. 그날 저녁, 그는 회의에서 논의한 내용을 한과 아주 가까우면서 재능이 뛰어난 협력자들 가운데 한 사람인 지크프리트 플뤼게 Siegfried Flügge 에게 알렸다. 플뤼게는 대서양 건너편 동료들과는 정반대의 반응을 보였다. 그가 생각하기에는 그토록 커다란 정치적 결과를 초래할지 모를 과학적 발견을 일반 대중에게 비밀로 하는 게 더욱 위험할 것 같았다. 그는 개인적으로 비밀 준수 서약을 하지도 않았다. 그래서 우라늄 연쇄 반응을 자세히 설명한 글을 써서《자연과학》7월호에 발표했다. 그러고 나서 더 명쾌한 설명을 위해 자신이 직접 나섰다. 나치스가 마지못해 용인하던 보수적 신문인《도이체 알게마이네 차이퉁 Deutsche Allgemeine Zeitung 》에 인터뷰를 제안했고, 그 신문사 대표를 만나 같은 주제를 더 알기 쉬운 용어로 설명하는 인터뷰를 했다.

불행하게도 플뤼게의 정보 공개는 미국인의 경계심만 높이는 결과를 낳았다. 그들은 독일에서 인쇄되어 발표되는 글은 정부의 명백한 의도나 동의 없이는 단 한 줄도 나올 수 없다고 생각했다.

그래서 "만약 나치스가 우라늄 문제에 관한 사실을 저 정도로 발표하는 걸 허용한다면, 그보다 훨씬 많이 알고 있는 게 분명하다. 따라서 우리도 서두르지 않으면 안 된다……."라고 생각했다.

그것은 잘못된 추론이었다. 1939년 여름에 미국 과학자들이 예기치 않게 독일의 원자과학자들과 개인적으로 접촉할 기회가 한 번 더 생겼다. 그때 하이젠베르크는 미국을 방문 중이었다. 컬럼비아 대학 물리학과 학과장이던 피그램은 실라르드와 페르미가 기울인 노력을 잘 알고 있었다. 그래서 교수직을 제안함으로써 이 독일인 물리학자를 미국에 머물게 하려고 설득했다. 그러나 하이젠베르크는 독일에서 자신에게 맡겨진 '훌륭하고 젊은 물리학자들'을 저버릴 수 없다면서 그 제안을 거절했다. 그리고 자신은 히틀러가 전쟁에서 질 것으로 확신한다고 덧붙였다. 하지만 그는 다가오는 재난에서 조국의 소중한 것들을 보존하는 데 도움을 주기 위해 독일에 남길 원했다.

미시간 주 앤아버에서는 페르미가 조금 더 신중한 시도를 했는데, 페르미는 그해 여름 미시간 대학에서 강의를 하고 있었다. 페르미가 네덜란드 인 동료 사뮈엘 하우드스밋 Samuel Goudsmit 의 집에서 하이젠베르크를 만났을 때, 그들의 대화는 불가피하게 한의 발견이 제기한 흥미로운 문제로 옮아갔다.

훗날 하이젠베르크는 이렇게 말했다. "1939년 여름에 열두 명이 서로 합의하기만 했더라면, 여전히 원자폭탄의 제조를 막을 수 있었을 것이다." 그렇다면 당연히 그 열두 명에 포함되었을 그 자신과 페르미가 계획을 주도했어야 마땅했다. 하지만 그들은 기회를 날려버렸다. 그 당시 그들에게는 정치적 힘과 도덕적 상상력이 매우 부족했고, 국제적 과학 전통을 충실히 따르려는 정신 역시 부족했다. 그들은 자신들의 발명이 장래에 가져올 결과를 제대로 파악하고 필요한 행동을 하는 데 실패했다. 또, 그 중대한 상황에서 과거의 과학이 남긴 유산에 충분한 자신감을 갖지도 못했다.

전쟁이 끝나고 나서 바이츠제커는 이렇게 말했다. "우리 물리학자들이 하나의 가족을 이루었다는 사실만으로는 충분하지 않았다. 어쩌면 우리는 구성원들에게 징계권을 행사할 수 있는 국제 단체여야 했을지도 모른다. 하지만 현대 과학의 성격을 감안한다면, 과연 그런 일이 현실적으로 실현 가능할까?"

1 9 3 9 ~ 1 9 4 2

예방 전략

6

그해 여름에 미국에 전해진 독일의 우라늄 계획 진전 소식은 갈수록 점점 더 큰 우려를 자아냈다. 베를린에서 핵물리학자들의 두 번째 회의가 열렸다. 이번에는 육군 병기국 연구부 책임자인 슈만 Schumann 대령이 함부르크의 물리학자 파울 하르테크 Paul Harteck가 제공한 정보를 바탕으로 소집한 회의였다. 4월 말에 하르테크는 "원리적으로 우라늄에서 연쇄 반응이 일어날 가능성"에 관심을 촉구했다. 그의 동료 쿠르트 디브너 Kurt Diebner가 그 뒤에 한 보고에 따르면, 하르테크는 독일 전쟁부에 그 가능성을 조사해볼 것을 권했다고 한다.

비밀 경로를 통해 미국에 있는 물리학자들에게 전달된 추가 정보도 독일이 본격적으로 그 계획에 뛰어들었다고 시사하는 것처럼 보였다. 독일은 얼마 전에 점령한 체코슬로바키아에서 우라늄 광석 수출을 갑자기 전면 금지했다.

유럽에서 우라늄 광석을 조금이나마 보유하고 있던 나라는 독일을 빼면 벨기에가 유일했는데, 벨기에령 콩고에서 우라늄 광석이 채굴되었기 때문이다. 실라르드는 이제 전략적으로 아주 중요해진 이 금속을 히틀러가 차지하는 사태를 막으려면 즉각 어떤 조치를 취해야 한다고 생각했다. 미국 국무부는 우라늄이 군사적으로 중요한 자원이 될 가능성을 아직 전혀 모르고 있었다. 이 희귀한 금속은 그때까지 대부분 문자반에서 빛을 내는 숫자나 도자기를 만드는 용도로만 쓰이고 있었다.

바로 그때, 실라르드에게 아인슈타인이 나서면 혹시 도움이 되지 않을까 하는 생각이 떠올랐다. 벨기에의 왕대비 엘리자베트_{Elis-abeth}는 평소에 지적 또는 음악적 재능이 탁월한 소수의 사람들로 이루어진 국제적 친구 집단으로 자기 주변을 채웠는데, 아인슈타인도 그중 한 명이었다. 이 연줄을 이용하면 벨기에 정부에 경고를 전달할 수 있을 것 같았다. 상대성 이론의 아버지는 그 당시 프린스턴에 살고 있었는데, 실라르드의 가까운 동료인 위그너도 마침 프린스턴에 살았다. 실라르드는 즉각 아인슈타인과 약속을 잡았다. 아인슈타인은 여름휴가를 롱아일랜드에서 보내기로 했는데, 두 사람이 중요한 문제를 상의하기 위해 그곳까지 찾아온다면 기꺼이 만나겠다고 했다.

1939년 7월의 어느 더운 날, 위그너와 실라르드는 롱아일랜드 남해안에 있는 패초그를 향해 출발했다. 차를 타고 두 시간쯤 달린 뒤에 그들은 주소가 잘못되었다는 사실을 깨달았다.

"아마도 내가 전화에서 지명을 패초그로 잘못 들었는지도 몰

라. 지도에 비슷한 이름이 있나 찾아보자고." 위그너가 말했다.

"혹시 피코닉 아니야?" 실라르드가 몇 분 동안 뚱한 표정으로 있다가 물었다.

"맞아, 그거였어. 이제 기억나는군!"

두 사람은 피코닉에서 오가는 사람들을 붙잡고 아인슈타인이 빌렸다는 무어 Moore 박사의 오두막집이 어디 있는지 물었다. 반바지와 밝은색 수영복 차림의 피서객 무리가 어슬렁거리며 지나갔다. 그들은 "아뇨, 우린 무어 박사의 오두막집이 어디 있는지 몰라요."라고 대답했다. 현지 주민조차 도움이 될 만한 정보를 모르는 것 같았다.

아무래도 가망 없는 모험처럼 보였지만, 두 사람은 차를 몰고 계속 돌아다녔다. 갑자기 실라르드가 소리쳤다. "그만 포기하고 돌아가자고. 어쩌면 운명이 이것을 원치 않는지도 몰라. 이 문제 때문에 정부 당국자와 접촉하기 위해 아인슈타인에게 도움을 청하는 것은 끔찍한 실수일지도 몰라. 정부는 일단 어떤 것을 손에 넣으면 절대로 놓으려고⋯⋯."

"하지만 이 일은 우리의 의무야." 위그너가 반론을 제기했다. "끔찍한 재앙을 예방하기 위해 노력하는 게 우리 임무야." 그래서 두 사람은 계속 무어 박사의 오두막집을 찾았다.

그러다가 마침내 실라르드가 제안했다. "그냥 아인슈타인이 어디 사는지 물어보는 게 어떨까? 아인슈타인을 모르는 아이는 없을 테니까."

두 사람은 이 아이디어를 즉시 실행에 옮겼다. 햇볕에 그을린

일곱 살쯤 되는 사내아이가 낚싯대를 만지작거리면서 거리 모퉁이에 서 있었다.

"애야, 아인슈타인이 어디 사는지 아니?" 실라르드는 진지하게 묻는 대신에 농담 비슷하게 물었다.

그러자 꼬마가 대답했다. "물론 알죠. 원한다면 그곳까지 안내해드릴게요."

두 사람은 잠깐 동안 베란다에서 기다렸다. 아인슈타인은 슬리퍼를 신고 나와 그들을 서재로 안내했다. 실라르드는 이 중요한 첫 번째 대화 장면을 다음과 같이 묘사했다.

아인슈타인은 우라늄에서 연쇄 반응이 일어날 가능성을 생각하지 못했다. 하지만 내가 이야기를 시작하자마자 그는 그 결과가 어떤 것이 될지 알아챘고, 즉각 기꺼이 우리를 돕겠으며, 필요하다면 어떤 위험도 불사하겠다는 의사를 나타냈다. 하지만 벨기에 정부와 접촉하기 전에 먼저 우리가 고려하는 조치를 워싱턴의 국무부에 알리는 게 바람직해 보였다. 위그너는 벨기에 정부에 보낼 편지 초안을 만든 뒤 그 복사본을 국무부에 보내자고 제안했다. 그리고 아인슈타인이 이 일에 관여하지 않는 게 좋다고 판단할 경우, 불참을 통보할 시한으로 2주일을 주기로 했다. 이렇게 상황이 정리되자, 위그너와 나는 롱아일랜드에서 아인슈타인이 머물고 있던 곳을 떠났다.

실라르드는 이제 몇 주일 동안 그의 마음에 머물러 있던 장애물에 다시 맞닥뜨렸다. 어떻게 하면 미국 정부의 관심을 끌 수 있을까? 그는 여러 친구와 이 문제를 의논했는데, 그중에 독일의 경제학자로 학술지 《독일 경제학자 Der deutsche Volkswirt》의 편집자였다가 뉴욕으로 이민해 살고 있던 구스타프 슈톨퍼 Gustav Stolper 도 있었다. 슈톨퍼가 묘안을 알려주었다. 그는 정부에서 공식적으로 일하지 않으면서도 루스벨트 대통령에게 자신의 이야기를 전할 수 있는 사람을 알고 있었다. 그 사람은 은행가이자 학자인 알렉산더 색스 Alexander Sachs 였다. 이 국제적인 금융업자는 언제든지 백악관을 출입할 수 있었는데, 경제적 사건을 놀랍도록 정확하게 예측하여 루스벨트를 자주 경탄하게 만들었기 때문이다. 1933년부터 색스는 미국 대통령에게 아주 큰 영향력을 미치는 비공식 조언자 중 한 명으로 활동했다. 루스벨트 자신의 정의에 따르면, 이들은 모두 "대단한 능력과 신체적 활력과 익명성에 대한 진정한 열정"을 지닌 사람들이었다.

색스는 실라르드의 제안을 듣자마자 열렬히 지지했다. 그 다음 2주 동안 두 사람은 색스가 일하는 월스트리트의 투자 회사 리먼 브라더스 사무실에서 편지 초안을 작성했다. 여기에는 아인슈타인이 처음에 서명하려 했던 문서보다 한 발 더 나아간 내용이 담겨 있다. 그들은 국무부로 보내기로 했던 처음 계획을 수정해 백악관으로 편지를 보내기로 했다. 국무부 장관보다는 대통령이 더 신속하고 강력한 행동을 취하기 쉬울 거라고 기대했기 때문이다. 이 편지 초안은 아인슈타인과 논의했던 문제, 즉 콩고에서 산출되는 우라늄을 보호하는 문제를 놓고 미국이 벨기에 정부와 협상을 벌여야 힐 필요성도 다루었다. 새로 추가된 두 번째 문제는 원자 무기 연구를 재정적으로 지원하고 연구 성과를 앞당기도록 독려해야 한다는 제안이었다. 편지를 작성한 사람들은 정부에 구체적 지원을 요청하는 것은 의도적으로 삼갔지만, 비밀리에 추진할 이 계획에서 개인과 여러 산업 연구소의 협력을 이끌어내기 위해 백악관에서 비밀 요원을 임명해야 한다고 제안했다.

8월 2일, 실라르드는 차를 몰고 다시 롱아일랜드를 방문했다. 위그너는 그때 캘리포니아 주로 갔기 때문에, 같은 헝가리 출신의 젊은 과학자 에드워드 텔러가 운전을 맡았다. 텔러는 훗날 원자과학자들이 겪는 운명적인 드라마에서 훨씬 중요한 역할을 맡게 된다. 그날 실라르드의 호주머니 속에는 이미 최종 초안이 들어 있었을까? 텔러와 아인슈타인은 그랬다고 진술했다. 그 후 아인슈타인은 늘 자신은 그 문서에 서명만 했을 뿐이라고 주장했다. 반면에 실라르드는 이렇게 주장한다. "내 기억으로는 아인슈타인이 독일어로 구술한 내용을 텔러가 받아 적은 편지를 한 통 작성했습니다. 나는 그 편지의 텍스트를 바탕으로 초안을 두 통 작성했는데, 하나는 상대적으로 짧고 다른 하나는 다소 길었으며, 둘 다 대통령에게 보내는 것이었습니다. 나는 어느 쪽이 더 좋은지 아인슈타인에게 선택하게 했습니다. 그는 더 긴 쪽을 선택했지요. 나는 아인슈타인의 편지에 동봉할 메모도 준비했습니다. 편지와 메모는 1939년 10월에 색스 박사를 통해 대통령에게 전달되었습니다."

아인슈타인을 오랫동안 알아왔고 나중에 그의 유언 집행을 맡은 오토 네이선 Otto Nathan 박사는 이 이야기가 더 진실에 가깝다고 생각한다. 하지만 텔러는 이렇게 단언한다. "아인슈타인은 그저 자신의 이름만 서명했을 뿐입니다. 나는 그 당시에 그가 핵물리학 분야에서 어떤 일이 벌어지고 있는지 아주 명확하게 알지 못했다고 믿습니다." 색스 역시 약간 냉소적으로 이야기했다. "실제로 아인슈타인이 필요했던 이유는 단지 실라르드에게 약간의 후광을 제공하기 위해서였습니다. 실라르드는 그 당시 미국에서는 거의 무명이나 마찬가지였으니까요. 아인슈타인의 역할은 정말로 그것에만 국한되었습니다."

"나는 정말로 우편함 역할만 했을 뿐입니다. 그 사람들이 나한테 완성된 편지를 가져왔고, 난 거기에 서명만 했습니다." 제2차 세계 대전이 끝난 뒤 아인슈타인은 오랜 친구이자 전기 작가인 안토니나 발렌틴Antonina Vallentin에게 이렇게 변명했다. 그는 얼마 지나지 않아 자신이 한 행동을 후회하기 시작했다. 탁월한 지식인이자 평화의 위대한 친구인 아인슈타인은 장래에 공개될 개인적 편지와 메모에서 자신이 어떻게 해서 운명의 장난에 휘말려 극도로 무서운 파괴 무기를 만들라고 권고하는 편지를 보내기로 결정했는지 추가로 명확하게 설명했다.

물론 그 당시 아인슈타인은 독일의 원자폭탄에 기습당할지 모를 사태에 대비하기 위해 우라늄 문제에 적극적 관심을 보이라고 권했던 미국 정부가 자신이 쥐게 된 막강한 새 힘을 진정한 지혜와 인류애를 가지고 다룰 것이라고 확신했다. 그는 미국이 비슷한 무기에 대응하기 위한 자기 방어 이외의 목적으로는 어느 누구에 세도 그린 폭탄을 절대로 사용하지 않을 것이며, 사용할 경우에도 오로지 자국의 안전이 심각하게 위협받을 때에만 그럴 것이라는 가정 아래 행동했다. 하지만 6년 뒤에 첫 번째 원자폭탄이 그러지 않아도 이미 항복 직전에 있던 일본에 투하되자, 그 자신과 원자폭탄 제조에 참여해 일한 원자과학자들이 모두 속았다고 느꼈다.

아인슈타인 자신뿐만 아니라 그에게 영향을 미쳤던 사람들이 의심의 여지 없이 믿었던 독일의 우라늄 폭탄 위협은 실은 환상에 불과했다. 이 점을 감안하면, 평화를 사랑한 아인슈타인이 내린 이 결정이 초래한 비극이 더욱 가슴 아프게 다가온다.

전쟁이 끝난 뒤 아인슈타인은 깊이 후회했다. "만약 독일이 원자폭탄을 만드는 데 성공하지 못하리란 사실을 알았더라면, 나는 손가락 하나도 까딱하지 않았을 것이다." 그 당시 온 세계는 제3제국이 전쟁의 승패를 결정할 신무기를 만들 능력이 있다고 과대평가했다. 연합국 위원회가 추후에 조사한 결과에 따르면, 전쟁이 시작될 때 독일 지도자들은 자신들이 이미 갖고 있는 무기만으로도 최종 승리를 거둘 수 있다고 오판한 것으로 드러났다. 제3제국이 신무기 개발에 조금이라도 관심을 기울이기 시작한 것은 1942년부터였다. 그 무렵에는 연합국과 전력 차가 너무 크게 벌어져서 전세가 역전될 가망은 전혀 없었다. 전쟁 기간에 독일이 개발한 신무기 가운데 가장 중요한 것으로 꼽히는 V2 장거리 로켓은 독일의 처지가 매우 절박해진 단계에 가서야 사용하기 시작했다.

과학 연구에 대한 히틀러와 그 주변 사람들의 무관심은 명백한 반감에 가까웠다.* 이것은 히틀러가 아주 이른 시기부터 물리학자들에게서 호의를 끌어내는 데 실패하는 결과를 초래했다. 그중 극소수만이 야심 때문에 또는 제3제국 이전에는 빛을 보지 못했기 때문에 히틀러에게 전폭적으로 협력했다.** 하지만 대다수는 곧 나치스의 슬로건을 거꾸로 뒤집어 사용하기 시작했다. 즉, "전쟁은 과학을 위해 이용되어야 한다."라고 속삭인 것이다. 독일을 세계적 강대국으로 끌어올리려고 한 히틀러의 시도는 너무 경솔하게 추진되어서 성공하기 어려웠다. 기초를 제대로 잘 닦지 않는 한, 실험에서 의미 있는 결과가 절대로 나올 수 없다고 믿는 사람들의 견해는 그랬다. 그래서 임박한 재앙 앞에서 나치스 정권이 아직 완전히 망치지 않은 독일 과학자들의 연구를 최대한 많이 구해내는 것이 중요한 과제가 되었다. 전쟁에 패배한 뒤, 그래도 과학은 독일의 대차대조표에서 아직 대변貸邊에 남아 있을 극소수 자산 중 하나가 될 것으로 보였다.

독일의 원자폭탄 제조가 좌초된 것은 네 가지 요인이 복합적으

---

* 독일 당국은 전반적으로 무관심한 태도를 보였지만, 공군만은 예외였다. 공군 연구자들은 독특한 입장에 있었다. 그들은 델타와 '비행 원반'처럼 흥미로운 신형 항공기를 만들었는데, 나중에 '비행접시'라고 불린 이 항공기 중 최초 모델(지름이 40m쯤 되고 모양은 원형이었다)은 슈리버Schriever, 하베르몰Habermohl, 미테Miethe라는 전문가들이 만들었다. 1945년 2월 14일에 프라하 상공에서 처녀 비행에 나섰고, 3분 만에 고도 약 13km까지 날아올랐다. 속도는 시속 약 2000km에 이르렀는데, 그 후의 시험 비행에서는 거의 두 배로 높아졌다. 전쟁 후에 하베르몰은 소련으로 끌려간 것으로 보인다. 미테는 나중에 미국의 A. V. 로 회사에서 비슷한 '비행접시'를 개발했다.

** 이들은 대부분 엔지니어였다. 이론 연구에 종사한 사람들은 예외적인 경우에만 협력했다. 독일 점령 후에 연합국 기술자들이 그곳에서 새로운 군사 발명품 수천 가지를 발견한 것은 사실이다. 하지만 대개는 이미 잘 알려진 과학적 원리를 실용적으로 응용하거나 기술적으로 개선한 수준이었다.

로 작용한 결과였다. 먼저, 히틀러의 박해로 훌륭한 물리학자들이 국외로 빠져나가는 바람에 실력 있는 물리학자가 얼마 남지 않았는데, 이것은 심각하게 불리한 조건이었다. 두 번째 요인은 과학 연구를 전쟁에 이용하기 위한 나치스의 조직적 노력 부족과 정부의 인식 부족이었다. 세 번째 요인은 그처럼 복잡한 계획을 실행에 옮기는 데 당장 동원할 수 있는 기술 장비가 부족했다는 점이다. 마지막으로(지금까지 너무 자주 간과된 점이지만) 원자 무기 연구에 몰두한 독일인 전문가들이 성공 가능성을 낮게 보았다는 점이다. 정부 당국의 몰이해 앞에서 그들은 이러한 장애물을 극복하려는 노력을 전혀 기울이지 않았다. 또한 그런 폭탄을 만들어야 한다고 적극적으로 요구하지도 않았다(독일의 로켓공학자들이 보인 태도와는 아주 대조적이다. 이들은 결국 '유도 미사일'에 대한 히틀러의 무관심을 극복하고 '그들의' V2 무기를 만들었기 때문이다). 반대로 이들 물리학자는 나치스 지원부의 관심을 그토록 비인도적인 무기로부터 다른 곳으로 돌리는 데 성공했다.

이러한 개인적 태도에 관한 이야기는 지금까지 일반 대중에 공개된 적이 거의 없었다. 이와 관련된 사람들은 대부분 신중을 기하기 위해 이 미묘한 문제를 한정된 범위의 집단 내에서만 언급했다. 전쟁이 끝날 무렵에 왜 독일이 원자폭탄을 만들지 못했느냐는 질문에 답을 해야 할 때면, 정치 지도자들의 관심 부족과 기술적 어려움을 강조하는 것으로만 만족했다. 실제로 1942년 말부터 연합군의 대대적인 공습이 시작되면서 기술적 어려움은 극복하기가 어려워졌다. 독일 우라늄 계획의 총책임을 맡았던 하이젠베르크는 1946년 말에 《자연과학》에 실린 글에서 '외부 환경'이 원자무기 연구를 하던 독일 전문가들에게 "원자폭탄을 만들지 말지 어려운 결정을 내려야 할" 의무를 면제해주었다고 진술했다. 이것은 옳은 말이지만, 실제로는 1942년 여름 이후에만 적용되는 말이다. 그전에는 어떤 일이 있었던 것일까? 같은 글에서 하이젠베르크가 쓴 다음 말은 무슨 뜻일까? "독일 물리학자들은 처음부터 예상되는 계획에서 통제권을 잡으려고 의식적으로 노력했다. 그들은 그 문제에 관한 전문가로서의 영향력을 행사해 현재의 보고서에 기술된 것과 같은 의미로 그 연구를 이끌어갔다."

처음에 독일의 'U 계획'(관계 당국자들이 부르던 이름)은 연합국이나 아직 중립을 지키던 미국이 기울인 비슷한 노력보다 더 빠른 진전을 보였다. 하지만 순전히 행정적 의미에서만 그랬다. 대부분의 물리학자들은 전쟁이 발발하자 즉각 군 복무를 위해 소집되었다. 3~4주가 지난 뒤 그중에서 아주 중요한 사람들은 '필수 인력'으로 인정되어 연구소로 되돌아왔다. 알렉산더 색스가 루스벨트와 면담하며 아인슈타인의 편지를 보여주기 2주일도 더 전인 1939년 9월 26일에 이미 핵물리학자 9명이 베를린의 육군 병기국에서 열린 회의에 참석했다. 그들은 바게 Baage, 바셰 Basche, 보테, 디브너, 플뤼게, 가이거, 하르테크, 호프만 Hoffmann, 마타우흐였다. 이 회의에서 자세한 연구 계획이 세워졌고, 디브너의 회고에 따르면 "다양한 연구 그룹에 별도의 임무가 할당되었다". 소위 '우라늄협회 Uranium Verein'는 이렇게 해서 탄생했다. 4주 뒤 규모가 더 큰 회의가 열렸는데, 이번에는 하이젠베르크와 바이츠제커도 참석했다. 맨 처음 결정해야 할 문제 가운데 하나는 실험 목적에 필요한 산화우라늄의 정제 수준이었다. 하지만 괴팅겐에서 화학적 테스트를 수행하도록 임명된 전문가는 군 복무 중이었다. 그를 다시 불러와 일을 시키기까지는 시간이 좀 걸렸다. 그러자 독일 내에서 구할 수 있는 산화우라늄은 이미 거의 다 다른 육군 부서가 가져가버렸다는 사실이 드러났다. 그 부서는 절대로 산화우라늄을 내놓을 수 없다고 버텼다. 그들은 이 중금속 합금으로 장갑을 관통하는 철갑탄을 생산할 계획이었다.

라이프치히에서 진행된 첫 번째 실험은 실패로 돌아갔다. 물리학자 게오르크 되펠Georg Döpel은 우라늄의 화학적 성질을 무시하고서 금속 삽을 갖다 댔는데, 그 바람에 우라늄에서 자연 발화가 일어났다. 화염에 물을 끼얹었더니 불이 더 빨리 확산되었다. 빨갛게 달아오른 우라늄 분수가 6m 높이까지 치솟으면서 연구소 천장에 불이 붙었다. 라이프치히 소방대가 전력을 다해 불을 끈 덕분에 몇 사람만 가벼운 화상을 입은 것으로 끝났다. 되펠은 그 당시에는 매우 과장된 것으로 보였던 예언을 내뱉었다. "원자폭탄이라는 숭고한 목표를 위해 수백 명이 더 쓰러질 것이다."

1939년 가을에 카이저빌헬름물리학연구소는 우라늄협회의 과학적 중심지가 되었다. 연구소 책임자 피터 디바이는 네덜란드 인이었지만 1909년부터 독일에서 아무런 박해도 받지 않고 일해왔다. 이제 그는 독일 시민이 되거나 적어도 자신의 신뢰성을 입증하기 위해 국가사회주의를 찬양하는 책을 써야 했다. 하지만 그는 이 무례한 요구를 경멸하듯이 거절하고는, 미국에서 강연 초대를 받은 것을 기화로 두 번째 고향을 영영 등졌다. 얼마 안 가 하이젠베르크가 그의 뒤를 이어 연구소 책임자가 되었고, 전쟁 기간 내내 그 자리를 지켰다. 하이젠베르크의 결정은 해외에 있던 동료 물리학자들에게서 많은 비난을 받았다. 그들은 한동안 이것이 하이젠베르크가 히틀러와 화해한 것이 아닌가 하는 의심을 확인해 준 사건이라고 생각했다.* 심지어 독일 안에서도 어떤 물리학자들은 하이젠베르크의 행동을 매우 유감스럽게 여겼다. 그들은 그 당시 만약 하이젠베르크가 국가사회주의와 분명한 거리를 두었더라면, 히틀러에 반대하는 모든 과학자들에게 힘이 되었을 뿐만 아니라, 정신적 지도자로서 그들에게 적극적인 저항을 하도록 부추겼을 것이라고 믿었고, 지금도 그렇게 믿는다.**

---

* 폰 바이츠제커는 이 문제에 관해 이렇게 말했다. "디바이가 떠난 뒤, 우리는 육군 병기국의 통제를 받았습니다. 시간이 지나면서 점점 더 아주 마음에 들지 않는 사람들이 내려왔습니다……. 우리는 매주 하이젠베르크를 연구소로 불러 조언을 구했습니다. 1년이 지나자, 우리가 예상한 대로 그가 사실상 우리의 모든 연구를 지휘하는 책임자가 되었지요. 그러고 나서 우리는 우리의 정치적 의견이 무엇인지 너무나도 잘 알고 있던 카이저빌헬름협회 회장과 평의회를 설득해 하이젠베르크를 우리의 공식 책임자로 임명하게 하는 데 성공했습니다. 이로써 외부에서 온 침입자들이 일으키는 말썽도 사라졌습니다. 디바이의 특권을 침해하는 것을 피하기 위해 하이젠베르크에게는 '연구소 내 소장 Direktor *am* Institut'이라는 지위가 주어졌지요. 왜냐하면, 우리는 여전히 디바이를 연구소장으로 생각했으니까요."

** 그 당시 자신이 한 행동에 대해 하이젠베르크는 내게 이렇게 변명했다. "독재 정권 하에서 적극적인 저항은 정권과 협력하는 척 가장하는 사람들만이 할 수 있습니다. 따라서 공공연히 체제에 반대하는 목소리를 내는 사람은 의심의 여지 없이 적극적으로 저항할 기회를 잃고 맙니다. 만약 정치적으로 아무런 해도 주지 못하는 방식으로 때때로 비판을 한다면, 그 사람의 정치적 영향력은 쉽게 차단될 것입니다. 반면에 만약 정치적 운동을 시작하려고 실제로 시도한다면, 예컨대 학생들 사이에서요, 그 사람은 자연히 며칠 뒤에 강제수용소로 끌려갈 것입니다. 그렇게 해서 죽임을 당하더라도, 그의 순교는 사실상 알려지지 않겠죠. 그의 이름을 언급하는 것도 금지될 테니까

하이젠베르크의 친구이자 동료인 바이츠제커는 하이젠베르크가 항상 세계주의자로 훈련받았고 그런 세계관을 가졌으며 그럼에도 불구하고 조국을 사랑한 사람이었다는 이유로 그를 변호하려고 했다. 그래서 그는 하이젠베르크가 "그 자신이 예견한 재앙 앞에서 독일 물리학의 생존에 기여하기 위해" 독일에 남았다고 변호했다.

하지만 또 다른 동기가 있었는데, 아마도 가장 중요한 동기는 이것일지도 모른다. 하이젠베르크는 1946년에 쓴 글에서는 이것을 넌지시 암시했다. 그는 가장 가까운 친구들과 함께 카이저빌헬름물리학연구소를 장악함으로써 독일의 원자 무기 연구를 통제하려고 했다. 왜냐하면, 그 당시 그들은 덜 양심적인 물리학자들이 다른 상황에서 히틀러를 위해 원자폭탄을 만들려고 시도할까 봐 두려웠기 때문이다. 뉴욕에서뿐만 아니라 달렘에서도 그런 무기가 물불 가리지 않는 광적인 독재자의 손에 들어가면 세상에 상상할 수 없는 불행을 초래할 것이라고 확신했다.

1939~1940년 겨울 무렵에 하이젠베르크는 연쇄 반응을 제어하는 우라늄 원자로와 중성자 방출이 걷잡을 수 없이 가속되어 폭발이 일어나는 우라늄 폭탄 사이의 차이를 원리적으로 기술하는 이론적 연구를 이미 끝냈다. 1940년 7월 17일, 바이츠제커는 「U

요⋯⋯. 저는⋯⋯ 7월 20일에 자신의 목숨을 희생함으로써 정권에 정말로 심각한 저항을 한 사람들, 그중에는 제 친구도 몇 명 있었지요, 그들을 생각할 때마다 늘 매우 부끄러웠습니다. 하지만 그들의 본보기조차 효과적인 저항은 협력하는 척하는 사람들로부터만 나올 수 있다는 것을 보여줍니다."

238에서 에너지를 생산할 수 있는 방법」이란 제목으로 주요 개념들을 논문으로 작성했다. 이 논문은 우라늄 원자로에서 "폭발물로" 사용할 수 있는 완전히 새로운 물질이 나타날 수 있음을 증명했다. 하지만 그 당시 바이츠제커는 그것을 앵글로색슨계 국가의 동료들처럼 플루토늄이라고 부르지 않았다. 그 대신에 단순히 '93번 원소'라고 불렀는데, 다만 그게 실제로는 '94번 원소'가 아닐까 하는 의심을 품었다(실제로 플루토늄은 94번 원소이고, 93번 원소는 넵투늄이다 – 옮긴이).

하지만 이런 개념들은 하이젠베르크와 가장 친한 협력자들의 집단 밖으로는 새어나가지 않았다. 그들은 사려 깊게도 이 주제에 관한 예비 연구를 외부로 전하지 않았다. 심지어 가장 가까운 동료에게조차 원자폭탄의 가능성에 주의를 끌지 않도록 조심하기로 결정했다. 그럼에도 불구하고, 다른 물리학자들로부터 가끔 그 방향으로 나아가는 주장이 나올 때마다 하이젠베르크는 그것이 원리적으로 불가능한 것이라고 거부하지는 않았지만, 그저 비현실적인 아이디어라고 불렀다. "현재로서는 전쟁 동안에 독일에서 이용 가능한 자원을 가지고 원자폭탄을 실제로 제조할 기술적 방법을 생각해낼 수 없다. 하지만 미국인도 과연 원자폭탄을 개발할 수 없는지 확실히 알기 위해 이 문제를 철저히 조사할 필요가 있다." 이것이 우라늄협회 내에서 큰 영향력을 지닌 이 집단이 관망적 태도를 견지하는 이유로 내놓은 설명이었다. 반면에 젊은 물리학자들의 군 복무 면제를 정당화하기 위해서는 정부가 보기에 우라늄 계획이 아주 유망한 것처럼 보이도록 하는 것이 필요하다고 생각했다. 그래서 불신과 오해의 원천이 되었던 다소 위험한 이 게임은 지연과 성공 가능성이 반복되면서 계속 이어졌다.

하이젠베르크와 바이츠제커 외에 1940년과 1941년에 독일에서 활동하던 세 번째 물리학자가 우라늄 원자로에서 새로운 폭발성 원소가 먼저 만들어진 직후에 우라늄 폭탄을 만들 수 있는 가능성을 발견했다. 바로 태양의 열핵 과정 발견에 관여했던 프리츠 호우테르만스였다.

히틀러가 권력을 잡자 호우테르만스는 국외로 탈출했다가 1937년에 소련에 휘몰아친 스파이 색출이라는 광란의 소용돌이에 휘말렸다. 하지만 아주 총명했던 그는 음모가 소용돌이치는 체스판 위에서 묘수를 찾아냄으로써 소련 비밀경찰이 자신을 '제거'하는 작업을 지연시켰다. 그는 자신을 조사하는 사람들이 자신의 무죄 주장에 귀를 기울이려 하지 않는다는 사실을 알아챘다. 사실, 그들은 무슨 말을 하더라도 무시하고 그냥 계속 고문했다. 한번은 72시간 동안 계속 두들겨 팼고, 그 바람에 호우테르만스는 이가 몽땅 빠지고 말았다. 호우테르만스는 묘책을 생각해냈다. '조사를 담당하는 사람들은 이런저런 자백을 받아냈다는 할당량을 채우는 데에만 혈안이 돼 있어. 그렇다면 저들이 원하는 것을 주자. 하지만 진술에 작은 시한폭탄을 하나 끼워 넣는 거야. 어쩌면 그게 날 석방시키는 데 큰 도움이 될지 몰라.' 호우테르만스는 비밀경찰이 의심한 대로 자신이 실제로 간첩 활동과 사보타주 활동을 했다고 '자백'하면서 그 목적을 위해 자신이 비밀리에 만든 작은 장비를 사용했다고 말했다. 호우테르만스는 문제의 장비를 정확하게 기술했을 뿐만 아니라, 자세한 설계도까지 만들어 제출했다. 그리고 그 장비가 지상에서 소련 항공기의 속도를 정확하게 확인하는 데 도움을 주었으며, 그 덕분에 중요한 군사 정보를 독일에 넘길 수 있었다고 주장했다. 비밀경찰에 붙잡힌 호우테르만스는 자신이 제출한 설계도가 정밀한 조사를 위해 이전 동료였던 카피차에게 전달되리라고 한 가닥 희망을 품었다. 카피차라면, 혹은 이 문제에 관한 한 그 방면의 어떤 전문가라도, 호우테르만스의 '발명품'이 제출된 형태로는 과학적으로 터무니없는 것이란 사실을 즉각 알아챌 것이고, 따라서 전체 자백 내용도 사실이 아니라 고문과 강압의 결과일 가능성이 농후하다고 판단할 것이다. 이 방법으로 호우테르만스는 조사관들의 관심에서 일시적으로 벗어났을 뿐만 아니라, 자신의 사건을 외부 권위자의 신선한 판단에 맡길 기회를 얻었다.

1940년 봄에 호우테르만스는 조건부로 석방되었다. 유명한 외국 물리학자들의 청원 때문이었는지, 아니면 카피차의 개입 때문이었는지는 확실치 않다. 브레스트리토프스크에서 게슈타포에게 인계되었는데, 처음에 게슈타포는 그를 또다시 구금했다. 하지만 결국 폰 라우에의 탄원에 힘입어 전쟁 동안 게슈타포의 감시를 받고, 국가나 대학의 어떤 연구 계획에도 참여하지 않는다는 조건으로 가석방되었다. 베를린에서 자유의 몸이 된 지 겨우 며칠이 지났을 때, 호우테르만스는 철저히 비밀에 부쳐져 있던 우라늄협회의 존재를 알게 되었다. 물론 몇 년 동안 감옥에 갇혀 지내는 바람에 원자 무기 연구에 어떤 진전이 일어났는지는 잘 몰랐지만, 그는 즉각 문제의 집단이 염두에 두고 있는 목적이 무엇인지 짐작했다. 호우테르만스는 1932년에 이미 연쇄 반응 가능성에 주의를 촉구했고, 소련에서 체포되기 전까지 그와 관련된 문제를 더 자세히 밝히려고 노력했다. 1937년에는 소련 과학원에서 중성자 흡수에 관한 강연까지 했다. 만약 공산당 비밀경찰이 그때 한창 연구에 골몰하던 그를 붙잡아가지 않았더라면, 핵분열과 연쇄 반응이 소련에서 맨 먼저 발견되었을 가능성도 충분히 있었다.

하이젠베르크와 바이츠제커가 연쇄 반응을 실제로 응용하는 문제를 진지하게 검토하고 있다는 이야기를 들은 호우테르만스는 큰 충격을 받았다. 그래서 폰 라우에에게 조언을 구했다. 노벨상 수상자인 폰 라우에는 "친애하는 동료여, 정말로 발명하길 원치 않는 것을 발명하는 사람은 없다네."라는 말로 그를 위로했다.

호우테르만스는 국가가 통제하는 연구소나 대학 연구소에서 일할 수 없었으므로, 1940년 5월에 베를린 근처의 리히테르펠데에 위치한 개인 연구소에서 체신부를 위해 연구를 하던 유명한 발명가 만프레트 폰 아르데네 Manfred von Ardenne 남작 밑에서 일하는 자리에 지원했다. 교육부와 전쟁부 외에 체신부까지 원자 무기 연구에 뛰어든 것은 그 당시 제3제국의 여러 정부 부처 사이에 만연했던 경쟁 관계를 잘 보여준다. 아마도 체신부 장관 빌헬름 오네조르게 Wilhelm Ohnesorge 는 비록 민간 부서를 맡고 있긴 하지만 언젠가 모든 사람들을 제치고 가장 먼저 '기적의 무기'를 내놓는다면, 총통에게 큰 신임을 얻으리라고 믿었을 것이다. 드디어 1944년에 그가 그토록 오래 갈망하던 순간이 찾아와 각료 회의에서 오네조르게는 우라늄 폭탄 준비에 관한 자신의 연구 진행 상황을 설명하기 시작했다. 하지만 히틀러는 경멸 섞인 말로 그의 발언을 끊었다. "여러분, 이걸 좀 보게나! 모두가 전쟁에 이길 방법을 찾으려고 애쓰고 있는 지금, 여길 보게나. 다른 사람도 아닌 체신부 장관이 문제 해결책을 갖고 왔지 뭔가!" 총통 입장에서는 그걸로 이야기는 다 끝난 셈이었다.

새 상사가 된 폰 아르데네는 호우테르만스에게 우라늄 문제 연구에 몰두하라고 지시했는데, 호우테르만스는 그 지시를 정면으로 거부하려고 하진 않았다. 비록 전쟁에 관련된 연구는 어떤 것도 하기 싫었지만, 소련에서 얻은 쓰라린 경험을 통해 그런 상황에서는 협력하는 체하면서 지시대로 따르는 게 안전하다는 사실을 깨달았다. 그러면서 연구 과정에서 작성한 메모를 비밀 금고에 숨겨두는 데 각별한 신경을 썼다.

1940년 9월, 호우테르만스는 우라늄 문제에 관한 자신의 첫 번째 연구를 마쳤다. 이미 그때 그의 메모에는 우라늄 원자로를 사용해 93번 원소나 94번 원소를 극소량 만드는 방법이 언급돼 있었다. 1941년 7월 무렵에는 우라늄 원자로에서 그 물질―나중에 플루토늄이라 부르게 된―을 무게를 잴 수 있을 만큼 만들기만 한다면 원자폭탄 제조가 명백히 가능할 것으로 보였다. 하지만 호우테르만스는 자신의 연구에서 발견한 이 사실을 보고하지 않았는데, 원자폭탄 제조 가능성에 정부 당국이 관심을 보이는 걸 원치 않았기 때문이다. 게다가 오테르바인Otterbein 박사(체신부는 그를 통해 우라늄협회와 접촉했다)에게 당분간은 육군 병기국의 비밀 보고서에 자신의 연구가 실리지 않게 해달라고 요청했다. 이따금 추가 조회를 하는 방법으로 호우테르만스는 자신의 연구 노트가 계속 체신부 금고 안에서 잠자고 있게 할 수 있었다. 1944년에 가서 함부르크의 물리학자 하르테크가 독자적으로 똑같은 가능성을 제안했다는 사실을 알고 나서야 호우테르만스는 자신의 논문을 제한적으로 발표하는 데 동의했다.* 매일 공습이 일어나던 이 시기에는 어쨌든 독일의 계획이 성공할 가능성은 전혀 없었다. 전쟁이 끝나고 나서 독일의 핵연구와 관련된 아주 중요한 논문 중 하나가 비밀스러운 '체신부 연구 보고서' 사이에서 발견된 이유는 이 때문이다.

호우테르만스는 자신의 정치적 위험에도 불구하고 게슈타포에게서 풀려난 직후에 하이젠베르크와 바이츠제커와 직접 대화하려고 나섰다. 우라늄협회의 목적이 무엇인지 그들의 입으로 직접 듣고 싶었다. 그 결과, 그는 위안이 되는 정보를 얻었는데, 정부 부처의 관심을 점진적으로 원자폭탄의 가능성에서 딴 데로 돌리려는 의도로 '우라늄 기계' 문제에 모든 노력을 집중할 것이라는 이야기를 들었다. 1941년 겨울에 호우테르만스는 바이츠제커와 추

---

* 하르테크는 러더퍼드의 제자였다. 전쟁이 끝나기 직전에 함부르크의 실험물리학자 코흐 P. Koch 는 그를 "원자 무기 연구를 사보타주한" 혐의로 게슈타포에 고발했다. 코흐는 나중에 연합군이 독일로 쳐들어오자 자살했다.

가로 비밀 면담을 했다. 호우테르만스는 바이츠제커에게 아르데 네와 한 연구에 대한 정보를 알려주면서 그 연구에서 확인된 원자 무기의 제조 가능성을 비밀로 해왔다고 털어놓았다. 호우테르만스의 고백을 듣자 바이츠제커도 이전보다 훨씬 솔직하게 속마음을 털어놓았다. 오랜 논의 끝에 두 사람은 '우라늄 정책'의 가장 중요한 첫 번째 임무는 눈앞에 다가온 그런 폭탄 제조의 가능성을 정부 부처들이 모르게 하는 것이라는 데 동의했다. 하이젠베르크와 바이츠제커는 또한 호우테르만스에게 그의 연구를 공식적으로 접하는 일이 생기더라도 그런 기조로 행동할 것이라고 약속했다.

이 세 사람 말고도 그 당시 독일의 유명한 물리학자들 가운데 히틀러의 전쟁 기구에 협력하길 피하거나 그저 협력하는 척하기로 동의한 사람이 적어도 열 명은 더 있었다. 히틀러에게 추가 무기를 제공하는 데 도움을 주길 꺼린 독일 물리학자들의 이름은 전쟁이 시작된 뒤 스웨덴(베스트그렌Westgren 교수를 통해)과 네덜란드(뷔르허르스Burgers 교수를 통해)에 알려졌다. 연구자들이 공공연하게 파업 행위를 하는 것은 위험하다고 판단되었는데, 그렇게 되면 비양심적이고 야심적인 사람들이 그 자리를 채울 가능성이 높았기 때문이다. 그래서 실행 가능한 한도 내에서 지연과 연기 전략을 최대한 사용하기로 결정했다. 하지만 적어도 일부 원자과학자들은 그 방법을 더 이상 쓸 수 없는 상황이 오면 정치적으로 적극적 역할을 떠맡을 수밖에 없다고 생각했다. 그래서 그들은 루트비히 베크Ludwig Beck 장군(반나치 세력의 중심인물로, 1944년 7월 20일에 감행된 히틀러 암살 기도를 지휘한 지도자─옮긴이)과 라이프치히 시장 카를 프리드리히 괴르델러 Carl Friedrich Gördeler (베크 장군과 함께 히틀러 암살 기도에 가담한 인물 – 옮긴이)가 이끄는 음모 가담자들과 연락을 유지했다.

이들 물리학자(그중 일부는 자신의 양심과 힘겨운 싸움을 한 뒤에야 소극적 저항 방식을 택하기로 결정했다)는 조직적이고 치밀한 단체를 만들지는 못했다. 이들은 그저 누가 같은 편인지만 알았다. 만약 새로운 사람이 자기들 무리에 가까이 다가오면, 신중하게 그 사람의 속마음을 파악하려고 노력했다. 그 과정은 무탈한 정치적 농담을 교환하는 것으로 시작해 처음에는 가벼운 정권 비판으로 이어지다가 점점 더 위험한 주제로 옮아가는 형태로 진행되었다. 유명한 핵물리학자 오토 학셀 Otto Haxel 은 이렇게 회상했다. "양측에서 서로를 신뢰할 수 있는 말이 서서히 점점 더 많이 나오다가 결국 각자 상대의 명줄을 손에 쥐는 단계에 이르렀지요. 그때부터 마침내 서로 속을 터놓고 자유롭게 이야기할 수 있었습니다."

이단적인 독일 원자과학자들이 선호한 만남의 장소는 과학 도서와 정기 간행물을 출간하던 출판업자 파울 로스바우트 박사의 베를린 사무실이나 텔토브 외곽에 위치한 그의 소박한 집이었다. 흥분을 잘하는 오스트리아 사람인 로스바우트는 대부분의 저자들과 매우 친밀하게 알고 지냈는데, 게슈타포를 대할 때에는 무모함에 가까운 용기를 보여주었다. 히틀러에 대항해 독일 과학자들이 보여준 소극적인 저항의 영혼은 바로 마음씨 따뜻한 이 로스바우트 박사였다. 전쟁이 한창 불붙고 있을 때, 로스바우트는 선의를 가진 모든 사람들의 연대 개념을 말뿐만 아니라 행동으로 옹호하고 나섰다. 예를 들어 그는 강제 노동에 끌려가는 외국인 전용 객차로 기회가 닿는 대로 자주 들어가는ー'실수로'ー버릇이 있었다. 거기서 그는 몰래 보급품과 그 밖의 작은 선물을 나눠주었다. 전쟁이 한창 진행되고 있을 때, 그는 프랑스 물리학자 페루 Pérou 와 피아티에르 Piattier 에게 율리우스 슈프링거 출판사에서 독일의 유명한 물리학 책을 프랑스어로 번역하도록 주선했다. 그러면서 그들이 번역 작업을 할 수 있도록 수용소에서 석방 허락까지 얻어냈다. 로스바우트는 이 프랑스 장교들이 나중에 책을 번역한 일 때문에 협력자로 처벌받는 사태를 예방하기 위해 사전에 졸리오-퀴리의 동의까지 얻었다.

전쟁 동안에도 졸리오-퀴리와 나치스에 적대적인 독일 물리학자들 사이에 많은 대화 통로가 열려 있었다. 1940년 여름, 평화 시에 졸리오-퀴리와 함께 일했던 볼프강 겐트너 Wolfgang Gentner 가 점령하의 파리에서 독일군 당국을 대신해 졸리오-퀴리의 연구소를 접수했다. 하지만 겐트너는 졸리오-퀴리가 이 절차에 동의한다는 의사를 명시적으로 밝힌 이후에야 그렇게 했다. 전쟁에도 불구하고 서로에 대한 신뢰가 조금도 손상되지 않은 두 원자물리학자는 그리고 나서 이전에 자주 그랬던 것처럼 생미셸 거리의 카페 테리스에 앉아 대화를 나누었다. 거기서 두 사람은 메뉴판 뒷면에다 어떤 경우에도 졸리오-퀴리의 연구소를 전쟁 목적 연구에 사용하지 않는다는 내용의 엄숙한 합의서 초안을 작성했다. 그 뒤 겐트너는 SS의 손아귀에서 졸리오-퀴리(그리고 폴 랑주뱅도)를 구하기 위해 여러 차례 직접 개입해야 하는 상황에 처했다. 그러다가 마침내 1943년에 겐트너는 '유약한 태도' 때문에 파리에서 소환되었다. 그 대신에 나치스의 선동가가 왔는데, 나중에 그는 다이아몬드 밀수 혐의로 경찰에 쫓기는 신세가 되었다.

소극적 저항을 지향하던 독일의 원자과학자들 사이에서는 독일의 연구 상태와 우라늄협회의 진짜 의도에 관한 정보를 상대측에 전달해야 할지, 그리고 전달한다면 어떻게 전달해야 하는가라는 문제가 여러 차례 제기되었다. 스탈린 비밀경찰의 지하 감옥에서 고초를 겪은 경험이 있는 호우테르만스는 이 문제에 관해서는 확고한 신념이 있었다. 그는 "전체주의 정권에 맞닥뜨렸을 때 품위 있는 사람이라면 누구나 반역을 저지를 용기가 있어야 한다."라고 주장했다. 아마도 하이젠베르크는 그토록 과감한 태도를 취하기 어려웠을 것이다. 바이츠제커의 말에 따르면, 그는 "나치스가 전쟁을 시작하면서 보여준 공포와 냉소주의에 큰 충격을 받은 나머지, 한편으로는 독일의 승리를 바랄 수 없는 입장이면서도 다른 한편으로는 끔찍한 결과를 초래할 독일의 패배 또한 바라지 않는" 사람들 중 하나였다.

하이젠베르크는 독일의 최종적인 패배를 바라지 않았을지 모르지만, 순수하게 논리적으로 판단한다면 독일은 패배할 수밖에 없다고 확신했다. 훗날 그는 대화에서 그 생각을 다음과 같이 표현했다. "독일이 맞닥뜨린 전쟁은 상대보다 룩이 하나 모자란 상태에서 맞이한 체스 종반전과 같았습니다. 전쟁에 진다는 사실은 이런 상황에 놓인 체스 종반전에서 지는 것만큼이나 확실한 것이었지요."

이 단계에서 붕괴의 충격을 줄이고 전쟁의 최종 단계를 독일에 덜 끔찍하게 하려면 어떻게 해야 할까? 이것은 하이젠베르크가 영향력이 큰 외국인 친구와 원자폭탄 문제를 논의하기로 결심했을 때 자신의 양심에 던진 질문이었을 가능성이 높다. 독일인은 원자폭탄을 만들 의도가 없다는 비밀을 전달하면 영국이나 미국의 원자폭탄 제조를 막을 수 있고, 그럼으로써 원자폭탄 폭격의 공포로부터 나라를 구할 수 있을지도 몰랐다 — 만약 이들 나라가 그런 폭탄을 독일에 사용할 의도가 있다면. 1941년 10월 말에 세간에 잘 알려지지 않은 평화 협상 타진은 바로 이런 생각에서 나왔다. 그것은 독일과 연합국 원자력 연구 전문가들 사이에 체결된 무언의 합의를 통해, 도덕적으로 허용할 수 없는 무기의 제조를 막으려는 시도에서 추진되었다.

하이젠베르크는 그 시기에 독일이 점령한 코펜하겐에서 강연을 해달라는 초청을 받았다. 그는 이 일을 기화로 자연스럽게 옛 스승이자 친구인 닐스 보어를 찾아갔다. 유대 인 혈통을 절반 물려받은 보어는 개인적으로 위험한 처지에 놓여 있었지만, 덴마크의 수도에 계속 머물고 있었다. 그는 자신의 존재가 자기 연구소에 있는 '비非아리아인' 연구자들에게 제공할 수 있는 유일한 보호라는 사실을 알았다. 그래서 연합국 요원들로부터 탈출하라는 말을 반복적으로 들었지만, 사정이 허락하는 한 최대한 오래 코펜하겐에 머물 것이라고 단호하게 말했다. 보어가 외국에 있는 사람들과 주고받은 메시지는 나치 검열 당국보다는 그의 친구들이 더 열심히 해독하려고 노력했다. 코펜하겐이 독일에 점령된 직후 영국에 있던 프리슈에게 보낸 전보에서 보어는 '켄트에 사는 니스 모드 레이Miss Maud Rey at Kent'의 안부를 물었다. 수신자는 아무리 기억을 더듬어도 그런 여성의 이름을 들은 적이 없었다. 그러다 그 단어가 어쩌면 'radium taken'(라듐을 빼앗김)의 철자 순서를 바꾸어 만든 말이 아닐까 하는 생각이 들었다. 그래서 그는 보어가 독일군이 자신의 연구소에 있던 라듐을 압수했다는 정보를 전달하려고 그런 전보를 보냈다는 합리적인 결론을 내렸다. 나중에 사실은 보어가 하고자 한 말은 전보에 쓴 말 그대로였음이 드러났다. 비밀 메시지 같은 것은 없었다. 실제로 옛 친구의 안부를 물었는데, 그 여성의 이름이 발송 도중에 왜곡되었을 뿐이었다. 하지만 1940년부터 자체 원자 무기 계획에 매달리고 있던 영국 물리학자들은 그 당시에는 그런 실수를 전혀 알아차리지 못했다. 그들은 그 메시지를 받고서 스승을 기리기 위해 자신들의 계획을 'M.A.U.D.'라는 암호명으로 불렀다.

얼마 뒤 보어는 엽서로 'D. 번스D. Burns'라는 옛 학생 소식을 물었다. 이번에도 사람들은 여기에 심오한 의미를 지닌 비밀 메시지가 숨어 있는 게 아닐까 추측했다. 보어가 연합국 동료들에게 자신의 연구에서 'D'(deuterium, 즉 중수소)가 탈(burns) 수 있다는 사실을 발견했음을 알리려고 했다는 것이다.

독일 물리학자들은 보어가 만약 마음을 먹기만 한다면 즉각 자신들과 영국 혹은 미국에서 일하는 원자과학자들 사이에 최선의 연결을 제공할 수 있다는 사실을 알았다. 이런 이유에서 보어는 이상적인 중재자로 간주되었다.

하지만 불행하게도 코펜하겐에서 하이젠베르크와 보어 사이에 일어난 중요한 면담은 처음부터 꼬이고 말았다. 보어는 하이젠베르크가 얼마 전에 자신을 위해 열린 리셉션에서 독일의 폴란드 침공을 옹호했다는 이야기를 전해 들었다. 사실, 하이젠베르크는 자신의 속마음을 감추기 위해 사교계에서는, 특히 외국에서는, 개인적으로 말할 때와 아주 다르게 말하는 버릇이 있었다. 하지만 진리를 열광적으로 추종하는 보어는 전체주의 정권하의 강압적 환경에서 터득한 이중적 행동을 이해하지 못했고, 이해하려고 하지도 않았다. 그래서 하이젠베르크가 자신을 만나러 왔을 때, 보어는 한때 자신이 총애했던 제자에게조차 속마음을 쉽게 털어놓지 않았고, 심지어 냉랭한 태도를 보였다.

하이젠베르크는 독일 물리학자들이 느끼는 강압적인 압력을 이해해달라고 호소하며 이야기를 시작했다. 그러고 나서 서서히 조심스럽게 대화의 방향을 원자폭탄 문제로 돌렸다. 하지만 불행하게도 상대방이 같은 행동을 하기로 동의한다면 그런 무기의 제조를 막기 위해 자신과 자신이 속한 집단이 할 수 있는 일을 다 할 것이라고 솔직하게 선언하는 단계까지는 나아가지 못했다. 두 사람이 과도하게 신중한 태도로 이 문제에 접근하는 바람에 결국 대화는 목표했던 것에서 완전히 빗나가고 말았다. 하이젠베르크가 보어에게 그런 폭탄을 만드는 게 가능하다고 생각하느냐고 묻자, 1940년 4월 이후 영국과 미국에서 일어난 원자 무기 연구(물론 비밀리에 진행되었다)의 진전 상황에 관해 아무것도 들은 것이 없었딘 보어는 조심스럽지만 부정적으로 대답했다. 그러자 하이젠베르크는 용기를 내어 자신이 알기로는 그런 무기를 만드는 일이 틀림없이 가능하며, 만약 아주 짧은 시간에 아주 큰 노력을 쏟아붓는다면 실제로 만들 수 있다고 최선을 다해 강조했다.*

보어는 하이젠베르크의 상황 설명을 듣고 크게 우려했는데, 너무 우려한 나머지 나중에 하이젠베르크가 그런 무기가 지닌 의심스러운 측면에 관해 언급한 대목에 제대로 주의를 기울이지 못했다.

하이젠베르크는 스승을 떠나면서 그 대화가 문제 해결에 도움이 되기는커녕 오히려 악화시켰다는 인상을 받았다(그리고 그 후 벌어진 상황은 이 직감이 옳았음을 보여주었다). 히틀러 치하의 독일에 남은 물리학자들에 대한 보어의 불신은 제자의 방문에도 누그러지지 않았다. 반대로 이제 보어는 독일 물리학자들이 우라늄 폭탄 제조에 집중해 성공적인 진전을 이루었다고 확신했다.

이 잘못된 인상을 바로잡기 위해 그 직후에 두 번째 독일 원자물리학자가 보어를 만나러 코펜하겐을 방문했다. 그러나 그동안 보어의 의심은 너무나도 커졌기 때문에, 젊은 요하네스 한스 옌젠 Johannes Hans Jensen 은 하이젠베르크가 과도하게 신중한 태도로 암시만 했던 이야기를 솔직하게 털어놓았지만, 보어는 이 젊은 친구가 독일 정부의 공작원으로 파견된 게 아닌가 의심했다.

독일군이 보어의 연구소를 점령할 시기가 임박하자, 보어는

---

* 하이젠베르크가 글을 통해 이 면담을 최초로 언급한 것은 저자에게 보낸 편지에서였다. 그 편지는 이 장 끝의 노트에 소개돼 있다.

1943년에 위험한 상황에서 벗어나 스웨덴을 경유해 영국으로 탈출했다. 영국에 도착한 보어는 이런 면담들의 결과로 영미 정부 당국자들에게 히틀러가 원자폭탄을 만들지 않는지 주의를 기울이라고 권했다.

노트

하이젠베르크는 내게 보낸 편지에서 보어와 나눈 대화를 다음과 같이 묘사했다.

오랜 시간이 지났기 때문에 기억이 틀릴 수도 있지만, 어쨌든 제 기억에 따르면, 그 대화는 다음과 같이 진행되었습니다. 제가 코펜하겐을 방문한 때는 1941년 가을이었는데, 제 기억으로는 10월 말이었습니다. 그 무렵에 '우라늄협회'에 속한 우리는 우라늄과 중수를 사용한 실험 결과로 다음과 같은 결론을 얻었습니다. "우라늄과 중수로 에너지를 공급할 원자로를 만드는 것은 확실히 가능하다. 이 원자로에서는 (폰 바이츠제커의 이론적 연구 결과와 마찬가지로) 우라늄-239라는 붕괴 생성물이 생기는데, 이것은 우라늄-235만큼 원자폭탄의 폭발물로 적합한 재료가 될 것이다." 우리는 독일의 전시 조건에서 이용 가능한 자원으로 우라늄-235를 언급할 가치가 있는 양만큼 얻는 과정을 알지 못했습니다. 반면에 원자 폭발물은 수년 동안 연구 중인 거대한 원자로에서만 생산할 수 있기 때문에, 원자폭탄 제조는 막대한 기술적 자원이 있어야만 가능하다고 확신했습니다. 우리는 원자폭탄을 만들 수 있다는 사실은 알았지만, 그 당시에는 필요한 기술적 비용을 과대평가했습니다. 이 상황은 우리에게 유리해 보였는데, 추후의 진전에 물리학자들이 영향력을 행사할 수 있었기 때문이지요. 만약 원자폭탄을 만드는 것이 불가능하다면 이 문제는 나타나지 않았을 것입니다. 하지만 만약 원자폭탄을 쉽게 만들 수 있다면, 물리학자들로서는 그 제조를 막을 수 없었을 겁니다. 이런 상황은 그 당시에 물리학자들이 추후의 진전에 결정적 영향력을 행사할 수 있게 했는데, 전쟁이 끝나기 전까지 원자폭탄을 만들 수 없을 것이라고 정부와 논쟁을 벌일 수 있었기 때문이지요. 반면에 만약 막대한 노력을 기울인다면 이 계획을 성사시킬 가능성도 있었습니다. 그 후에 벌어진 상황은 양쪽 견해가 모두 적절했고 완전히 옳았음을 입증했습니다 – 예를 들면, 미국인은 실제로 독일에 원자폭탄을 사용할 수 없었지요.

이런 상황에서 우리는 보어와 대화를 하는 것이 유익하리라고 판단했습니다. 이 대화는 저녁에 뉘카를스베르크 근처의 한 지역에서 산책을 하는 동안 일어났습니다. 보어가 독일 정치 당국의 감시를 받고 있고, 저에 대한 그의 발언이 독일에 보고될 가능성이 있다는 걸 안 저는 제 목숨이 즉각적인 위험에 처하지 않는 방식으로 대화를 이끌어가려고 노력했습니다. 이 대화는 아마도 물리학자들이 전시에 우라늄 문제에 몰두하는 게 옳은가 그른가 하는 제 질문으로 시작되었을 겁니다. 이 분야에서 일어난 진전이 전쟁 기술에 중대한 결과를 초래할 가능성이 있었기 때문이지요. 보어는 이 질문의 의미를 즉각 이해했는데, 저는 약간 두려움에 질린 듯한 그의 반응을 보고 그 사실을 알 수 있었습니다. 제 기억으로는 다음과 같은 반문으로 응답했어요.

"자네는 우라늄 분열이 무기 제조에 이용될 수 있다고 정말로 믿는 가?" 저는 아마도 이렇게 대답했을 겁니다. "저는 이것이 원리적으로 가능하다는 걸 알지만, 그러려면 엄청난 기술적 노력이 필요할 텐데, 전쟁 기간에는 실현되지 않길 바랄 수밖에 없지요." 보어는 이 대답에 충격을 받았는데, 제가 독일이 원자 무기 제조 노력에서 큰 진전을 이루었음을 알리려는 의도라고 생각한 게 분명합니다. 그 후에 저는 이 잘못된 인상을 바로잡으려고 노력했지만, 그에게 완전한 신뢰를 얻는 데 성공하지 못한 것 같습니다. 일부 구절이 나중에 제게 불리하게 작용할까 봐 두려워한 나머지 아주 조심스럽게 이야기하려고 한 게 큰 이유였겠지요(이것은 분명히 큰 실수였습니다). 저는 이 대화의 결과가 매우 불만족스러웠습니다.

하지만 하이젠베르크는 지금은 대화에서 오간 정확한 표현을 기억할 수 없다고 말한다. 대화 내용을 심리학적으로 해석한다면, 그것은 아주 미묘한 뉘앙스에 따라 달라질 수 있을 것이다. 두 사람 중 어느 쪽도 녹음 기록을 갖고 있지 않기 때문에, 기억을 바탕으로 재구성한 하이젠베르크의 메모가(그 불확실성에도 불구하고) 현재 남아 있는 최선의 자료이다.

1 9 4 2 ~ 1 9 4 5

병영으로 변한 연구소

7

공포 정치를 자행하는 독재 정권 하에서 독일의 핵물리학자들이 양심의 목소리에 따라 원자폭탄 제조를 막으려고 시도한 반면, 두려워할 만한 강요를 전혀 받지 않은 민주주의 국가의 동료들은 거의 예외 없이 신무기 개발에 혼신의 힘을 다했다는 사실은 역설처럼 보인다.

15년 뒤에 한 독일 과학자는 이 상황을 설명하려는 시도에서 이렇게 말했다. "우리는 사실 도덕적으로나 지적으로 외국인 동료들보다 나은 것이 하나도 없었습니다. 하지만 전쟁이 시작될 무렵, 우리는 히틀러 치하에서 보낸 약 7년간의 쓰라린 경험을 통해 국가와 그 통치 조직을 의심의 눈으로 바라보아야 한다는 교훈을 이미 배웠지요. 전체주의 국가의 시민은 훌륭한 애국자가 되기 어렵습니다. 하지만 다른 나라 동료들은 그 당시에 자국 정부의 품격과 정의감을 완전히 신뢰했습니다." 그 연사는 여기서 잠깐 머뭇

거리디니 이렇게 덧붙였다. "그렇긴 하지만, 저는 오늘날 그 나라들에서 그와 정확하게 똑같은 상황이 아직도 유지되고 있는지 의심스럽습니다."

전쟁이 일어났을 때, 히틀러에게 위협을 받은 나라들의 과학자들 사이에서는 자국 정부를 지지하자는 분위기가 대세였다. 이것은 민주주의 제도가 실천하려고 하는 정의와 도덕적 책임에 압도적인 신임 투표를 한 것이나 다름없었다. 이런 분위기가 조성되었다는 사실 자체가 놀라운데, 원래 과학자는 결코 만족할 줄 모르고 항상 새로운 것을 추구하는 사람이어서 이상적인 시민과는 거리가 멀기 때문이다. 기존의 질서에 의문을 제기하고, 드러난 문제들에 대해 새롭고 더 나은 해결책을 추구하는 것이 과학자의 본성이다. 비판하고 수정하는 과학자의 이런 기질은 엄격한 권위주의나 전체주의 체제보다는 민주주의 체제가 더 잘 수용할 수 있다. 사실, 이것은 민주주의에도 긍정적인 이득을 가져다준다. 그 당시에 보수적 요소들을 대표하는 가장 큰 집단이 군부였다는 것은 부인할 수 없는 사실이다. 군부는 모든 신무기에 대한 거부감이 아주 컸지만, 신무기 개발 계획 중에서 원자 무기만큼 큰 반대에 직면한 것도 없었다. 세월이 한참 지난 뒤에도 미국의 핵물리학자들은 처음에 군부를 대표하는 사람들이 불신과 단견에 사로잡혀 "그 멍청이들"의 계획에 대해 가졌던 불신과 단견을 생생하게 보여준 에피소드들을 이야기하면서 낄낄대며 웃었다. 군대에서 나라를 위해 오랫동안 봉사하면서 잔뼈가 굵은 고급 장교들은 상부의 지시에 따라 어쩔 수 없이 과학자들을 만나 면담을 하거나 설명에 귀를 기울였지만, 상상 가능한 온갖 종류의 경이로운 무기 설계라고 가져오지만 실은 대부분 전혀 실현 가능성이 없는 발명품으로 육군과 해군을 질식시키곤 하는 미치광이 발명가보다 더 높이 존중하지 않는다는 태도를 분명히 드러냈다. 한 회의에서 한 미군 장교는 참석한 일단의 원자과학자들에게 으르렁거리며 이렇게 말했다. "일전에 누가 또 살인 광선 발생기를 보내온 적이 있었습니다. 나는 그것을 우리 연대의 마스코트인 숫염소에게 시험해 보았습니다. 그 염소는 아직도 예전과 다름없이 생생하게 살아 있어요!"

그럼에도 불구하고, 핵물리학자들은 민간 공무원과 정치인의 도움을 받아 나이 많고 보수적인 군인들의 저항을 점차 극복할 수 있었다. 그 성공은 프랑스에서 가장 빨리 일어났다. 전쟁이 일어난 후, 졸리오-퀴리가 군수부 장관 라울 도트리 Raoul Dautry 를 찾아가 원자 무기의 가능성을 이야기하자, 이전에 늘 새로운 기술 장비의 가능성에 주목했던 기업가 출신인 도트리는 왜 진작 찾아오지 않았느냐고 나무랐다. 졸리오-퀴리로부터 원자 무기 연구에 우라늄과 중수가 중요하다는 설명을 들은 도트리는 즉각 행동을 취했다. 독일이 침공을 시작했을 당시에 프랑스는 세계에서 어느 나라보다도 산화우라늄을 많이 보유하고 있있을 뿐만 아니라, 유럽에 존재하던 중수를 모두 갖고 있었다. 중수의 양은 모두 합쳐 185kg에 불과했는데, 1940년 3월에 프랑스 특별 위원 자크 알리에 Jacques Allier 가 노르웨이 회사 노르스크 하이드로에서 구입해 밀봉 알루미늄 용기 12개에 담아 항공기로 들여온 것이었다.

1940년 5월 16일, 콜레주드프랑스 핵화학연구소 부소장이던 앙리 무뢰 Henri Moureux 의 사무실에 전화가 울렸다. 전화를 건 사람은 졸리오-퀴리였다. 그는 자신의 협력자에게 지금 당장 자기에게 오라고 했다. 그곳에 갔더니 졸리오-퀴리가 잔뜩 흥분해서 말했다. "세당 근처의 전선이 뚫렸소. 도트리가 방금 전화로 알려주었소. 즉각 중수를 안전한 장소로 옮겨야 합니다." 그날 밤, 암호명 '제품 Z'의 소중한 물질이 담긴 용기들이 프랑스 중부로 옮겨졌다. 그리고 클레르몽페랑에 있는 프랑스은행 지사의 지하 보관소에 보관되었다.

　　1940년 6월 10일, 졸리오-퀴리는 가까운 동료들과 함께 자신의 원자 무기 연구 진행 상태를 조금이라도 시사하는 문서를 모두 소각하기 시작했다. 이미 파리 가까이 진격한 독일군에게 연구 정보가 넘어가는 것을 막기 위해서였다. 하지만 불행하게도 이 예방 조처는 아무 소용이 없었다. 며칠 뒤, 샤리테쉬르루아르에서 이 문서들의 복사본이 프랑스 전쟁부의 많은 문서들과 함께 독일군에게 넘어갔다.

　　졸리오-퀴리는 파리에 계속 머물렀다. 소중한 연구소 장비들을 두고 떠나기 싫어서였는데, 그중에는 얼마 전에 완성된 사이클로트론도 있었다. 그것은 중앙유럽과 서유럽에서 최초로 만들어진 사이클로트론이었다. 졸리오-퀴리는 클레르몽페랑에 있는 저택 '클레르 로지'에 핵물리학과 핵화학 센터의 임시 피난처를 마련했던 한스 폰 할반과 레프 코바르스키에게 중수를 보르도를 거쳐 영국으로 전달하는 임무를 맡겼다. 할반은 그 이야기를 이렇게 들려주었다.

"어느 날 밤, 우리는 소중한 화물을 안전하게 보관하기 위해 리옹 Riom (잘 알려진 남부 도시인 리옹 Lyons 과는 다른 중부 도시임 – 옮긴이)의 주 교도소로 옮겼습니다. 교도소에서 외부의 침입에 가장 안전한 곳은 사형수 감방이었는데, 우리의 물병들을 넣어두기 위해 비워져 있었지요. 사형을 선고받고 다른 방으로 옮겨간 죄수들이 무거운 용기들을 그 방으로 날랐지요. 다음 날 아침, 교도소장은 아마도 벌써부터 새 지배자들이 두려워 보관된 물품을 내놓길 거부했습니다. 도트리가 파견한 특별 위원이 권총을 뽑아들고 위협하고 나서야 마침내 교도소장은 그것을 내놓았지요. 그런 다음에야 우리는 여행을 계속할 수 있었습니다."

중수는 위험한 사건을 많이 겪으면서 보르도에 도착한 뒤, 영국의 석탄 운반선 브룸파크호에 실렸다. 탈출을 감행한 원자 전문가들은 파리 주재 영국 대사관에서 과학 담당관으로 일하던 서픽 백작의 도움을 받았다. 모험심이 강한 이 영국인은 젊은 시절에 가출을 해 선원으로 일한 적도 있었다. 그 시절에 그는 목공 일을 배웠는데, 그것이 이 상황에서 요긴하게 쓰였다. 그는 서둘러 항해에 적합한 뗏목을 만들어 거기에 소중한 제품 Z가 담긴 알루미늄 용기들을 250만 파운드 가치의 산업용 다이아몬드와 함께 튼튼하게 실었다. 할반과 코바르스키는 백작에게 만약 수뢰에 충돌하거나 공습을 당하거나 어떤 이유로건 브룸파크호에 사고가 생기면, 화물칸에서 뗏목을 끄집어내 바다에 띄우고, 어떤 일이 있더라도 공해에서 그것을 꼭 지키겠다고 엄숙하게 약속했다. 하지만 그런 사전 대책은 전혀 불필요했던 것으로 드러났다. 그 배는 전략적으로 중요한 화물과 함께 안전하게 영국에 도착했다. 석탄 운반선과 동시에 보르도를 떠났던 다른 배는 침몰되었는데, 졸리오-퀴리는 독일 방첩대를 속여 중수가 침몰한 배와 함께 사라졌다고 믿게 했다.

핵분열 문제에 대한 연구는 영국에서도 정부의 지원으로 시작되었다. 런던 임피리얼 칼리지의 물리학 교수 조지 톰슨George P. Thomson은 1939년 봄에 졸리오-퀴리와 그 동료들이 중성자 방출 현상을 연구한 논문을 《네이처》에서 읽자마자, 1934년부터 영국 공군 연구부를 책임지고 있던 헨리 티저드Henry Tizard(지금은 헨리 경)와 접촉했다. 그리고 티저드의 권고로 톰슨은 항공부를 방문했다. 훗날 그는 항공부 담당자들에게 이 발견이 산업과 전쟁에서 에너지 개발에 얼마나 엄청난 결과를 가져올 수 있는지 설명하는 동안 자신이 3류 스릴러에 나오는 인물 같은 느낌이 들었다고 말했다. 하지만 담당자들은 톰슨의 선정적인 이야기를 매우 진지하게 받아들였고, 다소 회의적으로 생각하는 것 같긴 했지만, 그의 연구를 지원하기 위해 산화우라늄 1톤과 소액의 돈을 제공했다. 이렇게 즉각 긍정적인 반응이 나온 데에는 제3제국 교육부에서 개최한 독일 원자 전문가들의 회의에 관한 정보가 영향을 주었을지도 모른다. 이 소식은 5월 중순에 영국 물리학자 허턴R. S. Hutton이 베를린에서 알려왔다. 전쟁이 발발했을 때 톰슨이 자신의 실험에 필요한 물자를 우선적으로 공급받을 수 없으리라는 통보를 받은 것은 사실이다. 그 당시에는 훨씬 긴급하게 처리해야 할 문제들이 많았기 때문이다.

핵분열 연구에 자문을 구한 사람들은 주로 보안 심사를 통과하지 못하고 "전쟁 노력에 필수 인력이 아닌" 사람들로 간주된 외국인 물리학자들이었다. 맨 처음 자문을 구한 이들 외국인은 코펜하겐에서 영국으로 막 탈출한 프리슈와 루돌프 파이얼스Rudolf Peierls, 조지프 로트블랫Joseph Rotblat, 프란츠 시몬Franz Simon, 그리고 프랑스에서 탈출한 할반과 코바르스키였다. 난민 물리학자 중 가장 유명한 막스 보른은 에든버러에서 학생들을 가르치고 있었다. 퀘이커 교도였던 그의 아내는 전쟁에 관련된 일은 아무것도 하지 말라고 설득했다. 얼마 후 그의 학생 중 재능이 아주 뛰어난 사람이 파이얼스의 팀에 합류했다. 그 학생은 독일 목사의 아들로 파리를 거쳐 영국으로 탈출한 클라우스 푹스Klaus Fuchs였다. 푹스는 원자폭탄의 임계 크기를 계산하는 데 주도적인 역할을 했다.

미국에서는 원자 무기 연구의 진전이 처음에는 아주 느리게 일어났다. 8월 초에 실라르드가 작성하고 아인슈타인이 서명한 편지를 알렉산더 색스가 마침내 루스벨트 대통령에게 직접 전달할 기회를 잡은 것은 1939년 10월 11일이었다. 대통령이 그 문서의 내용을 완전히 이해하도록 하기 위해, 그리고 읽고 나서 관심을 받길 기다리는 다른 문서들 위로 그냥 던져버리지 않도록 하기 위해 색스는 직접 그 편지 메시지와 실라르드가 동봉한 메모까지 읽어주고, 또 자신이 직접 훨씬 포괄적인 설명을 덧붙였다. 이러한 커뮤니케이션의 효과는 색스가 기대한 만큼 충분히 강력하지 못했다. 대통령은 방문객의 이야기를 오랫동안 듣느라 지친 나머지 그만 그 문제에 대한 관심을 접으려고 했다. 그는 편지를 읽어주던 색스에게 그 이야기는 아주 흥미롭지만 현 단계에서는 정부가 개입하는 것이 시기상조라고 생각한다고 말했다.

하지만 색스는 떠나기 전에 대통령으로부터 다음 날 아침 식사 자리에 초대를 받는 약속을 받아냈다. 색스는 그때의 일을 회상하며 이렇게 말한다. "그날 밤 나는 한잠도 못 잤습니다. 나는 칼턴 호텔에 묵고 있었지요. 방 안에서 안절부절못하고 이리저리 왔다 갔다 하거나 의자에 앉아서 자려고 시도했지요. 호텔에서 아주 가까운 곳에 작은 공원이 있었어요. 밤 11시에서 아침 7시 사이에 나는 수위가 놀라서 쳐다보는 가운데 서너 번이나 호텔을 나서 공원까지 걸어갔지요. 거기서 벤치에 앉아 생각에 잠겼습니다. 이미 사실상 가망이 없어 보이는 이 문제에서 대통령을 우리 편으로 끌어들이려면 어떻게 말해야 할까 하고 고민했지요. 그러다가 갑자기 마치 좋은 아이디어가 번뜩 떠올랐어요. 나는 호텔로 돌아가 샤워를 하고 나서 곧장 백악관을 다시 찾아갔습니다."

색스가 방에 들어섰을 때, 루스벨트는 식탁 앞에 휠체어를 탄 채 혼자 앉아 있었다. 대통령은 비꼬는 듯한 어투로 물었다.

"이번에는 또 어떤 좋은 아이디어를 가지고 왔소? 설명하는 데 시간을 얼마나 주면 되겠소?"

색스는 별로 오래 걸리지 않을 것이라고 대답했다고 한다.

"전 그저 이야기를 하나 들려드리려고 합니다. 나폴레옹 전쟁 때 한 젊은 미국인 발명가가 프랑스 황제를 찾아가 증기선 함대를 만들어주겠다고 제안했지요. 그러면 나폴레옹 군대는 날씨의 불확실성에 상관없이 영국에 상륙할 수 있을 것이라고 했지요. 돛이 없는 배라고? 위대한 코르시카 인은 그것은 너무나도 터무니없는 아이디어라고 생각하여 로버트 풀턴 Robert Fulton (상업적으로 성공한 증기선을 만든 미국의 발명가―옮긴이)을 그냥 돌려보내고 말았지요. 영국 역사학자 액턴 경 Lord Acton 의 견해에 따르면, 이 이야기는 적의 단견 덕분에 영국이 구원을 받은 사례라고 합니다. 만약 나폴레옹이 그때 상상력과 겸손이 조금만 더 있었더라면, 19세기의 역사는 완전히 달라졌을 것입니다."

색스가 이야기를 마치자, 루스벨트는 몇 분 동안 말없이 앉아 있었다. 그리고 나서 종이 조각에 뭔가를 쓰더니, 식탁 옆에서 대기하고 있던 사람에게 그것을 건넸다. 그 사람은 어디론가 가더니 잠시 후에 어떤 꾸러미를 들고 와 루스벨트의 명령에 따라 천천히 풀기 시작했다. 거기에는 나폴레옹 시대에 만든 프랑스 브랜디 병이 들어 있었는데, 루스벨트 집안이 오랫동안 보관해온 것이었다. 대통령은 여전히 의미심장한 침묵을 지키면서 그 사람에게 두 유리잔에 브랜디를 따르게 했다. 그러더니 자기 잔을 들고서 색스에게 고개를 끄덕이면서 그를 위해 건배했다.

그리고 나서 이렇게 밀했다. "앨릭스, 자네가 원하는 건 나치가 우리를 날려버리지 않는 거겠지?"

"바로 그렇습니다."

그러자 루스벨트는 보좌관인 에드윈 '파' 왓슨 Edwin 'Pa' Watson 장군을 불러들여 색스가 가져온 문서들을 가리키면서 지시를 내렸는데, 이때 한 말은 길이 회자된다.

"파, 이것을 즉시 실행에 옮기게! Pa, this requires action!"

전쟁 동안 미국의 원자폭탄 연구가 성공을 거둔 것은 온 세계를 놀라게 했는데, 이것은 훗날 이 분야에서 일어난 일을 서술하는 데 큰 영향을 미쳤다. 지나고 나서 뒤돌아볼 때에는 비록 난관은 많았더라도 곧게 뻗은 길이 목표 지점까지 곧장 이어진 것처럼 보였지만, 실제로는 구부러진 거리와 막다른 길이 사방에 널린 미로였다.

텔러는 미국 원자폭탄 개발의 초기 역사를 아주 순탄하게 굴러간 여정처럼 묘사한 견해들 중 하나를 다음과 같이 비판한다. "군부 당국자들의 관심을 일깨우기 위해 1939년에 과학자들이 무던히 애썼지만 수포로 돌아간 노력에 대한 언급이 전혀 없습니다. 독자들은 계획대로 진행해야 하는 연구의 필요성에 직면한 과학자들의 불쾌감도 전혀 알 수 없습니다. 또, 무조건 이론을 믿고서 공상적인 것에 가까운 계획을 바탕으로 공장을 지으라는 요구를 들은 엔지니어들의 분노도 알 수 없지요."

위그너는 그 당시 표출된 당사자들의 저항을 잘 기억한다. 그는 "우리는 마치 시럽 속에서 헤엄을 치고 있는 듯한 기분이 자주 들었습니다."라고 언급한다. 컬럼비아 대학에서 일어난 첫 번째 실험들은 라듐 전문가 보리스 프레겔 Boris Pregel 이 사심 없이 우라늄을 빌려주지 않았더라면 일어날 수 없었을 텐데, 그는 이렇게 말한다.

"그토록 많은 잘못과 실수를 저질렀는데도 결국 성공한 것은 기적과도 같다." 실라르드는 지금도 여전히 당국의 단견과 늑장 때문에 우라늄 계획이 적어도 일 년은 지연되었다고 믿는다. 루스벨트의 분명한 관심 표시도 계획 실행을 앞당기는 데 별 도움이 되지 않았다. 색스는 관료주의의 모략이 들끓는 정글 속에서 자신이 나아가야 할 길을 잘 알았다. 처음에 그는 육군이나 해군이 그 계획을 독점하지 못하도록 막는 데 성공했다. 그는 국립표준국장이던 브리그스Briggs를 이 계획의 최고 책임자로 앉혀야 한다고 제안했다. 그런데 브리그스는 충분히 유능하긴 했지만 그 당시 큰 수술을 받아 건강이 좋지 않았다. 그 일은 매우 정력적인 활동이 자주 필요할 것으로 예상되었는데, 그런 건강 상태로는 그 일을 감당하기 어려웠다. 그래서 브리그스와 'S-1 계획'(잠정적으로 붙인 이름)은 자신들의 위태위태한 삶을 동시에 마감할 것처럼 보였다. 하지만 브리그스는 회복했고, S-1 계획도 그랬다.

1940년 6월 말 이전에는 정부로부터 원자 무기 연구를 위한 예산을 얻을 가망이 전혀 없었다. 반대로 "성공할 전망이 전혀 없는 계획"에 대한 비판은 크게 증가했다. 1940년 3월 7일에 쓴 아인슈타인의 두 번째 편지는 "전쟁이 일어나고 나서 우라늄에 대한 독일의 관심이 크게 증가한" 사실에 관심을 기울이라고 촉구했다. 하지만 이러한 커뮤니케이션은 별 도움이 되지 않았다. 워싱턴에서 공식적인 관심이 부활한 것은 1940년 7월 이후에 파울러R. H. Fowler가 자국 정부의 지시에 따라 브리그스에게 정기적으로 보낸 영국의 원자 무기 연구 진전 상황에 관한 보고가 점점 더 긍정적으로 변하면서부터였다. 1941년 7월에 톰슨 위원회가 영국에서 이루어진 연구를 바탕으로 의견을 작성한 한 보고서는 "전쟁이 끝나기 전에 원자폭탄이 제조될 가능성이 매우 높은" 것으로 보인다고 선언했다. 그리고 일본이 진주만을 공격해 미국이 공식적으로 참전하기 하루 전인 1941년 12월 6일, 마침내 오랫동안 지연돼온 결정, 즉 원자폭탄 제조에 상당한 재정적, 기술적 자원을 투입하기로 하는 결정이 내렸다.

이 계획에 가장 결연한 의지를 갖고 뛰어든 사람들은 유럽 출신 과학자들이었다. 초기 단계에서는 이들은 '외국인' 혹은 심지어 이탈리아 출신의 페르미처럼 적국 출신 외국인이라는 이유로 불이익을 많이 당했다. 이 문제는 아주 심각해졌는데, 위그너는 자신을 향한 불신에 분개하여 브리그스에게 이런 상황에서는 불행하게도 원자 무기 개발과 관련된 모든 일에서 손을 뗄 수밖에 없다고 서면으로 통보했다. 그의 불만은 나중에 해소되었고, 위그너는 나중에 가장 중요한 협력자 중 한 명이 되었다. 이 점에서 영국인은 훨씬 관대했다. 처음에 약간 주저하는 단계를 거친 뒤에는 자신들에게 의탁한 과학자들을 자국민과 동일한 권리를 가진 사람들로 대우했다. 바이스코프는 오스트리아 출신인 자신이 세 영국인 신사와 자리를 함께 하는 특별 회의에 참석할 때 미국 당국으로부터 그 승인을 어렵게 얻었다고 기억한다. 런던에서 온 세 방문객은 할반과 파이얼스와 시몬이었는데, 이들은 얼마 전까지만 해도 자신과 마찬가지로 중앙유럽 시민이었다.

원자력의 해방을 가로막고 있던 수많은 행정적, 기술적 장애물은 순전히 앵글로색슨 국가들에 거주하는 과학자들의 결연한 의지와 집요한 노력으로 마침내 극복되었다. 그들은 단순히 명령을 따르는 데 그치지 않고 그 이상의 일을 했다. 그들은 이 강력한 무기를 탄생시키는 과정을 반복적으로 주도했다. 그들이 보여준 주도적인 노력은 원자력을 해방시키는 데 투입된 '원재료' 중 가장 중요한 것으로 보이지만, 모든 어려움을 극복하는 데 크게 기여하고 연합국의 대의가 옳다는 믿음에 기초한 그들의 열정은 큰 평가를 받지 못했다.

　그 당시 많은 과학자들은 이것이 전쟁 동안에 원자 무기의 사용을 방지할 수 있는 최선의 방법, 그리고 실제로는 유일한 방법이라는 신념을 갖고 있었다. 관련 비밀을 알고 있던 몇몇 사람은 이렇게 말했다. "독일이 휘두를지도 모를 원자전이라는 위협에 맞설 수 있는 대응 수단을 가져야 한다. 우리가 그런 수단을 손에 쥘 때에만 히틀러와 우리 양쪽 다 그토록 공포스러운 무기의 사용을 단념할 것이다."

　독일이 핵무장 경쟁에서 이미 위험한 수준의 출발을 했다는 생각은 너무나도 확고하게 자리를 잡아 확실한 사실처럼 취급되었다. 그 계획에 참여한 몇 안 되는 여성 중 한 명인 리오나 마셜Leona Marshall은 "우리는 날마다 독일을 따라잡는 게 우리의 임무란 이야기를 들었어요."라고 회상한다. 그들은 이 가설을 조금도 의심하지 않았다. 그것은 때때로 튀어나오는 양심의 가책을 침묵시켰다. 1941년, 화학 전문가 라이헤Reiche 교수가 몇 주일 전에 독일을 탈출해 프린스턴에 도착했다. 그는 호우테르만스의 메시지를 가지고 왔는데, 지금까지 독일 물리학자들은 원자폭탄 제조를 위한 연구를 하지 않았으며, 그 가능성으로부터 독일 군부의 관심을 돌리기 위해 앞으로도 가능한 한 오랫동안 그렇게 할 것이라는 취지의 메시지였다. 이 소식은 미국으로 이민한 또 다른 물리학자 루돌프 라덴부르크Rudolf Ladenburg를 통해 프린스턴에서 워싱턴으로 전달되었다. 하지만 이 소식은 원자 무기 계획에 실제로 관여한 과학자들에게는 전달되지 않은 것으로 보인다. 일 년 뒤, 전에 노르웨이 리우칸의 중수 공장에서 기술 관리자로 일하다가 1940년에 독일군이 노르웨이를 점령하자 스웨덴으로 탈출했던 요마르 브룬Jomar Brun은 그곳에 고용된 독일 원자 전문가 한스 쥐스Hans Suess로부터 리우칸의 생산량은 5년보다 훨씬 짧은 시간에는 전쟁 목적을 위해 중요한 단계에 이를 수 없다는 이야기를 들었다고 진술했다. 하지만 리우칸의 그 공장은 연합군 특공대와 항공기가 감행한 영웅적이지만 실제로는 무의미한 공습을 통해 파괴되었다.

그런 보고들을 듣고도 사람들이 그것을 곧이곧대로 믿지 않고 무시하는 일이 어떻게 일어났을까? 아니면 사람들은 그 이야기를 듣고도 믿고 싶지 않았던 것일까? 만약 사람들이 그것을 믿었더라면, S-1 계획에 참여한 사람들의 열정과 작업 속도가 크게 줄어들지 않았을까?

1942년, 연합국의 원자 무기 계획은 완전히 새로운 국면으로 접어들었다. 루스벨트와 처칠은 캐나다와 미국에서 진행되던 영국과 미국 연구팀의 연구를 더욱 집중적으로 추진하기로 합의했다. 미국에서는 원자 무기 연구의 최종 관리 책임을 과학자들로부터 군인 세 명과 전문 연구원 두 명만으로 이루어진 군사정책위원회로 이관했는데, 군인은 윌헬름 스타이어 Wilhelm Styer 장군, 윌리엄 퍼넬 William Purnell 해군 소장, 레슬리 그로브스 Leslie Groves 장군이었고, 전문 연구원은 버니바 부시 Vannevar Bush 박사와 제임스 코넌트 James Conant 박사였다. 1942년 8월 13일 이후부터는 전체 계획은 DSM(development of substitute materials, 대체 물질 개발) 또는 맨해튼 계획 Manhattan Project 이라는 암호명으로 불리게 되었다. 그때부터 원자 전문가들은 단순히 '과학 요원 scientific personnel'이라 불렸고, 군사 기밀을 다룰 때 적용되는 엄격한 규칙을 따라야 했다.

아주 뛰어난 두뇌를 가진 사람들의 집단이 평소와는 아주 다른 작업 방식과 생활 방식을 자발적으로 따르겠다고 나선 것은 아마도 역사상 처음 있는 일이었을 것이다. 그들은 자신이 발견한 것을 전쟁이 끝날 때까지 발표하지 않겠다는 규칙을 당연하게 받아들였다. 심지어 전쟁 이전부터 그들은 비밀을 유지해야 한다고 먼저 제안했다. 하지만 군부 책임자들은 이러한 금지 조처를 훨씬 뛰어넘는 조처를 취했다. 그들은 각각의 연구 부서 주위에 보이지 않는 벽을 세움으로써 서로 다른 부서가 하는 일을 알지 못하게 했다. 맨해튼 계획에 투입된 총 15만여 명의 인력 중에서 전체 계획을 보도록 허용된 사람은 십여 명에 불과했다. 사실, 자신이 원자폭탄을 만드는 일을 하고 있다는 사실을 안 사람도 극소수에 지나지 않았다. 예를 들면, 로스앨러모스의 계산 센터에서 일한 사람들 중 대다수는 자신들이 계산기로 수행하는 복잡한 계산들의 진짜 목적이 무엇인지 오랫동안 알지 못했다. 이러한 무지 때문에 이들은 자신이 하는 일에 진정한 관심을 쏟기가 어려웠다. 그러다가 결국 젊은 이론물리학자 리처드 파인먼 Richard Feynman이 상부의 허락을 얻어 이들에게 로스앨러모스에서 실제로 어떤 일이 일어나는지 알려주었다. 그러자 그 부서에서 일어나는 작업 수준이 매우 높아졌고, 일부 직원은 그때부터 자발적으로 초과 근무를 하기 시작했다.

부서 간에 의견 교환이 절대적으로 필요한 경우에는 먼저 군부 책임자들로부터 특별 승인을 받아야 했다. 나중에 전체 계획에 대한 공식 보고서를 작성하는 책임을 맡게 된 물리학자 헨리 스마이스 Henry D. Smyth는 이런 규정 때문에 특이한 종류의 갈등에 직면하게 되었다. 그는 두 부서를 동시에 책임지고 있었기 때문에, 엄밀하게 따지자면 사전 승인을 받은 다음에야 스스로에게 말할 수 있었다.

계획에 참여한 모든 협력자의 개인적 신뢰도뿐만 아니라 이전의 개인적 활동과 정치적 활동을 확인하기 위해 경찰 조사와 심문, 질문서 등을 통해 이미 집중적인 보안 조처를 취했는데도 불구하고, 이러한 '구획화'가 규칙으로 정해졌고, 이들은 모든 움직임을 아주 세세한 것까지 관찰하는 시스템 하에 놓였다. 세 비밀 도시 - 오크리지, 핸퍼드, 로스앨러모스 - 의 모든 주민은 검열을 거쳐야만 서신을 보내거나 받을 수 있었다. 만약 편지에서 어떤 구절이 검열관의 마음에 들지 않는다면, 검열관은 달갑지 않은 단어들을 삭제하는 통상적인 절차에 만족하지 않았다. 그는 편지를 발송인에게 되돌려보내 다시 쓰게 했는데, 수신인이 이상한 느낌을 받지 않도록 방지하는 것이 그 목적이었다. 전화 통화는 일상적으로 제3자가 도청했고, 각각의 계획이 진행되는 장소 인근의 호텔 수위들은 방첩 요원으로 고용되었다.

아주 중요한 원자 전문가에게는 공식 경호원이 붙어 어디든지 따라다녔다. 게다가 정치적 이유나 다른 이유로 100% 신뢰할 수 없는 사람에게는 특별한 감시 시스템을 적용했다. 그런 사람은 어딜 가거나 요원들이 그 뒤를 미행했다. 그리고 그 사람의 사무실과 거처에는 마이크로폰을 몰래 설치해 대화 내용을 녹음했다. 전쟁이 끝난 뒤 맨해튼 계획의 보안부 책임자였던 존 랜스데일 주니어John Lansdale Jr. 는 오늘날에도 공개되지 않은 그 밖의 감시 방법과 수단이 사용되었다고 인정했다.

하지만 그는 그런 방법과 수단을 수치스럽게 여겨 그 문제에 대해 개괄적으로 이야기할 때 그저 '지저분한 것들'이라고만 언급했다. 과학자들은 이러한 감시망이 제대로 작동하도록 적극적으로 협조하라는 요청을 받았다. 이들은 자신의 연구에 대해 침묵을 지키는 것 외에 제3자에게는 자신이 하는 일과 사는 곳에 대해 거짓말을 하는 것을 의무로 여겼다. 가장 가까운 친척에게조차 자신이 어디에서 무슨 일을 하는지 작은 단서라도 내비쳐서는 안 되었다. 방첩 활동은 이런 연구소들에서 일하는 모든 남편을 엘자Elsa에게 "내게 어떤 질문도 해서는 안 되오."라고 말하는 로엔그린Lohengrin으로 바꾸어놓았다. 당연히 일부 과학자는 자신과 가장 가깝고 사랑하는 사람의 사이가 '보안'의 그림자에 가려지는 걸 원치 않았다. 그렇게 해서 비밀을 안 아내들은 이제 규칙을 따라야 하는 다른 물리학자들의 아내들과 어울릴 때 아무런 낌새도 채지 못한 것처럼 행동해야 하는 고충을 안고 살아가야 했다.

맨해튼 계획을 진두지휘하면서 관리한 사람은 직업 군인인 레슬리 리처드 그로브스 Leslie Richard Groves 였다. 1942년 9월 17일에 맨해튼 계획의 책임자가 되었을 때, 그로브스의 나이는 46세였다. '그리지 Greasy' 그로브스('greasy'는 '번들번들한' 또는 '기름투성이'라는 뜻으로, 웨스트포인트 시절에 비만한 체구와 단것을 좋아하는 버릇 때문에 붙은 별명이다)는 마음에 걸리는 게 한 가지 있었다. 그는 그때까지 경력을 쌓아오면서 책상에 앉아 지시하는 업무만 맡았다. 이 때문에 16년 동안 위관급 장교에 머물렀으며, 전쟁이 일어나고 나서야 잠정적 지위인 대령에 임명되었다. 그러다가 맨해튼 계획 총 책임자로 임명되기 하루 전날 밤에 마침내 현장 지휘관 자리를 제안받았다. 그래서 직속 상관에게 호출을 받아 국내에서 수행해야 하는 임무에 배치되었다는 이야기를 듣자, 비록 그것이 전쟁에서 아주 중요한 일이고, 결국에는 승리에 결정적 기여를 하는 일인데도 불구하고, 그는 전혀 즐겁지 않았다. 그로브스 장군(이 자리에 임명되면서 그토록 오랫동안 기다려온 이 직위를 얻게 되었다)이 적임자로 선택된 이유는 건설을 감독하는 일이라면 그보다 경험이 더 많은 장교가 없었기 때문이다. 그때까지 그는 병영을 건설하는 책임을 많이 맡았다. 그중에서도 특히 거대한 전쟁부 건물인 펜타곤 건설을 지휘했다. 이제 그는 비밀의 '원자력 도시들'을 그 연구소들과 함께 건설하고, 그것들을 관리하는 책임을 지게 되었다. 그의 지휘하에 이 도시들은 외부적으로나 내부적으로 병영의 성격을 띠게 되었다.

그로브스는 자기 밑에서 일할 사람들을 로스앨러모스에 처음 불러모았을 때, 다음과 같은 말로 연설을 시작했다. "여러분의 일은 결코 쉽지 않을 것입니다. 막대한 비용을 들여가며 우리는 역사상 유례가 없을 정도로 많은 괴짜들을 이곳에 모았습니다." 그로브스가 과학자들을 대상으로 실시하던 공식적인 검사와 감시를 항상 신뢰한 것은 아니었다. 한번은 자의적으로 전쟁부에 로스앨러모스에서 일하던 미국 출신이 아닌 한 과학자를 적국인으로 즉각 구속하라고 요구했다. 그 과학자에게 불리한 증거가 전혀 없다고 인정하면서도 그랬다. 왜 그런 요구를 하는지 그 근거를 묻자, 자신의 훌륭한 '직감'만으로 충분하다고 대답했다. 그로브스는 그 사람을 불충이나 반역 혐의로 고발할 수는 없지만, 그냥 신뢰할 수 없으며, "그 계획에 해를 끼칠 사람"으로 간주한다고 말했다.

전쟁부 장관은 어느 누구도 불충분한 증거로 기소하거나 선고할 수 없다는 민주주의 국가의 일반 규칙을 고수했다. 그는 그로브스가 주장한 '감호' 조처를 승인하길 거부했다. 그로브스는 이 결정을 그저 속기 쉽고 이완된 민간 행정 당국의 성격을 보여주는 또 하나의 증거라고 보았다. 훗날 그는 할 수 있는 한 워싱턴의 의지에 맞서 자신이 책임지고 행동했다고 주장했다. 1954년에는 "내게는 영국인과 긴밀한 협력을 유지해야 할 책임이 없었다. 나는 되도록 그것을 어렵게 만들려고 노력했다."라고 자랑하듯이 말했다.

전체 계획을 관장하는 장군과 하는 일이 원자 무기 분야에 국한된 사람들은 성격이 너무나도 판이해서 진정한 상호 이해에 이르기가 불가능했다. 그로브스는 그들이 자신의 지능을 과소평가한다고 느꼈다 ─ 그리고 지금도 그렇게 느낀다. 그래서 그는 심지어 그들의 전문 영역에서도 자신의 능력이 적어도 그들과 동등하다는 것을 입증하려고 반복적으로 노력했다. 그는 "시카고에 새로세운 야금학연구소에서 우리가 진지한 논의를 처음 했을 때, 나는 그들이 계산에서 저지른 실수를 잡아냈습니다. 물론 그들이 나를 속인 것은 아니었어요. 그들 중에는 노벨상 수상자도 몇 명 있었어요. 그럼에도 불구하고, 나는 그들의 실수를 지적했고, 그들은 그것을 부인할 수 없었지요. 그들은 그 일 때문에 나를 결코 용서하지 않았습니다."라고 말한다.

사실은 지능이 높고 불손한 이 새 구성원들은 '지 지 Gee Gee'(이들 사이에서 부르던 조지 그로브스의 별명)를 경멸한 것이 아니라 오히려 다소 존경했다. 그것은 그로브스 자신이 그토록 자부한 수학적 재능 때문이 아니라, 누구도 부인할 수 없는 그의 집요함과 완고함 때문이었다. 원자과학자 필립 모리슨 Philip Morrison 은 이렇게 말한다. "한동안 나는 그의 많은 사무실 중 한 사무실 바로 옆에서 일했는데, 하루는 테니스 네트 하나의 구입 필요성을 검토하는 문제를 전망이 아주 불확실한 실험에 100만 달러를 지출하는 문제와 똑같이 오랫동안 논의하는 것을 보고 크게 놀랐습니다. 결국 그는 테니스 네트를 구입하는 데 드는 몇 달러의 지출을 거부하고

100만 달러의 실험 비용 지출을 승인하더군요. 만약 우리 계획에 도움이 된다는 이야기를 듣는다면, 그는 달 주위에 울타리를 치자는 제안도 승인할 것이라고 나는 확신합니다."

그로브스가 종종 터무니없는 것으로 보이기도 했던 자신의 결정을 옹호하기가 항상 쉬웠던 것만은 아니다. 초라한 인근 막사에서 거주하던 도로 건설 인부들은 "핸퍼드의 플루토늄 공장에 진입하는 도로를 왜 8차선으로 건설합니까? 그건 완전히 돈 낭비예요!"라고 따졌다. 하지만 그로브스는 그들에게 그렇게 많은 돈을 들여가며 그 도로를 건설하는 이유가 보안 조치 때문이라는 사실을 말해줄 수 없었다. 통상적인 교통을 위해서라면 2차선이나 4차선 도로만으로 충분했을 것이다. 하지만 언제라도 그럴 가능성이 상존하는 폭발이 일어날 경우, 현장에서 일하는 사람들이나 부근에 거주하는 가족들을 방사성 연기로부터 최대한 빨리 구조하려면 8차선 도로로도 모자랄 판이었다.

그로브스는 또한 그토록 거대하고 새로운 과제를 수행할 때에는 불가피한 일이지만, 가끔 잘못된 조치를 내릴 때도 있었다. 그를 비판하는 사람들은 너무 서두르거나 관련 요소를 모두 고려하지 않고서 잘못된 결정을 내린 사례를 상당히 많이 거론할 수 있지만, 그로브스 장군은 심지어 지금도 상대를 무장 해제시키는 순진한 태도로 그 반대가 옳다고 확신한다. 전쟁이 끝나고 11년이 지난 뒤에 찾아온 사람에게 그는 이렇게 말했다. "사람들은 제게 왜 아직도 회고록을 쓰지 않았느냐고 묻습니다. 음, 그것은 그저 제가 항상 옳았기 때문입니다. 아무도 그것을 믿으려 하지 않을 것이고, 심지어 그 때문에 나를 용서하지 않을 것입니다."

물론 처음부터 과학자들은 그로브스가 유지하려고 각별히 신경 쓴 구획화를 준수하는 척 흉내만 냈다. 전쟁 후에 실라르드는 의회의 한 위원회에서 그 문제에 관해 다음과 같이 진술했다. "이런 종류의 규칙들은 따르려고 해도 따를 수가 없는 것들이었습니다. 하지만 우리가 그 규칙들을 따르고 싶지 않았던 이유는, 규칙들을 따르면서 일의 진행을 방해하거나 작업 속도를 늦추든가, 아니면 상식을 따르든가 선택을 할 수 있었기 때문입니다. 그래서 우리는 규칙을 따르는 대신에 상식을 따랐습니다. 다른 곳에서 온 어떤 사람이 시카고에 있는 제 사무실을 방문해 제가 들어서는 안 되는 정보를 전하려고 하는 일이 한 번도 일어나지 않고 일주일이 그냥 넘어가는 일은 드물었습니다. 그들은 대개 제가 알게 된 이 정보를 비밀로 하라고 요구하지 않았습니다. 그들이 요구한 것은 단지 그 정보를 제게 제공한 사람이 누구인지 군 당국에 비밀로 하라는 것뿐이었습니다."

실라르드는 이전에 과학 데이터에 관한 비밀을 지켜야 한다고 (물론 합리적인 범위 내에서) 최초로 주장하고 나선 사람이었다. 하지만 이제 그는 검열 규정의 올가미에 걸린 최초의 사람들 중 하나가 되었다. 실라르드와 그로브스 사이에 작은 전쟁이 벌어졌고, 그것은 제2차 세계 대전이 끝나고 나서 한참 지난 뒤까지도 끝나지 않았다. 그로브스는 "만약 실라르드가 전쟁 초기의 몇 년 동안 그토록 강한 결의를 보여주지 않았더라면, 우리가 원자폭탄을 결코 갖지 못했으리란 건 확실합니다. 하지만 그 일을 시작하자마자, 내 입장에서 말하자면, 그는 차라리 없는 편이 더 나았습니다!"

특히 보어는 비밀 규정을 준수하는 데 어려움을 겪었다. 덴마크에서 탈출한 후 보어는 사람이라기보다는 어떤 일이 있어도 적의 수중에 들어가서는 안 될 아주 소중한 비밀 무기로 취급받았다. 그래서 이 위험한 지성을 가진 '화물'을 항공기 모스키토에 실어 북해를 건널 때, 손잡이만 돌리면 바닷속으로 떨어뜨릴 수 있도록 폭탄 투하실 바로 위에 있는 좌석에 앉혔는데, 이 조치는 독일군의 공격을 받을 경우에 즉시 실행에 옮기기로 돼 있었다. 보어는 거의 시체가 되어 런던에 도착했다. 물리학 문제에 몰두하느라 산소 마스크를 착용하라는 파일럿의 말을 듣지 못해 일어난 일이었다. 그래서 항공기가 높은 고도에 이르자, 그는 의식을 잃고 말았다.

보어가 아들 오게 Aage 와 함께 뉴욕에 도착했을 때에는 영국 형사 두 명이 동행했다. 그런데 두 형사 몰래 맨해튼 계획에서 파견한 비밀 요원 두 명도 경호 임무에 투입되었고, FBI 요원 두 명도 따라붙었다. 자유와 열린 정신의 화신인 보어는 6명이나 되는 경호원의 감시를 받는 게 거슬렸다. 그래서 틈만 나면 그들을 따돌리려고 시도했다. 경호원들은 눈에 띄지 않게 않게 보어를 뒤따르며 경호하는 것이 결코 쉽지 않았는데, 보어는 금지된 장소에서 뉴욕의 거리를 건너는 일이 흔했고, 그러면 경호원들은 교통 법규를 어기면서 허겁지겁 그 뒤를 따라가야 했기 때문이다.

보어는 미국에서 보안 때문에 '니컬러스 베이커 Nicholas Baker '라는 이름을 사용해야 했는데, 그 이름에 익숙해지는 데 애를 먹었다. 경호원이 이 주의 사항을 한 번 더 상기시킨 직후에 보어는 어느 초고층 건물의 엘리베이터 안에서 옛 동료 할반의 아내를 만났다. 그런데 이 여성은 보어와 마지막으로 본 이후에 이혼을 하고 다른 사람과 결혼을 한 상태였다. 보어가 정중하게 그 여성에게 "아니, 할반 부인 아니십니까?"라고 물었다. 그러나 그 여성은 "아뇨, 틀렸어요. 제 이름은 이제 플라츠제크Placzek예요."라고 날카롭게 응수했다. 하지만 그 여성은 등을 돌려 보어를 보고는, "오, 보어 교수님 아니세요!"라고 놀라며 외쳤다. 보어는 손가락을 입에 갖다 대고 웃으면서 대답했다. "아뇨, 틀렸어요. 제 이름은 이제 베이커랍니다."

보어가 로스앨러모스에 처음 도착하기 전에 그로브스가 직접 그를 만나러 갔다. 그로브스는 열차에서 보어에게 앞으로 해도 되는 말과 해서는 안 되는 말에 대해 장장 열두 시간 동안 설교를 했다. 보어는 연신 고개를 끄덕였다. 하지만 그로브스는 또 한 번 실망을 맛보았다. 장군은 훗날 자신의 '괴짜' 컬렉션 중에서도 이 소중한 표본에 대해 묘사하면서 "그는 도착한 지 5분도 안 돼 말하지 않겠다고 약속한 것들을 모조리 다 말했다."라고 보고했다.

원자과학자들 가운데 앙팡 테리블은 뛰어난 재능을 지녔을 뿐만 아니라 젊기까지 했던 이론물리학자 리처드 파인먼이었다. 그는 검열관들을 골려주기 위해 아내에게 수백 조각으로 갈기갈기 찢은 편지를 로스앨러모스로 보내라고 했다. 서신 검열을 책임진 사람들은 이 퍼즐 조각들을 모두 맞추느라 애를 먹었다. 아주 중요한 연구 자료들이 들어 있는 강철 금고의 비밀 번호를 알아내는 것도 파인먼에게는 아주 재미있는 오락거리였다. 한번은 몇 주간의 연구 끝에 로스앨러모스의 문서 보관소에서 담당자가 몇 분 동안 자리를 비웠을 때 주요 문서 붙박이장을 여는 데 실제로 성공했다. 파인먼은 원자 연구의 모든 비밀을 수중에 넣은 그 짧은 순간에 "누가 그랬을까?"라고 쓴 종이를 남겨놓는 것으로 만족했다. 그리고 나서 그는 보안 담당자가 맨해튼 계획의 가장 깊숙한 성소에 도저히 이해할 수 없는 방식으로 침입한 그 메시지를 발견하고서 경악을 금치 못하는 모습을 보며 즐거워했다.

　그로브스는 보어가 신성한 보안 규정을 어겨도 얼마든지 참아줄 수 있었다. 심지어 파인먼의 장난도 눈감아줄 수 있었는데, 그런 장난은 보안 관계자들에게 '긴장의 끈을 놓지 않게' 하는 이점이 있었기 때문이다. 하지만 미국에서 실험물리학을 개척한 과학자 중 한 명인 에드워드 콘든은 그로브스에게 도저히 용서할 수 없는 분노를 불러일으켰다. 1943년 여름에 콘든을 로스앨러모스로 초청한 사람은 바로 그로브스 자신이었는데, 얼마 전에 새로운 폭탄 연구소의 책임자로 임명된 로버트 오펜하이머와 함께 부책임자로서 로스앨러모스를 관리하는 임무를 맡았다. 큰 기업에서 자문위원으로 일한 콘든은 생산 문제를 다루는 데 실제적인 경험이 많아 대학에서만 일한 오펜하이머가 갖지 못한 자질이 있었다. 그런데 콘든은 바로 이런 경험 때문에 로스앨러모스에서 구획화를 적용하면 일에 지장이 생긴다는 게 빤히 보였다. 그래서 그는 부서들 사이에 세워진 인공 장벽을 허무는 자신의 규칙을 만들었다. 그로브스에게 이 조치는 명백한 불복종으로 보였다. 그래서 콘든을 다른 곳으로 보내는 조치를 내렸다. 장군은 외톨이가 된 오펜하이머를 다루기가 더 쉬울 것이라고 생각했는데, 그는 오펜하이머에게 아주 효과적으로 영향력을 행사할 수 있었기 때문이다. 그 당시에 다른 과학자들은 그 이유를 이해하지 못했다. 그들은 훨씬 나중에 가서야 그 이유를 알게 된다.

1 9 3 9 ~ 1 9 4 3

오펜하이머의 부상

8

1943년 7월에 마침내 로스앨러모스 연구소 책임자로 임명되었을 때, 오펜하이머의 나이는 40세였다. 많은 사람들에게 이 해는 인생에서 가장 중요한 시기이다. 진정한 인생의 대차대조표를 작성하는 시점도 이 무렵이다. 각자의 마음속에 있는 재판관에게 "내가 젊은 시절에 이루고자 했던 일 중 실제로 이룬 것은 얼마나 되고 이루는 데 실패한 것은 얼마나 되는가?"라는 질문을 처음으로 진지하게 던지는 것도 아마도 이 무렵일 것이다.

오펜하이머는 그때까지 자신이 이룬 것에 충분히 만족했을 것이다. 원자 연구 분야에서 그는 중요한 이론물리학자로 인정받았다. 1927년에 막스 보른 밑에서 공부하며 뛰어난 성적으로 괴팅겐 대학을 졸업하고 나서 레이던과 취리히에서 2년 더 공부한 뒤에 고국으로 돌아왔을 때, 이 젊은이의 명성은 이미 미국 내에 널리 알려져 있었다. 그는 여러 유명 대학에서 구애를 받았는데, 다소 망설이다가 버클리에 있는 캘리포니아 대학의 제의를 받아들이기로 선택했다. 학장이 무엇 때문에 최종적으로 자기 대학으로 오기로 결정했느냐고 묻자, 오펜하이머는 다른 사람들이 깜짝 놀랄 대답을 내놓았다. "몇 권의 옛날 책들 때문입니다. 대학 도서관에서 16세기와 17세기의 프랑스 시를 모아놓은 전집에 매력을 느꼈거든요."

오펜하이머는 버클리뿐만 아니라 패서디나에 있는 칼텍(캘리포니아 공과대학)에서도 가르쳤다. 버클리에서 그의 강의 일정이 끝나자마자, 다음 학기에는 대부분의 학생들이 그를 따라 로스앤젤레스에서 가까운 이 두 번째 배움의 장소로 옮겨갔다. 사람들은 그를 흔히 '오피 Oppie'라고 불렀는데, 오피는 젊은 나이에도 불구하고 떠오르는 미국의 물리학자 세대 사이에서 대가이자 모범적 인물로 존경받았다. 불과 몇 년 전에 그 자신이 유럽에서 원자 연구 분야의 위대한 과학자들을 그렇게 추앙한 것처럼 말이다. 학생들이 그들의 영웅에게 느끼는 존경심이 얼마나 컸던지 그들은 의식적으로건 무의식적으로건 그의 개인적 특징 중 많은 것을 모방했다. 그들은 오펜하이머처럼 고개를 한쪽으로 약간 젖혔다. 연속되는 문장들 사이에서는 기침을 가볍게 하고 한참 동안 멈추었다. 말을 할 때에는 손을 입 앞에 갖다댔다. 그들이 자신을 표현하는 방식은 이해하기 어려울 때가 많았다. 그들은 모호한 비유를 즐겼는데, 그러한 비유는 아주 의미심장하게 들렸고 때로는 실제로도 그랬다. 상습적인 흡연자였던 오펜하이머는 누가 담배나 파이프를 꺼낼 때마다 자신의 라이터를 찰칵 열면서 벌떡 일어서는 버릇이 있었다. 버클리와 패서디나의 캠퍼스 카페테리아에서는 그의 제자들을 멀리서도 쉽게 알아볼 수 있었는데, 손가락 사이로 작은 불빛이 깜박이는 가운데 마치 보이지 않는 줄에 연결된 꼭두각시처럼 때때로 획 움직이는 모습을 보인다면 틀림없이 그의 제자였다.

하지만 오펜하이머는 위대한 스승이자 위대한 발견자인 러더퍼드와 보어, 보른과는 달리 획기적인 개념을 새로 발견한 것은 없었다. 그의 주위에는 분명히 충성스러운 동료 집단이 있었다. 하지만 아직 물리학 분야에서 자신만의 학파를 세우지는 못했다. 여러 나라의 학술지에 발표한 많은 논문들이 날로 성장하는 현대 물리학의 건축물에서 소중한 부분에 해당한다는 사실은 의심의 여지가 없었다. 하지만 그것들은 새로운 기초를 놓지는 못했다.

오펜하이머의 친구들은 그가 자신과 비슷한 나이의 하이젠베르크나 디랙, 졸리오-퀴리, 페르미처럼 물리학에서 창조적 연구의 최고봉에 이르지 못한 것을 불만스럽게 여긴다고 생각했다. 그가 이룬 업적은 학계에서는 예외적으로 훌륭한 것으로 간주될 수도 있었다. 하지만 그 자신의 비판적인 눈에는 성이 차지 않는 것이었다. 그리고 과거의 경험이 보여주듯이 급진적인 사고를 하고 정말로 새로운 개념을 떠올릴 수 있는 사람은 거의 항상 젊은이뿐이라는 사실을 그 자신도 잘 알고 있었기 때문에, 40세가 다가옴에 따라 자신은 가장 높은 기대를 실현하는 데 실패했다는 생각을 지울 수가 없었다.

바로 그때, 아주 예외적인 업적을 세울 기회가 전혀 엉뚱한 방항에서 갑자기 찾아왔다. 역사상 가장 강력한 무기를 만드는 계획을 통솔하는 일을 맡아달라는 요청이 온 것이다.

오펜하이머는 보어의 강연에서 우라늄 분열과 거기서 막대한 에너지가 나온다는 이야기를 처음 들은 이후로 원자폭탄에 대한 생각을 계속해왔다. 1939년에 워싱턴에서 열린 회의에서 이 덴마크 과학자는 한의 연구를 언급했다. 하지만 그러면서 보어는 프리슈와 마이트너가 그 연구를 바탕으로 내놓은 물리학적 추론을 소개해 청중의 특별한 관심을 끌었다. 그 정보는 아주 큰 센세이션을 불러일으켜 청중 속에 있던 일부 물리학자는 강연이 끝나기도 전에 당장 연구실로 달려가 그 실험을 재현하려고 시도했다. 보어의 설명을 요약한 내용은 전보를 통해 캘리포니아 대학 물리학과에도 전달되었다. 그 당시 버클리의 방사선연구소에서 일하고 있던 독일 물리학자 겐트너는 바로 그날 오피가 폭발을 일으킬 수 있는 임계 질량을 대략적으로 계산하기 시작했다고 기억한다.

하지만 비밀리에 진행되던 우라늄 문제의 초기 연구에 참여해 달라는 요청을 오펜하이머가 받은 것은 그로부터 약 2년이 지나서였다. 1941년 가을, 오펜하이머는 노벨상 수상자 아서 콤프턴 Arthur H. Compton의 요청으로 미국과학원의 특별 위원회가 원자력의 군사적 이용에 관한 조언을 하기 위해 이틀간 개최한 회의에 참석했다.

결국 그의 운명을 결정하게 될 많은 질문들을 여기서 처음 접한 후, 오펜하이머는 당장은 대학에서 학생들을 가르치는 일로 되돌아갔다. 하지만 그때부터 새로운 무기가 제기한 문제들을 자신의 마음에서 떨쳐낼 수 없었다. 대학에서 의무적으로 해야 하는 일 외에도 남는 시간 중 상당 부분을 핵폭발이 일어나려면 우라늄-235가 얼마나 많이 필요한지 계산하는 것과 같은 일에 쏟아부었다. 그는 대서양 건너편인 영국에서 루돌프 파이얼스와 그의 조수 클라우스 푹스가 하고 있던 것과 같은 계산을 거의 동시에 하고 있었다.

오펜하이머는 또한 자신이 주도해 자기 대학의 방사선연구소와 공동 연구를 하기 시작했다. 이 연구 집단을 이끈 사람은 사이클로트론을 발명한 어니스트 로렌스 Ernest O. Lawrence였다. 그들은 핵분열이 잘 일어나지 않는 우라늄-238에서 우라늄-235(연쇄 반응이 일어날 수 있는 물질)를 전자기적 방법으로 분리하는 실험을 하고 있었다. 오펜하이머는 두 학생의 도움을 받아 그 비용을 50~75% 절감하는 방법을 발견했다.

콤프턴은 누구에게서도 특별히 요청을 받지 않은 상태에서 진행된 오펜하이머의 연구에 큰 감명을 받은 나머지, 미국이 원자폭탄을 만들려는 노력을 대대적으로 기울이기 시작한 1942년 초에 오펜하이머에게 그 연구에 전념하라고 요청했다. 여름 방학 기간인 그해 7월, 오펜하이머는 흥미진진한 몇 주일 동안 최선의 'FF(-fast fission, 빠른 분열) 폭탄'의 이론적 측면을 논의하는 소집단을 이끌었다. 그런데 이 논의 도중에 처음으로 분명한 용어까지 사용해 수소폭탄이 언급되었다. 하지만 미지의 변수가 너무 많아 그 실현 가능성에 대한 검토는 당분간 보류되었다.

콤프턴은 오펜하이머의 연구 진전 보고에 또다시 큰 만족을 표시했다. 오펜하이머 이전에 이론 연구 집단을 이끈 전임자는 훌륭한 과학자였지만 조직을 이끄는 능력이 미흡했다. 콤프턴은 "오펜하이머가 이끌 때에는 뭔가가 실제로 이루어졌고, 그것도 아주 놀라운 속도로 이루어졌습니다."라고 회상한다.

오펜하이머는 원자폭탄 계획과 관련된 일을 하던 도중에 영국과 캐나다뿐만 아니라 광대한 미국 땅 곳곳에 흩어져 있는 다양한 연구소들의 노력을 한 곳으로 집중시켜야 한다는 결론을 얻었다. 그렇게 하지 않으면, 같은 절차가 반복되거나 혼란이 일어날 수밖에 없었다. 한 곳에 연구소들을 모아놓고 한 사람의 지휘하에 이론물리학자와 실험물리학자, 수학자, 무기 전문가, 라듐화학과 야금학 전문가, 폭발과 정밀 측정을 다루는 기술자의 공동 연구를 진행해야 한다고 생각했다.

오펜하이머의 생각은 큰 지지를 받았다. 그는 자신이 제안한 슈퍼연구소의 정신적 아버지일 뿐만 아니라, 팀을 이끄는 지도자로서 탁월한 능력을 입증했기 때문에, 콤프턴은 아직 현실화되진 않았지만 구상 중인 실험 기관의 총 책임자 자리를 오펜하이머에게 맡겨야 한다고 제안했다. 그로브스 장군이 오펜하이머를 처음 만난 것은 1942년 가을이었다. 무척 분주했던 맨해튼 계획 총지휘자는 시간을 최대한 절약하기 위해 군부의 두 협력자 니컬스 Nichols 대령과 마셜 Marshall 대령과 함께 시카고와 서해안 사이를 정기 운행하는 호화로운 열차에 예약한 객실에서 그 과학자를 만나기로 했다.

레일 위에서 바퀴가 덜커덩거리는 소리가 지속적으로 들려오는 가운데 그 비좁은 공간에서 아직 태어나지 않은 원자력의 요람이 될 새 연구소를 세우기 위한 최초의 계획들이 세워졌다. 열차가 캄캄한 어둠 속에서 달리는 동안 이들은 천 개의 태양보다 밝은 빛을 구상했다.

새 연구소가 들어설 장소는 어디로 정해야 할까? 맨 처음 제안된 장소는 테네시 주 오크리지였는데, 몇 달 전에 이미 원자폭탄을 위한 폭발물을 제조하는 공장 건물들이 들어서면서 이 계획이 시작된 곳이기도 했다. 하지만 이 비밀 도시는 독일 잠수함들이 출몰하면서 가끔 해안에 스파이를 상륙시키는 곳으로 알려진 대서양 연안에서 위험할 정도로 가까웠다. 얼마 전에 오크리지에서 멀지 않은 곳에서 독일 첩보원 두 명이 붙잡힌 사건도 있었다. 그런데 이들은 그 당시 건설 중이던 광대한 원자 시설을 정탐하려는 의도는 전혀 없었고, 부근의 녹스빌에 있던 알루미늄 공장에 근무하는 한 독일계 미국인과 접촉하는 임무를 띠고 침투했다.

그럼에도 불구하고, 이 사건은 워싱턴 정부가 핵분열 물질을 생산하는 두 번째 비밀 공장(거대한 플루토늄 공장) 도시를 거기서 멀리 떨어진 핸피드에 세우기로 결정하는 데 어떤 영향을 미쳤을지 모른다. 비슷한 고려에서 비교적 싼 가격에 확보할 수 있고, 대서양 연안에서 멀리 떨어진 외딴 지역이 '장소 Y'(미래의 원자폭탄 탄생 장소에 붙인 잠정적인 암호명)로 선정되었다. 오펜하이머는 처음에 캘리포니아 주의 한 장소를 제안했다. 하지만 그로브스는 그 장소를 조사하고 나서 민간인 거주 지역에 너무 가깝다는 이유로 부적합하다고 생각했다. 예비 실험에서 조기 폭발이 일어나면서 위험한 방사능이 누출돼 민간인에게 피해를 입힐 가능성도 고려해야 했다.

그러자 오펜하이머는 소년 시절에 학교를 다니던 외딴 장소가 떠올랐다. 뉴멕시코 주 로스앨러모스에 있던 시골 기숙학교였다. 이전에 그는 친구들에게 자주 농담처럼 "내가 가장 사랑하는 두 가지는 물리학과 뉴멕시코 주야. 둘을 결합할 수 없어서 참 유감이야."라고 말했다. 그런데 이제 와서 놀랍게도 도저히 이루어질 것 같지 않던 그 결합이 마침내 실현될 것처럼 보였다.

로스앨러모스 청소년 농장학교는 1918년에 앨프리드 코넬Alfred J. Connel이라는 퇴역 장교가 세웠다. 이 학교는 헤이메즈 산맥(에스파냐 어 발음으로는 헤메스 산맥)의 파하리토Pajarito('작은 새'란 뜻) 고원 중 일부인 메사mesa(꼭대기가 평평하고 주위가 급경사를 이룬 탁자 모양의 지형 – 옮긴이) 위에 위치하고 있는데, 해발 고도가 2100m 이상이나 되었다. 강한 향기를 풍기는 이 지역의 소나무 숲과 협곡들에는 제1차 세계 대전 후에도 여전히 새와 네발짐승을 비롯해 온갖 종류의 사냥감이 넘쳐났다. 하지만 한때 이곳에서 사냥을 했던 인디언은 불그스름한 보라색 절벽에 있던 동굴 거주지를 떠난 지 오래되었다. 그들은 더 낮은 지대의 흙집 마을로 이주했다. 메사들에는 그들의 '신성한 장소들'만 남았다.

그러한 신성한 장소들 중 하나가 로스앨러모스 메사 위에서 발견되었다. 농장학교 설립자는 그 주변의 땅을 인디언 소유주로부터 빌릴 때, 문제의 작은 지역 위에 건물을 짓지 않고 그 위로 지나가는 도로도 만들지 않기로 동의했다. 그 지역은 낮은 산울타리로 둘러쳐 보호했다. 아마도 옛날에는 그 위에 인디언이 종교 의식을 위해 세운 건물인 키바kiva가 있었을 것이다. 1942년 가을의 어느 날 밤, 남자 학생 몇몇이 장난으로 빈 통조림 깡통 몇 개를 산울타리 너머로 던졌다. 다음 날 아침에 그것을 발견한 코넬 소령은 불길한 예감이 들었다. 한동안은 아무 일도 일어나지 않았다. 하지만 2~3주일 뒤, 제복을 입은 운전사가 운전하는 차가 가파른 도로를 따라 메사까지 올라왔다. 굳이 힘들여 로스앨러모스까지 찾아오는 사람은 대개 소년들의 친척이나 상인이었다. 관광객이라면 차에서 내려 한번 휙 둘러보고 가는 게 보통이었다.

그런데 이 차는 멈춰서지 않았다. 천천히 달리면서 고원을 가로지르더니 방향을 돌려 왔던 길을 되돌아갔다. 차에는 그로브스와 오펜하이머, 그리고 장군의 두 부관이 타고 있었다. 그로브스는 "우리는 차에서 내리고 싶지 않았어요. 내렸더라면 그 지역을 왜 조사하는지 설명해야 했을 테니까요. 게다가 날씨도 엄청 추웠어요. 내가 그 세세한 사실을 기억하는 이유는 소년들이 모두 짧은 바지를 입고 있었는데, 저러다가 아이들이 얼어 죽지 않을까 하는 생각이 들었기 때문이지요. 돌아오는 길에 나는 차를 몇 번 세우고 도로가 급격히 굽은 지점들을 대형 차량이 지나갈 수 있을지 살펴보았습니다. 그러고 나서 우리는 출발 지점인 앨버커키로 돌아갔지요."라고 그때의 일을 이야기했다.

그곳이 완전히 외딴 지역이라는 점이 그로브스의 마음에 쏙

들었다. 그 당시 그는 과학자 100여 명과 그 가족들만 그 '힐 Hill'
에 거주하면 될 것이라고 생각했다. 물론 시간이 지나면 엔지니
어와 기계공도 어느 정도 유입되리라고 보았다. 험한 도로 사정
이나 물 공급 부족으로 인한 주거 시설 부족(그곳에는 학교 건물
외에는 이용할 만한 게 없었다)에 대해서는 염려하지 않았다. 결코
틀리는 법이 없다던 장군의 예측이 얼마나 크게 빗나갔는가 하는
것은 그가 로스앨러모스를 처음 정찰한 지 일 년도 못 돼 3500여
명이나 되는 사람들이 그곳에서 일하면서 살게 되었다는 사실이
증명한다. 그리고 또 일 년이 지나자 그 숫자는 6000명으로 증가
했다.

그로브스는 아주 신속하게 행동에 착수했다. 전시의 비상 입법
앞에서 농장학교 교장은 메사와 그곳의 모든 건물이 전쟁의 목적
을 위해 징발되는 것을 막을 수 있는 방법이 전혀 없었다. 그는 소
년들을 집으로 돌려보내고 로스앨러모스를 비웠으며, 보상금으로
받은 수표를 현금으로 바꾸었다. 얼마 후 그는 죽었는데, 로스앨러
모스에서 가장 가까운 도시인 샌타페이에서 떠도는 소문에 따르
면 그 일 때문에 상심해서 죽었다고 한다.

1942년 11월 25일, 전쟁부 차관 존 매클로이 John McCloy 는 로스
앨러모스 구입을 지시했다. 며칠 뒤, 첫 번째 인부들이 그 언덕에
도착해 '기술 지역'의 작업장 기초를 닦기 위해 땅을 파기 시작했
다. 1943년 3월에는 최초의 원자과학자들이 도착했다. 6월에는
대학 연구소들에서 긁어모아 온 장비들을 좁은 도로를 따라 끌어
올렸고, 로스앨러모스에서 핵물리학 분야의 새로운 발견들이 곧

일어나기 시작했다.

　그로브스가 오펜하이머를 책임자로 임명하기로 결정하자마자 많은 비판이 쏟아졌다. 그는 그 일을 이렇게 회상했다. "노벨상 수상자나 적어도 나이가 좀더 많은 사람이 책임자가 되어야만 그 일에 참여하는 수많은 '프리마돈나'들에게 충분한 지휘권을 행사할 수 있다고 책망하는 듯한 이야기를 들었지요. 하지만 저는 오펜하이머를 고수했는데, 그가 거둔 성공은 제가 옳았음을 입증해주었습니다. 어느 누구도 그가 한 것만큼 큰 성공을 거둘 수 없었을 겁니다."

　장군은 부하에게 많은 것을 요구하는 데 익숙했지만, 오펜하이머가 자신의 임무에 엄청난 열정으로 매달리는 것을 보고는 그로브스조차도 그가 지나치게 무리하는 게 아닌가 염려되었다. 그는 오펜하이머를 철저하게 검사한 의사들의 진료 기록을 자신에게 가져오라고 명령했는데, 그것을 보고서 오펜하이머가 몇 년 동안 결핵을 앓은 적이 있다는 사실을 알았다.

　그 무렵의 몇 주일 동안 오펜하이머에게 예상치 못했던 기력이 넘쳐났던 것처럼 보인다. 맨 먼저 해야 했던 일은 비행기나 열차로 전국을 돌아다니며 사막 가장자리에 위치한 새 비밀 연구소로 가 자신과 함께 일하자고 물리학자들을 설득하는 것이었다. 이러한 인력 확보 여행에 나섰을 때, 그는 먼저 S-1 계획에 대해 많은 동료들이 품고 있던 편견을 허물어뜨려야 했다. 물리학자들이 마음을 정하지 못한 가운데 원자폭탄 계획이 지휘권 중복으로 인해 교착 상태에 빠져 전혀 진전이 없이 2년 이상의 세월이 흐르자,

좋은 성과가 나오긴 글렀다는 견해가 널리 퍼졌다. 그러한 의심을 잠재우기 위해 오피는 새로운 연구와 목표를 설명하면서 보안 측면에서 넘어서는 안 되는 선을 자주 넘었다.

그 당시에 오펜하이머는 한스 베테를 비롯해 대부분의 유능한 전문가와 마찬가지로 원자폭탄을 1년 안에 만들 수 있을 것이라고 믿었다. 새로운 무기가 과연 기대한 성능을 보여줄지에 대해서는 오펜하이머가 어떤 보장도 할 수 없었다는 것은 사실이다. 실패작으로 판명날 가능성도 얼마든지 있었다. 로스앨러모스로 가겠다고 동의한 사람들에게 보안 때문에 전쟁이 끝날 때까지 그곳에 계속 머물러야 한다는 다소 구속적인 계약서에 서명해야 한다는 사실도 숨기지 않았다. 그리고 그들과 그들의 가족은 예전과는 달리 외부 세계와 차단될 것이며, 별로 편안하지 않은 환경에서 살게 될 것이라고 덧붙였다.

오펜하이머가 이런 식으로 이 일에 참여하는 데 따르는 많은 어려움을 솔직하게 인정했는데도 불구하고, 그의 모집 활동은 예상 밖의 큰 성공을 거두었다. 오펜하이머는 다른 관점에서 문제를 바라보는 놀라운 능력 덕분에 상대가 표명한 의심에 대해 올바른 답을 찾을 수 있었다. 일부 물리학자들에게는 독일이 원자폭탄을 갖게 될 위험을 강조하며 겁을 주었다. 또 어떤 물리학자들에게는 뉴멕시코 주의 아름다움을 이야기하면서 유혹했다. 하지만 모든 사람들에게 무엇보다도 전하려고 한 것은 완전히 새로운 분야에서 일어날 선구적인 연구에 참여해 경험하게 될 짜릿한 흥분이었다.

하지만 아마도 그가 접근한 사람들 중 많은 사람들(대부분 아주 젊은)은 무엇보다도 자신들을 지휘할 사람이 오펜하이머라는 사실 때문에 그의 요청에 응했다. 그때까지는 남녀를 불문하고 자신의 학생들에게만 미쳤던 그의 개인적 매력이 이제 더 넓은 세계에서도 마찬가지로 효과가 있다는 것이 입증되었다. 학계에서 그토록 큰 활력을 불러일으키는 사람을 만나기란 쉽지 않았다. 오펜하이머는 무미건조한 전문가 타입과는 아주 달랐다. 그는 단테와 프루스트의 구절을 인용했다. 또, 상대의 반대를 인도의 현자들이 쓴 작품에 나오는 구절들을 인용하면서 논박할 수 있었는데, 그 작품들도 원어로 읽은 것이었다. 그리고 오펜하이머의 내부에서는 정신적 열정이 활활 타오르는 것처럼 보였다. 오펜하이머뿐만 아니라 그 밖의 뛰어난 원자 연구 전문가들과 함께 아주 긴밀하고 강렬한 관계를 맺으면서 일하는 것은 평화시에는 절대로 불가능한 기회로, 아주 흥분되는 경험이 될 것 같았다. 사실, 오펜하이머는 얼마 후에 거기에 빠졌던 한 희생자가 불손하지만 인상적으로 표현한 것처럼 "지성의 성적 매력"을 지니고 있었다.

1943년 봄, 매우 특이한 여행객들이 수백 년 전 에스파냐가 멕시코를 지배하던 시절에 에스파냐 총독들이 거주했던 생기 없고 조용한 도시 샌타페이로 서서히 몰려오기 시작했다. 이들은 보통 여행객들과 달리 역사적 기념물이나 은 세공품 따위에는 관심이 없었다. 그리고 모두 시간에 쫓겨 허둥대는 것처럼 보였다. 동부나 중서부 지역에서 출발해 여기까지 오는 동안 갑작스런 군대 이동에 방해를 받거나 연결 교통편을 놓치거나 뒤엉킨 항공 일정 등으로 시간이 지체되었기 때문이다. 그 결과로 그들은 출발 명령에서 샌타페이 이스트팰리스 109번지에 가서 신고하라고 명시한 시간보다 늦게 도착했다. 거기서 그들은 56km쯤 떨어진 비밀 목적지인 장소 Y로 이동할 것이라고 들었다.

신참자들은 세계 각지에서 공무원들이 일반적으로 사용하는 평범한 사무실 건물에서 환영을 받을 것이라고 기대했다. 하지만 지정된 주소에 도착한 그들 앞에는 수백 년은 되었을 법한 철제 대문이 덩그러니 서 있었고, 그 너머에는 작지만 그림 같은 에스파냐식 안뜰이 펼쳐져 있었다. 너무나도 예상 밖이고 상식에서 벗어나는 상황에 놓인 그들의 감각은 마법에 걸린 것처럼 마비되었다.

안뜰 아래에는 300년 전의 총독 관저로 연결된 지하 통로가 있었고, 안뜰 반대편 끝에는 프랑스식 창문 뒤에 작은 방이 있었다. 새로 도착한 사람들은 이곳에서 어머니 같은 도로시 매키븐Dorothy McKibben에게 마치 오랫동안 보지 못한 아들처럼 열렬한 환영을 받았다. 도로시는 불안과 피로에 시달리는 신참자를 즉각 안정시켰다. 매우 큰 고통에 시달리던 물____들(보안상 신분을 드러내는 호칭은 사용하지 못하게 돼 있었다)도 참을성 많고 온화한 도로시가 미소를 지으며 그들의 질문에 나긋나긋하게 대답하는 동안 금방 안정을 찾기 시작했다. "제 장비는 도착했나요? 우리가 주문한 가구가 기다리고 있을 거라고 들었는데, 맞나요? 앞으로 제가 살 곳은 어디인가요? 저건 뭔가요? 내일 아침까지는 장소 Y로 가는 버스가 없다고요? 하지만 전 제 시간에 오려고 하던 강의도 중단하고 왔다고요!"

매키븐 여사는 이 모든 질문과 비판에 답을 준비해두고 있었다. 새로 도착한 사람들의 숙소로는 당분간 샌타페이 인근에 있는 '게스트 목장'을 제공했는데, 그때까지는 휴가 여행을 온 사람들만 사용하던 곳이었다. 왜냐하면, 힐 위에는 민감한 장비를 들여놓을 방만 있을 뿐, 과학자들이 거주할 공간은 아직 마련되지 않았기 때문이었다. 매키븐 여사는 엉뚱한 곳으로 간 화물과 잃어버린 아이들을 찾기 위한 조치를 취했다. 신참자들은 그녀로부터 앞으로는 자신들의 주소는 단순히 "미 육군 사서함 1663"이 될 것이고, 신분 서류들에서 이름 대신에 별명이나 숫자를 사용할 것이라는 이야기를 들었다.

특히 샌타페이에서는 서로를 '박사'나 '교수'처럼 직업을 나타내는 호칭으로 불러서는 절대로 안 된다는 명령을 받았는데, 시민들이 갑자기 그들 사이에 대학 교수들이 많이 나타난 것을 의아하게 여길지도 몰랐기 때문이다. 텔러가 도착했을 때, 그는 마중나온 동료 앨리슨Allison에게 샌타페이 성당 앞에 서 있는 조각상이 누구냐고 물었다. 앨리슨은 "레이미 대주교랍니다."라고 낮은 목소리로 말했다. "하지만 누가 저 사람이 누구냐고 묻거든 미스터 레이미라고 대답하는 게 나아요. 그러지 않았다간 즉각 도로시가 따라다닐 거예요."

도로시는 그 당시를 회상하며 이렇게 말한다. "하루도 허비해서는 안 되었기 때문에 모두가 시간에 쫓겼지만, 그 모든 것은 거대하고 영광스럽고 흥미진진한 모험처럼 시작되었지요." 15여 년의 시간이 지나고, 우라늄 폭탄과 수소폭탄의 폭발이 수십 번 일어난 지금도 이전의 그 사무실에 가면, 한때 자신이 보호했던 사람들의 사진들이 든 액자들에 둘러싸여 있는 그녀를 볼 수 있다. "이들은 지금 모두 아주 진지해 보여요. 그 당시에는 지금보다 더 젊었을 뿐만 아니라, 더 희망적이고 열정이 넘쳤지요. 아마도 한참 뒤에야 자신들이 한 일이 아주 심각한 것이라는 사실을 알았을 거예요."

매일 아침 버스들이 여러 농장들을 돌아다니면서 새로 도착한 전문가들을 싣고 로스앨러모스의 메사 위 높은 곳에 있는 일터로 데려갔다. 가끔 운전기사가 깜빡하고 한 농장을 지나치는 일도 있었다. 그러면 이스트팰리스 109번지의 전화 벨이 울리고 다음과 같은 대답을 들었다. "죄송합니다! 낮 동안에 당신을 데려올 교통편을 찾도록 노력하겠습니다. 만약 그게 안 된다면, 잠시 말 타는 연습을 계속해야 할 것 같습니다!" 평생 동안 말 위에 올라가거나 승마 바지를 입은 적이 한 번도 없는 사람도 곧 햇살이 눈부시게 내리쬐는 이 외딴 지역에서 개척자처럼 살아가는 방식에 익숙해지기 시작했다. 힐 위에서 정상적인 생활을 위한 시설이 조직될 때까지 기다리는 동안 이들은 소풍 나온 것처럼 자주 야외에서 요리를 하고 식사를 했다. 짐말과 텐트를 가지고 협곡들로 탐험 여행에 나서기도 했는데, 그 협곡들 중에는 나중에 비밀스러운 시험 장소가 된 곳도 있었다. 그런 여행에 나설 때면 특히 유럽 출신 과학자들은 개척 시대 서부 소설에 등장하는 인물이 된 듯한 느낌이 들었다. 일요일에는 아주 긴 산책에 나섰다. 베테는 아내와 함께 로스앨러모스 주변에서 그때까지 아무도 밟지 않은 산봉우리를 오르기도 했다.

특히 오펜하이머는 이런 조건이 자신의 천성과 잘 맞는 것처럼 보였다. 이전에도 동생 프랭크와 함께 로스앨러모스에서 멀지 않은 외딴 농장에서 휴일을 자주 보냈는데, 그 당시 그들은 이곳에서 카우보이처럼 살아갔다. 이제 오펜하이머는 잦은 모집 여행에 나서지 않을 때면 여러 건축 장소 중 어느 한 곳을 둘러보았다. 피부는 원주민처럼 햇볕에 새카맣게 그을렸고, 청바지에 은 단추가 달린 벨트를 두르고 야한 체크무늬 셔츠를 입고 다녔다. 버클리에서는 아침에 최대한 늦게 일어나는 버릇이 있었는데, 11시 이전에 시작하는 강의는 절대로 맡지 않겠다고 고집했다. 하지만 이곳 뉴멕시코 주에서는 동틀 무렵에 일어났다. 지칠 줄 모르는 오피는 모든 과학자들뿐만 아니라 대부분의 노동자들까지도 그 이름을 알았다. 15년이 지난 뒤에도 그들은 여전히 매키번 여사에게 '세뇨르' 오펜하이머의 안부를 물었다. 도로시 매키번은 "로스앨러모스에서 건축 일에 참여했던 사람들은 사실상 모두 다 그를 위해 자신의 목숨을 무릅쓰려고 했을 거예요."라고 말한다.

그 몇 주일 동안 로스앨러모스에 흘러넘쳤던 휴가 분위기는 심지어 대개 오펜하이머가 의장을 맡아 진행한 과학 회의에서도 느낄 수 있었다. 해당 부서들과 그룹들로 엄격한 조직화가 갖추어진 것은 나중에 조직이 비대해진 다음의 일이고, 이 당시에는 아직 시작되지도 않았다. 그러한 조직화는 특별 위원회들이 회의를 거듭하면서 점차 나타나게 되었다. 예를 들면, 초기에 벌어진 다소 중요한 한 논의에서는 에드워드 텔러가 폭탄에서 아주 자세한 메커니즘─특정 순간에 두 반구를 합침으로써 질량이 임계점을 지나 폭발하게 하는 것 – 을 설명할 때 5행 희시 limerick의 형식을 빌려 묘사했다. 대부분의 5행 희시와 마찬가지로 그것은 운이 맞았을 뿐만 아니라 아주 외설적이었다. 역사상 가장 공포스러운 무기에 대한 연구는 바로 이처럼 태평스러운 분위기에서 시작되었다.

1 9 4 3

한 남자의 분열

9

1942년에 야금학연구소 책임자로 임명되면서 비밀리에 추진된 원자 무기 계획의 정식 협력자가 되기 전에 오펜하이머는 나머지 사람들과 마찬가지로 긴 질문지를 채워야 했다. 여기서 그는 자신이 다수의 좌파 조직에 가입한 사실을 인정했다. 처음으로 정치에 큰 관심을 보인 시기는 히틀러가 권력을 잡은 뒤인 1933년으로, 몇몇 가족과 학계의 일부 친구가 '독일 혁명'에 푹 빠졌을 때였다. 그전까지는 대부분의 과학계 동료들과 마찬가지로 자신의 전문 분야와 문학적, 철학적 관심 분야 이외의 일에는 일절 관심이 없어서 신문을 읽거나 라디오를 듣는 일도 거의 없었다.

정치에 대한 관심은 에스파냐 내전과 개인적인 인간 관계의 결과로 높아졌다. 1936년, 오펜하이머는 정신의학을 전공하던 진 태틀록Jean Tatlock이라는 여학생을 사귀기 시작했다. 진의 아버지는 버클리에서 영문학 교수로 근무하고 있었다. 진은 열렬한 공산주의자였다. 오펜하이머는 진을 통해 캘리포니아 주에서 더 유명한 공산주의자를 몇 명 만났다. 그리고 소련에 관한 책도 읽었고, 막 끝나가고 있던 대공황 같은 정치적, 경제적 사건이 인간의 삶에 미치는 영향에 대해 생각하기 시작했다.

1937년, 오펜하이머는 아버지가 세상을 떠나면서 큰 재산을 물려받았는데, 좌파의 대의를 지지해 정기적으로 거액을 기부하기 시작했다. 가끔 익명으로 짧은 팸플릿도 써서 자비로 인쇄해 공산주의자가 다수 포함된 반파시스트 지식인 집단을 통해 배포했다.

오펜하이머는 진 태틀록과의 관계에 대해 "적어도 두 번은 결혼할 만큼 충분히 가까운 관계였기 때문에 우리끼리는 약혼한 사이로 여겼습니다."라고 이야기한다. 하지만 결혼을 계획했다가 연기하길 여러 번 거듭하고 나서 1939년에 오펜하이머는 패서디나의 유명한 식물연구소에서 균류 실험을 하고 있던 흑갈색 머리의 아름다운 백인 여성을 만났다. 그 여학생은 독일에서 카타리나 퓌닝Katharina Puening 이란 이름(미국식 이름은 캐서린 Katherine)으로 태어났고, 카이텔Keitel 장군의 친척이기도 했는데, 열네 살 때까지 독일에서 살았으며, 얼마 전에 영국인 의사 해리슨Harrison과 두 번째 결혼을 하기로 약속한 사이였다. 두 사람은 아주 열정적인 사랑에 빠져 캐서린은 이전의 모든 관계를 청산했다. 두 사람은 버클리와 패서디나에서 자신들에게 버림받은 파트너의 친구들과 친척들 사이에 퍼진 스캔들을 싹 무시하고 1940년 11월에 결혼했다.

오펜하이머는 진 태틀록과 관계를 정리하는 것과 거의 동시에 공산주의와도 결별했다. 1938년 말에 동료인 플라츠제크와 바이스코프가 1930년대에 소련에서 겪었던 경험을 털어놓은 이야기에 오펜하이머는 아주 깊은 인상을 받았다. 오펜하이머와 그 아내(역시 좌파로 활동한 전력이 있던)는 공산당에 여전히 충성하던 지인들과 관계를 끊으려고 노력했다. 8월에 두 사람은 집을 샀다. 같은 해에 첫 아들 피터 Peter 가 태어났다.

과거와 완전히 단절하는 것은 쉽지 않았다. 오펜하이머 곁에는 공산주의에 동조하거나 어떤 경우에는 공산당에 실제로 가입한 사람이 상당수 있었다. 그중에는 처음에 오펜하이머 때문에 극좌파 이념에 관심을 갖게 된 사람도 최소한 몇 명 있었다. 그런데 이제 와서 그들을 모두 저버리려고 한단 말인가?*

그의 사생활에도 비슷한 상황이 벌어졌다. 진 태틀록은 여전히 그를 사랑했다. 오펜하이머와 헤어진 뒤 진은 정신과 치료를 받았다. 그 자신이 정신과 의사였는데도 마음속 가장 깊은 곳에 박혀 있는 오펜하이머에 대한 생각을 떨쳐낼 수 없었다. 심지어 진은 결혼한 뒤에도 오펜하이머에게 편지를 쓰고, 아버지 집 근처에 있던 오펜하이머의 집을 찾아오고, 크게 흥분하거나 우울한 기분이 들 때마다 전화를 걸어 통화를 하려고 했다. 동정심에서 그랬건 죄책감에서 그랬건 혹은 오랫동안 지속된 우정이 깨진 충격에서 자신이 완전히 회복하지 못해서 그랬건, 오펜하이머도 진을 몇

---

* 이와 반대로 (나중에 오펜하이머 자신이 진술한 것처럼) 하콘 슈발리에 Haakon Chevalier 는 저자에게 오펜하이머와 공산주의자들 사이의 관계는 실제로는 훨씬 더 오래 지속된 것으로 안다고 말했다.

차례 만나주었다.

1943년 6월, 오펜하이머는 로스앨러모스에서 필요한 시설을 건설하는 문제와 관련해 자신을 무겁게 짓누르던 의무감의 부담에서 벗어났는데, 때마침 전 약혼자에게서 긴급한 연락을 받고서 샌프란시스코의 텔레그래프힐에 있던 그녀의 집으로 찾아갔다. 그날 오후 늦게 두 사람은 도시와 만이 내려다보이는 톱오브더마크 Top of the Mark로 가 술을 마셨다.

오펜하이머는 진에게 다음 몇 달 동안은 혹은 어쩌면 몇 년 동안은 만날 수 없을 것이라고 알리지 않을 수 없었다. 한동안 아내와 아이와 함께 버클리를 떠나야 한다고 말했다. 그리고 자신이 맡은 공식 임무의 성격이나 자신이 가는 곳의 위치를 말해줄 수 없다고 덧붙였다.

이 마지막 만남이 있고 나서 일곱 달 뒤, 진 태틀록은 스스로 목숨을 끊었다.

6월 12일과 13일에 오펜하이머가 샌프란시스코에서 전 약혼자와 함께 다닌 동선은 육군 방첩대 G2 지부 요원들이 계속 추적했다. 그들은 오펜하이머가 저녁에 젊은 여성과 함께 그녀의 집으로 들어가는 것을 보았다. 그리고 오펜하이머가 그날 밤을 거기서 보냈고, 다음 날 아침에 그녀가 오펜하이머를 차로 공항까지 데려다준 사실도 알았다. 전체 이야기는 아주 세세하게 문서로 기록되었고, 포괄적인 보고서에 '해로운 정보'로 포함되었다. 1943년 5월 말 이래 원자폭탄 연구소의 총 책임자로 임명된 과학자는 자신은 까마득히 몰랐지만 관계 당국의 특별 사찰 대상이었다. 보안 담당자들은 그를 신뢰하지 않았다. 그들은 오펜하이머가 아직도 공산주의자들과 이전의 관계를 이어가고 있는 것이 아닌지 알아내고자 했다. 그러다가 마침내 그의 샌프란시스코 방문은 캘리포니아주 G2 지부의 부책임자 보리스 패시 Boris Pash 대령에게 원하던 '실탄'을 제공했다.

1943년 6월 29일, 패시는 워싱턴의 전쟁부에 "샌프란시스코에 도착한 이후의 감시 결과"를 요약한 보고서를 제출했다. 이 보고서에서 그는 감시 '대상'(형사가 흔히 그러듯이 오펜하이머를 지칭할 때 항상 쓴 표현)이 로스앨러모스에서 얻은 과학 자료를, 사실 그가 그렇게 하려고만 한다면, 미국 정부에 보고하기 전에 공산주의자에게 넘겨줄지도 모른다는 의심을 분명히 표명했다. 그런 일은 진 태틀록 같은 '연락책'을 통해 일어날 수도 있으며, 진은 그 정보를 공산당에 넘겨주는 역할을 수행할 것이라고 했다. 패시는 최대한 빨리 그 '대상'을 해임하고 다른 사람으로 교체하도록 최선의 노력을 기울여야 한다고 촉구했다.

이 보고서는 7월 중순에 그로브스에게 전달되었는데, 보안상의 이유로 오펜하이머를 로스앨러모스 책임자 자리에 임명하는 것을 승인할 수 없다는 뜻을 넌지시 담고 있었다. 그로브스는 아연실색했다. 그는 절대로 공산주의자에게 동정적인 사람이 아니었으며, 훗날 밝혔듯이 그 당시에도 공산주의자가 맨해튼 계획에 침투하는 것을 막기 위해 혼신의 노력을 기울이고 있었다. 사실, 이미 이 무렵부터 그는 국가와 정부가 동맹인 소련을 무조건 신뢰해서는 인 된다는 견해를 지지했다.

그런데 이제 와서 자신과 가장 가깝고 없어서는 안 될 협력자가 공산주의자라는 사실이 드러나다니! 그는 오펜하이머를 불렀다. 오펜하이머는 즉각 자신은 공산주의자와 결별한 지 오래되었다고 확언했다.

그로브스는 오펜하이머의 전향을 믿어야 할지 고민했지만, 그럴 수밖에 없다고 생각했다. 오펜하이머는 얼마 전에 육군 개척 공병대가 메사 위에 건설한 거주용 막사들이 비좁고 불편하며 화재 위험에 노출된 것으로 드러났을 때, 로스앨러모스에서 일하던 사람들의 사기를 크게 떨어뜨릴 위험이 있었던 이 위기 국면을 타개하는 데 없어서는 안 될 사람임을 또 한 번 입증했다. 거리들은 날씨에 따라 먼지로 가득 차거나 진흙탕으로 변했다. 아주 작은 소나무 군락 하나만 불도저에 밀려나지 않고 살아남았다. 이 소나무들은 에드워드 텔러의 부인 미치 Micci 가 조직한 연좌 농성 덕분에 나머지 소나무들에게 닥친 운명을 피할 수 있었다. 남자들이 하루 일과를 마치고 지친 몸으로 집에 돌아오면, 대부분 마찬가지로 전문적인 일을 해야 했던 그 아내들은 가사 도우미 부족과 불만족스러운 식량 공급에 대해 불평했다. 오펜하이머는 그들의 사기를 진작시키려고 노력했다. 개별적인 문제를 일일이 직접 조사하고는 개선을 약속했으며, 특히 그 모든 성가신 일들은 결국 그들이 하는 일의 중요성과 비교하면 사소한 것이라는 점을 강조했다.

그로브스는 과학자로서나 조직 관리자로서나 오펜하이머가 없이는 일을 제대로 해나갈 수 없다는 사실을 통감했다. 그래서 그를 자신의 개인적 감시하에 두기로 결심했다. 전쟁부는 그로브스에게 신무기 제조를 위한 노력에서 단 하루도 허비되어서는 안 된다고 명령했다. 그 결과로 그는 나머지 모든 결정과 규정을 모두 무시할 수 있는 특별한 전권을 부여받았다. 그는 처음으로 이 권한을 사용하기로 마음먹었다. 1943년 7월 20일, 그로브스는 다음과 같은 전문을 보냈다.

전쟁부, 공병감실, 워싱턴
1943년 7월 20일

제목: 줄리어스 로버트 오펜하이머

수신: 뉴욕 주 뉴욕 시 맨해튼 지구 F 기지, 미국 공병대, 지구 공병대장

1. 7월 15일에 내린 나의 구두 지시대로 오펜하이머에 관해 수집된 정보와 상관없이 줄리어스 로버트 오펜하이머의 고용을 위한 승인을 지체없이 해주길 희망함. 그는 이 계획에 절대로 없어서는 안 될 사람임.

L. R. 그로브스, 준장, 공병감.

이 조치는 얼핏 보기엔 오펜하이머의 불미스러운 과거 문제를 싹 해결한 것처럼 보였다. 그로브스는 자신의 검을 휘둘러 난마처럼 얽힌 매듭을 싹둑 잘라버렸다. 오펜하이머가 느낀 고마움은 이루 말할 수 없을 정도였다. 그는 평생 동안 특정 대의를 위해 모든 것을 바치길 주저했다. 예외적인 지성과 명석한 판단 때문에 항상 모든 견해에 대해 그 반대 견해와 모든 일에 따르는 그림자가 함께 보였다. 그 결과로 공산주의에 동조했음에도 불구하고 공산당

당원으로 가입한 적은 없었다. 무엇보다도 한쪽으로 치우친 사상, 즉 어느 한 나라의 정치 공범이나 도구가 될까 봐 두려웠다. 이런 태도의 결과는 항상 타협으로 나타났는데, 절대적인 정직성과 지적 진실성의 빛에서 살아남을 수 없는 원칙을 지지하는 결과를 낳았다.

하지만 이제 오펜하이머는 조국을 위해 헌신하기로 결심했다. 처음으로 실제로 존재하는 어떤 것 위에 두 발을 딛고 섰다고 믿었다. 그 현실은 물론 조잡한 재료로 만들어진 게 분명했다. 그곳에서는 레슬리 그로브스 같은 거칠고 단순한 사람들이 가장 큰 발언권을 지녔지만, 그들은 뛰어난 지성을 가진 사람의 조언에 귀를 기울일 자세가 되어 있었다. 오펜하이머는 천상의 높은 곳에서 지상으로 내려왔다. 그는 더 이상 '비현실적'이고 '뿌리가 없는' 지식인이 아니었다. 드디어 마침내 소속될 곳을 찾았다. 오펜하이머는 늘 '공모'(그가 자주 사용한 용어)를 피하려고 노력해왔다. 무엇보다도 그 도구가 될까 봐 두려워했다.

그로브스가 그의 편을 들어 그토록 감동적인 결과를 얻은 지 불과 몇 주일 뒤인 1943년 8월 말에 오펜하이머가 어떤 사람을 찾아간 것은 새로 발견한 그와 같은 애국적 정서 때문이었을 것이다. 오펜하이머는 버클리에 들른 김에 대학의 한 강의실에 자리잡고 있던 보안 요원 라일 존슨 Lyle Johnsom 의 사무실을 찾아갔다. 오펜하이머는 몇 달 동안 비밀로 하고 있던 어떤 사건을 이야기하려고 그곳을 찾았다. 직접적인 목적은 이전에 자신의 학생이었다가

곤란한 상황에 처한 로시 로매니츠Rossi Lomanitz에 관한 이야기를 하기 위해서였다. 과거에 오펜하이머는 로매니츠가 원자폭탄 계획에 참여하는 것에 양심상 주저하는 태도를 보였는데도 불구하고 그를 설득하여 그 연구에 참여시켰다. 그런데 이제 로매니츠는 평화주의자와 공산주의자의 선동 때문에 그 조직에서 쫓겨날 처지에 놓여 있었다. 오펜하이머는 존슨에게 보안 규정에 위배되지 않는다면 로매니츠가 "제 정신을 차리도록" 그와 대화하도록 허락해달라고 요청했다. 이 요청은 오펜하이머가 그곳을 방문한 핑계에 불과했던 것으로 보이는데, 왜냐하면 대화 도중에 갑자기 놀라운 진술을 했기 때문이다. 그는 얼마 전부터 소련이 미국의 원자폭탄 계획에 관한 정보를 얻으려고 시도한다는 사실을 알게 되었다고 말했다. 전쟁 전에 소련에서 5년 동안 연구했던 조지 엘텐턴George Eltenton이라는 영국인이 그 이름을 밝힐 수 없는 어떤 사람에게 접근하여 자기 대신 맨해튼 계획에 참여한 물리학자들과 접촉해달라고 요구했다는 것이다.

존슨은 주의를 기울이면서 진술을 들었다. 그는 이 정보를 아주 중요하게 여겼다. 그러지 않아도 존슨은 직속 상관인 패시 대령과 랜스데일 대령과 함께 2월 말부터 미국의 핵무장 진전 상황에 관한 보고를 보내는 것으로 의심되는 공산주의자 첩보 조직을 추적하고 있던 참이었다. 이것과 관련해 의심을 받고 있던 세 사람은 현재 그 행동이 논란의 대상이 되고 있는 로매니츠를 포함해 모두 오펜하이머의 제자였다.

방첩 부대는 그로브스가 오펜하이머에 대한 자신들의 경고를 묵살한 것에 아직도 불만을 품고 있었고, 자신들의 의사에 반해 로스앨러모스의 책임을 맡게 된 이 남자가 소련의 첩보 활동 시도에 관해 뒤늦게 정보를 제공하기로 결정한 이유가 애국적 동기 때문이라고 믿지 않았다. 그들은 오펜하이머가 제자들로부터 자신들의 행동이 조사를 받고 있다는 이야기를 이미 들었을 것이라고 의심했다. 그리고 조만간 일어날 자신의 행동에 관한 조사에 앞서 선수를 치기 위해 '자백'을 했을 뿐이라고 생각했다.

보안 요원들은 그때부터 오펜하이머를 우호적인 증인으로 간주하는 척했다. 하지만 실제로는 오펜하이머를 이미 피고석에 앉아 있는 사람처럼 다루었고, 그를 모순에 빠뜨리려고 부단히 노력했다.

존슨은 오펜하이머에게 최대한 정중하게 전체 사건을 다시 한 번 아주 자세히 자신의 상관인 패시 대령에게 이야기해 달라고 요청했다. 보리스 패시는 미국 내 러시아정교회 수석 대주교의 아들로 태어났다. 덩치가 아주 큰 패시는 얼마 전에야 '공산주의자 침투'를 담당하는 전문가로 임명되었다. 그전에는 할리우드 고등학교에서 미식축구 감독으로 일했다. 그는 러시아계라는 혈통 덕분에 전시의 이 직책에 아주 적격이었다. 하지만 무모할 정도로 대담한 성격은 심각한 문제를 일으켰다. 특정 장교들에게 군사 문서를 신경 써서 관리해야 한다는 교훈을 주려고 자기 부하들을 시켜 해당 부대에 침투시켜 고급 기밀 문서를 훔치게 했다. 그런데 한 '거물'이 이 시도를 매우 불쾌하게 여기는 바람에 하마터면 패시는 옷을 벗을 뻔했다. 그래서 그 당시 패시는 자신의 유능함을 증명할 필요를 절실히 느끼고 있었다.

오펜하이머와 처음 대면했을 때, 패시는 은밀하게 촬영한 사진과 필름뿐만 아니라 요원들의 보고서를 통해 이미 그에 대해 상당히 많은 것을 알고 있었다. 패시는 면담을 시작하기 전에 자기 사무실에 마이크로폰을 몰래 숨겨놓고 옆방에는 녹음기를 설치했다. 심문자와 증인 사이에 벌어진 긴 대화 내용은 오펜하이머가 모르게 모두 녹음되었다.

도스토옙스키가 소설에서 이런 종류의 대화를 지어냈을 때 거기에는 깊은 생각과 현란한 수사가 넘쳤다. 하지만 현실은 아주 다르다. 두 사람의 입에서 나온 단어들은 별로 의미 있는 것이 거의 없었다. 어떤 의미를 나타내기 위해 한 말임은 분명하다. 핵심으로 바로 들어가는 것을 피하기 위해 단순한 수다에 불과한 이야기가 아주 많았다. 말을 더듬거나 망설이는 순간도 많았는데, 어느 쪽도 진실을 있는 그대로 말하길 원치 않았기 때문이다.

대화는 정중하게 의례적인 말을 주고받으면서 시작했다.

패시: 이것은 즐거운 일인데, 저는 이런 활동을 아주 좋아하고, 제가 아무것도 아는 것이 없는 아이에게 느끼는 것과 같은 어떤 책임감이기 때문이지요. 그로브스 장군은 제게 어떤 책임을 주었는데, 그것은 보이지 않는 아이를 리모컨으로 조종하는 것과 같아요.

당신의 시간을 많이 빼앗으려는 생각은 없습니다─

오펜하이머: 괜찮습니다. 당신이 원하는 시간이라면 언제라도.

패시: 존슨이 제게 어제 일어난 작은 사건 혹은 대화에 관해 이야

기했는데, 저는 그 이야기에 아주 큰 흥미를 느꼈고, 그가 제게 전화한 뒤부터 어제 온종일 그것 때문에 걱정했습니다.

오펜하이머는 처음 이 단계에서는 패시가 무엇을 조사하길 원하는지 이해하지 못하는 것처럼 행동했다. 자신의 제자인 로매니츠와 관련 기관 사이에 벌어진 말썽에 관한 이야기를 다시 하기 시작했다. 하지만 패시는 즉각 대화의 방향을 오펜하이머가 피하고 싶어하는 주제로, 즉 소련의 첩보 활동 시도에 관해 그가 폭로한 이야기로 몰고 갔다. 패시는 엘텐턴이 접근한 중간 연락책의 이름을 알고 싶어했다. 오펜하이머는 그 질문에 답하지 않았다. 대신에 짜증이 난 나머지 그리고 패시의 관심을 돌리려는 의도로, 문제의 그 중간 연락책이 이미 원자과학자 세 명에게 접근해 말을 걸었다고 말했다.

패시: 네. 중요한 건 이거예요 ─ 물론 우리는 이 정보를 당신에게 가져오는 사람이 당신과 100% 의견을 같이한다고 생각하며, 따라서 그들의 의도에 대해서는 아무런 의심도 하지 않아요. 하지만 만약 ─

오펜하이머: 음, 한 가지 말씀드릴 게 있는데 ─ 나는 두세 건을 알고 있고, 그들 중 두 명이 나와 함께 로스앨러모스에 있다고 생각합니다 ─ 그들은 나와 아주 가까운 사람들입니다.

패시: 그들은 바로 그 목적 때문에 그 사람이 자신들과 접촉한 것으로 생각한다고 말했나요, 아니면 바로 그 목적 때문에 실제로 접촉했다고 말했나요?

오펜하이머: 바로 그 목적 때문에 실제로 접촉했다고 말했습니다.

패시: 그 목적 때문에요.

오펜하이머: 그러니까 제가 그 배경 설명을 좀 해드리죠. 그 배경은−음, 이 두 동맹 사이의 관계를 다루는 게 얼마나 어려운지 잘 알 겁니다. 그리고 러시아를 별로 좋지 않게 여기는 사람들이 많지요. 따라서 그 정보−우리의 많은 비밀 정보, 우리의 레이더 등등에 관한 정보에는 그들이 접할 수가 없어요. 그들은 목숨을 걸고 싸우고 있고, 어떤 일이 일어나고 있는지 알고 싶어하는데, 이것은 다시 말해서 그저 공식 커뮤니케이션의 결함을 보완하기 위한 것입니다. 이것은 그것이 표출된 방식이에요.

패시: 네, 무슨 말인지 알겠습니다.

하지만 이 추가 정보는 오펜하이머가 원했던 효과를 낳지 못했다. 그의 설명은 단지 미지의 중간 연락책에 대한 관심만 증폭시켰을 뿐이다. 패시는 대화의 방향을 반복해서 그 주제로 돌렸다.

패시: 음, 이제 약간 체계적인 그림으로 돌아가고 있는 것 같군요······. 당신이 언급한 이 사람들 말인데요, 두 사람은 지금 그곳에 당신과 함께 있다고 했지요. 엘텐턴이 이들과 직접 접촉했나요?

오펜하이머: 아니요.

패시: 그럼 다른 사람을 통해서?

오펜하이머: 네.

패시: 음, 그렇다면 누굴 통해서 그 접촉이 일어났는지 알 수 있을

까요?

오펜하이머: 그건 잘못이라고 생각합니다. 말하자면, 나는 그것이 어디서 시작되었고, 나머지 것들은 거의 순전히 우연한 사고이며, 그렇게 하면 여기에 연루시켜서는 안 되는 사람들을 연루시키게 될 것이라는 점을 이미 이야기했다고 생각합니다.

오펜하이머는 패시가 더 이상의 정보를 자신에게서 캐내려는 시도를 거부했다. 그는 메시지를 받은 사람의 이름을 진술하길 일관되게 거부했는데, 분명히 패시가 꼭 알아내고 싶어 하는 정보인데도 불구하고 그랬다. 하지만 어쨌든 오펜하이머가 책임을 맡고 있는 로스앨러모스에서는 어떤 공산주의자의 선동이나 간첩 행위도 두려워할 이유가 전혀 없다고 장담했다. 로스앨러모스 책임자는 지금까지 살아온 그 자신보다는 공직자에 가까운 분위기를 풍기며 약간 멜로드라마 같은 표현으로 엄숙하게 선언했다.

"만약 거기서 모든 일이 계획대로 그리고 정확한 순서대로 진행되지 않는다면, 제가 총살당하더라도 추호도 이의를 제기하지 않을 것입니다."

하지만 방첩 부대 요원들은 그런 수사적인 충성 주장에 전혀 만족하지 않았다. 오펜하이머는 이미 자신이 발을 내디딘 고발의 길에서 한 걸음 더 내딛길 거부함으로써 오히려 의심을 더 키웠다. 오펜하이머와 면담하고 나서 10일 후, 패시는 펜타곤의 상관인 랜스데일 대령에게 그 과학자에 대한 자신의 판단을 다음과 같이 보고했다.

"우리의 의견은 여전히 오펜하이머를 완전히 신뢰할 수 없으며, 국가에 대한 그의 충성심이 분열돼 있다는 것입니다. 그가 유일하게 분열되지 않은 충성심을 보여줄 수 있는 곳은 과학으로 보이는데, 만약 소련 정부가 과학의 대의 증진을 위해 더 많은 것을 제시한다면, 자신의 충성심을 표명할 정부로 소련 정부를 선택하리란 느낌이 강하게 듭니다."

오펜하이머가 지금까지 자신들과 대화를 하면서 완전히 솔직하지 않았다는 정보 요원들의 의심은 충분히 근거가 있었다. 그는 거짓말을 했다. 그들에게 뭔가를 숨기고 이야기를 하지 않았다. 그들은 그 '뭔가'가 그가 아직도 공산당 또는 심지어 소련 첩보 조직과 유지하는 것으로 추정되는 연결과 관련이 있을 것이라고 생각했다. 하지만 오펜하이머는 실제로 이전에 공산당과 맺었던 불규칙한 관계를 모두 정리한 상태였다. 현재 상황에서 그가 가장 두려워한 것은 이 사실에도 불구하고, 과거 자신의 좌파 활동에 관한 정보를 점차 더 많이 얻을 경우 당국이 자신을 해임할 가능성이었다. 그렇게 되면 새로 임명된 중요한 자리를 잃고 황무지로 쫓겨나고 말 것이기 때문이었다.

하지만 방첩 부대 요원들은 단순히 힌트에 만족하고 물러설 사람들이 아니었다. 완전한 진실을 알길 원했다. 하지만 그것은 그 당시의 정신 상태에서는 오펜하이머가 말해줄 수 없는 것이었다. 왜냐하면, 그것이 초래할 주요 결과는 자신의 유죄를 인정하는 것이 되어 로스앨러모스 책임자라는 지위를 심각하게 위협할 게 뻔했기 때문이다.

사실, 미지의 중간 연락책이 접근한 과학자는 세 명이 아니라 단 한 명뿐이었다. 그리고 그 과학자의 이름은 바로 오펜하이머 자신이었다.

실제로 일어난 일은 이렇다. 1942년 말경 또는 1943년이 시작되고 나서 얼마 안 된 시점(정확한 날짜는 확인되지 않았다)에 그 당시 버클리의 '이글힐' 자택에서 살고 있던 오펜하이머 부부에게 이웃에 살던 슈발리에 부부가 찾아왔다.

오펜하이머는 1938년부터 캘리포니아 대학에서 로맨스 어를 가르친 하콘 슈발리에와 전부터 아는 사이였다. 오펜하이머는 다른 학부에서 일하는 두 살 위의 이 동료와 금방 가까운 사이가 되었다. 두 사람의 친밀한 관계는 슈발리에가 오펜하이머와는 아주 다르다는 사실에도 불구하고, 혹은 어쩌면 바로 그 때문에 생겨났다. 노르웨이계의 기독교식 이름과 프랑스계 성을 가진 키가 크고 어깨가 넓은 이 남자는 모든 언행에서 단순한 열정과 진심이 가득 묻어나왔기 때문에, 오펜하이머는 어느 누구보다도 슈발리에에게 비밀스러운 이야기를 많이 털어놓았다. 오펜하이머는 개인적으로 친구 사이로 지내는 로버트 서버Robert Serber와 필립 모리슨 같은 물리학자와 몇 시간이고 계속해서 논쟁하고 사색할 수 있었다. 하지만 슈발리에하고는 먼 유럽과 그 시인들에 대해 약간의 향수까지 느끼면서 침묵을 지키거나 대화를 나눌 수 있다고 느꼈다.

슈발리에는 뉴저지 주 레이크우드에서 태어났지만, 두 살 때 부모와 함께 아버지의 조국인 프랑스로 돌아갔다. 나중에 그는 어머니의 조국인 노르웨이로 갔다. 그곳에 사는 많은 사람들은 곡물상이자 에드바르 그리그Edvard Grieg(노르웨이의 작곡가이자 피아노 연주자)와 헨리크 입센Henrik Ibsen의 친구였던 그의 외할아버지를 아직도 기억하고 있었다. 1914년에 유럽에서 전쟁이 일어나자, 그의 가족은 미국으로 돌아왔다. 전쟁이 끝났을 때, 슈발리에는 꿈 많은 열여덟 살의 젊은이이자 시인이었는데, 크누트 함순Knut Hamsun(노르웨이의 소설가)처럼 방랑을 좋아하는 기질도 약간 있었다. 그는 모험에 대한 사랑과 세상을 구경하고 싶은 욕망에서 바다로 갔다. "마스트 밑에서 1년"을 보내고 나서 여전히 경험에 목말라하면서 다시 교실로 돌아왔는데, 얼마 지나지 않아 프랑스 문학에 탁월한 재능을 보여주었다. 오펜하이머는 슈발리에와 함께 있으면 물리학에서 벗어나 아나톨 프랑스Anatole France나 자신이 좋아한 작가인 프루스트에 관해 토론을 하거나 이국적이고 양념이 듬뿍 들어간 요리를 만드는 방법을 시험할 수 있었는데, 요리는 오펜하이머의 부엌에서 함께 했다.

이런 관계는 두 사람 중 한 명이 결혼을 하면 깨지는 경우가 많다. 하지만 두 사람의 관계는 결혼 이후에 오히려 더 돈독해졌다. 슈발리에와 그 아내 바버라Barbara는 1940년 11월에 오펜하이머 부부가 결혼하면서 많은 험담과 흥분을 불러일으켰을 때에도 두 사람을 변함없이 지지한 소수의 사람들에 속했다.

결혼 전에 오펜하이머는 넓은 테라스가 딸린 방 두 개짜리 집에서 살았다. 그곳은 일반적으로 아주 춥고 불편했다. 몇 년 동안 앓았던 결핵 때문에 오펜하이머는 낮이고 밤이고 창문을 열어두는 버릇이 있었다. 하지만 결혼을 하게 되자, 함께 살 집을 구하러 다니기 시작했다. 슈발리에가 이 일에 큰 도움을 주었다. 슈발리에는 옛날 영국 시골집에서 살았는데, 이 집은 1915년에 샌프란시스코 세계 박람회 때 통째로 멀리 캘리포니아 주 해안까지 옮겨졌다. 박람회가 끝난 뒤, 박물관 전시품이었던 이 집을 한 여성이 사서 굉장한 공을 들여 버클리가 내려다보이는 언덕 꼭대기로 옮겼다. 그녀는 그 인근에 집이 하나 더 있었는데, 스페인풍의 길쭉한 흰색 스투코stucco(골재나 분말, 물 등을 섞어 벽돌, 콘크리트, 어도비나 목조 건축물 벽면에 바르는 미장 재료-옮긴이) 건물로, 페인트칠한 목제 천장의 넓고 아늑한 거실과 적갈색 도토로 만든 타일 바닥과 커다란 벽난로가 있었다. 벼랑 가장자리에 독수리 둥지처럼 자리잡은 그 집까지 가파른 도로가 연결돼 있었다.

어느 날 저녁, 키 큰 사이프러스로 둘러싸인 이글힐의 이 집에서 오펜하이머와 슈발리에 사이에 두 사람의 장래에 운명적인 영향을 미치게 될 대화가 일어났다. 그 당시 두 사람은 그 대화를 대수롭지 않은 것으로 여겼기 때문에, 나중에 그때 정확하게 어떤 단어들을 사용해 대화가 오갔는지 기억하지 못했다. 두 아내는 거실에서 이야기를 나누고 있었고, 슈발리에는 오펜하이머를 따라 그 옆에 붙어 있는 작은 주방으로 갔다. 오피는 마르티니를 혼합하기 시작했다. 슈발리에는 얼마 전에 두 사람이 아는 조지 엘텐턴과 나눈 대화에 대해 이야기하기 시작했다. 엘텐턴은 슈발리에에게 미국 정부와 소련 정부는 동맹 사이인데도 불구하고 양국 과학자들 사이에 새로운 과학 정보 교환이 전혀 일어나지 않는 데 대해 불평을 토로했다. 그러고는 슈발리에에게 개인적으로 과학 연구 자료를 좀 전달해달라고 오펜하이머를 설득할 수 없겠느냐고 물었다. 엘텐턴의 제안에 대해 오펜하이머는 슈발리에가 예상한 바로 그 반응을 보였다.

슈발리에의 기억으로는 오펜하이머가 이렇게 외쳤다고 한다. "그럴 수는 없습니다!" 오펜하이머 자신이 그 후에 한 진술에 따르면, 그의 대답은 훨씬 더 신랄했다. 그는 "그것은 끔찍한 행동이 될 겁니다!"와 "하지만 그것은 대역죄예요!"라고 말한 것으로 믿었다.

그것으로 대화는 끝났다. 그 문제에 대한 두 사람의 의견은 완전히 합치했기 때문에 그 문제는 두 사람 사이에서 다시는 제기되지 않았다. 두 사람은 큰 방으로 돌아가 칵테일을 마셨다.

그런데 그날 저녁, 슈발리에 부부가 집으로 돌아가던 도중에 아내는 하콘 슈발리에에게 "이유는 모르겠지만, 나는 오피를 신뢰할 수 없어요."라고 말했다.

그것은 그저 예감에 불과했다. 그 당시 슈발리에는 아내의 경고에 전혀 신경 쓰지 않았다.

보안 요원들은 오펜하이머를 계속 괴롭혔다. 보리스 패시는 중간 연락책이나 그가 정보를 얻기 위해 접근했다는 세 과학자에 대해 좀더 확실한 정보를 얻는 데 실패했기 때문에, 오펜하이머는 워싱턴으로 소환되었다. 당국은 약간 어설픈 패시 대신에 좀더 노련한 심문자를 투입하면 중간책의 비밀을 알아낼 수 있을 것이라고 기대했다. 1943년 9월 12일, 펜타곤의 한 사무실에서 오펜하이머를 대상으로 새로운 심문이 시작되었다. 이번에는 전체 원자무기 계획의 유능한 보안 책임자 랜스데일 대령이 직접 나섰는데, 그때 그의 나이는 불과 31세였다. 이번에도 사전에 녹음기에 연결된 마이크로폰을 숨겨두고 대화를 녹음하는 조치를 취했다. 랜스데일은 오펜하이머에게서 비밀을 털어놓게 하려고 상당히 기발한 방법들을 썼다. 그는 앞서 한 달 전에 처음으로 오펜하이머를 로스앨러모스에서 만났을 때 아부를 사용하면 상대의 방어막을 무너뜨릴 수 있을 것 같은 인상을 받은 것으로 보인다. 그래서 랜스데일은 즉각 이 약점을 파고들었다.

랜스데일: 음, 전 이 말을 하고 싶습니다ー아부나 칭찬 같은 걸 하려는 건 절대 아닌데요, 당신은 아마도 제가 지금까지 만난 사람 중 가장 똑똑한 사람이고, 제가 가끔 당신을 속일 수 있으리라고 믿지 않습니다. 알겠지요? 그리고 로스앨러모스에서 우리가 대화를 나누었을 때에는 제가 솔직하지 않았다고 거리낌없이 인정합니다. 제가 솔직하지 않던 이유는 지금은 중요하지 않아요. 당신이 패시 대령과 이야기한 후로는 가장 분별 있는 행동은 제가 당신을 최대한 솔직하게 대하는 것이라고 생각합니다. 저는 특정 이름들을 거론하지 않겠지만, 당신이 우리에게 아주 큰 도움을 줄 수 있다고 생각하며, 제가 이야기하는 동안 당신도 우리가 안고 있는 어려움을 일부 알게 될 것이라고 생각합니다.

오펜하이머: 일부는 저도 이미 알고 있다고 생각합니다.

랜스데일: 맞아요. 자, 제가 하고 싶은 말은 이것인데, 우리가 지금까지 위험할 정도로 임무를 태만히 해왔어요. 우리는 놓친 게 몇 가지 있지만, 2월 이후부터는 여러 사람이 이 계획에 관한 정보를 소련 정부에 전달한다는 사실을 알고 있습니다.

오펜하이머: 전 그것을 몰랐다고 말하고 싶군요. 그보다 전에 혹은 정확한 날짜는 기억하려고 노력했지만 기억이 나지 않는군요, 정보를 얻으려고 시도한 이 한 번의 사례는 제가 알았지요.

랜스데일: 로매니츠를 제외하고는 지금까지 우리는 아직 아무런 조치도 취하지 않았습니다.

오펜하이머: 그들은 실질적인 정보를 전달할 수 있는 위치에 있는 사람들입니까?

랜스데일: 예, 저는 그렇게 보고받았습니다. 물론 개인적으로는 모릅니다만.

오펜하이머: 음, 로매니츠는 이론물리학자이기 때문에 자신이 일하는 분야에 대해 다소 광범위한 지식을 알고 있을 것입니다.

조사는 이렇게 심문자에게 유리하게 시작되었다. 4주일 전에 오펜하이머는 여전히 자신의 제자 로매니츠를 보호하고 변호하려고 노력했다. 하지만 이제 그는 그런 노력을 포기하고, 심지어 로매니츠에게 해가 될 수 있는 정보를 제공하려고 한 것처럼 보인다. 그럼에도 불구하고, 이렇게 기대를 품게 했던 조짐은 기만적인 것이었다. 랜스데일은 엘텐턴 사건에 가까이 다가갈 때마다 앞서 패시가 극복할 수 없었던 것과 동일한 벽에 부닥쳤다. 그래서 랜스데일은 아껴두었던 패를 꺼내기 시작했다. 자신은 세 과학자의 이름은 몰라도 된다고 말했다. 하지만 장래에 비슷한 시도가 일어나는 것을 막기 위해 중간 연락책의 이름은 꼭 알아야겠다고 덧붙였다. 하지만 그 이름을 털어놓는 것이 꼭 필요하다고 오펜하이머를 설득하는 데 실패했다.

오펜하이머: 전 그것에 대해 많이 생각했는데, 패시와 그로브스가 모두 제게 그 이름을 대라고 요구했기 때문이지요. 하지만 그 이름을 말해서는 안 된다고 생각합니다. 그 사람이 아직도 그런 활동을 하고 있다면, 당신들이 그것을 발견하지 못했으면 하는 마음에서 그런 것은 아닙니다. 나는 당신들이 그것을 발견하길 진심으로 바랍니다. 하지만 나는 그 사람이 지금은 그런 활동을 하지 않는다고 확신합니다.

랜스데일: 전시에 외국에서 간첩 활동을 시도하는 데 실제로 관여한 사람의 이름을 밝히길 왜 그렇게 망설이는지 전 그 이유를 알 수 없군요. 그러니까 저라면 도저히 그런 식으로 생각할 수 없거든요. 그리고—

오펜하이머: 압니다, 이것은 아주 어려운 문제예요. 그리고 나도 그것에 대해 많이 염려하고 있습니다.

랜스데일: 개인적 의리는 충분히 이해할 수 있지만, 그 사람이 당신의 가까운 친구도 아니라고 말하지 않았습니까? 당신은 그 사람이 공산주의자라고 생각합니까?

오펜하이머: 그저 동료 여행자로 아는 사이입니다.

랜스데일은 오펜하이머에게 수수께끼의 중간 연락책 이름을 알려달라고 두 번 더 요청했다. 그 요청은 두 번 다 거절당했다. 랜스데일이 물어본 다른 사람들에 관해서는 오펜하이머가 아주 협력적인 태도를 보인 점을 감안하면, 이처럼 완강히 거절하는 태도는 더욱 믿기 어려웠다. 오펜하이머는 자신의 친구 로버트 서버의 아내가 공산주의에 동조한다는 사실을 감추지도 않았고, 랜스데일이 다음과 같은 말로 던진 다른 제안에 답하는 것도 거부하지 않았다.

> **랜스데일:** 당신은 누가 공산당 당원이고 누가 아닌지 정보를 알아낼 수 있나요?
>
> **오펜하이머:** 지금도 그럴 수 있는지 모르겠습니다. 한때는 그럴 수 있었지요. 시도해본 적은 한 번도 없습니다.
>
> **랜스데일:** 시도해볼 의향이 있습니까?
>
> **오펜하이머:** 서면으로는 안 될 것 같습니다. 아주 나쁜 인상을 줄 것 같으니까요.
>
> **랜스데일:** 네, 서면으로는 하지 말고요.
>
> **오펜하이머:** 로스앨러모스에서는 그런 종류의 정보를 줄 수 있는 사람을 아무도 모릅니다. 부분적인 정보만 얻을 수 있었습니다.

랜스데일은 마지막 묘책을 꺼냈다. 오펜하이머에게 "이번이 마지막 질문이라고는 절대로 생각하지 마세요. 실제로 그렇지 않으니까."라고 확언한 뒤, 계속해서 이렇게 말했다.

랜스데일: 음, 제가 개인적으로 당신을 아주 좋아한다는 사실을 알아주었으면 합니다. 그러니 너무 그렇게 공식적으로 대하면서 저를 대령이라고 부르지 마세요. 사실, 대령이 된 지 얼마 되지 않아 아직 그 호칭에 익숙하지 않거든요.

오펜하이머: 전 처음에 당신이 대위였던 걸로 기억합니다. 제 생각에는요.

랜스데일: 중위 시절에 제대해서 이런 어려움이 없는 법조계로 돌아갈까 생각했던 시절도 그리 오래전이 아닙니다.

오펜하이머: 당신은 아주 지저분한 일을 맡았어요. 그리고—

랜스데일: 제가 당신을 개인적으로 좋아한다는 사실을 알아주길 바랍니다. 제 말을 믿어주세요. 전 어떤 의심도 갖고 있지 않으며, 당신이 제가 의심을 품고 있다고 생각하길 원치 않습니다. 그리고—

오펜하이머: 음, 이 문제들에서 제가 어떤 위치에 있는지 알겠습니다. 적어도 저는 그것에 대해 전혀 걱정하지 않습니다. 하지만 그것은 당신이 제게 물은 것처럼 과거의 의리에 관한 문제입니다……. 그 사람과 관련이 없다고 제가 확신하는 혐의에 그 사람을 연루시키는 것은 비열한 짓이라고 생각합니다.

랜스데일: 알겠습니다.

"알겠습니다."란 말은 그 문제가 해결되었다는 뜻이 아니었다. 심문이 끝난 뒤 그로브스에게 보낸 보고서에서 랜스데일은 면담에서 그토록 번지르르하게 표현했던 오펜하이머에 대한 개인적 호감이나 신뢰는 전혀 언급하지 않았다. 오히려 반대로 무슨 수를 써서라도 오펜하이머에게 그 이름을 실토하도록 압박을 더 가해야 한다고 촉구했다.

그로브스 장군의 책상에 놓여 있던 그 사건 보고서에는 정보 요원 피어 디 실바Peer de Silva가 오펜하이머를 광범위하게 비판적으로 조사한 내용이 포함돼 있었다. 그 보고서는 눈길을 끄는 제안으로 끝맺었다. 1943년 9월에 디 실바는 다음과 같이 썼다.

> 오펜하이머는 DSM 계획의 결과로 과학자로서 그리고 역사에 어떤 역할을 한 것에서 세계적인 명성을 얻는 데 큰 관심이 있는 것으로 보입니다. 또한 육군은 그가 그렇게 되도록 할 수도 있고, 꼭 그러기로 선택한다면 그의 이름과 명성과 경력을 파멸시킬 수 있는 위치에 있는 것으로 생각됩니다. 지금까지는 이른바 그가 없어서는 안 되는 사람이라는 인식 때문에 그의 위치는 군에 대해 우위에 있었지만, 만약 그러한 가능성을 그에게 강력하게 제시한다면, 군에 대한 자신의 위치를 달리 보게 될 것입니다.

맨해튼 계획의 총 책임자는 몇 주일 뒤인 1943년 12월에 개인적으로 오펜하이머를 직접 심문할 때 정확하게 이 제안에 따라 행동했다. 그는 만약 오펜하이머 자신이 이렇게 뒤늦게나마 로스앨러모스 책임자에게 스스로 그 이름을 밝히기로 선택하지 않는다면, 이제 자신이 그 이름을 밝히라고 명령할 수밖에 없다고 솔직하게 말했다. 오펜하이머는 두 달 전에 이미 그로브스에게 "장군님, 만약 장군님께서 제게 이걸 말하라고 명령한다면, 말하겠습니다."라고 이야기한 적이 있었다. 그때에는 그로브스가 그것을 강요하지 않았다. 하지만 지금은 더 이상 기다릴 수 없다고 판단했다.

이런 상황에서 오펜하이머는 로스앨러모스에서 자신이 맡은 일은 순전히 과학적인 것이고, 자신은 방첩 부대를 대신하여 정보원으로 활동하거나 심지어 군인으로서 명령에 복종할 의무가 없다는 태도를 취할 수도 있었을 것이다. 만약 당국이 그것을 양해하길 거부한다면, 오펜하이머는 언제든지 그 자리에서 물러나면 그만이었다. 다행히도 미국에서는 전체주의 국가에서 완강하게 버티는 사람을 다룰 때 쓰는 방법처럼 고문을 하거나 친지를 체포하거나 하는 일은 없었다. 따라서 만약 오펜하이머가 정말로 그렇게 하고자 했다면, 그 결백을 확신한 슈발리에에 관한 정보를 전혀 제공하지 않고 넘어갈 수 있었다. 하지만 그는 마침내 굴복했고, 나중에 인정했듯이 실제로 일어난 일을 자신이 과장하는 바람에 아주 큰 죄를 저지른 것처럼 보이게 만든 그 사람의 이름을 내뱉고 말았다. 이렇게 하여 오펜하이머는 방첩 부대가 알아내려고 몇 달 동안 애썼는데도 알아내지 못했던 그 비밀을 마침내 털어놓았고, 그럼으로써 자신과 자신의 경력을 구했다. 그리고 아주 짧은 시간에 그 경력은 그를 명성과 권력의 정상으로 올려놓게 된다.

오펜하이머 자신과 그의 사건을 다룬 관계자들 외에는 그 당시에 로스앨러모스 책임자가 겪었던 개인적 심문에 대해 안 사람은 아무도 없었다. 슈발리에 자신은 이 일에 대해 아무것도 몰랐지만, 얼마 후 친구가 자신을 배신했다는 사실을 까마득히 모르는 상태에서 알 수 없는 이유로 대학에서 해임되고 말았다. 그로부터 10년도 더 지난 뒤에야 슈발리에는 자신을 밀고하여 학계의 경력을 끝내게 한 사람이 누군지 알게 되었는데, 그때 그는 국외로 쫓겨난 처지였고 여전히 대학에서 자리도 얻지 못한 채 지냈다.*

---

* 1954년, 오펜하이머는 공식 청문회 도중에 수수께끼의 중간 연락책, 얼마 후에 그로브스에게 그 사람이 슈발리에라고 털어놓았던 그 사람에 관한 자신의 이야기가 "바보 같은" 짓이었으며 "거짓말투성이"였다고 인정했다.

1 9 4 4 ~ 1 9 4 5

인재 영입

10

1942년 12월, 시카고 대학의 야금학연구소에서 일하던 원자과학자들은 히틀러가 크리스마스에 미국에 첫 번째 공습을 감행할 것이란 소문을 들었다. 게다가 그 소문에 따르면 공격 목표는 수백만 명이 거주하는 시카고라고 했다. 시카고는 그 당시 미국에서 원자 무기 연구의 중심지였다. 독일군은 보통 폭탄이 아니라, 공기와 물을 오염시키기 위해 방사성 먼지를 다량 투하할 것이라는 소문도 나돌았다. 사뮈엘 하우드스밋이 적어둔 이 이야기는 많은 사람들이 사실로 믿었기 때문에 일부 물리학자들은 가족을 시골 지역으로 보냈고, 군 주둔지들에서는 가이거 계수기를 배포했다.

페르미가 설계한 최초의 원시적인 우라늄 원자로가 스태그필드 관람석 아래 창문도 없는 지하실에서 가동을 시작한 그 주에 이러한 이야기가 퍼지기 시작한 것은 결코 우연이 아니다. 우라늄 원자로에서 제어 연쇄 반응을 일으키는 데 성공한 것은 획기적인 성과였다. 방사성 '죽음의 재'에 관한 소문은 바로 그 사건이 드리운 어두운 그림자였다. 이제 기술적으로 가능한 것으로 입증된 우라늄 연소 오븐에서 자연에서 극소량만 나타나는 위험한 방사성 물질을 가까운 장래에 인공적으로 수 톤이나 만들 수 있을 것으로 예상되었다.

미국의 원자 무기 계획이 그토록 늦게 출발했는데도 이런 종류의 우라늄 원자로가 지금 시카고에서 만들어졌다면, 그와 비슷한 것이 독일 어딘가에서 이미 오래전에 만들어졌을 것이라고 연합국 핵물리학자들은 믿었다. 그들은 핵무장 경쟁에서 히틀러가 앞서가고 있다는 공포에 늘 사로잡혀 살아갔다. 독일은 적국의 모든 대도시를 오염시킬 만큼 충분히 많은 양의 방사성 물질을 이미 원자로에서 만들었을 것이라고 추정했다.

독일의 군사 관련 연구소들에서 나올 것으로 예상되는 이러한 위협과 그 밖의 위협에 대비하기 위해 미국의 최고 사령부는 독일의 핵무장 상태에 대해 구체적인 정보를 수집할 목적으로 1943년 가을에 유럽을 공격하는 첫 번째 군대에 특수 정보 부대를 함께 딸려 보내기로 결정했다. 일급 기밀로 유지된 이 특수 부대에는 암호명 치고는 그 의도가 너무 빤히 보이는 '알소스 Alsos'라는 이름이 붙었다. 알소스는 '그로브스 Groves'를 그리스 어로 직역한 것이었다. 그 구성원들은 첩보 활동의 모든 원칙에 어긋나게 독특한 배지를 착용하고 있어 누구나 쉽게 알아볼 수 있었다. 흰색 알파 기호를 빨간색 번개가 꿰뚫고 지나가는 모양의 이 배지는 원자력을 상징했다.

1943년 11월, 보리스 패시 대령이 알소스 지휘관으로 임명되었다. 마침내 패시 대령은 불만족스럽고 모호한 '오펜하이머 사건'을 다른 사람들에게 넘기고 더 흥미로운 일에 전념할 수 있게 되었다. 나폴리 대학에서 문서들을 샅샅이 뒤지면서 유럽에서 거둔 첫 번째 성과가 너무나도 미미했기 때문에 패시는 본국으로 소환되는 수모를 당했다. 그리고 다음 임무 수행 때에는 원자과학자와 함께 지휘권을 공동으로 행사하라는 결정이 내렸다. 그렇게 하면 흥미로운 정보를 얻는 데 훨씬 유리할 것으로 기대되었다. 선택받은 원자과학자는 네덜란드의 유명한 실험물리학자인 사뮈엘 하우드스밋이었는데, 그는 오래전부터 취미로 최신 범죄 수사 기법을 연구해왔다.

하우드스밋은 MIT의 레이더 계획에 참여해 일하고 있었다. 하우드스밋은 자신이 알소스 임무에 왜 선택을 받았는지 그 이유를 전혀 몰랐다. 나중에 알소스 임무를 지휘할 후보들에 관한 문서를 검토하다가 실수로 거기에 섞여 들어간 자신에 대한 인물 평가 보고서를 보게 되었다. 거기에는 그 자리에 적합한 "소중한 특정 자질"과 "특정 약점들"이 있다고만 적혀 있었다. 하우드스밋은 자신의 약점들이 무엇인지 즉각 짐작할 수 있었다고 말하면서 가장 큰 장점은 아마도 핵물리학자면서도 아직 맨해튼 계획에 참여하지 않은 점이었을 것이라고 덧붙였다. 그래서 설사 독일에서 전투 도중에 적에게 사로잡히더라도, 원자 무기 연구에 관한 중요한 기밀이 새어나갈 염려가 없었다. 그 다음으로는 프랑스 어와 독일어에 유창하다는 점이 중요한 장점이었다. 그는 레이던 대학에서 보어의 제자였던 에렌페스트 밑에서 배웠으며, 1920년대에는 코펜하겐으로 가 보어의 연구소에서 한동안 일했다. 그곳에서 박사 학위를 받기 전의 아주 젊은 시절에 하우드스밋은 현대 물리학의 중요한 발견 중 하나를 이루었는데, 전자 '스핀'이 바로 그것이다.

하우드스밋은 원자과학자들 사이에서는 '엉클 샘'이란 별명으로 불렸는데, 1927년부터 미국에서 죽 살긴 했지만 아직 그 정도로 미국화가 되지 않았는데도 그런 별명이 붙었다. 그는 다른 물리학자들보다 더 쾌활하고 상냥하고 훨씬 다재다능했다. 그는 범죄학에 대한 열정 외에도 일류 이집트학자였고, 풍뎅이를 수집했으며, 이야기를 아주 훌륭하게 하는 재주도 있었다. 하지만 무엇보다도 인정이 많고 겸손한 사람이어서 학생들은 그를 존경했고, 친구들은 그를 사랑했다.

오래전부터 그를 알아온 사람은 "많은 물리학자들은 혈관 속에 고압 전류만 흐른다. 하지만 샘은 피가 흐른다. 그는 세상에는 방정식과 사이클로트론 외에도 흥미로운 것이 많이 있다는 사실을 안다."라고 말했다. 네바다 주에서 일어날 원자폭탄 실험을 보러 가고 싶어 하는 젊은 핵물리학자에게 해주었다는 다음의 충고는 전형적인 그의 모습을 보여준다. "쇼를 보길 원한다면, 브로드웨이에서 공연 중인 뮤지컬 표를 사지 그래? 서부로 가는 것보다 연구에 훨씬 도움이 될 걸세. 알다시피, 파울리는 극장에 감으로써 노벨상을 받았지. 코펜하겐에서 시사 풍자극을 보다가 배타 원리를 떠올렸다네."*

　알소스 부대의 군 책임자인 패시 대령은 1944년 8월 말에 연합군 선발 부대가 파리에 입성할 때 함께 따라갔다. 그리고 불과 이틀 뒤, 하우드스밋과 그가 이끄는 과학 요원들이 도착했다. 민간인 신분인 이들은 최전방 부대보다 약간 뒤처져서 따라가야 했다. 첫 번째 목적은 졸리오-퀴리의 연구소가 있는 콜레주드프랑스를 점령하는 것이었다. 졸리오-퀴리는 파리가 독일군에게 점령된 뒤에도 파리를 떠나지 않았다. 그 당시에 많은 프랑스 사람들은 그를 '부역자'로 여겼다. 1940년에 자신의 연구소를 그대로 독일 측에 넘겨준 일 때문에 그는 반역자로 간주되었다. 하지만 실제로는 조건부 항복처럼 보인 이 행동은 레지스탕스 운동에 매우 적극적으로 참여한 활동을 위장하기 위한 것이었다. 볼프강 겐트너가 떠난 후, 그 연구소는 파리 마키 maquis (코르시카 섬의 관목림을 뜻하는 말로, 제2차 세계 대전 중 독일 점령군에 저항하던 프랑스의 무장 지하 조직 – 옮긴이)의 무기고가 되었는데, 콜레주드프랑스의 다른 건물들은 독일 군사 정부의 집무실로 사용되었는데도 불구하고(어쩌면 바로 그 이유 때문에 더욱) 그랬다. 졸리오-퀴리의 연구실은 수색을 당한 적이 한 번도 없었는데, 미치지 않고서야 졸리오-퀴리가 그토록 대담한 짓을 할 리가 없다고 생각했기 때문이다. 졸리오-퀴리는 파리 해방을 위한 마지막 며칠간의 시가전에 직접 참여했다.

---

* 파울리는 저자에게 보내온 편지에서 훌륭한 '이야기꾼' 하우드스밋이 좋아한 이 이야기가 사실이 아니라고 밝혔다. "그 개념은 그냥 산책을 하던 도중에 떠올랐습니다 ……."

그는 중성자 방출과 연쇄 반응에 대한 연구를 통해 원자폭탄 제조에 가장 중요한 선결 조건 중 일부를 발견했지만, 정작 자신은 바리케이드를 지키기 위해 상상할 수 있는 폭탄 중 가장 원시적인 것(맥주병에 가솔린을 채우고 신관을 꽂은 것)을 사용했다.

졸리오-퀴리는 독일의 원자폭탄 연구에 관해 제공할 흥미로운 정보가 전혀 없었다. 게다가 워싱턴의 관계자들은 그를 다룰 때 극도로 조심하라고 충고했는데, 파리가 해방되고 나서 일주일 뒤에 졸리오-퀴리는 전쟁 동안에 충성의 대상을 사회민주당에서 공산당으로 바꾸었다고 선언했기 때문이다.

연합군은 독일로 진격해 들어갔다. 스트라스부르를 아주 빨리 점령하길 기대했는데, 알자스 사람들로부터 스트라스부르 대학의 여러 연구소가 원자 무기 연구를 하고 있다는 정보를 입수했기 때문이다. 진격은 일단 멈추었지만, 알소스 임무를 수행하는 사람들은 가만히 손놓고 있지 않았다. 그중 한 명인 로버트 블레이크 Robert Blake 대위는 네덜란드에서 한 분견대가 용맹하게 최초로 라인 강을 건너는 진격 작전에 동행했다. 집중 포화가 쏟아지는 가운데 그는 과감하게 강 한가운데로 들어가 몇몇 용기에 회녹색 물을 채웠다. 그 병들은 특별 전령을 통해 파리의 알소스 부대 본부로 전달되었고, 거기서 최대한 빠른 경로를 통해 다시 워싱턴으로 전달되었다. 만약 독일이 우라늄 원자로를 갖고 있다면, 냉각 목적으로 강물을 사용해 '원자로' 일부를 지나가게 했을 것이다. 미국은 핸퍼드의 플루토늄 원자로를 냉각시키는 데 컬럼비아 강을 사용했다. 만약 그렇다면, 강물에서 채취한 시료를 화학적으로 분석

함으로써 미량의 방사능을 탐지할 수 있을 것이고, 알소스 부대는 독일의 원자폭탄 개발 계획을 추적할 수 있을 것이다. 라인 강에서 채취한 물을 워싱턴으로 전달하는 임무를 담당한 소령은 장난으로 탁송물에 비공식적 표본으로 최고급 루시용 레드와인을 한 병 추가하면서 "이것의 활동도 테스트하시오!"라고 쓴 메모를 붙였다.

일주일이 못 돼 알소스 부대로 보내는 암호 전문이 그로브스 장군 사무실에 도착했다. 거기에는 "물의 분석 결과는 음성임. 와인은 활성이 있음. 표본을 더 보내줄 것. 신속한 조처 바람."이라고 적혀 있었다. 파리의 알소스 대원들은 "그것이 몹시 마음에 들었나 보군!"이라고 말하면서 웃었다. 모두들 그 전보가 소령의 가벼운 장난에 유쾌하게 응수한 것이라고만 생각했다. 하지만 얼마 후 또다시 전보가 도착해 "그 와인 병들은 어떻게 되었는가?"라고 아주 진지하게 물었다. 유명한 프랑스 포도원 근처 어딘가에 독일의 비밀 연구소가 있는 게 아닌가 의심되었고, 그 문제를 즉각 조사해야 했다. 결과적으로 워싱턴의 관계자들은 농담을 이해하지 못한 게 분명했다. 그들은 그 좋은 루시용 와인을 시험관에 붓고는 그것을 마시는 대신에 거기다가 화학 물질을 섞었던 것이다.

하우드스밋은 자신의 동료들을 프랑스 남부 포도원들로 보내 부질없는 짓에 매달리게 하기가 싫었다. 하지만 워싱턴 관계자들이 단순하고 무해한 농담을 오해한 것이라고 설득하려는 시도는 실패로 돌아갔다. 펜타곤은 내린 명령대로 실행하라고 고집을 부렸다. 이에 따라 러셀 피셔 Russel A. Fisher 소령과 월터 라이언 Walter Ryan

대위가 특수 임무를 띠고 루시용으로 파견되었다. 이들은 출발하기 전에 하우드스밋에게서 엄중한 경고를 받았다. "임무를 완벽하게 수행하시오. 비밀 자금은 아끼지 말고 실컷 쓰도록. 그리고 무엇보다도 찾아낸 모든 와인마다 파리의 우리 사무실을 위해 복사본으로 한 병씩 더 확보하시오."

프랑스 와인 생산자들은 두 정보 요원을 미국 와인 수입 회사를 대표하는 사람들로 알고서 반갑게 맞이했다. 이들은 방사성 루시용 와인을 조사하러 갈 때마다 열렬한 환대를 받았다. 이렇게 이들은 그곳에서 신나는 열흘을 보냈다. 그러고 나서 이들은 많은 레드와인과 포도, 토양 시료를 가지고 파리로 돌아왔다.

하지만 전쟁 때문에 과학 정보 요원으로 변한 물리학자 하우드스밋의 유쾌한 경험은 그렇게 많지 않았다. 가는 곳마다 다른 곳과 마찬가지로 과학계에도 고통과 죽음의 흔적이 널려 있었다. 유명한 과학자들 중에도 나치스에 의해 투옥되거나 추방된 사람들이 많았다. 대표적인 예로는 프랑스 물리학자 조르주 브뤼아Georges Bruhat를 들 수 있다. 제자 클로드 루셀Claude Roussel이 격추당한 비행기에서 탈출한 미국인 파일럿들을 고등사범학교 부근에 숨겨준 일이 있었다. 게슈타포가 루셀을 의심하자, 브뤼아는 제자를 배신하길 거부하고 부헨발트 강제 수용소로 끌려가는 처벌을 받았다. 그곳에서 그는 동료 수감자들에게 천문학을 계속 강의하다가 결국 기아로 숨지고 말았다.

프랑스군을 위해 작동 속도가 특별히 빠른 기관총을 발명한 알자스 출신의 프랑스 물리학자 페르낭 홀벡Fernand Holweck은 훨씬 가혹한 운명을 맞이했다. 그는 발명의 비밀을 실토하라고 강요하던 게슈타포의 고문을 받다가 결국 숨지고 말았다.

하우드스밋에게 어려운 양심 문제를 던져주었던 두 네덜란드 물리학자의 사례는 차원이 다른 문제였다. 두 사람은 전쟁 동안에 영국으로 탈출해 망명 네덜란드 정부를 위해 소중한 일을 했다. 알소스 부대 책임자는 탈취한 독일 문서에서 이들이 탈출하기 전에 가족을 살리려고 독일의 군수 산업을 위해 일했다는 증거를 발견했다. 한때 자신의 동포였던 이들이 저지른 정치적 위반 행위를 보고해야 할까? 고민 끝에 그는 보고하지 않기로 결정했다.

마지막으로 하우드스밋은 개인적인 성격이 아주 강한 경험을 한 가지 했다. 네덜란드가 해방된 직후에 그는 자기 부모의 흔적을 발견할지 모른다는 희망을 품고 헤이그로 급히 달려갔다. 1943년 3월 이후로는 부모와 연락이 끊긴 상태였다.

그것은 우울한 귀향이었다. 그는 이렇게 회상한다. "집은 여전히 그대로 있었습니다. 하지만 가까이 다가간 나는 창문이 모두 사라지고 없다는 사실을 발견했지요. 사람들의 관심을 피하려고 차를 길모퉁이 너머에 세운 뒤 텅 빈 창문을 통해 집 안으로 들어갔습니다……. 내 인생에서 아주 많은 시간을 보낸 작은 방으로 들어간 나는 여기저기 흩어진 종이들을 발견했는데, 그중에는 부모님이 오랜 세월 동안 조심스럽게 간직한 고등학교 시절의 성적표도 있었지요. 눈을 감으면 30년 전의 집 모습이 떠올랐습니다. 여기에는 유리를 끼운 현관이 있었는데, 어머니가 아침 식사를 차리는 데 가장 좋아한 장소였지요. 저 구석에는 늘 피아노가 놓여 있었고요. 그리고 저 건너편에는 내 책장이 있었지요. 내가 남겨두고 간 그 많은 책들은 어디로 갔을까요? 집 뒤에 있던 작은 정원은 슬프게도 방치돼 있었습니다. 오직 라일락나무만 아직도 그대로 서 있었어요. 나는 가족과 친척과 친구를 나치스의 손에 잃은 사람들에게 떠오르는 바로 그 강렬한 감정에 사로잡혔는데, 그것은 감당하기 힘든 죄책감이었습니다. 잘했으면 나는 그들을 구할 수 있었을지도 모릅니다. 부모님은 이미 미국 비자를 받은 상태였지요……. 내가 조금만 더 서둘렀더라면, 만약 내가 출입국 관리 사무소 방문을 일주일만 미루지 않았더라면, 만약 내가 필요한 편지들을 조금만 더 일찍 보냈더라면, 분명히 그들을 나치스의 손에서 제때 구출할 수 있었을 겁니다.”

얼마 지나지 않아 하우드스밋은 두 번째 충격적 사실을 발견했다. 독일의 우라늄 계획에 관한 문서들을 조사하다가 SS의 손에 죽은 사람들의 명단을 입수했다. 그런데 거기에 부모님의 이름이 들어 있었다. 그는 “그렇게 해서 나는 아버지와 눈먼 어머니가 가스실에서 죽은 날짜를 정확하게 알게 되었다. 그날은 아버지의 일흔 번째 생일이었다.”라고 썼다.

1944년 11월 15일, 패턴 Patton 장군이 스트라스부르를 점령했다. 이 도시로 진입한 최초의 군대에 또다시 패시 대령이 포함돼 있었다. 패시와 그 특수 분견대는 스트라스부르 대학 의학부의 일부이던 물리학연구소를 점령했다. 많은 문서가 발견되었고, 독일 물리학자 4명이 체포되었다. 그들을 심문하러 온 하우드스밋은 다소 당혹스러웠다고 말한다. 어쨌든 그들은 같은 물리학자 동료였기 때문인데, 패시는 공모를 막기 위해 그들을 각자 다른 방에 수감했다. 그는 "과연 이렇게 하는 것이 옳을까? 나는 그들을 만나기가 거북했는데, 특히 감옥에 갇혀 있는 동료를 찾아가 만나야 한다는 생각 때문에 더욱 그랬다. 어떻게 그들이 감옥에 갇혀야 마땅하다고 확신할 수 있단 말인가? 아니면, 이것은 전쟁에서는 당연한 일인가?"라고 썼다. 이 상황은 너무나도 고통스러운 것이어서 그는 독일 과학자들에게 자신도 물리학자라는 사실을 즉각 밝히지 못했다. 한편, 포로가 된 독일 과학자들은 어떤 진술도 거부했다. 그들은 자신의 연구에 관한 비밀을 어떤 것도 적에게 누설하려 하지 않았다. 하우드스밋은 전쟁이 과학과 과학자에게 어떤 짓을 저질렀는지, 그리고 과학계의 삶과 전쟁의 관행을 지배하는 규칙들이 근본적으로 얼마나 다른지, 아니 사실 얼마나 적대적인지, 그때 스트라스부르의 감옥에서 겪은 것만큼 실감나게 깨달은 적이 없었다. 한쪽에서는 솔직함과 국제적 우정이 지배한 반면, 반대쪽에서는 비밀과 강압이 지배했다.

하우드스밋은 얼마 전에 스트라스부르 대학의 이론물리학 교수로 임명된 마이츠제커를 체포하실 기대했지만, 그는 이미 석 달 전부터 스트라스부르 대학에 나오지 않았다. 그래도 그가 남긴 문서가 많이 있었다. 하우드스밋은 한 조수와 함께 밤늦게까지 촛불 옆에서 편지들과 문서들을 조사했다. 라인 강 건너편에서 들려오는 공허한 대포 발사 소리와 같은 방에서 카드놀이를 하는 미군들이 나지막이 내뱉는 소리를 배경으로 두 과학 탐정은 바이츠제커의 편지에 적힌 암시나 무심코 한 말 사이에서 독일의 원자 무기 연구 상태를 알려주는 단서를 찾으려고 애썼다. 갑자기 거의 동시에 두 사람은 승리의 함성을 내뱉었다. 그들이 줄곧 찾아 헤매던 단서가 바로 거기에 있었다! 독일의 우라늄 계획에 관한 문서 뭉치가 통째로 발견된 것이다!

하우드스밋이 바이츠제커의 사무실에서 발견한 문서들은 원자 무기 연구에서 늘 앞서 있을 것이라고 예상했던 독일이 사실은 연합국보다 적어도 2년 이상 뒤처져 있다는 사실을 명백하게 보여 주었다. 독일은 폭탄에서 연쇄 반응을 일으킬 우라늄-235나 플루토늄-239를 제조할 공장도 아직 없었다. 그 목적을 이루기 위해 필요한 우라늄 원자로도 미국의 것과 비교할 만한 게 없었다.

독일의 원자 무기 연구에서 전환점이 된 날짜는 1942년 6월 6일이었다. 그날, 하이젠베르크는 군수부 장관 알베르트 슈페어 Albert Speer와 그 참모들에게 자신의 연구 상황을 설명했다. 그때의 일에 대해 하이젠베르크 자신은 이렇게 이야기한다. "우라늄 원자로를 사용해 원자력을 얻는 것이 기술적으로 가능하다는 결정적 증거를 얻었습니다. 게다가 이론적으로 그러한 원자로에서는 원자폭탄을 위한 폭발물을 만들 수 있을 것으로 예상됩니다. 원자폭탄 문제의 기술적 측면들 ─ 예컨대 소위 임계 질량 ─ 에 대한 조사는 아직 이루어지지 않았습니다. 지금까지의 연구는 우라늄 원자로에서 개발된 에너지를 원동력으로 사용할 수 있다는 사실에 더 중

점을 두어 진행되었는데, 이 목표는 더 쉽게 그리고 훨씬 적은 비용으로 달성할 수 있을 것으로 보였기 때문입니다……. 이 계획의 미래에 아주 중요한 이 회의가 있고 나서 슈페어는 이 연구는 이전처럼 비교적 작은 규모로 진행되어야 한다고 결정했습니다. 그래서 달성할 수 있는 유일한 목표는 원동력으로 쓰일 에너지를 생산하는 우라늄 원자로의 개발이 되었지요─사실, 장래의 연구는 완전히 이 한 가지만을 목표로 삼아 일어났습니다."

슈페어의 결정으로 하이젠베르크와 그 협력자들을 괴롭히던 악몽이 끝났다. 그때까지 그들은 다른 연구팀─예컨대 튀링겐 주에서 연구하던 디브너 팀─이 히틀러를 설득해 결국 원자폭탄 개발을 시작하지 않을까 하는 두려움을 떨치지 못했다. 하지만 그런 계획을 선호했던 사람들도 결국은 히틀러의 단견 때문에 그 일을 시작하지 못했을 것이다. 왜냐하면, 이 '천재 지도자'는 1942년에 최종 승리가 임박했다고 믿고서 무기 생산을 6주일 이내에 완료할 수 있다고 보장하지 못하는 무기 개발 계획은 그 어떤 것도 시작하지 말라는 명령을 내렸기 때문이다. 바이츠제커는 자신과 소극적 저항주의자들이 육군 병기국 책임자로부터 과학과는 상관없지만 환영할 만한 도움을 받은 일을 다음과 같이 이야기한다. "나는 나쁜 물리학자이지만 뛰어난 책략가인 슈만 Schumann 이 우리에게 가능한 한 원자폭탄에 관한 이야기는 상부에 단 한 마디도 꺼내지 말라고 강하게 충고한 일이 기억납니다. 그는 이렇게 말했지요. '만약 총통이 그 이야기를 들으면 〈시간이 얼마나 필요한가? 6개월?〉이라고 물을 걸세. 그리고 나서 만약 우리가 6개월 안에 원자폭탄을 만들지 못하면, 온갖 불똥이 떨어질 거야!'"

1942년, 하이젠베르크와 그 친구들은 국내에서 승리를 거두었다. 티롤 지방(오스트리아 서부 및 이탈리아 북부의 산악 지대 — 옮긴이)에 있는 작은 읍 제펠트에서 나치스가 고취한 '독일 물리학' 지지자들과 모더니스트들 사이에 논쟁이 벌어졌다. 참석자들은 그것을 과거에 벌어진 종교적 논쟁과 비교했다. 이 대결은 모더니스트들의 승리로 끝났는데, 이들은 그전까지는 제3제국에서 공식적으로 인정을 받지 못했다.

하우드스밋은 이 논쟁에 사용된 주장들을 손으로 적어 요약한 문서를 바이츠제커가 남긴 다른 문서들 사이에서 발견했다. 정치 당국자들을 위해 작성된 이 문서는 바이츠제커처럼 위대한 지성도 무시하지 못하고 의지할 수밖에 없었던 타협을 잘 보여준다. 바이츠제커는 공식 선전의 언어를 사용해 자신의 주장을 펼쳤다. 그는 이렇게 썼다. "하지만 바이마르 시대의 유대 인 언론 선전과 아인슈타인의 유대 인 추종자들이 주로 만들어낸 물리학 분야의 상대성 이론을 일반적인 세계관에 관련된 문제들로 옮겨 적용하는 것을 거부해야 한다는 의견이 제펠트 회의에서 표명되었다……." 하지만 바이츠제커는 이 문장을 적고 나서 이에 거부감을 느낀 것이 분명한데, '유대 인 언론 선전'과 '아인슈타인의 유대 인 추종자들'에 관한 구절을 줄을 그어 지웠기 때문이다. 하지만 그 구절을 다시 읽으면서 그것을 삭제하는 것이 너무 위험하다고 여긴 것 같은데, '유대 인'이라는 단어 두 개 중 하나 밑에 그것을 되살리기 위해 점들을 찍어놓았기 때문이다.

바이츠제커가 이렇게 어느 한쪽 편을 단호하게 비판하길 망설인 태도를 보고 하우드스밋은 정말로 그가 히틀러에게 적극적으로 반대했는지 의심이 들었다. 사실, 하우드스밋은 하이젠베르크와 바이츠제커가 그렇게 해야만 하는 위치에 있었더라면 원자폭탄을 만들었을 것이라고 지금도 여전히 확신한다. 바이츠제커는 진짜 감정을 감추기 위해 그럴 수밖에 없었다고 주장했지만, 독일 내에 있었거나 독일 밖에 있었던 다른 물리학자들도 바이츠제커가 보여준 외교적 태도를 완전히 용서하지 못한다. 이런 불만 때문에 그들은 심지어 바이츠제커가 히틀러에 저항하는 투쟁에서 실제로 한 일(그 나름의 조심스러운 방식으로)을 잊기까지 했다.

알소스 부대는 바이츠제커의 문서를 발견한 것에 만족할 수 없었다. 왜냐하면 워싱턴에서는 독일 측이 흔히 쓰는 술수를 써서 의도적으로 남긴 문서가 아닐까 의심했기 때문이다. 중요한 물리학자들을 모두 다 체포하고 모든 연구소를 점령하기 전에는 독일 내 어딘가에서 원자폭탄 제조를 위한 연구가 진행되고 있을지 모른다는 의심을 남겨두어야 한다고 생각했다. 하우드스밋은 늘 하이젠베르크 말고는 독일의 우라늄 계획을 이끌 두뇌는 아무도 없다고 주장했다. 미군 당국자들은 하우드스밋이 그 이름을 들어본 적도 없는 독일 물리학자들이 비밀리에 그런 무기를 개발하고 있을지 모른다고 냉담하게 말했다. 하지만 하우드스밋은 재미있는 표현으로 그들의 의심을 반박했다. "도배공은 자신이 하룻밤 사이에 군사 천재가 되었다고 상상할 수도 있고, 샴페인을 마시는 여행자는 외교관인 것처럼 행세할 수도 있겠지요. 하지만 그런 종류의 보통 사람이 그토록 짧은 시간에 원자폭탄을 만들 수 있을 만큼 충분한 과학 지식을 습득하는 일은 절대로 있을 수 없습니다."

그래서 하이젠베르크는 계속해서 옛 친구 하우드스밋에게 가장 중요한 '군사 목표'가 되었다. 하이젠베르크가 어디에 있건 독일 핵무장 계획의 주요 연구소도 바로 거기에 있을 게 분명했다.

1943~1944년 겨울에 하이젠베르크와 일부 협력자들은 달렘의 연구소 지하실에 소형 원자로 모델을 만들었다. 이 장비는 우라늄 1.5톤과 같은 무게의 '중수'를 사용해 작동했다. 이 원자로에서 나온 데이터는 대부분 심한 공습이 일어나던 시기에 얻은 것이었다. 그런 조건에서는 신뢰할 만한 연구가 사실상 불가능했으므로, 전체 연구소를 안전한 곳으로 간주된 헤힝겐으로 옮겼다. 헤힝겐은 슈바벤 알프스 지역 근처에 있는 소도시로, 호엔촐레른가 Hohenzollern家(1415년부터 1918년까지 존속한 독일의 왕가. 1701년에는 프로이센 왕이 되어 합스부르크가에 견줄 만한 세력을 누렸으며, 19세기에는 독일 민족 통일의 중심이 되어 1871년에 독일 제국이 세워지면서 황제의 칭호까지 누렸다 – 옮긴이)의 선조 저택에서 내려다보이는 지역에 위치해 있었다. 높은 보일러하우스는 지금까지 엄청난 양의 맥주 통들을 저장해온 슈투트가르트의 한 양조장에 딸린 것으로, 바닥부터 천장까지 은박지로 도배했고, 고압 발전소에서 전력을 공급받았다. 방직 공장 옆쪽으로 뻗은 날개 부분에 사무실과 작업

장이 설치되었다.

　다음 단계는 새로운 우라늄 원자로를 건설하기에 더 안전한 장소를 찾는 것이었다. 뮌헨 대학의 발터 게를라흐 Walter Gerlach 교수는 히틀러 정권에 적대적이었지만, 전쟁 직전에 제3제국 연구위원회 산하 핵물리학부의 책임을 맡았다. 그는 튀빙겐 대학에서 교수로 일하던 시절에 아이아흐 강 위쪽의 가파른 두 언덕에 위치한 그림처럼 아름다운 소도시 하이게를로흐를 알게 되었다고 기억했다. 많은 동료들과 마찬가지로 게를라흐도 라일락이 피는 시절에 그곳을 자주 방문했다. '스반' 여관 주인은 조금도 까다롭게 굴지 않고 가파른 언덕의 암벽을 파내 만든 저장실을 그에게 임대했다. 거기서 1945년 2월에 새로운 독일 원자로 건설이 시작되었다.

　독일 전체를 통틀어 하이게를로흐만큼 오페라풍의 낭만적인 장소는 드물었다. 사가 saga (북유럽 전설을 주제로 한 산문 문학 – 옮긴이) 작가 구스타프 슈바프 Gustav Schwab 는 바위투성이의 이 경치를 돌아보고 나서 "이 도시는 정말로 굉장한 곳이다."라는 견해를 표명했다. 애국심이 강한 파이퍼 Pfeiffer 는 다음과 같은 이행 연구 二行聯句를 지었다.

　그는 마왕을 소환해 외쳤노라,
　"와서 이곳에 하이게를로흐를 솟아나게 하라!"

　중세 이후로 거의 변한 게 없는 이곳에 이제 가장 현대적인 독일 발전소가 세워졌다. 그것은 흑연으로 만든 외피 속에 우라늄 입방체들과 중수가 들어 있는 원자로였다. 매일 아침 물리학자들은 16km쯤 떨어진 헤힝겐에서 전깃불로 밝힌 암벽 속 지하 작업실로 출근했다. 원자로가 빛을 내면서 동력을 공급하는 순간을 기다리는 동안 하이젠베르크는 위의 성에 붙어 있는 고딕 양식과 바로크 양식이 반반씩 섞인 교회로 올라가 오르간으로 바흐의 푸가를 연주했다.

그 실험들에 참여한 한 사람은 "그것은 내 인생에서 가장 환상적인 시기였습니다."라고 회상한다. "그토록 터무니없을 정도로 낭만적인 분위기가 넘치던 그때만큼 샤를-프랑수아 구노 Charles-François Gounod 의 오페라 「파우스트」와 카를 마리아 폰 베버 Carl Maria von Weber 의 「마탄의 사수」가 자주 떠오른 적도 없었지요." 하지만 그곳에서 한 실험들에서는 부분적인 결과만 얻었는데, 연쇄 반응이 '임계 상태'에 이를 만큼 우라늄이 충분치 않았기 때문이다. 베를린과 튀링겐 주의 일름－디브너의 지휘 하에 또 하나의 우라늄 원자로가 건설된 곳－에서 보내온 우라늄 입방체는 그 당시에는 멀리 떨어진 하이게를로흐까지 전달되지 못했다.

하이젠베르크가 그곳으로 피신했다는 정보를 입수하자마자, 알소스 부대의 패시 대령은 연합군 진격 부대보다 공수 부대를 헤힝겐과 하이게를로흐에 먼저 보내 그곳에서 일하는 원자과학자들과 그들의 문서를 '확보'해야 한다고 주장했다. 하지만 하우드스밋은 그동안 발견한 문서와 증인들의 조사를 통해 그런 조치가 불필요하다는 결론을 얻었다. 그리고 "헤힝겐과 하이게를로흐에서 진행되는 일은 거의 아무런 위험이 없기 때문에, 나는 독일의 계획은 한 연합군 병사의 삔 발목보다 염려할 가치가 없다고 생각한다.”
라고 정확하게 예측했다.

독일군 전선이 무너진 뒤에는 패시 대령은 독일보다는 프랑스를 더 염려했는데, 하필이면 프랑스군 점령 지역에 헤힝겐도 포함되었다. 패시 대령은 선수를 쳐야겠다고 결정했다. 그는 소규모 특공대를 서둘러 조직해 탱크 두 대와 지프 몇 대, 수송 차량과 함께 1945년 4월 22일 오전 8시 30분에 헤힝겐을 ‘점령’했는데, 드 라트르de Lattre 장군의 군대가 진격해오기 18시간 전이었다. 패시의 T(기술) 그룹은 같은 날 하이게를로흐를 점령했다. 이곳에서는 마지막 순간에 우라늄 덩어리들을 소달구지로 실어날라 헛간의 건초더미 아래에 숨겨두었다. 하지만 새 지배자들의 환심을 얼른 사고자 한 독일 원자과학자(사실은 항상 대화에 애국적인 언사를 섞어 쓰길 좋아했던 사람)가 한 사람 있었다. 그래서 그는 우라늄을 숨긴 장소를 털어놓았다. 그런데 그전에 헤힝겐의 젊은 농부들이 일부 우라늄을 몰래 빼돌렸고, 나중에 프랑스 점령 당국에 팔려고 시도했다. 하지만 이들은 프랑스 당국에 체포되어 절도죄로 중형을 선고받았다. 며칠 뒤, 암벽 속의 방에 있던 우라늄 원자로를 연합군 분견대가 하우드스밋의 지시도 없는 상황에서 폭파시켜 하우드스밋을 분노케 했다.

알소스 부대는 임무를 수행하면서 카이저빌헬름연구소의 물리학 부문과 화학 부문에서 일하던 8명을 체포했다. 그중에는 핵분열을 발견한 오토 한과 노벨상 수상자 막스 폰 라우에와 바이츠제커도 포함돼 있었다. 하지만 하이젠베르크는 찾을 수 없었다. 그는 새벽 세 시에 자전거를 타고 가족이 살고 있던 오버바이에른을 향해 출발했다. 전쟁 막바지의 그 시기에 그는 가족과 함께 있길 원했다. 도중에 그는 하마터면 광적인 SS 대원을 만나 체포될 뻔했다. 다행히도 폴몰 담배 한 보루를 뇌물로 주고 풀려날 수 있었다. 그 폴몰 담배는 헤힝겐에서 멀지 않은 지크마링겐 성에 갇혀 있던 페탱 원수의 보급품이었는데, 어떻게 해서 하이젠베르크의 손에 들어온 것이었다.

패시 대령과 하우드스밋은 그들이 추적하던 최고의 사냥감을 또다시 놓치고 말았다. 그들은 '탈출자'의 사무실에서 하이젠베르크의 사진을 발견한 것으로 위안을 삼았는데, 사진에서 하이젠베르크가 다정하게 악수를 하고 있는 사람은 다름아닌 하우드스밋 자신이었다. 그 날짜는 1939년으로, 하이젠베르크가 미국을 마지막으로 방문했을 때였고, 그 장소는 앤아버에 있던 알소스 부대의 현재 책임자 집이었다.

육군 정보부의 또 다른 고위 지휘관인 해리슨 장군도 헤힝겐 점령에 참여했다. 이 '놀라운 사진'을 본 그의 느낌은 복잡했다. 하우드스밋은 이렇게 말한다. "대령과 장군은 하이젠베르크의 사무실로 들어섰습니다. 그는 그곳에 없었습니다. 하지만 그들이 맨 먼저 본 것은, 장군은 그것을 보고 경악했는데, 하이젠베르크와 내가 나란히 서 있는 사진이었습니다……. 패시 대령의 꼬드김으로 장군은 나를 신뢰할 수 없으며, 내가 적과 긴밀히 내통한다고 믿기 직전까지 갔지요. 나는 노력만 했더라면 그를 그런 의심에서 벗어나게 할 수 있었을 것이라고 생각합니다. 하지만 그때는 물리학자들의 국제적 '유대 관계'를 설명하기에 적절한 순간으로 보이지 않았습니다."

1 9 4 4 ~ 1 9 4 5

원자과학자 대 원자폭탄

11

하우드스밋은 독일의 원자 무기 계획을 다룬 바이츠제커의 문서를 발견한 직후 전쟁부와 연결하는 연락 장교로 알소스 부대에 배속된 소령과 함께 산책을 나갔다.

산책 도중에 하우드스밋이 이렇게 말했다.

"독일이 원자폭탄을 갖고 있지 않다니 정말 잘된 일 아닙니까? 이제 우리도 원자폭탄을 사용할 필요가 없으니까요."

하지만 하우드스밋은 직업 군인의 대답을 듣고서 충격을 받았는데, 왜냐하면 그는 오랜 군사적 사고 경험을 바탕으로 이렇게 예언했기 때문이다.

"샘, 당신도 충분히 이해하리라고 봅니다. 어떤 무기를 갖고 있으면, 반드시 그걸 사용하게 되지요."

전장에서 보내온 하우드스밋의 자세한 보고서를 그로브스 장군의 본부에서 전문가 입장에서 읽은 원자과학자들 역시 하우드스밋과 비슷한 고민에 빠졌다. 우르펠트 근처의 자택에서 발견되어 마침내 체포된 하이젠베르크를 비롯해 하이델베르크, 첼레, 함부르크, 튀빙겐 주 일름 등지에서 우라늄협회에 소속된 과학자들을 모두 체포한 알소스 요원들의 보고서들에 따르면, 독일은 정말로 원자폭탄을 갖고 있지 않은 게 분명했다. 현실적으로 그런 무기를 만드는 데 필요한 예비 단계의 조건조차 구비돼 있지 않았다. 독일에 원자폭탄이 없다는 알소스 부대의 보고서들은 당연히 '일급 기밀'이었다. 하지만 아무리 엄격한 보안 조치를 취하더라도 이 놀라운 소식이 모든 연합국의 연구소들로 퍼지는 것은 막을 수 없었고, 연구소들에서는 이를 놓고 열띤 논의가 일어났다.

이 보고서들로 원자과학자들은 지적으로나 심리적으로 완전히 새로운 상황에 직면하게 되었다. 그들이 연구를 시작하도록 결심하게 만든 가정들은 더 이상 유효하지 않았다. 이제 추가적인 원자폭탄 연구가 정치적으로 그리고 도덕적으로 정당화될까? 당연히 아니었다! 이제 연합국들의 주요 적 중 유일하게 남은 일본이 그런 무기를 개발할 위치에 있지 않다는 사실은 확실했다.

반면에 아무리 장래에 위험을 초래할 가능성이 있다 하더라도, 새로운 연구 분야의 추가 발전을 자발적으로 멈추고 절반만 탐구된 상태로 남겨둔다면, 그것은 현대 과학의 정신에 반하는 행동이었다. 따라서 이러한 상황 변화에도 불구하고, 원자 무기 연구소들에서 연구를 계속하는 행위를 정치적으로나 도덕적으로 정당화할 수 있는 새로운 근거가 필요했다. 그런 논거들이 곧 나오기 시작했다. 그 논거들은 다음과 비슷한 것이었다.

"만약 우리가 이 무기를 개발해 공개 실험을 통해 그 끔찍한 본질을 세상에 보여주지 않는다면, 조만간 다른 부도덕한 국가가 비밀리에 그것을 만들려고 시도할 것이다. 미래의 세계 평화를 위해서는 인류가 적어도 그 상황을 제대로 아는 게 훨씬 낫다." 예를 들면, 그 당시에 일어난 비밀 토론에서 닐스 보어가 이와 같은 태도를 보였다. 하지만 이보다 훨씬 강력하게 추가 연구를 정당화하는 논리가 있었다. "인류는 우리가 발견하고 개발한 것과 같은 새로운 에너지원이 필요하다. 우리가 해야 할 일은 장래에 이것을 파괴적 목적이 아니라 평화적 목적으로만 사용하도록 조심하는 것뿐이다."

이런 문제들은 시카고 대학의 야금학연구소에서 가장 심도 있게 논의되었다. 1944년 이후에는 원자폭탄 개발과 관련된 주요 과제는 오크리지와 핸퍼드, 로스앨러모스로 넘어갔기 때문에, 원자 무기 계획에서 최초의 중요한 결과가 나온 시카고 대학에서는 새로운 발명이 낳을 것으로 예상되는 실제 결과를 고려하는 데 시간을 쓸 수 있었다. 나중에 원자폭탄을 일본과의 전쟁에 사용하자는 제안에 최초의 반대 목소리가 나온 것도 바로 시카고 대학의 과학자들 사이에서였다. 이들은 원자력의 국제적 통제와 평화적 개발 가능성을 최초로 철저하게 검토한 사람들이기도 했다.

시카고 대학에서는 이미 1944년 여름에 평화 시에 제너럴일렉트릭에서 중역으로 일했던 제이 제프리스Zay Jeffries가 의장을 맡아 원자과학자들의 위원회가 결성되었다. 이 위원회는 신기원을 열 새 발견의 잠재력과 위험에 대해 많은 보고서를 작성했다. 이 보고서들은 1944년 12월 28일에 '핵자核子의 전망Nucleonic Prospects'이란 제목으로 그로브스 장군에게 제출되었다.

보어는 이 위원회와는 별개로 1944년 초부터 '새로운 힘'의 발견과 관련된 정치적 문제들을 연구했다. 이 위대한 덴마크 과학자는 추축국에 대항하는 주요 동맹국들의 장래 관계에 대해 현재의 낙관론에 동의하지 않았다. 그는 전쟁이 끝난 후 동서 진영 사이에 마찰과 갈등이 발생할 것이라고 예견했다. 보어는 세 강대국인 미국과 영국과 소련 사이에서 원자력의 모든 응용을 공동으로 통제하는 문제에 대한 합의는 원자폭탄이 완성되기 전이나 실전에 배치되기 전에 더 쉽게 일어날 수 있을 것이라고 보았다.

1944년 8월 26일 오후 4시, 보어는 백악관을 방문해 프랭클린 루스벨트 대통령의 영접을 받았다. 백악관을 방문한 목적은 7월 3일에 루스벨트와 처칠에게 보낸 자세한 제안서*를 바탕으로 가까운 장래에 생사가 달린 문제가 될 가능성이 높은 이 쟁점들을 논의하기 위해서였다. 보어는 새로운 힘은 정치 및 경제 체제가 서로 아주 다른 공산주의 소련과 그 동맹국들 사이의 서로 반대되는 관점을 화해시키는 데 크게 기여할지 모른다는 점을 지적하려고 했다. 보어는 당분간은 비공식적 예비 접촉을 시작하기 위해 일시적으로 중단된 과학자들 사이의 국제 관계를 활용해야 한다고 제안했다. 보어는 재회한 원자과학자들의 가족 정신을 통해 국가들의 가족이 부상하길 희망했다.

---

* 이 제안서 전문은 549쪽의 부록 A를 참고하라.

이 대화가 어느 방향으로 흘러갔는지는 알려져 있지 않다. 루스벨트는 그런 개인 면담 내용은 기록하지 않는 걸 원칙으로 했기 때문이다. 보어 역시 지금도 그것을 비밀로 하는 게 자신의 의무라고 생각한다. 그럼에도 불구하고, 루스벨트는 보어의 제안에 동의하지 않은 것이 분명하다. 시기상조라고 생각했을지도 모른다. 혹은 긴 대화에서 특별한 설득력을 발휘하는 보어가 짧은 만남 동안에 자신의 뜻을 충분히 분명하게 전달하지 못했을 가능성도 있다.

영국 총리 처칠이 보어에게 비슷한 면담을 허락했을 때, 처칠의 과학 자문 위원이던 물리학자 처웰Cherwell 경이 그 내용을 전한 이야기로 미루어보면 두 번째 가설이 그럴듯해 보인다. 처웰은 처칠이 30분 동안 아무 말도 하지 않고 보어의 이야기를 듣기만 했다고 한다. 그리고 그 시간이 끝나자, 보어가 낮은 목소리로 상세하게 늘어놓던 설명을 마치기도 전에 갑자기 자리에서 일어서면서 면담을 끝내버렸다. 그러고 나서 처칠은 처웰을 보고 고개를 흔들면서 "도대체 저분이 이야기하는 게 뭐요? 정치인가요, 물리학인가요?"라고 물었다.**

알렉산더 색스는 보어와 마찬가지로 원자폭탄의 개발에 자신

** 일반 대중이 아직 원자폭탄에 대해 아무것도 모르고 있던 시점인 1943년 2월 21일에 교황이 교황청 과학원에서 한 연설에서 원자력의 파괴적 사용을 경고하는 발언을 했다는 이야기는 일반적으로 잘 알려지지 않았다. 1946년 4월, 미국 성직자 풀턴 신 Fulton Sheen (훗날 주교와 대주교 자리에까지 오른다)은 연설 중에 다음과 같은 말을 했다. "교황 성하께서는 원자력과 그 힘에 대해 알 뿐만 아니라, 교회의 목자장으로서 직무를 수행하면서 전 세계의 모든 나라들에 그것을 파괴적으로 사용하지 말라고 요구하셨다는 점에 주목해야 합니다. 이 충고는 받아들여지지 않았습니다. 사람들은 이 도덕적 목소리에 귀를 기울이지 않았습니다."

도 책임이 있다고 느꼈다. 보어가 앞에서 이야기한 행동을 취한 뒤에 색스는 미국 대통령에게 새로운 무기에 대해 확실한 태도를 최대한 빨리 표명해야 한다고 설득하려고 노력했다. 루스벨트의 '익명의 조언자'는 5년 전에는 대통령에게 원자폭탄 개발을 시작하라는 신호를 보내라고 이야기했다. 그런데 이번에는 그것을 최초로 사용하는 문제에 관한 보고서를 작성해 1944년 12월에 루스벨트에게 읽어주었다. 오랜 토론 끝에 두 사람은 다음과 같은 결론에 합의했는데, 아래에 소개한 것은 약 일 년 뒤에 색스가 로버트 패터슨Robert P. Patterson 전쟁부 장관에게 제출한 형태의 초안 내용이다.

성공적인 실험 뒤에는 (a) 모든 연합국들과 거기에 더해 중립국들에서 국제적으로 인정받는 과학자들, 그리고 주요 종교 대표들까지 포함하는 집단 앞에서 반복 시범을 보여주고, (b) 과학자들과 그 밖의 대표적 인물들에게 원자 무기의 성격과 불길한 조짐에 관한 보고서를 작성하게 하고, (c) 그 후에 미국과 이 계획에 참여한 동맹국들이 전쟁의 주적인 독일과 일본에 인간과 동물의 대피를 위해 지정된 시한과 선택된 지역에 원자폭탄이 투하될 것이라는 경고를 전달하고, 마지막으로 (d) 원자폭탄 폭격의 효과가 확인된 후에는 이에 응하지 않을 시 그 나라들과 모든 국민이 핵무기에 의한 전멸을 맞이하게 된다는 사실을 분명히 알리면서 적에게 즉각적인 항복을 촉구하는 최후통첩을 보내야 한다.

알렉산더 색스는 루스벨트가 1944년 12월의 이 계획에 동의했다고 그저 상상했을 뿐일까? 어쨌든 대통령은 그 당시 전쟁부 장관이던 헨리 스팀슨 Henry L. Stimson에게 원자폭탄의 사용을 좌우하는 이 명령 초안의 존재를 전혀 언급하지 않은 것으로 보이는데, 나중에 관련 문제들을 놓고 루스벨트와 스팀슨 사이에 광범위한 논의가 벌어졌는데도 불구하고 그랬다. 원자폭탄 개발에 관한 내용을 조금이라도 아는 극소수 정치인 중 한 명이었던 스팀슨은 1945년 3월 15일에 대통령을 마지막으로 면담했다. 그때 나눈 대화는 주로 'X'에 관한 것이었는데, 'X'는 스팀슨이 문서에서 신무기를 가리킬 때 보안상의 이유로 자주 사용한 기호였다. 그는 일기에 이렇게 적었다. "나는 이것이 성공할 경우, 전쟁 후에 이 계획의 장래 통제에 관한 두 가지 견해를 놓고 그와 대화를 나누었는데, 하나는 현재 그것을 통제하는 사람들이 비밀리에 계속 밀착 통제를 시도하는 것이고, 또 하나는 과학의 자유를 바탕으로 국제적으로 통제하는 것이었다. 나는 그 폭탄을 사용하기 전에 이 문제들이 정리되어야 하며, 그런 일이 일어나자마자 국민 앞에 나서서 성명을 발표할 준비가 되어 있어야 한다고 말했다. 그는 이에 동의했다."

한편, 그로브스 장군은 원자폭탄이 준비가 되는 대로 전쟁 목적에 사용되리란 사실을 추호도 의심하지 않았다. 1945년 초에 몇 달 이내에 원자폭탄 몇 개가 사용 가능하게 될 것으로 예상되자, 맨해튼 계획의 총 책임자는 직속 상관인 조지 마셜 George Marshall 참모총장에게 보고했다. 그로브스는 전쟁에서 이 폭탄을 사용할 계획을 자세하게 수립하고, 적절한 고급 장교들에게 이 예비 연구의 지휘를 맡겨야 한다고 제안했다. 하지만 마셜은 그때까지 그로브스가 수행한 임무에 아주 만족했기 때문에 "그 모든 것을 자네가 맡아서 할 수 없겠는가?"라고 물었다고 그로브스는 말한다.

이 말은 단순히 질문에 불과한 게 아니었다. 그것은 명령이었다. 'GG'는 매우 기뻐하며 그 명령에 복종했다. 그는 건설 일을 전문으로 하는 군사 관리자라는 원래의 지위에서 벗어나 훌쩍 성장한 지 오래되었다. 그는 이제 자신을 외교관(예를 들면, 원자폭탄 문제에 관해 자신의 정부가 영국과 협력해 계획한 정책에 반대하면서)일 뿐만 아니라, 과학적 결정을 내릴 능력이 있는 실질적인 핵물리학자로 간주했다. 그 후 그는 전략가뿐만 아니라 덤으로 정치인까지 되려고 했다 – 원자폭탄을 전쟁에 사용하는 것은 아주 큰 정치적 중요성을 지닌 문제들을 제기할 것이기 때문에.

지금까지 그가 이룬 성과는 분명히 굉장한 것이었다. 그의 지휘 아래 미국 내 어디에서도 볼 수 없을 만큼 긴 공장들이 오크리지에 들어섰다. 작업 감독들은 현장을 둘러보려면 자전거를 타고 다녀야 했다. 핸퍼드에서는 6만 명의 노동자를 동원해 미국에서 가장 큰 화학 공장 중 하나를 지었다. 로스앨러모스에서는 수수께끼의 '최종 결과물'을 만들기 위해 일곱 부서가 투입되었다.* 이 계

---

* 1945년 봄에 로스앨러모스에서 활동한 부서들은 다음과 같다: 이론물리학 부서(책임자: 한스 베테), 실험핵물리학 부서(책임자: 케네디J. W. Kennedy와 스미스C. S. Smith), 병참 부서(책임자: 파슨

획의 진행 과정에서 문자 그대로 수천 가지 발명과 특허가 개발되었다. 핸퍼드에서 새로 개발된 가장 중요한 과정 하나만 기술하는 데에도 두꺼운 책 30권을 족히 채울 정도였다. 15만여 명이 몇 년 동안 달라붙어 각고의 노력 끝에 나온 결과, 즉 20억 달러의 비용이 투입된 무기를 실전에 도입하는 것을 이제 와서 자발적으로 포기할 수 있을까? 그로브스 장군은 그런 생각은 논의조차 하려고 하지 않았다. 그는 그것은 고려할 가치도 없는 것으로 여겼다. 그 당시 그와 밀접하게 접촉하며 일했던 한 원자과학자는 1945년부터 그로브스가 자신의 폭탄이 완성되기 전에 전쟁이 끝나지나 않을까 하는 두려움에 강하게 사로잡힌 것 같았다고 말한다. 그래서 독일이 항복한 뒤에도 그로브스는 끊임없이 "단 하루도 허비해서는 안 된다."라는 구호를 외치며 자신의 협력자들을 독려했다고 한다.

1945년 봄에 맨해튼 계획에 참여한 한 연구 집단은 원자폭탄을 처음 사용할 표적을 선택하라는 과제를 받았다. 이 집단은 수학자, 이론물리학자, 폭발 효과 전문가, 기상학 전문가 등으로 구성되었다. 나중에 맨해튼 지구 공병대에서 한정 부수로 발행한 보고서에 따르면, 로버트 오펜하이머를 포함해 주로 과학자들로 이루어진 이 팀은 이 특이한 종류의 폭탄을 사용할 표적은 다음 조건들을

스 W. S. Parsons 대위), 폭발물 부서(책임자: 키스티아코프스키 G. G. Kistiakovsky), 폭탄물리학 부서(책임자: 로버트 바커 Robert F. Bacher), 응용개발 부서(책임자: 엔리코 페르미), 화학 및 야금학 부서. 각각의 부서는 다시 그룹들로 나누어졌고, 각 그룹마다 책임자가 따로 있었다.

만족해야 한다는 결론을 내렸다.

(a) 원자폭탄은 1차적으로는 폭발로 인한 폭풍 효과로, 그 다음에 불을 통해 가장 큰 손상을 초래할 것으로 예상되기 때문에, 표적은 폭풍과 불에 손상되기 쉬운 밀집 목제 건물과 그 밖의 건축물 비율이 높아야 한다.

(b) 폭탄의 최대 폭풍 효과는 반경 약 1마일 지역에 미치는 것으로 계산된다. 따라서 선택한 표적은 적어도 이 정도 크기의 건물 밀집 지역을 포함해야 한다.

(c) 선택된 표적은 군사적, 전략적 가치가 높아야 한다.

(d) 첫 번째 표적은 가능하면 이전에 폭격이 없었던 곳이어야 한다. 그래야 원자폭탄 하나의 효과를 확인할 수 있다.

또 일본 도시 네 곳을 의도적으로 미국 공군이 폭격하지 않고 남겨두기로 결정되었다. 1945년 무렵 미국 공군은 사실상 일본 어디서건 아무 저항도 받지 않고 원하는 표적을 정찰할 수 있었다. 네 도시에 베푸는 이러한 자비는 기만적인 것이었는데, 새로운 폭탄으로 훨씬 처참한 파괴를 맞이할 운명이었기 때문이다.

원자폭탄을 투하할 표적으로 선택된 도시들은 히로시마와 고쿠라, 니가타, 그리고 사찰이 많은 일본의 옛 수도 교토였다. 일본 전문가인 에드윈 라이쇼어 Edwin O. Reischauer 교수는 이 끔찍한 소식을 듣고서 육군 정보부에서 자신의 상관인 앨프리드 매코맥 Alfred McCormack 소령의 방으로 뛰어들어갔다. 그는 그 충격에 눈물을 흘렸다. 민간인 신분으로는 교양 있고 인도적인 뉴욕 변호사로 일한 매코맥은 스팀슨 전쟁부 장관을 설득해 교토를 블랙리스트에서 지웠다.

1945년 봄, 유타 주 웬도버 비행장에서는 파일럿들이 최초의 원자폭탄을 투하하는 훈련을 했다. 같은 무렵, 처음 이 무기를 만드는 데 선도적인 역할을 한 레오 실라르드는 『아라비안나이트』에 나오는 어부처럼 자신이 해방시킨 사악한 '진'이 큰 난리를 피우기 전에 다시 붙잡아 병 속에 봉인시키려고 마지막 시도를 했다. 훗날 그는 그 당시에 자신이 느꼈던 심정을 놀랍도록 솔직하게 털어놓았다.

"1943년과 1944년의 몇 달 동안 우리의 가장 큰 염려는 연합군이 유럽으로 진격하기 전에 독일이 원자폭탄을 완성하지나 않을까 하는 것이었다……. 독일이 우리에게 할 수 있는 일에 대한 염려가 사라진 1945년에는 우리는 미국 정부가 다른 나라들에 할 수 있는 일에 대해 염려하기 시작했다."

그 사이에 상황이 완전히 역전된 것이다. 1939년 여름에 실라르드는 예방 조처로 원자폭탄을 만들어야 한다고 미국 정부를 설득하는 데 도움을 얻으려고 아인슈타인을 찾아왔다. 그로부터 5년이 더 지난 지금 그는 다시 아인슈타인을 찾아갔는데, 이번에는 완전히 다른 세계 상황을 설명하고, 미국이 핵무장 경쟁을 시작할 가능성을 개략적으로(자세히 이야기하면 보안 규정에 위배되므로) 시사했다. 아인슈타인은 루스벨트 대통령에게 보내는 경고 편지에 또다시 서명을 했는데, 그 편지에는 실라르드가 쓴 상황 보고서도 동봉되었다. 실라르드는 그 폭탄이 미국에 가져다줄 수도 있는 일시적인 군사적 이익은 중대한 정치적, 전략적 불이익으로 상쇄될 것이라고 자신의 의견을 밝혔다. 하지만 아인슈타인의 최종 편지도 원자폭탄 사용에 반대하는 실라르드의 유창한 경고도 대통령은 보지 못했다. 1945년 4월 12일에 루스벨트가 갑자기 사망했을 때, 그것들은 그의 책상에 손도 대지 않은 채 남아 있었다.

실라르드는 이런 상황에서 긴급할 뿐만 아니라, 원자폭탄 폭격 준비가 착착 진행되는 것을 감안한다면 더더욱 긴급한 자신의 요청을 새 대통령 해리 트루먼 Harry S. Truman 에게 전달할 기회를 처음에는 전혀 잡을 수 없었다. 상원 의원 출신인 트루먼은 대통령에 취임하고 나서 처음 몇 주일 동안은 자신의 연고지인 미주리 주 출신의 일부 사람들만 겨우 만날 수 있다는 소문이 워싱턴에 나돌았다. 운 좋게도 시카고에서 실라르드의 과학적 협력자로 일하던 사람 중에 미주리 주 캔자스시티 출신이 있었다. 그 사람은 같은 미주리 주 출신으로 트루먼의 비서로 일하던 맷 코넬리 Matt Connelly 를 알았는데, 실라르드를 데려가 그와 만나게 해주었다.

새 대통령은 얼마 전인 4월 25일에야 스팀슨으로부터 철저하게 비밀에 가려져 있던 원자폭탄 계획에 관한 정보를 완전히 전해 들었다. 예상치 못했던 과제들을 잔뜩 떠맡게 된 트루먼은 그 당시 실라르드를 개인적으로 만날 시간이 없었다. 그래서 코넬리는 비록 그 당시에는 아무런 공직도 맡고 있지 않았지만, 영향력 있는 민주당 인사인 제임스 번스 James F. Byrnes 판사에게 실라르드를 보냈다.

번스는 비록 그해 여름에 트루먼 정부의 국무부 장관으로 임명되지만, 그 당시에는 국제 정치에 사실상 아무 경험이 없었다. 하지만 번스는 국내 문제에는 상당한 영향력을 지니고 있었다. 대법원 판사 출신인 번스는 1944년에는 전쟁 동원청을 맡았다.

그래서 실라르드는 자신의 보고서와 아인슈타인의 편지 사본을 가지고 번스의 정치적 근거지인 사우스캐롤라이나 주의 남부 도시 스파턴버그로 가야 했다. 세계 시민으로서 온 인류를 염려하는 짐을 질 운명을 타고난 실라르드는 그곳에서 자신이 곧 중책을 맡게 되리란 사실을 알고 있던 거물 정치인을 대면했다. 실라르드의 보고서에 적힌 사항들은 먼 미래에 대비하기 위한 방안들로, 상대가 당면한 관심사와는 거리가 먼 것이었다. 우라늄 채굴과 원자력 생산을 감시하기 위해 소련이 미국 땅을 사찰하고 미국이 소련 땅을 사찰하면서 국가 주권을 일부 포기해야 한다는 내용처럼, 일찍이 들어보지 못한 놀라운 조처도 포함돼 있었다. 스파턴버그의 나른한 분위기에서 그러한 개념들은 비현실적이거나 심지어 히스테리에 사로잡힌 공상처럼 들렸다.

비록 번스가 직업 정치인이라면 언제든지 보여줄 수 있는 의례적인 친절함 뒤에 자신의 무관심을 숨기긴 했지만, 실라르드는 곧 상대방이 자신의 주장에 동조하지 않는다는 사실을 알아챘다. 상대의 외국어 이름을 제대로 발음하는 것에도 어려움을 겪은 번스는 찾아온 손님에게 "당신은 이 문제에 대해 너무 지나치게 그리고 불필요하게 염려하는 게 아닌가요?"라고 물었다. "내가 알기로는 러시아에서는 발견될 우라늄도 전혀 없어요."*

불과 몇 주일 뒤, 트루먼 대통령은 제임스 번스를 국무부 장관에 임명했다.

전쟁부 장관이던 스팀슨은 루스벨트 대통령이 죽기 직전에 그에게 최초의 원자폭탄 사용과 원자폭탄 생산 계획의 장래에 관한 지시를 내려달라고 요청했다. 하지만 그는 그런 지시를 결코 받지 못했다. 그 결과, 1945년 4월 말에 트루먼 대통령을 처음 면담했을 때, 스팀슨은 대통령에게 이 문제들에 관한 조언을 할 수 있도록 전문가들로 이루어진 위원회를 최대한 빨리 만들라고 강력하게 촉구했다. 맨해튼 계획의 연구소들에 이 소식이 알려지자, 원자폭탄이 사용될까 봐 노심초사하면서 조기에 국제적 통제를 실행에 옮기는 방안을 선호하던 과학자들은 크게 안도했다. 하지만 위원회에 들어갈 사람들의 명단이 밝혀지자 이들이 느낀 실망도 그에 못지않게 컸다. 그중 다섯 사람은 유력 정치인이 맡았는데, 전쟁부 장관 헨리 스팀슨, 전쟁부 차관 조지 해리슨George L. Harrison, 트루먼의 개인적 대표 제임스 번스, 해군을 대표한 랠프 바드Ralph A. Bard, 국무부를 대표한 윌리엄 클레이턴William L. Clayton이었다. 과학자 세 명도 포함되었는데, 이들은 1940년부터 군사적 목적의 연 ˇ

---

* 해리스 브라운Harrison Brown은 실라르드가 번스를 찾아간 사건에 대해 이렇게 말한다. "만약 5년도 더 전에 루스벨트가 실라르드의 이야기를 진지하게 받아들인 것처럼 번스가 실라르드의 이야기를 진지하게 받아들였더라면, 그 후의 역사가 바뀌었을지도 모릅니다."

구에 몰두한 전체 조직을 책임져온 사람들이었다. 이들의 이름은 버니바 부시, 칼 콤프턴 Karl T. Compton, 제임스 코넌트였다. 이 위원회를 돕기 위해 원자 전문가들로 이루어진 특별 위원회인 '과학 패널'을 두었었는데, 과학 패널 위원은 로버트 오펜하이머, 엔리코 페르미, 아서 콤프턴, 어니스트 로렌스였다. 이들 일곱 과학자는, 어쩌면 페르미는 제외한다 하더라도, 동료들 사이에서는 정치인과 군부에 협력적 자세를 보이는 사람들로 알려져 있었다. 이들이 맨해튼 계획에 참여한 사람들 중 다수는 아니더라도 많은 사람들의 견해를 잘 대표하리라고는 기대하기 어려웠다. 대다수 원자과학자들, 특히 젊은 세대에게 큰 신뢰를 받던 노벨상 수상자 해럴드 유리 Harold C. Urey를 과학 패널에 포함시켜야 한다는 제안은 받아들여지지 않았다.

의도적으로 '임시 위원회'라는 모호한 이름을 단 이 위원회는 어쨌든 이렇게 구성되었고, 5월 31일과 6월 1일에 마셜이 내린 명령을 그대로 인용하면 "단순히 군사 무기라는 측면에서뿐만 아니라 인간과 우주의 새로운 관계라는 측면에서 원자력"을 고려하기 위해 회의를 열었다. 아서 콤프턴은 자신이 속한 과학 패널은 새로운 폭탄을 '사용해야 할지 말지' 결정하는 문제를 검토해달라는 요청은 받지 않았고, 단지 그것을 '어떻게' 사용해야 하는지 결정해달라는 요청만 받았다고 기억한다. 첫 번째 회의에서 네 원자 전문가는 불행하게도 자발적으로 혹은 많은 동료들의 대변인으로서 원자폭탄을 전쟁에 사용해서는 안 된다고 주장하는 대신에 제한된 지시의 범위 내에서 활동하는 데 그쳤다. 임시 위원회에서 오펜하이머가 보인 입장에 대해 콤프턴은 "그는 기술적인 질문에 대해 기술적인 답변을 제시했습니다."라고 이야기한다. 그 답변에서는 폭탄이 처음 투하될 때 약 2만 명이 사망할 것이라고 추정했다. 콤프턴의 말을 빌리면, 폭탄의 사용이 "오전 내내……이미 결정된 결론처럼 보였다는" 사실은 무엇보다도 위원들 명단에도 들어 있지 않았고, 스팀슨이 그 후에 그 절차를 설명한 이야기에서도 전혀 언급되지 않은 한 사람의 영향력 때문이었다. 그 사람의 이름은 바로 레슬리 그로브스였다.

그로브스는 "만약 내가 민간인들로 이루어진 위원회에 공식적으로 임명되어 활동했다면 보기에 좋지 않았을 것입니다. 하지만 나는 그 위원회의 모든 회의에 참석했고, 늘 폭탄을 투하해야 한다고 권고하는 것이 내 임무라고 생각했습니다. 어쨌든 그 당시 일본과 전쟁을 하면서 매일 많은 우리 젊은이들이 죽어가고 있었습니다. 내가 알기로는 폭탄 투하에 반대한 과학자들 중에서 가까운 친척이 전장에서 싸우는 사람은 아무도 없었습니다. 그래서 그들은 안이한 태도를 보일 수 있었을 겁니다."*라고 말한다.

위원회의 숙의에서 나온 결과는 어느 모로 보나 그로브스의 완승이었다. 회의가 끝나고 나서 다음과 같은 권고안이 트루먼 대통

---

* 콤프턴은 마셜 장군이 사실은 원자 무기의 존재를 비밀로 하는 편이 전후에 국가의 안전을 위해 더 나을 것이라고 강조했다고 말한다. 하지만 그러한 비밀은 절대로 오래 유지될 수 없을 것이라는 과학자들의 의견을 듣고 나서는 그 주장을 강하게 내세우지 않았다. 회의가 끝나고 나서 점심 시간에 콤프턴은 비군사적 방법으로 그 무기의 효과를 보여주는 게 어떻겠느냐는 질문을 제기했다. 점심 식사 자리에 있던 사람들 중 다수는 이런저런 이유로 그 제안을 거부했다. 그러자 콤프턴은 놀랍도록 신속하게 자신의 제안을 철회했다.

령에게 전달되었다.

(1) 원자폭탄을 최대한 빨리 일본에 사용해야 한다.

(2) 원자폭탄은 이중의 표적―즉, 손상에 가장 취약한 가옥이나 건물로 둘러싸이거나 그 가까이에 위치한 군사 시설이나 군수 공장―에 사용해야 한다.

(3) 해당 무기의 성격에 대한 사전 경고 없이 사용해야 한다.

해군을 대표해 이 회의에 참석한 랠프 바드는 세 번째 권고안이 너무 부당하다고 생각하여 나중에 이 권고안에 대한 자신의 동의를 철회했다. 작은 것이나마 반대 목소리로 기록된 것은 이것이 유일했다.

미 해군 대표가 다른 동료들보다 인도적인 고려를 조금 더 한 것은 아마도 우연이 아닐 것이다. 미 해군은 늘 기사도적 전투 규칙을 매우 존중했다. 이러한 태도를 보여주는 대표적인 사례로는 원자폭탄을 투하하기 얼마 전에 해군부 법무감에게 해군연구소에서 개발한 '생물학 무기'의 사용에 대해 사법적 의견을 제시해달라는 요청을 한 것을 들 수 있다. 그 무기는 공중에서 살포할 경우 일본의 전체 쌀농사를 망쳐 온 국민을 기아 직선으로 몰아갈 수 있는 생화학 물질이었다. 법무감은 그처럼 비인도적인 무기는 전쟁법 위반에 해당하며, 따라서 해군이 사용하기에 적절치 않다는 의견을 내놓았다.

하지만 원자폭탄을 사용하기 전에 법적 자격이 있는 기관으로부터 그러한 법률적 판단을 얻으려고 시도한 적은 전혀 없었다.

임시 위원회가 제시한 권고안은 물론 엄격한 비밀이었다. 하지만 그 내용은 특히 젊은 과학자들 사이에서 공공연하게 원자폭탄 사용에 반대하는 목소리가 계속해서 점점 커져가던 시카고와 오크리지, 로스앨러모스로 새어나갔다. 시카고 대학에서는 '원자력의 사회적, 정치적 결과'를 자세히 논의하고 보고하기 위한 위원회를 만들었다. 그 의장은 노벨상 수상자이자 이전에 괴팅겐 대학에서 교수를 지냈던 제임스 프랑크가 맡았다. 그 후 '프랑크 보고서'라 불리게 된 이 보고서에 실린 대부분의 개념들에 기여한 사람은 프랑크 외에 실라르드와 생화학자 유진 라비노비치Eugene Rabinowitch였을 것이다.*

라비노비치는 이렇게 회상한다. "그 당시 시카고는 견디기 힘들 정도로 더웠습니다. 거리를 걷는 동안 나는 불타는 하늘 아래에서 초고층 건물들이 무너지는 환영에 사로잡혔습니다. 인류에게 경고하기 위해 뭔가를 해야만 했지요. 열기 때문인지 아니면 나 자신의 내적 흥분 때문인지 그날 밤에는 잠을 이룰 수 없었습니다. 나는 먼동이 트기 오래전에 보고서를 쓰기 시작했지요. 그전

---

* 콤프턴은 "전체 위원회 내부에서는 원자폭탄을 일본과의 전쟁에 사용해야 하느냐를 놓고 첨예하게 의견이 양분되었다. 하지만 마련된 초안에는 원자폭탄의 군사적 사용에 반대하는 주장만 포함되었다. 따라서 그것은 위원회의 보고서가 아니라, 위원회 의장과 그에 동조하는 특정인들의 견해를 대변하는 보고서로서 제출되었다."라고 말한다. 관련 당사자 일곱 명은 물리학자 제임스 프랑크, 도널드 휴즈Donald J. Hughes, 레오 실라르드, 화학자 소핀 호그니스Thorfin R. Hogness, 유진 라비노비치, 글렌 시보그Glenn T. Seaborg, 생물학자 제임스 닉슨James J. Nickson 이었다.

에 제임스 프랑크는 자신이 작성한 한 쪽 반 분량의 초안을 내게 주었습니다. 하지만 내가 그것을 훨씬 더 상세하게 만들었지요."

시카고의 일곱 과학자는 1945년 6월 11일에 엄숙한 탄원서 형식으로 전쟁부 장관에게 제출한 자신들의 보고서**에서 자신들은 국가 정책과 국제 정책의 문제들에 대해 권위가 있는 당사자처럼 이야기하지 않을 것이라고 선언하면서 서두를 뗐다. 그러고 나서 오로지 나머지 인류가 알지 못하는 중대한 위험을 인식한 소규모 시민 집단의 자격으로서 행동에 나서기로 결심했다고 단언했다. 그들이 이 일을 꼭 해야겠다는 의무감을 더 강하게 느낀 이유는 이전 시대의 연구자들과 달리 현대를 살아가는 과학인으로서 그 파괴적인 힘이 지금까지 알려진 그 어떤 것보다 압도적으로 크므로 새로운 무기에 맞설 효과적인 방어책을 어떤 것도 생각할 수 없기 때문이라고 말했다. 그리고 덧붙이기를, 이 경우에 그러한 방어책은 과학적 발명으로는 제공할 수 없으며, 오직 새로운 세계 정치 기구를 통해서만 제공할 수 있다고 했다.

그 다음에는 예상되는 군비 경쟁을 놀랍도록 정확하게 예측한 (나중에 증명되었듯이) 문장이 나왔다. 계속해서 그러한 만일의 사태를 피하려면 상호 신뢰를 바탕으로 한 군비 통제를 확립하려는 노력을 즉각 기울여야 한다고 주장했다. 만약 미국이 독일의 로켓 미사일처럼 군인과 민간인을 무차별적으로 살상할 게 분명한 폭탄으로 일본에 기습 공격을 한다면, 처음부터 이 필수적인 신뢰가

** 보고서 전문은 553쪽 부록 B를 참고하라.

무너지고 말 것이라고 했다. 일곱 과학자는 전쟁부 장관에게 이렇게 경고했다. "따라서 일본을 대상으로 갑작스럽게 원자폭탄을 사용함으로써 얻는 군사적 이득과 미국인의 인명 보호에서 얻는 이익보다는 그 결과로 초래될 신뢰 상실과 나머지 세계를 휩쓸 공포와 혐오감, 그리고 심지어 국내의 여론 분열로 입을 손해가 더 클지 모른다."

프랑크 보고서는 계획대로 일본에 원자폭탄 폭격을 하는 대신에 모든 국제연합 회원국 대표들이 보는 앞에서 사막이나 불모지 섬에서 신무기의 위력을 보여주는 것이 최선의 방안이 될 수 있다고 제안했다. 보고서는 계속해서 이렇게 주장했다. "만약 미국이 전 세계를 상대로 '이제 우리가 어떤 종류의 무기를 가지고 있으면서도 사용하지 않는지 알겠지요? 만약 다른 나라들도 이 무기를 포기하는 것에 동참하여 효과적인 통제 장치를 마련하는 것에 합의한다면, 우리는 장래에 이 무기의 사용을 포기할 준비가 되어 있습니다.'라고 말할 수 있다면, 국제 합의를 달성하기에 가장 좋은 분위기를 조성할 수 있다."

콤프턴은 자신이 기억하기로는 프랑크가 직접 워싱턴으로 와서 그 보고서를 자신에게 건네주었고, 자신은 그것을 스팀슨 밑에서 전쟁부 차관으로 일하던 조지 해리슨에게 즉각 전달했다고 믿는다. 스팀슨은 이 새로운 탄원의 긴급성과 프랑크 위원회 위원 일곱 사람의 명성을 중대하게 받아들여 2주일 전에 자문을 구했던 과학 패널의 원자 전문가들에게 그 문서를 즉각 보냈다.

그 당시 관련 당사자 중 네 사람—콤프턴, 페르미, 오펜하이머,

로렌스—은 시카고 동료들의 제안에 동의함으로써 일본의 군사적 공격 표적에 위치한 건물들과 사람들에게 원자폭탄을 투하하는 것에 적어도 의문을 제기하고, 어쩌면 심지어 그것을 막을 수 있는 권한을 분명히 갖고 있었다. 과학 패널은 1945년 6월 16일에 로스앨러모스에서 두 번째 회의를 열었다. 나중에 오펜하이머는 회의에서 논의한 결과를 다음과 같이 기술했다.

과학 패널에 제출됐던 다른 논의 사항 두 가지 중 하나는 사소한 것이었습니다. 우리는 원자폭탄의 사용 여부에 관한 질문을 받았습니다. 나는 우리가 이 질문에 답변을 요구받은 이유는 아주 저명하고 사려 깊은 과학자 집단이 "절대로 그것을 사용해서는 안 됩니다."라고 탄원을 했기 때문이라고 생각합니다. 물론 사용하지 않는 편이 모두를 위해 좋았을 것입니다. 우리는 일본에서 어떤 군사적 상황이 벌어지고 있는지 전혀 몰랐습니다. 다른 방법을 통해 일본을 항복시킬 수 있는지 혹은 침공이 정말로 불가피한 것인지도 몰랐습니다. 하지만 마음 한구석에는 침공이 불가피하다는 생각이 자리잡고 있었는데, 그래야 한다는 이야기를 줄곧 들어왔기 때문이었습니다. 나는 이 문서를 검토할 수 없었지만, 그것이 말하는 요지는 기술 부문에 종사하는 사람들이 질문에 대답하는 방식을 전형적으로 보여준다고 생각합니다.

우리는 과학자라고 해서 원자폭탄을 사용해야 하느냐 말아야 하느냐는 질문에 답할 특별한 자격이 있다고 생각하지 않는다고 말했습니다. 우리 사이에서는 의견이 갈렸는데, 다른 사람들 역시 그것에 대해 알았을 경우 의견이 갈렸을 것입니다.* 우리는 무엇보다 중요한 고려 사항 두 가지는 전쟁에서 인명을 구하는 것과 우리의 행동이 안정과 우리의 힘과 전후 세계의 안정에 미치는 영향이라고 생각했습니다. 우리는 이 무기 중 하나를 사막 위에서 폭죽처럼 폭발시키는 것은 그다지 인상적이지 않을 것이라고 생각한다고 말했습니다.

시카고의 일곱 과학자가 주도한 탄원은 이렇게 거부되었고, 일본에 원자폭탄을 투하하는 것을 막을 수 있으리라는 기대는 꺼져가는 촛불처럼 사그라졌다.

그 당시 34세이던 한 이론물리학자의 생각과 행동을 제대로 판단하려면, 이렇게 탄원이 실패로 돌아가고, 연합국 원자과학자들 사이에서 실망이 점점 커져가던 상황을 그 배경으로 고려할 필요가 있다. 4년 반 뒤인 1950년 1월 말에 그는 유명한 간첩 활동 스캔들에서 악명 높은 중심 인물로 부각된다. 그의 이름은 바로 클라우스 푹스이다.

푹스는 퀘이커교도 공동체의 구성원이자 기독교 사회주의자였던 독일 프로테스탄트 교회 목사의 아들로 태어났다. 영국 원자과학자 팀에서 주요 인물 중 한 사람이었던 푹스는 1943년 말에 미국에 왔고, 1944년 12월에 로스앨러모스에 도착했다. 에든버러

---

* 원자폭탄 투하에 가장 강하게 반대한 사람은 어니스트 로렌스였다. 콤프턴에 따르면, 로렌스가 반대한 이유는 자신의 제자 중에 일본인이 몇 명 있었기 때문이라고 한다.

대학에서 막스 보른의 제자로 공부하고, 버밍엄 대학에서 루돌프 파이얼스의 조수로 일했던 푹스는 다소 과묵하고 비사교적인 인물로 간주되었다. 하지만 온갖 국적의 과학자들이 모인 로스앨러모스의 제한된 세계에서 푹스는 이전과는 딴판으로 활짝 피어났다. 많은 친구를 사귀었고, 온갖 종류의 사려 깊은 방법으로 동료들에게 개인적 도움을 주었다. 그는 베이비시터로 도움을 주거나 샌타페이에서 쇼핑 대행을 하거나 가능한 온갖 방법으로 이웃을 사랑하라는 기독교 계율을 실천에 옮길 준비가 항상 되어 있었다. 도로시 매키빈은 지금까지도 "그는 내가 만난 가장 친절하고 마음씨가 착한 사람 중 하나였다."라고 말한다.

동료들은 푹스가 1945년 초 이후에 점점 더 잦아진 원자폭탄의 정치적, 사회적 결과에 관한 논의에 얼마나 큰 관심을 가지고 경청했는지 기억한다. 푹스가 그런 논의에 어떤 기여를 한 적은 거의 없었다. 중간에 발언을 한 것은 딱 한 번뿐이었다. 누가 "정부가 만약 군사적 공격 목적으로 원자폭탄을 사용한다면, 문서화되진 않았지만 우리와 맺은 계약을 위반하는 것이기 때문에 우리 모두는 작업을 거부해야 합니다."라고 하자, 푹스는 통렬한 객관성을 바탕으로 냉담하게 반박했다. "그러기엔 너무 늦었다고 봅니다. 모든 일은 이미 기술자들의 손에 달려 있어요."

1945년 2월과 6월에 케임브리지와 샌타페이에서 푹스가 원자폭탄에 대해 아는 모든 정보를 소련 정보 요원 레이먼드Raymond, 일명 해리 골드Harry Gold에게 넘겨준 것은 아마도 오만한 자부심에서 그랬다기보다는 실망한 동료들에게 공감해서 그랬을 것이다.

어쩌면 그는 "다른 사람들은 이야기하고 기대하고 기다리고 계속 반복적으로 실망하는데, 정치 권력의 진정한 본질을 이해하지 못하기 때문이다. 나는 행동을 할 것이다. 어쩌면 내가 또 다른 전쟁을 막을 수 있을 것이다."라고 생각했을지도 모른다.

훗날 체포된 뒤에 푹스는 동료들을 속이고 배신해 미안하다고 말했다. 만약 그러한 양심의 가책을 더 일찍 1945년 봄에 느꼈더라면, 그 당시에 모든 친구들이 토론 중에 신무기가 인류에게 국경을 초월한 사고를 강요하고, 그때까지 당연한 것으로 받아들여져 온 애국심과 국가에 대한 충성 개념에 반대되는 완전히 예외적인 행동을 취하도록 강요한다고 반복적으로 그리고 단호하게 말했다는 사실을 떠올리며 스스로 위안을 얻었을 것이다.

나중에 다른 원자과학자들이 국가와 여론의 허락하에 그들이 역사적으로 낡은 것으로 간주한 개념들을 배반하는 행위를 하려고 한 것은 분명하다. 하지만 그러한 계획은 푹스에게는 실패할 수밖에 없는 것으로 보인 게 틀림없다. 그 당시에 그는 정확하게 어떤 생각을 했을까? 체포된 후에 자신이 정신분열적 행동을 보였다고 한 그의 진술은 신빙성이 없다. 그는 아마도 이런 주장을 통해 "일시적으로 자신의 행동에 책임을 질 수 없는" 상태에 있었다는 이유로 자신이 두려워한 사형 선고를 피하고 더 가벼운 처벌을 받을 수 있으리라고 기대했을 것이다.

체포되기 이전과 이후에 연락을 계속했던 아버지와 가까운 친구들의 발언을 살펴보면, 푹스가 반역죄를 저지르기로 결심했을 때 실제로 어떤 마음에서 그랬는지 좀더 정확하게 알 수 있을지 모른다. 전쟁 후에 영국에서 아들과 개인 면담을 한 에밀 푹스Emil Fuchs 목사는 아들의 행동을 다음과 같이 설명하려고 노력한다.

아버지로서 나는 자신이 원자폭탄 제조를 위해 일하고 있다는 사실을 깨달았던 순간에 그가 깨달았던 극심한 내적 고통을 이해할 수 있습니다. 그는 "만약 내가 이 조치를 취하지 않으면, 인류에게 임박한 위험은 결코 멈추지 않을 것이다."라고 생각했습니다. 그래서 희망이 전혀 없어 보이는 상황에서 벗어날 방법을 찾았습니다. 아들이나 나나 그가 받은 선고 때문에 영국 국민을 비난한 적은 없습니다. 그는 자신의 운명을 결의와 분명한 양심으로 용감하게 견뎌내고 있습니다. 아들은 영국 법에 따라 정당한 유죄 선고를 받았습니다. 하지만 물론 때때로 그가 저지른 것과 같은 죄를 의도적으로 저지르려고 하는 사람들이 항상 있습니다. 프로이센의 요르크Yorck 장군도 1812년에 러시아와 타우로겐 협정을 맺고 프로이센 군대를 중립화시켰을 때 바로 그런 행동을 했지요. 이들은 문제를 처리할 결정을 내릴 그 찰나에 권력을 가진 사람들보다 자신이 상황을 더 분명하게 본다는 확신에 차 행동을 하며, 따라서 그에 따르는 결과도 받아들여야 합니다. 이제 내 아들이 영국 국민의 이익을 위해 정부보다 더 정확한 선견지명을 가지고 행동했다는 것이 분명해지지 않았습니까? 그의 행동은 보수가 높고 명망 높은 자리와 훨씬 더 유망한 장래의 경력을 위태롭게 만들었습니다. 나는 아들이 선택한 결정을 크게 존경하지 않을 수 없습니다. 우리가 비슷한 상황에 처했더라면 어떤 결정을 내렸을지 누가 알 수 있겠습니까?*

푹스 가족과 가까운 친구인 마거릿 헤이거 Margaret Hager 는 클라우스 푹스를 오랫동안 연구한 결과를 글로 써서 몇몇 지인에게 보냈다. 거기에는 다음과 같은 구절들처럼 흥미로운 사실을 드러내는 내용이 포함돼 있다.

이 사건을 검토하면, 충성을 어느 한쪽에 치우친 것으로 보는 대신에 전체를 위한 의무적인 것으로 봐야 하는 문제들에서는 우리가 다소 직관적으로, 안타깝게도 기계적 방식으로, 적용하는 도덕적 개념들이 무조건 적절하거나 효과적이지 않다는 사실이 분명히 드러난다. 충성은 다른 사람들을 배제하고 한 개인에게 보이는 충성이 아니라, 단순하고도 원칙적으로 전체 인류에 대한 충성이 되어야 한다. 따라서 문제는 푹스 박사가 어떻게 그런 행동을 할 수 있었느냐 하는 것이 아니라, 자신의 의지에 반하고 자신이 원하지도 않지만, 지금 여기 있는 힘을 이 세상에서 최선의 방식으로 사용해야 하는 문제가 생긴 상황에 맞닥뜨렸을 때, 사회가 그리고 따라서 – 필연적으로 – 한 인간이

---

* 하지만 푹스 목사는 아들의 정치적 활동에 대해서는 아들과 논의하지 않았다. 이 문제에 관해 그는 저자에게 다음과 같은 편지를 보내왔다. "원자 무기 연구에서 아들이 한 일이 그에게 얼마나 큰 고통을 주었는지 나는 완전히 이해했습니다. 하지만 1933년에 우리는 최종적으로 어느 쪽이 저지른 불법 행위에 대해 알려야 할 것이 있으면 항상 서로에게 이야기하기로 약속했습니다. 물론 필요한 것 이상으로 말할 필요는 없지만 말입니다. 우리 중 누가 상대방의 비밀을 지킬 수 있다고 확신할 수 있을까요? 그 결과, 이 경우에도 역시 우리는 그런 것들을 언급하지 않았습니다. 하지만 나는 아들이 그런 종류의 일 때문에 염려한다고 짐작했고, 과연 마음속에서 자신이 현재 처한 상황과 융화할 수 있을까 하고 궁금한 생각이 들었습니다."

어떻게 행동해야 하느냐 하는 것이다. 푹스는 이 상황에서 배신자가 될 수밖에 없었다.

하지만 만약 그가 자신이 한 일과 정반대의 일을 했다면 어떻게 되었을까? 그랬다면 그는 다른 측면에서 죄를 저질렀을 것이다. 원자폭탄의 비밀은 유지되었을 것이고, 그는 자신의 맹세를 지켰을 것이다. 한 인간의 관점에서 볼 때, 전쟁은 불가피했을 것이다. 그랬더라면, 푹스 박사는 쉬운 길을 택한 셈이 된다. 이 경우에 어느 누구도, 심지어 가장 엄격한 도덕주의자도, 그를 비난할 수 없었을 것이다. 왜냐하면, 국가들의 생사가 달린 운명적인 순간이 바로 그의 손에 달려 있었다는 - 인도적으로 말하자면 - 사실을 알지 못할 것이기 때문이다. 개인적으로는 푹스는 완전히 무고한 것으로 판결해야 한다고 본다. 하지만……결국 영국 국민은 물론 제3차 세계 대전의 공포를 겪어야만 할 것이다……그리고 비록 그 자신은 '무고한' 채로 남겠지만, 그것은 지구상의 모든 나라들을 희생시키는 대가를 치를 것이다.

하지만 이 논증은 푹스 박사가 부당한 선고를 받았음을 입증하는 것은 아니다. 충성에 관한 현재의 도덕적 개념에 따르면 그는 유죄이다. 하지만 그는 기본적으로 자신의 사건으로부터 현재 우리의 사회적 조직이 우리를 어디로 이끌고 가는지 국가들과 개인들과 전체 인류가 배우도록 하기 위해 그런 행동을 했다……. 이런 상황이 푹스 박사를 영웅으로 바꾸지는 않는다. 하지만 한 범죄자나 순교자가 아무리 미약하다 하더라도, 그는 분명히 더 진실하고 더 창조적인 인간성을 향해 나아가는 인류의 내적 발전과 변화를 보호하는 - 이 문제를 가장 깊은 수준에서 이해하도록 노력하자 - 하나의 임시방편이다……. 겉으로 보기에 불충한 행위가 보편적인 형태의 충성보다 더 깊은 충성이 될 수 있다.

푹스 자신은 체포된 후에 흥미로운 발언을 했다. "그 당시 나는 주변 사회의 힘들로부터 완전히 독립해 존재하는 영역에서 자리를 잡는 데 성공했기 때문에 자유인이 되었다는 느낌이 들었다."

다른 강대국의 정보 요원에게 정보를 건네주는 순간, 그가 그 자유를 즉각 잃었다는 것은 명백하다. 그는 한 가지 자유의 상실을 다른 자유와 교환했을 뿐이다.

저들은 자기들이
무슨 일을 하는지 모릅니다

12

제3제국이 항복하고 나자 로스앨러모스에서 작업 진행 속도는 그 어느 때보다 더 빨라졌다. 유명한 원자과학자의 아내 엘리노어 제트 Eleanor Jette 는 "우리 남편들은 거의 쉬지도 않고 일했어요."라고 기억한다. 그녀는 매년 송년의 밤마다 그린 스케치 때문에 현지에서 일종의 유명 인사로 통했는데, 그 스케치들은 메사에서 겪은 고달픈 삶과 유명한 주민 몇몇의 특이한 행동을 재미있게 풍자한 그림이었다.

하지만 1945년 6월과 7월에는 엘리노어조차 유머 감각을 잃었다. 폭탄을 만드는 사람들을 좌절시키려고 날씨까지 공모한 것 같았다. 비가 한 방울도 내리지 않는 날이 몇 주일 동안 계속되었다. 건조하고 뜨거운 공기가 사막에서 정착촌을 향해 불어왔다. 풀이 말라죽었다. 나무들의 잎과 침엽도 말라붙었다. 가끔 하늘이 어두워지더니 멀리 산그레데크리스토 산맥 위로 번개가 번쩍였다. 하지만 구름은 열리지 않았다. 연구소들이 있는 도시 가까이에서 산불이 여러 차례 일어났다. 불꽃이 바람에 날려 거주 구역이나 사무실 건물 또는 작업장에 옮겨붙지 않을까 염려되었다. 이곳 건물들은 여전히 목재로 건축되어 불이 붙기 쉬웠다. 만약 그런 일이 일어난다면, 화재 진압 목적으로 사용할 수 있는 물은 정착촌 한복판에 위치한 작은 애실리 연못밖에 없었다. 아직까지 수돗물 공급은 모두가 절실히 원하는 개인적 목욕을 하기에 충분치 않았다. 한 병원 간호사는 이렇게 말한다. "우리는 코카콜라로 이를 닦았어요. 설상가상으로 바로 이때 초등학생들 사이에 수두가 발생했어요. 모든 어린이는 과거 그 어느 때보다 몸을 자주 씻는 게 중요했지만, 하필이면 물이 크게 부족할 때 그런 일이 일어났지요."

그로브스는 시험용으로 쓸 첫 번째 원자폭탄을 7월 중순까지, 전쟁 목적에 사용할 두 번째 원자폭탄을 8월에 만들라는 명령을 내렸다. 필립 모리슨은 이렇게 진술한다. "개인적으로 증언하자면, 원자폭탄을 완성하기 위해 매일 열심히 일하고 있던 우리가 자금 문제나 해결해야 할 많은 개발 작업에 상관없이 어떤 희생을 치르더라도 반드시 준수해야 할 불가사의한 최종 기한은 8월 10일 언저리의 어느 날이었습니다."

바쁘게 돌아가는 작업과 뜨거운 열기에다가 설상가상으로 물 부족 문제까지 겹치는 바람에 모두 잔뜩 짜증이 난 상태였다. 제트 부인은 이런 이야기를 들려주었다. "하루는 걸어가다가 오랜 지인을 만나 아무 생각 없이 '굿 모닝!'이라고 인사를 했어요. 그랬더니 그 사람은 즉시 나를 돌아보더니 씩씩대면서 '어딜 봐서

이게 좋은 아침이야!'라고 소리를 지르더군요."

원자폭탄 제조의 이 마지막 단계에 두 젊은 물리학자가 특별히 이목을 끌었는데, 우연히도 둘 다 클라우스 푹스와 같은 연배였다. 두 사람은 키가 아주 큰 캘리포니아 출신의 루이스 알바레즈Luis W. Alvarez와 집단 학살을 피해 탈출한 러시아 인 부모 밑에서 태어나고 비쩍 마른 캐나다 출신의 루이스 슬로틴Louis Slotin이었다. 두 과학자는 '전쟁이 낳은 풍운아'로, 전쟁 관련 일을 하면서 자기 분야에서 전문가가 되었고, 무기 연구소에서 자신의 첫 번째 중요한 연구 성과를 이루었다. 그들의 눈에는 '새로운 힘'은 함께 일하던 베테랑의 눈에 비친 것처럼 그렇게 경이롭거나 공포스럽지 않았다. 그래서 두 사람은 이 마지막 몇 달 동안 선배들이 고민했던 의심에 크게 공감하지 않았다.

메이오 클리닉의 유명한 외과의 아들로 태어난 알바레즈는 MIT에 딸린 비밀 레이더 연구소에서 일하면서 명성을 얻은 뒤에 다소 뒤늦게 로스앨러모스에 왔다. 레이더 연구소에서는 폭격 조준기와 현재 거의 모든 공항에서 사용 중인 지상 관제 진입 장치의 발명을 포함해 중요한 발견을 몇 가지 했다. 로스앨러모스에서 알바레즈는 자기 팀의 더 젊은 연구자들과 함께 복잡한 폭탄 투하 장치를 만드는 데 성공했는데, 이것은 100만분의 1조의 오차밖에 나지 않을 정도로 정확도가 높았다.

이 장치를 시험하는 일은 로스앨러모스 지역에서 일어나는 가장 위험한 일 중 하나로 간주되었다. 그 시험은 거주 구역과 작업장들이 있는 메사에서 상당히 멀리 떨어진 좁고 고립된 협곡들에서 일어났다. 1945년 봄에 알바레즈는 이 폭탄 투하 장치의 첫 번째 개발 모델을 만족할 만한 수준으로 완성한 후, 최종 모델을 만드는 일은 기술 책임자인 베인브리지 Bainbridge 박사에게 넘기고, 오펜하이머에게 새로운 임무를 달라고, 그것도 가능한 한 전선에 가까운 곳에서 하는 임무를 달라고 요청했다.

1945년 5월 말에 알바레즈와 그의 팀은 태평양의 티니언 섬에 있는 공군 기지로 파견되었다. 이곳에서는 거의 매일 일반 폭탄과 소이탄을 실은 항공기들이 일본에 공습을 하기 위해 출격했다. 알바레즈는 이곳에서 마침내 원자폭탄 투하 임무에 투입될 날을 기다리면서 원자폭탄과 동시에 투하할 측정 장비를 개발했다. 이것은 이 신무기에서 방출되는 충격파의 강도에 관한 정보를 전파 신호로 폭격기로 전송하도록 설계되었다.

한편, 슬로틴은 시험용 폭탄의 내부 메커니즘을 시험하느라 바빴다. 그것은 두 반구로 이루어져 있었는데, 폭탄을 투하하는 순간에 두 반구가 합쳐지면서 그 안에 들어 있는 우라늄도 합쳐져 '임계 질량critical mass'을 넘어서게 설계돼 있었다. 이 임계 질량 ─ 로스앨러모스에서는 줄여서 간단히 '크릿crit'이라고 불렀다 ─ 을 결정하는 것은 이론물리학 부서에서 연구한 주요 문제 중 하나였다. 하지만 필요한 우라늄의 양과 연쇄 반응에서 방출되는 중성자들의 산란각과 범위, 두 반구가 충돌하는 속도, 그 밖의 온갖 데이터는 대략적으로 추정만 할 수 있을 뿐이었다. 만약 절대적인 정밀함과 확신을 얻길 원한다면, 모든 경우에 대해 일일이 실험을 해알아내야 했다. 그러한 실험들은 프리슈가 책임진 팀이 맡았는데,

핵분열 반응을 발견한 프리슈는 영국에서 로스앨러모스로 파견되었다. 슬로틴은 이 팀의 일원이었다. 그는 특별한 보호 조치 없이 실험을 하는 버릇이 있었다. 그가 사용한 도구는 스크루드라이버 두 개뿐이었는데, 이것을 사용해 두 반구를 막대 위에서 서로를 향해 미끄러져 가게 하면서 고도의 집중력을 가지고 지켜보았다. 그의 목표는 그저 연쇄 반응의 첫 단계인 임계점에 도달하는 것뿐이었는데, 그러면 바로 그 순간에 즉각 다시 두 반구를 떼어놓았다. 만약 임계점을 지나거나 충분히 빨리 두 반구를 떼어놓지 않는다면, 그 질량이 초임계 상태에 이르러 핵폭발이 일어날 수 있었다. 프리슈는 로스앨러모스에서 이 실험을 하다가 하마터면 목숨을 잃을 뻔한 적이 있었다.

물론 슬로틴은 자신의 윗사람이 얼마나 아슬아슬하게 죽음을 피했는지 알고 있었다. 하지만 대담무쌍한 이 젊은 과학자는 이런 식으로 목숨을 건 모험을 하는 것을 매우 즐겼다. 그는 그것을 '용 꼬리 비틀기'라고 불렀다. 아주 젊은 시절부터 슬로틴은 전투와 흥분되는 일과 모험을 찾아나섰다. 에스파냐 내전에도 자발적으로 참여했는데, 정치적 이유에서 그런 것이 아니라 거기서 느끼는 스릴이 좋아서 그랬다. 그는 그 전쟁에서 대공포 포수로 활동하면서 큰 위험에 자주 노출되었다. 제2차 세계 대전이 터지자마자 슬로틴은 즉각 영국 공군에 입대했다. 하지만 치열한 교전에서 훌륭하게 임무를 수행했는데도 불구하고, 얼마 후 제대해야 했는데, 신체 검사 때 자신이 근시라는 사실을 숨긴 사실이 드러났기 때문이다.

슬로틴은 유럽에서 고향인 캐나다의 위니펙으로 돌아오는 길에 시카고에서 지인을 만났는데, 그 사람으로부터 자신처럼 과학 부문에서 뛰어난 자격(슬로틴은 런던의 킹스 칼리지를 다닐 때 생물 물리학 분야의 연구로 상을 받은 적도 있었다)을 지닌 사람은 전투기보다는 연구실에서 전쟁 노력에 더 큰 기여를 할 수 있다는 이야기를 들었다. 그래서 슬로틴은 처음에는 생화학자로, 그 다음에는 맨해튼 계획의 야금학연구소에서 큰 사이클로트론을 만드는 팀의 일원으로 채용되었다. 젊은 슬로틴은 모든 사람들에게 인기가 있었다. 인생에서 그 어떤 것도 자신이 하는 연구만큼 흥미로운 것은 없는 것처럼 보였고, 밤낮을 가리지 않고 일에 몰두했다.

오크리지에서 위그너와 함께 새로운 종류의 원자로를 개발하는 일을 한 뒤에 슬로틴은 마침내 로스앨러모스에 도착했다. 그는 1945년 초에 알바레즈와 함께 티니언 섬으로 옮겨가길 원했는데, 전쟁에 사용할 최초의 원자폭탄에서 폭발을 일으킬 심장부를 조립하는 일을 맡고 싶어서였다. 하지만 보안 당국은 규정 때문에 캐나다 시민이던 그의 지원을 거부할 수밖에 없었다. 대신에 위로 차원에서 앨라모고도에서 시험할 원자폭탄의 내부 장치를 조립한 뒤, 연구소를 대표해 그것을 군에 공식적으로 전달하는 임무를 맡겼다. 슬로틴은 최초의 완전한 원자폭탄에서 핵폭발이 일어나는 부분을 군에 전달했음을 확인하는 문서 사본을 받았는데, 이것은 그 이후로 졸업장, 권투 트로피, 봉사를 치하하는 감사장 등을 모아놓은 그의 컬렉션을 빛내는 주요 전시물이 되었다.

그로부터 1년이 채 지나지 않은 1946년 5월 21일, 슬로틴은 과거에 자주 성공적으로 수행했던 것들과 비슷한 실험을 했다. 그것은 태평양의 비키니 환초 수역에서 실행할 두 번째 원자폭탄 실험과 관련된 일이었다. 그런데 갑자기 스크루드라이버가 손에서 미끄러지면서 바닥으로 떨어지고 말았다. 두 반구는 너무 가까이 접근해 우라늄은 임계 상태에 이르렀다. 방 전체가 순간적으로 눈부시게 파르스름한 섬광으로 가득 찼다. 이 순간에 슬로틴은 몸을 피해 자신을 구하는 대신에 양 손으로 두 반구를 잡아떼 연쇄 반응을 멈췄다. 이 행동으로 그는 그 방에 있던 나머지 7명의 목숨을 구했다. 자신은 과도한 방사선에 노출된 효과를 피할 수 없다는 걸 즉각 알았다. 하지만 그는 자제력을 조금도 잃지 않았다. 동료들에게 그 재난이 일어난 순간에 있었던 곳으로 되돌아가 서라고 말했다. 그러고 나서 칠판에 그들의 상대적 위치를 정확하게 그렸는데, 이들 각자가 방사선에 노출된 정도를 의사들이 확인하는 데 도움을 주기 위해서였다.

그를 제외하고는 방사선에 가장 심하게 노출된 앨 그레이브스 Al Graves와 함께 길가에 앉아 그들을 병원으로 데려갈 차를 기다리고 있을 때, 슬로틴은 동료에게 나지막한 목소리로 말했다. "당신은 괜찮을 겁니다. 하지만 나는 가망이 없어요." 그 예상은 정확했다. 최초의 원자폭탄 완성을 위해 실험을 통해 그 임계 질량을 결정했던 슬로틴은 9일 뒤에 끔찍한 고통 속에서 숨을 거두었다.

슬로틴의 연구소에는 중성자 계수기의 기록 카드가 남아 있었다. 거기에는 가느다란 붉은색 선이 꾸준히 위로 올라가다가 재난이 발생한 순간에 갑자기 멈춰 있었다. 그 순간에 방사선이 너무

강하게 나와 섬세한 장비가 그것을 더 이상 기록할 수 없었기 때문이다. 이용 가능한 데이터로부터 슬로틴의 손에서 스크루드라이버가 미끄러진 이후에 일어난 일을 확인하는 일은 클라우스 푹스가 맡았다.

기묘하게도, 일본에 투하할 최초의 원자폭탄에서 폭발을 일으킬 심장부를 티니언 섬으로 운반한 순양함 인디애나폴리스호 승무원들에게도 불행한 운명이 닥쳤다. 미국 함대 중에서 가장 빠른 이 순양함에 탄 승무원 중 배에 실린 물건이 무엇인지 정확하게 알고 있던 사람은 단 세 명뿐이었다. 나머지 사람들은 배가 출항하기 직전인 7월 16일 오전에 극도의 예방 조치를 취하며 배에 실린 커다란 나무 상자 속에 그저 뭔가 중요한 게 들어 있겠거니 하고 짐작했을 뿐이다. 샌프란시스코에서 티니언 섬까지 항해하는 동안에는 적 잠수함의 공격에 대비해 아주 특별한 안전 조처를 취하면서 나아갔다. 마침내 비밀 화물을 티니언 섬에 내려놓고 나서 순양함이 앞바다에 정박하게 되자, 모든 승무원은 안도의 한숨을 내쉬었다. 하지만 인디애나폴리스호는 두 번째 기항지에 도착하기 전인 7월 30일 자정에서 5분이 지났을 때 어뢰를 맞았다. 불운한 일들이 겹치는 바람에 나흘이 지날 때까지도 침몰 소식이 해군 본부에 당도하지 못했다. 다른 배가 보낸 신호는 인디애나폴리스호가 자신의 위치를 알리는 통상적인 보고로 오인되었고, 인디애나폴리스호가 레이테 항구에 도착할 기한이 넘었다는 보고 또한 다른 오해 때문에 누락되었다. 그래서 참사 현장에 구조대가 너무 늦게 도착했고, 1196명의 승무원 가운데 겨우 316명만 구조되었다.

최초의 원자폭탄 실험이 일어나기 며칠 전에 앨라모고도에서는 심지어 로스앨러모스 과학자들의 아내들과 아이들 사이에서도 뭔가 특별히 중요하고 흥미로운 사건이 곧 일어나리라는 이야기가 공공연한 비밀처럼 나돌았다. 그 실험은 '트리니티 Trinity'란 암호명으로 불렸다. 왜 그런 맥락에서 이 불경스러운 표현(트리니티는 '삼위일체'란 뜻임)을 사용했는지는 지금까지 명확한 설명이 나오지 않았다. 한 가지 설명은 로스앨러모스 근처에 있던 터키옥 광산의 이름에서 땄을 가능성인데, 이 광산은 저주를 받아 미신을 믿던 인디언에게 버림을 받았다. 또, 그 당시에 최초의 원자폭탄 3개가 완성 단계에 이르고 있었는데, 트리니티란 암호명은 순전히 바로 그 섬뜩한 3개의 원자폭탄에서 비롯되었다는 추측도 있다.

로스앨러모스에서 일하던 원자과학자들 사이의 주요 대화 주제는 자연히 "그 '장치'('폭탄'이란 단어는 신중하게 회피했다)가 폭발할까 폭발하지 않을까?"라는 질문이었다. 다수는 이론적 가설이 옳은 것으로 입증되리라고 믿었다. 하지만 실패 가능성도 항상 고려해야 했다. 폭탄의 폭파 장치를 만든 알바레즈는 1943년에 계기 착륙을 위한 자신의 발명품을 군 관계자들에게 보여줄 때, 무려 네 번이나 실패를 거듭한 끝에 마침내 제대로 작동했다는 이야기를 자신감이 넘치는 동료들에게 충분히 자주 했다.

최초로 완성된 원자폭탄이 실패할까 성공할까, 혹은 로스앨러모스에서 쓰던 표현으로는 '딸 girl'이 될까 '아들 boy'이 될까 하는 질문은 아주 큰 관심을 불러일으켰기 때문에, 과학자들은 그것을 기화로 흥미로운 게임을 벌였다. 괴팅겐 대학의 옛 핵심 구성원 중 한 명인 원자물리학자 로타어 노르트하임 Lothar W. Nordheim은 이렇게 말한다. "로스앨러모스의 과학자들은 1945년 7월 16일에 첫 번째 실험이 일어나기 전에 폭발 규모를 놓고 내기를 걸었습니다. 하지만 억측에 가까운 추정 한두 가지를 제외한 나머지 추정들은 대부분 현저히 낮은 쪽에 걸었지요."

정답에 근접한 추정은 딱 하나뿐이었는데, 얼마 전에 로스앨러모스를 떠났던 오펜하이머의 친구 로버트 서버가 한 것이었다. 나중에 어떻게 정확하게 예상했느냐고 묻자, 그는 이렇게 대답했다. "사실은 순전히 예의상 그렇게 답한 것뿐이었습니다. 손님인 나는 초대한 사람들의 비위를 맞추기 위해 가급적 높이 불러야 한다고 생각했거든요."

1945년 7월 12일 목요일과 13일 금요일에 실험 폭탄의 내부 폭발 장치 부품들이 '뒷문'을 통해 로스앨러모스를 빠져나가 전쟁 기간에 건설한 비밀 도로를 따라 운반되었다. 이것들은 조립된 '장소 S'로부터 오스쿠로 Oscuro('어두운'이란 뜻) 마을 근처에 있는 호르나다델무에르토 Jornada del Muerto(죽음의 땅)라는 실험 장소로 운반되었다. 사막 한가운데에 있는 이곳에 원자폭탄을 지지하기 위해 높은 철제 비계 구조가 세워졌다. 그 달에 뇌우가 많이 몰아닥쳤기 때문에, 가능하면 최후의 순간까지 폭탄을 제 위치에 설치하지 않기로 결정되었다. 며칠 전에 현지 조건을 시험하기 위해 동일한 크기의 폭탄에 일반 폭약을 넣어 비계에 매달아놓았는데, 거기에 벼락이 떨어져 큰 폭음과 함께 폭발한 일이 있었다.

폭탄의 중심 부분은 로스앨러모스에서 폭탄물리학 부서 책임자이던 로버트 바커 박사의 지휘하에 낡은 농가에서 폭탄에 결합되었다. 그로브스의 부관이던 패럴 Farrell 장군은 이와 관련해 이렇게 썼다. "마지막 예비 조립을 할 때 폭탄의 중요한 부분 조립이 지연되면서 몇 분 동안 나쁜 상황이 발생했다. 전체 장치는 아주 정밀하게 공작 기계로 제작한 것이었다. 삽입 부분이 일부 들어갔을 때 단단하게 끼여 더 이상 들어가지 않을 것처럼 보였다. 하지만 바커 박사는 당황하지 않고 시간이 지나면 해결될 것이라면서 작업팀을 안심시켰다. 3분이 지나자 바커 박사의 말이 옳은 것으로 입증되었고, 더 이상 아무 사고 없이 기본 조립이 완료되었다."

최종 준비 작업을 하러 1주일 전에 미리 떠나지 않고 로스앨러모스에 남아 있던 원자과학자들은 언제라도 출발할 준비를 하고 대기했다. 이들은 식료품을 준비했고, 그와 함께 실험 책임자들의 특별 지시에 따라 뱀에 물렸을 경우에 대비한 응급 처치 키트도 준비했다. 7월 14일과 15일에는 로스앨러모스에 많은 우박과 함께 심한 뇌우가 몰아쳤다. 실험 참여자들은, 그중에는 자신들이 해온 일의 정확한 목표와 대상을 처음으로 알게 된 사람들이 많았는데, 평소에는 영화 상영 용도로 쓰이던 공동체의 가장 큰 강당에서 이론 부서 책임자인 한스 베테의 연설을 들었다. 베테는 "인간의 계산은 이 실험이 성공할 것이라고 시사합니다. 하지만 과연 자연은 우리의 계산대로 행동할까요?"라는 말로 연설을 끝냈다.

그러고 나서 청중은 페인트칠로 위장한 버스들에 탑승해 네 시간 동안 달린 끝에 실험 장소로 이동했다.

오전 2시 무렵, 실험에 참여한 사람들이 모두 제자리에 자리를 잡았다. 이들은 포인트 제로Point Zero에서 16km쯤 떨어진 베이스캠프에 모여 있었는데, 포인트 제로에는 한 번도 시험한 적 없는 새로운 무기(그들이 지난 2년 동안 애써서 일한 끝에 마침내 완성된 폭탄)가 설치된 비계가 서 있었다. 그들은 지급받은 선글라스를 인공 조명 아래에서 끼고 자외선 차단 크림을 얼굴에 발랐다. 그 지역 전체에 흩어져 있는 확성기들에서 댄스 뮤직이 흘러나왔다. 때때로 음악이 끊기고 준비 작업 진행 과정을 알리는 소식이 흘러나왔다. '발사'는 오전 4시에 하기로 계획돼 있었다. 하지만 기상이 좋지 않아 발사 시간을 연기하지 않을 수 없었다.

비계에서 9km쯤 떨어진 관제소에서는 오펜하이머와 그로브스가 실험을 아예 다른 날로 연기하는 문제를 놓고 상의를 했다. 그로브스는 그때의 상황을 이렇게 설명한다. "우리는 대부분의 시간을 관제소 건물 밖으로 나가 어둠 속에서 별들을 바라보고 거닐면서 보냈습니다. 우리는 눈에 보이는 두 별 중 하나 또는 둘 다 아까보다 더 밝아졌다고 서로에게 확신을 심어주듯이 계속 말했습니다." 기상 전문가와 상의하고 나서 마침내 오전 5시 30분에 실험용 폭탄을 폭발시키기로 결정을 내렸다.

5시 10분, 관제소에 있던 20명 중 한 명이자 오펜하이머의 보좌관인 원자물리학자 새뮤얼 앨리슨Samuel K. Allison이 시간 신호를 보내기 시작했다. 거의 같은 시간에 관제소에서 나가 거기서 6km

조금 더 후방에 있던 베이스캠프로 돌아간 그로브스는 베이스캠프에서 대기하고 있던 과학 요원들에게 최종 지시를 내렸다. 그들은 선글라스를 쓰고 머리를 뒤쪽으로 돌린 채 땅에 납작 엎드렸다. 맨눈으로 폭발 섬광을 보려고 하는 사람은 거의 틀림없이 눈이 멀 것이라고 생각되었기 때문이다.

그러고 나서 기다리는 시간은 영겁의 시간처럼 느껴졌는데, 아무도 단 한 마디도 하지 않았다. 모두 각자 자유로운 상상에 빠져 있었다. 하지만 그때 어떤 생각을 했느냐는 질문에 대답한 사람들은 그때 떠오른 생각이 종말론적인 것은 아니었다고 기억한다. 대부분의 사람들은 불편한 자세에서 벗어나 오랫동안 기다려온 그 광경을 보려면 얼마나 기다려야 할까 생각했던 것으로 보인다. 언제나처럼 실험 의식이 투철한 페르미는 종이 조각들을 들고 있었는데, 폭발 순간에 그것들이 기압에 실려 날아가는 거리를 보고서 폭발의 위력을 평가하려고 했다. 프리슈는 자신의 지각 기능이 흥분이나 선입견에 방해받지 않도록 하면서 그 사건을 최대한 정확하게 기억하려고 애썼다. 그로브스는 재앙이 발생할 경우 신속한 철수를 보장하기 위해 할 수 있는 조치를 모두 다 취했는지 백 번째 되새기고 있었다. 오펜하이머는 실험이 실패할 것이라는 두려움과 성공할 것이라는 두려움 사이에서 왔다 갔다 하고 있었다.

그러다가 모든 것이 갑자기 알아챌 수 있는 것보다 빠르게 일어났다. 원자폭탄이 폭발하는 순간에 일어난 최초의 섬광을 본 사람은 아무도 없었다. 그것이 하늘과 산에 눈부시게 반사된 빛만 볼 수 있었다. 그러고 나서 용감하게 고개를 돌린 사람들은 밝은 화염 덩어리가 갈수록 점점 더 커져가는 것을 보았다. 한 장교가 "맙소사, 머리를 길게 기른 사람들이 통제력을 잃은 것 같아!"라고 소리쳤다. 이론 부서에서 아주 총명한 사람이었던 카슨 마크 Carson Mark는 실제로 그 불덩어리가 모든 하늘과 땅을 집어삼킬 때까지 끝없이 커질 것이라고 생각했다—비록 그의 지성은 그런 일은 불가능하다고 말했지만. 그 순간, 모든 사람들은 하려고 마음먹었던 일을 잊어버렸다.

그로브스는 이렇게 썼다. "일부 사람들은 그것에 대비해 3년을 보냈지만 너무 흥분에 사로잡힌 나머지, 마지막 순간에 용접 헬멧을 쓰는 것도 잊고서 앉아 있던 자동차에서 밖으로 나왔다. 그 바람에 분명히 2~3초 동안 시력을 잃었다. 그래서 3년이 넘게 그렇게 보길 고대했던 장면을 그 시간만큼 보지 못했다."

사람들은 폭발의 위력 앞에서 두려움에 사로잡혀 그 자리에 얼어붙고 말았다. 오펜하이머는 관제소 안에서 한 기둥을 붙들고 있었다. 힌두교 경전인 『바가바드기타』에 나오는 구절이 마음속에 떠올랐다.

천 개의 태양의 빛이
하늘에서 일시에 폭발한다면,
그것은 전능한 자의
광채와 같으리라.

하지만 포인트 제로 위로 저 멀리 불길하고 거대한 구름이 솟아오를 때, 같은 경전에서 또 다른 구절이 떠올랐다.

나는 죽음이요, 세상의 파괴자가 되었다.

『바가바드기타』에서 이 말을 한 자는 고귀한 영웅이자 인간의 운명을 좌우하는 신 크리슈나였다. 하지만 강력한, 너무나도 강력한 힘의 수단을 손에 쥔 오펜하이머는 미약한 한 인간에 불과했다.

현장에 있었던 사람들 중에서 이 사건에 대해 스스로 그러리라고 생각했던 것만큼 전문적으로 반응한 사람이 아무도 없었다는 사실이 놀랍다. 이들은, 평소에 종교적 신앙이나 심지어 그런 것에 기우는 성향조차 없던 사람들(전체 중 다수를 차지한)조차, 모두 신화와 신학의 언어 분야에서 빌려온 단어들로 자신의 경험을 이야기했다. 예를 들면, 패럴 장군은 이렇게 기술한다. "한낮의 태양보다 훨씬 강한 세기의 타는 듯한 빛이 온 나라를 환하게 밝혔다…… 폭발이 일어나고 나서 30초 뒤, 먼저 사람들과 물체들을 세게 짓누르며 강한 바람이 지나갔고, 바로 그 뒤를 이어 강하고 지속적이고 무시무시한 굉음이 따라와 종말을 경고하면서 하찮은 우리가 지금까지 절대자의 영역에 속했던 힘들을 감히 건드리는 신성모독의 죄를 저질렀다는 느낌이 들게 만들었다. 현장에 있지 않은 사람들에게 이 현상의 육체적, 정신적, 심리적 효과를 제대로 전달하기에는 말은 너무나도 부족한 도구이다. 제대로 알려면 직접 목격해야만 한다."

엔리코 페르미처럼 냉정하고 무미건조한 사람조차 지난 몇 주일 동안 원자폭탄에 반대하는 동료들에게 강하게 반박했는데도 불구하고 아주 큰 충격을 받았다. 페르미는 항상 "당신이 느끼는 양심의 가책으로 나를 귀찮게 하지 마세요! 어쨌든 그것은 대단히 훌륭한 물리학입니다!"라고 말했다. 이전에 그는 다른 사람에게 자신의 차를 몰게 한 적이 한 번도 없었다. 하지만 이번에는 운전대를 잡을 수 없을 것 같다고 고백하면서 한 친구에게 로스앨러모스로 돌아가는 동안 대신 운전을 해달라고 부탁했다. 로스앨러모스로 돌아온 다음 날 아침, 페르미는 아내에게 마치 자동차가 중간의 직선 구간을 생략하고 곡선 구간에서 다음 곡선 구간으로 건너뛰는 것처럼 보였다고 말했다.

맨 먼저 냉정을 되찾은 사람은 그로브스 장군이었던 것처럼 보인다. 그는 거의 울먹이면서 자신에게 달려와 예상 밖의 강력한 폭발 때문에 자신의 관측 장비와 측정 장비가 모두 파괴되었다고 말한 과학자를 다음과 같은 말로 위로했다. "장비들이 버티지 못했다면, 그 폭발은 상당한 위력을 가진 게 분명하군요. 그것은 결국 우리가 가장 알고 싶어 하던 것 아닙니까?" 패럴 장군에게는 이렇게 말했다. "전쟁은 이제 끝났소. 이것 한두 개면 일본은 끝장날 거요."

세상을 뒤흔든 이 첫 번째 원자폭탄 실험에 관한 이야기는 당분간 일반 대중에게는 알려지지 않았다. 실험 장소에서 약 200km 이내의 거리에 살던 사람들은 오전 5시 30분 무렵에 하늘에서 평소와 달리 아주 밝은 빛을 보았다. 하지만 그들은 맨해튼 지역 통신사 책임자 짐 모이너핸Jim Moynahan이 앨라모고도에서 탄약 창고가 폭발하는 사고가 있었다고 거짓 정보를 흘리는 바람에 모두 속아넘어갔다. 모이너핸은 인명 손실은 한 명도 없다고 덧붙였다.

반면에 핵실험 성공 소식을 실험에 참여한 사람들만 알도록 제한하려고 노력했던 보안 당국은 또 한 번 목적을 달성하는 데 실패했다. 며칠 지나지 않아 과학자들의 입소문을 통해 그 소식은 맨해튼 계획에 관여한 모든 연구소들로 퍼졌다. 오크리지에서 연구하던 젊은 과학자들 중 한 명인 해리슨 브라운은 이렇게 회상한다. "우리는 그 불덩어리와 버섯구름, 강한 열에 관한 소식을 알았습니다. 앨라모고도의 실험 이후에 많은 사람들은 사전에 그 위력을 보여주고 항복할 기회를 주기 전에는 원자폭탄을 일본에 사용해서는 안 된다는 청원서에 서명했습니다. 그리고 신무기의 국제적 통제를 확보할 방안을 즉각 연구하라고 정부에 촉구했습니다."

브라운이 언급한 청원서 초안은 실라르드가 작성했는데, 그는 백악관을 설득하는 노력에 실패하고 프랑크 보고서에서 부정적 결과를 얻은 뒤에 마지막 희망의 불길을 이끌기로 결심했다. 맨해튼 계획에 참여한 사람들에게서 원자폭탄 사용에 반대하는 서명을 최대한 많이 받아내는 것이 그의 계획이었다. 오크리지 연구소 책임자는 청원서 사본을 보자마자, 즉각 그 운동을 그로브스에게 알렸다. 그로브스는 연구자들이 청원서에 서명하지 못하도록 막기가 어려웠을 것이다. 그래서 청원서가 더 이상 돌아다니지 않도록 하는 방법을 생각해냈다. 실라르드의 청원서가 '기밀'이라고 선언한 것이다. 법에 따라 기밀 문서는 군의 감시하에 한 장소에서 다른 장소로 옮기도록 돼 있었다. 따라서 그로브스는 그저 선언하기만 하면 되었다. "불행하게도 우리는 이 문서를 보호하는데 쓸 병력이 없습니다. 따라서 병력을 확보할 때까지 이 문서는 안전한 곳에 보관할 수밖에 없습니다."

시카고의 야금학연구소에서 일하던 사람들 사이에서는 갈수록 점점 더 불안감이 높아졌다. 폭탄 투하를 막으려는 노력에 특별히 적극적으로 가담했던 젊은 물리학자 존 심프슨John A. Simpson은 이렇게 진술한다. "6월에 연구소 내에서 여러 젊은 과학자들이 폭탄을 사용하는 방법에서부터 국제적 통제에 이르기까지 여러 가지 주제를 놓고 광범위한 공개 토론을 벌였습니다. 이 토론들이 일어난 후, 군 지휘자들은 연구소 회의에서 그 문제에 대해 3명 이상이 토론을 하는 것을 금지했습니다. 그러자 과학자들은 환상적인 묘안을 생각해냈는데, 그날 저녁 회의를 주재하기로 선정된 두세 명의 과학자 패널이 있는 작은 방에서 회의를 열면서 한 번에 한 명씩 순차적으로 20여 명이 들어가 이 문제들을 토론하는 방법이었지요."

시카고에서는 흥분의 열기가 너무 고조된 나머지 결국 책임자인 콤프턴은 보좌관 패링턴 대니얼스Farrington Daniels를 시켜 투표를 실시했는데, 투표에 부친 질문은 다음과 같은 것이었다.

우리가 개발할 어떤 신무기를 대일본 전쟁에 사용하는 방법으로 다음 중에서 당신이 가장 선호하는 것은 무엇입니까?

(1) 군사적 관점에서 우리 군의 희생을 최소화하면서 일본의 항복을 이끌어내기에 가장 효율적인 방식으로 사용한다. (23표, 15%)

(2) 일본에서 무력 시위를 보여준 뒤에 그 무기를 완전히 사용하기 전에 항복 기회를 다시 준다. (69표, 46%)

(3) 일본 대표들을 초청하여 이 나라에서 실험적 시범을 보여준 뒤에 그 무기를 완전히 사용하기 전에 항복 기회를 다시 준다. (39표, 26%)

(4) 무기의 군사적 사용을 보류하되, 공개리에 실험적 시범을 통해 그 효과를 보여준다. (16표, 11%)

(5) 신무기 개발에 관한 사실을 가능하면 비밀로 하고, 이 전쟁에서 사용하는 것을 삼간다. (3표, 2%)

불행하게도 150명이 참여한 이 투표는 사전 토론이 전혀 없이 일어났다. 그 결과로 일본에서 무력 시위를 보여주자는 2번이 가장 많은 69표를 얻었다. 하지만 히로시마와 나가사키 도심에 원자폭탄이 각각 투하된 후에 2번에 투표한 69명 중 대다수는 "일본에서 무력 시위"는 민간인이 많이 거주하는 목표물이 아니라 순전히 군사적 표적에 대한 공격을 의미하는 것으로 이해했다고 설명했다.

2번과 비교해 미국에서 실험적 시범을 보여주는 방안이 39표, 군사 당국에 자유 재량권을 주는 방안이 23표, 군사적으로 사용하지 않고 공개 시범을 보여주는 방안이 16표, 모든 것을 비밀에 부치고 현재 전쟁에 원자폭탄을 사용하지 않는 방안이 3표를 얻었다는 사실에 주목할 필요가 있다.

그로브스가 청원서 서명 운동을 중단시키기 전까지 실라르드는 유명한 과학자 67명의 서명을 받았다. 그러자 실라르드는 청원서를 직접 트루먼 대통령에게 보냈다. 하지만 이 행동은 이전에 같은 문제 때문에 두 번이나 소집되었던 기구에 또다시 이 문제를 맡기는 결과를 낳는 데 그쳤다. 그 기구는 바로 이 운명적인 문제에 대해 대통령에게 조언을 할 책임을 진 임시 위원회였다. 임시 위원회에서 이 문제에 가장 큰 영향력을 지닌 사람들은 네 원자과학자였는데, 이들의 임무는 해당 분야의 전문가로서 그러한 조언이 어떤 형태로 구체화되도록 돕는 것이었다. 그 네 사람은 오펜하이머와 페르미, 콤프턴, 로렌스였다. 이들은 2개월 내에 세 번째로 자신들의 권위적인 의견이 지닌 영향력을 행사할 수 있는 기회를 얻었다. 일본에 원자폭탄을 투하하는 것에 반대하는 사람들은 앨라모고도의 핵실험이 일어난 이번에는 네 과학자가 이전의 판단을 바꿀 것이라고 기대할 만한 근거가 충분히 있었다. 왜냐하면, 7월 16일 이전에는 신무기가 폭발하는 데 성공할지, 그리고 만약 폭발한다면 어떤 효과를 발휘할지 아무도 몰랐기 때문이다. 하지만 이제 그 결과는 이전의 모든 계산보다 10~20배 이상 큰 것으로 드러났다. 실험에 참여한 사람들은 이제 더 이상 그 폭탄과 그 효과를 '폭죽'이라고 이야기하지 않고, '엄청나게 충격적인 경험'이었다고 이야기했다. 그토록 충격적인 결과라면 임시 위원회도 계획된 최초의 원자폭탄 폭격의 잠재 희생자들에게 내려진 사형 선고의 취소를 이 마지막 기회에 호소할 것으로 기대되었다.

원자폭탄 사용 결정을 내리기 전의 비공식 논의에서 가장 큰 영향력을 발휘한 주장은 비록 신무기가 많은 인명 희생을 초래하리란 것은 의심의 여지가 없지만, 그럼으로써 전쟁을 즉각 끝낼 수 있다면 쌍방에서 더 많은 생명과 재산의 손실을 방지할 수 있다는 것이었다. 5월 이후에 미국의 일반 대중은 오키나와 섬의 참혹한 전투 보고에 크게 염려하고 있었다. 일본인은 독일이 이미 전쟁에서 졌고, 이제 자신들의 미래는 가망이 없다는 사실을 알고 있었지만, 믿기 힘든 끈기와 죽음을 무시하는 태도로 저항을 계속 이어갔다. 오키나와 전투에서 발생한 미군 사상자 수는 필리핀을 탈환하는 전체 과정에서 발생한 것보다 더 많았다. 이러한 결과는 일본 본토 침공에서는 쌍방에서 수십만 명의 희생자가 나오지 않을까 하는 두려움을 낳았다.

과학 패널의 네 전문가가 원자폭탄의 사용이라는 중요한 문제를 다시 검토하게 되었을 때, 콤프턴은 그들에게 "전쟁을 일찍 끝낼 다른 수단이 있는가?"라는 질문이 제기되었다고 회상한다.

하지만 원자폭탄 투하와 전쟁의 무기한 지속으로 대표되는 이 딜레마는, 오늘날 밝혀진 것처럼, 그 당시의 진짜 상황과 일치하지 않았다. 그것은 "우리가 원자폭탄을 만들지 않으면, 히틀러가 먼저 만들 것이다."라는 이전의 딜레마와 정확하게 똑같이 적의 계획과 자원에 대한 잘못된 평가를 바탕으로 나온 것이었다.

사실, 미 육군 정보부와 해군 정보부는 모두 이 시점에 이미 일본의 최종 몰락은 시간 문제이며, 그것도 불과 몇 주일밖에 남지 않았다고 확신했다. 태평양 전역戰域 군사정보부장 앨프리드 매코맥은 이렇게 회상한다. "우리는 일본 상공의 제공권을 완벽하게 장악한 상태여서 모든 배가 언제 어느 항구에서 바다로 나가는지 환히 알고 있었습니다. 일본은 더 이상 식량 재고가 충분치 않았고, 연료 보유량은 사실상 고갈된 상태였지요. 우리는 일본의 모든 항구에 기뢰를 설치하는 비밀 작전을 시작했는데, 이것은 일본을 점점 나머지 세계와 고립시키고 있었습니다. 만약 이 작전을 끝까지 수행했더라면, 소이탄이나 그 밖의 폭탄으로 일본 도시들을 파괴하는 것도 불필요했을 것입니다. 하지만 워싱턴에서 노스태드 Norstad 장군은 이러한 봉쇄 작전은 미 공군에 어울리지 않는 비겁한 행동이라고 선언했지요. 그래서 그 작전은 중단되었습니다."

일본의 항복은 봉쇄를 강화하는 것 외에 다른 방법으로도 얻어낼 수 있었다. 현명한 외교를 통해 항복을 얻어낼 가능성이 훨씬 더 높았다. 그 당시는 일본의 조건부 항복을 이끌어내기에 적기였기 때문이다. 일본은 조건부 항복을 할 의향이 상당히 있었다. 독일 주재 일본 해군 무관이던 후지무라 요시로藤村義朗는 독일이 항복한 뒤 베른으로 갔는데, 4월 말에 나치스에 저항한 독일인 프리드리히 하크Friedrich Hack 박사를 통해 베른에서 미국 정보 기관 OSS Office of Strategic Services(전략사무국)의 지국장으로 활동하던 앨런 덜레스Allen Dulles와 가까운 세 동료를 소개받았다. 후지무라는 그들에게 자신의 정부에 압력을 가해 미국의 항복 조건을 받아들이도록 설득하겠다고 말했다. 거의 같은 시기에 스위스 공사관에서 무관으로 근무하던 오카모토 세이후쿠岡本清福 장군도 독자적으로 덜레스의 정보 기관에 접근해 비슷한 제안을 했다. 하지만 두 사람의 시도는 모두 무위로 돌아갔는데, 워싱턴은 정확한 항복 조건을 내걸길 원치 않았고, 도쿄는 스위스에서 두 일본인이 펼친 노력에 아무 지원도 하지 않았기 때문이다.

하지만 최대한 빨리 평화를 회복하려는 목적으로 일본이 시도한 또 다른 노력은 더 진지하게 받아들일 수도 있었다. 일본 왕의 제안으로 소련의 중재를 통해 미국과 전쟁을 끝내려는 움직임이 시작되었다. 그 목적을 위한 첫 번째 조치들은 7월 12일―앨라모고도에서 원자폭탄 실험을 위해 필요한 최초의 장치들이 로스앨러모스를 떠난 바로 그날―에 실행에 옮겨졌다. 하지만 소련은 2월에 얄타 회담에서 결정된 대로 소련이 대일본 전쟁에 참여하기 전에 전쟁을 끝내는 데 별로 관심이 없었다. 그래서 소련 측은 처음에는 할 수 있는 방법을 다 동원해 일본 측 대표와의 협의를 피하려고 했다. 마침내 사토 나오타케佐藤尚武 대사는 소련 정부 관계자를 만났지만, 소련 측은 도쿄의 제안을 가볍게 여기고 미국 측에 전달하는 데 그쳤는데, 그것도 의도적으로 시간을 끈 뒤에 전달했다.

하지만 워싱턴은 오래전부터 이러한 움직임을 알고 있었는데, 그전부터 일본의 비밀 암호를 해독하는 데 성공했기 때문이다. 미국은 7월 중순부터 도조 히데키東條英機 총리가 모스크바의 사토 대사에게 무전을 통해 보낸 긴급 지시와 사토의 응답을 도청해왔다. 그 메시지들 가운데에는 "일본은 패했다. 우리는 그 사실을 받아들이고 그에 따라 행동해야 한다."라는 문구도 있었다.

하지만 트루먼은 일본의 약점을 드러낸 이 중요한 메시지들을 외교적으로 활용하는 대신에 7월 26일의 포츠담 회담에서 일본이 '체면을 잃지' 않고서 조건부 항복을 하기 어렵게 만든 선언을 발표했다. 그날, 트루먼은 이미 그로브스 장군으로부터 앨라모고도에서의 실험이 예상을 뛰어넘는 성공을 거두었다는 인상적인 보고를 받았다. 일본이 몰락하기 전에 일어난 사건들을 미국과 일본의 자료를 바탕으로 비교 연구한 미국 역사학자 로버트 버토Robert J. C. Butow는 이 시기에 외교적 수단으로, 예컨대 포츠담 선언에서 밝힌 조건들을 온 세계에 선포하여 알리는 대신에 정치적 통로를 신중하게 사용해 고노에 후미마로近衛文麿 공작(이미 일본 왕으로부터 광범위한 전권을 부여받은)에게 전달함으로써, 전쟁을 빨리 끝낼 수 있었다는 견해를 표명한다.

버토는 이렇게 썼다. "연합국이 공작에게 제안 수용에 일본 정부의 지지를 얻어내도록 일주일의 말미를 주었더라면, 원자폭탄이나 소련의 참전 없이도 전쟁은 7월 후반이나 8월 초에 끝났을 것이다."*

하지만 미국 정부가 그런 조치의 가능성에 냉담한 태도를 유지했던 주요 이유는 이미 자신이 원자폭탄을 보유하고 있다는 사실을 알았기 때문일 것이다. 인내심을 갖고 매듭을 풀기보다는 반짝

---

* Robert J. Butow, *Japan's Decision to Surrender*, Hoover Library Publications No. 24, Stanford University Press, 1954, pp.133-135를 참고하라.

이는 신무기를 한두 번 휘둘러 싹둑 잘라버리는 편이 더 수월해 보였다.

책임이 있는 관련 정치인이나 전략가가 원자폭탄의 사용을 당분간 포기하는 결정을 내리려면 분명히 상당한 용기가 필요했을 것이다. 지금까지 약 20억 달러의 돈을 집어삼킨 맨해튼 계획 전체가 전쟁이 끝난 후 무의미한 예산 낭비로 지적당할 가능성을 두려워하지 않을 수 없었다. 그럴 경우, 원자폭탄을 사용했을 때 예상되는 찬사와 명성은 조롱과 비난으로 변하고 말 것이다.

트루먼 대통령은 회고록에서 자신의 '예스'가 원자폭탄 투하 문제를 결정지었다고 썼다. 이 구절에 대해 그로브스 장군은 저자에게 이렇게 말했다. "트루먼은 '예스'라고 말한 것이 아니라, '노'라고 말하지 않았을 뿐입니다. 그 당시에 '노'라고 말하려면 정말로 큰 용기가 필요했을 겁니다."

미국 대통령조차 진행되는 일의 진로를 감히 바꿀 엄두를 내지 못했다면, 그때까지 자기 윗사람들의 계획에 심각한 저항을 한 번도 해본 적이 없었던 과학 패널의 네 원자과학자에게 그런 행동을 기대하기는 더욱 어려운 일이었다. 그들은 자신들이 거대한 기구에 갇혀 있으며, 진정한 정치적 및 전략적 상황에 대한 정보를 제대로 제공받지 못한다고 생각했다.** 만약 그 당시에 그들이 순수

** 그로브스 장군은 일본의 평화 협상 타진 정보는 자신도 듣지 못했다고 말한다. 반면에 국무부는 이 문제와 관련해 도쿄가 취한 행동을 세세하게 알고 있긴 했지만, 신무기 사용이 임박했다는 경고를 전혀 받지 못했다.

하게 인도적 차원에서 원자폭탄 투하에 반대하는 도덕적 힘이 있었더라면, 그들의 태도에 대통령과 내각과 장군들은 깊은 인상을 받았을 것이다. 하지만 네 원자과학자는 또 한 번 '자신들이 맡은 임무만 수행하는' 데 그쳤다.

오펜하이머가 그로브스 장군과 특별히 잡은 회의를 위해 밀실에 들어갔다는 소식을 들었을 때, 원자폭탄 사용에 반대하는 사람들 사이에 잠깐 동안 희망이 되살아났다. 하지만 사실은 원자폭탄을 투하하기 얼마 전에 오펜하이머가 그로브스와 면담한 이유는 무엇보다도 덜 원시적인 원자 무기를 만드는 것을 생각할 때가 곧 오리란 점을 자신의 동료에게 이해시키기 위해서였다. 이리하여 매우 양심적인 성격을 지닌 천 가지 개별적 행동의 합은 결국 그 규모가 가공할 수준에 이르는 집단적 양심 포기 행동을 낳았다.*

---

* 《르 몽드Le Monde》는 1958년 4월 29일에 오펜하이머와 인터뷰를 하면서 "당신이 임시 위원회 위원으로 일하면서 트루먼 대통령에게 과학적 문제와 일본에 원자폭탄을 사용하는 문제에 대해 조언을 하는 책임을 지고 있었을 때, 제반 사정에 정통한 사람이라면 정치적 이유 때문에 만들어진 어떤 결정에 영향을 미칠 수 있겠다는 느낌을 받았습니까?"라고 질문했다. 이에 대해 오펜하이머는 이렇게 대답했다. "전문가들로 이루어진 이 위원회에 기대했던 것은 주로 새로운 질문들에 대한 기술적 의견이었습니다. 새로운 정부에, 즉 그 힘을 행사할 준비가 안 돼 있고, 원자폭탄 문제를 해결할 준비는 더더구나 안 돼 있던 사람들에게 이 시대에 결정을 해야 할 책임이 주어졌다는 사실을 잊어서는 안 됩니다. 의견을 요구한 사람들 중 다수는 그 문제를 연구할 시간이 없었습니다. 반면에 루스벨트 대통령과 윈스턴 처칠은 전쟁을 끝내는 데 필요한 것으로 증명된다면 원자폭탄을 사용해야 한다는 데 완전히 의견이 일치했지요. 이 의견은 비중이 아주 컸습니다. 불행하게도 시간이 부족했습니다. 그 문제를 좀더 철저하게 더 오래 연구했더라면, 책임자들이 이 신무기를 사용하는 데 무엇이 필요한지에 대해 더 정확한 개념 혹은 심지어는 다른 개념을 가질 수 있었을 것입니다."

1 9 4 5

고뇌에 빠진 과학자들

13

8월 7일 오전 9시, 일본 육군 항공대의 한 장교가 일본에서 가장 유명한 원자과학자 니시나 요시오仁科芳雄의 연구소로 찾아왔다. 연구소는 얼마 전에 공습으로 크게 파손되었다. 장교는 니시나에게 즉시 자기와 함께 참모본부로 가자고 했다.

참모본부가 왜 자신을 보길 원하느냐고 묻자, 그 장교는 그냥 웃음만 지었다. 니시나가 직원들에게 자신이 없는 동안 해야 할 일을 지시하고 있을 때, 도메이同盟 통신사 기자가 도착했다. 기자는 니시나에게 히로시마에 원자폭탄을 투하했다는 미국 방송 뉴스를 믿느냐고 물었다.

그 말을 듣고 니시나는 크게 놀랐다. 대다수 일본인과 마찬가지로 니시나도 최초의 원자폭탄 폭격 이야기를 아직 듣지 못한 상태였다. 하지만 그는 1939년부터 그런 무기가 만들어져 전쟁에 사용되지 않을까 하는 생각을 자주 했다. 심지어 개인적으로 그 파괴 규모를 계산해보기까지 했다.

그 뉴스를 그저 선전에 불과하다고 생각한 기자는 니시나 교수에게서 그것이 거짓임을 확인하길 원했다. 하지만 대신에 니시나는 고개를 끄덕이면서 하얗게 변한 입술로 더듬으면서 말했다. "음, 예······. 충분히 사실일 가능성이 있습니다······." 그러고 나서 자신을 데리러 온 장교를 따라갔다.

니시나는 일본인 중에서도 키가 작은 편이었다. 작은 사마귀들이 군데군데 나고 사각형에 가깝지만 상냥해 보이는 그의 얼굴은 전 세계의 원자과학자들이 잘 알고 사랑했다. 니시나는 1920년대에 닐스 보어 밑에서 일했고, 코펜하겐에서 보어의 한 제자와 함께 '클라인-니시나 공식'을 발견했다. 일본으로 돌아온 뒤에는 일본에 원자과학 학파를 세웠다. 따라서 신무기가 어떤 성질을 지녔는지 물어볼 사람으로는 그가 적격이었다.

히로시마 재난이 발생한 후 처음 몇 시간 동안 도쿄에서는 그곳에서 무슨 일이 일어났는지 안 사람이 아무도 없었다. 최초의 공식적인 소식은 주고쿠 지방의 고위 공무원이 보낸 전보였다. 거기에는 히로시마가 "완전히 새로운 종류의 폭탄"을 사용한 "소수의 항공기"에 공격을 받았다고 적혀 있었다. 8월 7일 새벽에 참모본부의 가와베 도라시로河邊虎四郎 참모차장은 추가 보고를 받았는데, 거기에는 언뜻 보기에는 이해할 수 없는 문장이 포함돼 있었다. "단 한 발의 폭탄으로 히로시마 도시 전체가 순식간에 파괴되었습니다."

가와베는 전에 니시나가 한 말이 떠올랐는데, 일본 해군 정보부가 제공한 정보에 따르면 원자폭탄 폭격이 일어날 가능성이 있다는 내용이었다. 니시나 교수가 오자마자 가와베는 "6개월 안에 원자폭탄을 만들 수 있겠소? 상황이 허락한다면, 그 정도는 버틸 수 있을 거요."라고 물었다.

니시나는 "현재 조건에서는 6년도 충분치 않습니다. 더구나 우리에겐 우라늄도 전혀 없지 않습니까?"

그 다음에 니시나는 새로운 폭탄에 대응해 효과적인 방어 방법을 제시할 수 있느냐는 질문을 받았다. 그가 내놓을 수 있는 방안은 한 가지밖에 없었다. "일본 상공에 나타나는 적기를 모조리 격추시키는 수밖에요."

니시나의 발언은 너무나도 충격적인 것이어서 도쿄의 군부 지도자들은 즉각 받아들이지 못했다. 같은 날에 급히 소집된 "새로운 폭탄에 대응하기 위한 대책 연구 위원회"에서는 다른 과학자의 의견을 바탕으로 아무리 뛰어난 미국의 기술로도 그토록 위험한 장치를 태평양을 건너 미국에서 일본까지 운반할 수는 없다는 견해를 내놓았다.

니시나는 직접 히로시마로 날아가 현장에서 자신의 추측이 맞는지 확인하겠다고 제안했다. 그날, 주로 군사 전문가로 구성된 위원회가 도코로자와 공항에서 비행기 두 대에 나눠 타고 참사 현장으로 출발하기로 결정되었다. 니시나가 탄 비행기는 절반쯤 날아간 지점에서 엔진에 문제가 생겨 도쿄로 되돌아왔다. 그 당시 일본에서는 이용 가능한 비행기가 매우 적었기 때문에 니시나는 하루를 더 기다렸다가 히로시마를 향해 다시 출발했다.

기다리는 동안 니시나는 아주 충격적인 인상을 받은 경험을 했다. 제자인 후쿠다 노부유키福田信之와 함께 도쿄 거리에 서 있을 때, 하늘에 B-29 한 대가 나타났다. 도쿄 시민은 이미 대규모 공습에 익숙해져 있었다. 신문들은 아직 새로운 폭탄에 관한 소식을 보도하지 못하도록 돼 있었기 때문에, 그들은 홀로 나타난 적기를 그냥 대열에서 이탈한 비행기이겠거니 하고 대수롭지 않게 여겼다.

하지만 두 과학자는 부리나케 방공호를 찾아 뛰어가면서 겁쟁이가 된 듯한 느낌이 들었다. 후쿠다는 그 일에 대해 이렇게 이야기한다.

그 순간 우리는 심한 양심의 가책을 느꼈습니다. 단 한 대의 비행기가 단 한 발의 폭탄으로 이전에 우리를 공격했던 편대들을 모두 합친 것보다 훨씬 끔찍한 재난을 초래할 수 있다는 사실을 주변 사람들은 아무도 몰랐지만, 오직 우리만 알고 있었지요. 우리는 무관심한 사람들에게 경고를 하고 싶은 마음이 굴뚝같았습니다. "안전한 곳으로 피하세요! 저 비행기는 보통 폭탄을 실은 보통 비행기가 아닐 수도 있어요!" 하지만 참모본부는 일반 대중에게 심지어는 가족에게도 이 소식이 퍼져나가지 않도록 비밀을 지키라고 엄격하게 명령했지요. 그래서 우리의 입은 굳게 봉해져 있었습니다. 우리는 동료 시민에게 경고를 전하지 못한다는 사실에 분노와 부끄러움을 느끼면서 방공호에서 얼른 시간이 지나가기만을 기다렸습니다. '공습 해제' 신호가 나오기 전까지 우리는 숨도 크게 쉬지 못했어요. 다행히도 그때 원자폭탄은 떨어지지 않았습니다. 하지만 그런 일시적인 행운에도 불구하고, 우리가 느낀 절망감은 변함이 없었지요. 동료 시민들에게 경고를 하지 못했다는 사실 때문에 우리는 그들을 배신했다는 느낌을 지울 수 없었어요. 내가 존경하는 니시나 교수님은 그날 경험한 그 죄책감을 결코 떨치지 못했습니다.

니시나는 다음 날 두 번째로 히로시마행 비행기에 탑승하면서 자신의 추측이 제발 틀리길 바랐다. 애국자로서 느끼는 슬픔 외에, 만약 이런 종류의 슈퍼무기가 정말로 만들어지고 사용되었다면, 오랫동안 자신과 친구 사이였던 서양 과학자들이 이제 일본인의 눈에 잔혹한 괴물로 보이리란 두려움도 큰 고통으로 다가왔다. 8월 8일 오후, 한때 번영을 누리던 도시가 연기가 피어오르는 거대한 폐허로 변한 모습이 마침내 시야에 들어오자, 니시나는 자신이 두려워하던 것이 사실임을 확인했다. 훗날 그는 자신을 심문한 미군 장교들에게 이렇게 말했다. "하늘에서 피해 현장을 살펴보던 나는 이런 참상을 빚어낼 수 있는 것은 원자폭탄 말고는 아무것도 없다는 사실을 한눈에 알 수 있었습니다."

하루 전에 참모본부 제2부장(정보부를 관할하는) 아리스에 세이조有末精三 중장이 통솔해 히로시마에 도착한 일본군 장교들은 사용된 무기가 재래식 무기였길 내심 기대했다. 도착하자 공항을 책임진 장교가 뛰어나와 그들을 맞이했다. 그의 얼굴 반쪽은 심한 화상을 입었지만 나머지 절반은 멀쩡했다. 그는 화상 부위를 가리키면서 이렇게 보고했다. "노출된 것은 모두 탔습니다. 하지만 조금이라도 엄폐된 것은 무사했습니다. 따라서 대응 수단이 전혀 없는 것은 아닌 것 같습니다."

히로시마의 끔찍한 재난을 목격한 사람들은 나중에 인간의 비참한 고통이 극에 달한 장면들을 묘사했다. 니시나 자신도 그 광경의 규모와 공포에 큰 충격을 받았지만, 그것이 자신의 조사에 영향을 미치지 않도록 신경 썼다. 겉으로는 침착한 전문가의 모습을 유지하면서 정확한 계산을 수행했다. 그가 해야 할 일은 지옥의 고통에 주목하는 것이 아니라, 측정 수치들에 주목하는 것이었다. 폭발 지점에서 반경 600m 이내에 있는 모든 집들의 기와가 0.01cm 두께로 녹았다는 사실로부터 폭발 시의 엄청난 온도를 계산할 수 있었다. 또, 일부 벽 — 그 주변의 모든 것은 눈부시게 밝은 빛에 표백되거나 검게 그을렸다 — 의 나무에 희미하게 남은 사람과 물체의 흔적으로 폭탄이 폭발한 고도를 3% 이내의 오차로 계산할 수 있었다. 심지어 방사능 농도를 측정하기 위해 "폭발 지점 바로 아래 장소"의 땅을 파기도 했다. 넉 달 뒤인 1945년 12월, 니시나의 몸 전체에 반점이 생겼는데, 그는 잔해 속에 여전히 남아 있던 방사능에 피폭된 결과라고 믿었다.

지칠 줄 모르는 이 작은 남자는 폭탄의 압력으로 유리창이 부서진 반경을 확인하기 위해 모든 방향에서 도시를 조사했다. 도시 부근의 무카이시마 섬에 있던 대공포 진지도 방문해 포수들로부터 공격 상황을 들었다. 그들은 "하늘에는 B-29 두 대밖에 없었습니다. 그 두 대가 도시 전체를 파괴했다는 건 도저히 믿을 수가 없습니다."라고 말했다.

8월 10일, 지난 3일 동안 재난의 발생 과정을 재구성하려고 애쓴 일본의 다양한 조사 위원회들이 히로시마 인근에 아직 서 있던 한 건물에 모였다. 참석자들 중 대부분은 이제 미국이 정말로 원자폭탄을 투하했다고 믿었다. 한 해군사관학교 교관은 '다른 종류의 폭탄'이 사용되었다고 선언하면서 아마도 '액체 공기'를 포함한 폭탄일 것이라고 말했다. 니시나는 즉각 그 견해를 반박했다. 그리고 전쟁 전에 진행된 원자 무기 연구 상황을 간략하게 설명하면서 "나 자신이 거기에 관여했습니다."란 말로 설명을 마쳤다. 이 발언은 자책처럼 들렸는데, 자신의 행동은 변명할 여지가 없다고 생각하는 것 같았다. 그러고 나서 니시나 교수는 침울한 낙담의 침묵 속으로 빠져들었는데, 그것은 그 후로도 오래 지속되었다.

원자폭탄 투하 소식에 큰 충격을 받은 사람들 중에는 우라늄 핵분열을 발견한 오토 한도 있었다. 그는 실용적 이용에 대한 생각은 전혀 하지도 않고 했던 자신의 연구가 결국 수만 명의 남녀노소를 죽이는 결과를 초래했다고 생각하니 견딜 수가 없었다. 알소스 부대에 체포된 후, 한은 하이델베르크와 파리 근처에 위치한 '더스트빈Dustbin'이라는 미국의 특별 이송 캠프를 거쳐 케임브리지에서 멀지 않은 고드맨체스터의 영국식 시골 별장으로 갔다. 한은 이렇게 영국에 구금되어 있을 때, 자신이 약 7년 전에 완성했던 연구가 이토록 섬뜩한 결과를 낳았다는 소식을 들었다.

고드맨체스터에 구금돼 있던 독일인 물리학자는 한 말고도 9

명이 더 있었다. 하이젠베르크와 바이츠제커도 자기 팀에 속한 몇 사람과 함께 그곳에 있었고, 함부르크에서 디브너의 우라늄 계획에 참여해 일했던 하르테크와 에리히 바게 Erich Bagge, 당 간부들의 반대에도 불구하고 군수부 장관 알베르트 슈페어의 도움으로 핵물리학연구소의 최고 책임자 자리에 임명된 게를라흐, 그리고 막스 폰 라우에도 있었다. 하우드스밋은 폰 라우에에게 그가 늘 나치스 정권에 공공연히 반대했다는 사실을 연합국 측이 아주 잘 알고 있다고 장담했는데도 불구하고, 폰 라우에는 그곳에 구금되었다.

이 10명의 과학자는 물질적 측면에서는 독일이 몰락한 이후 몇 달 동안 독일에서 살아간 사람들보다 훨씬 좋은 시간을 보냈다. 구금한 사람들은 이들을 아주 호의적으로 대했고, 심지어는 노골적으로 아첨까지 해가면서 떠받들었다. 여행을 하는 여러 단계에서 이들을 지키는 임무를 맡았던 미국 군인들은 이들이 아주 중요한 사람임이 틀림없다는 사실을 눈치채고는 정체가 무엇일까 추측하길 즐겼다. 한 경비병은 자신이 보호하던 폰 라우에에게 "당신은 페탱 원수가 틀림없을 거예요!"라고 말했다.

하지만 훌륭한 식사와 안락한 숙소만으로는 혼란스러운 독일에 남겨두고 온 가족들의 운명에 대한 불안을 잠재울 수 없었다. 이들은 처음에는 가장 가까운 친척을 포함해 고국에 있는 어느 누구하고도 직접 연락을 주고받는 것이 금지되었다. 이들은 나머지 세계 사람들로부터 너무나도 완벽하게 사라진 나머지, 스웨덴 한림원이 노벨상 수상자로 결정된 오토 한에게 연락을 취하려고 했을 때 처음에는 어디에서도 찾을 수 없었다. 한이 미국 어딘가에 있다는 소문이 어렴풋이 나돌았다.

이송되기 전에 포로가 된 이들을 각자 한 시간씩 만난 하우드 스밋은 이렇게 말한다. "독일 최고의 물리학자들이 왜 영국에 구금되었는지 나는 그 이유를 도저히 알 수 없었습니다……. 아마도 우리의 군사 전문가들은 이들을 발견한 뒤에 어떻게 처리해야 할지 모르고 있다가 영국 측이 이들을 데려가겠다고 하자 고맙게 여겼을지 모릅니다." 알소스 부대의 과학 책임자는 구금 장소를 비밀로 한 이유를 설명했다. "이 모든 일을 비밀리에 처리한 이유는 독일이 원자폭탄을 보유했거나 그 비밀에 아주 가까이 다가갔을 것이라는 처음의 가정 때문이었습니다. 실은 이들이 중요한 비밀을 사실상 전혀 모르는 것으로 드러났지요. 하지만 그들을 찾아내 그렇게 철저하게 조사하다 보면, 거꾸로 우리가 가진 패를 노출할 염려가 있었습니다. 사실, 독일 과학자들은 자신들이 우위에 있다고 확신하고 있었거든요. 그들은 자신들이 실패한 곳에서 우리가 성공했을 거라는 생각은 전혀 하지 못했습니다. 하지만 우리의 군 보안 전문가들은 이를 확신하지 못했지요. 만약 이들을 풀어줄 경우, 우리가 거대한 우라늄 계획을 추진하고 있을지도 모른다는 추정이 온 사방에 널리 알려지지 않으리라고 확신할 수 없었습니다. 그 위험이 너무나도 컸습니다. 유일한 방법은 이들을 따로 분리해 놓고 그들의 동료들과 나머지 세상 사람들이 제멋대로 추측하게 내버려두는 것이었지요."

독일 원자과학자들의 비밀 구금 장소인 팜홀 Farm Hall은 1728년에 세워졌다. 첫 번째 소유주였던 클라크Clark 판사는 구금된 죄수들을 조사하러 정기적으로 교도소를 방문하다가 '발진티푸스'에 감염되었고, 그 때문에 사망했다.(하지만 '영국 의회의 역사'에 따르면, 청중이 많이 참석한 재판 도중에 감염되었다고 한다 – 옮긴이) 만약 1945년에 클라크가 로마 시대의 동전과 토기 파편을 찾기 위해 정원을 파헤치곤 하던 자신의 목가적인 작은 안식처를 하늘나라에서 내려다보았더라면, 자신의 '토스카나식 별장'이 당분간 감옥으로 변한 걸 알고는 깜짝 놀랐을 것이다. 팜홀은 독일 원자과학자들이 구금되기 전에는 독일을 점령할 때 유럽 대륙으로 파견할 영국과 네덜란드, 벨기에, 프랑스의 비밀 요원들을 훈련시키는 학교로 쓰였다.

팜홀은 길을 따라 높은 담장이 서 있는 큰 벽돌집으로, 집 안에서는 그 너머로 푸른 목초지와 키 큰 나무들이 보였다. 대체로 팜홀은 아주 쾌적하고 안락한 구금 장소였다. 두 영국인 장교가 중요한 수감자 10명을 감시하는 책임을 맡았다. 바이츠제커는 나중에 "이 두 장교는 불만 많은 10명의 물리학자를 관리하는 힘든 임무를 최고의 능숙한 솜씨로 수행했습니다. 우리는 그들이 보여준 행동에 늘 고마워해야 할 것입니다."라고 인정했다. 하지만 불만이 많은 물리학자들도 구금된 것을 행운으로 여길 때가 자주 있었는데, 오늘날의 모든 과학자들이 그렇듯이 과학자로서 수행해야 할 온갖 복잡한 의무들로부터 잠시 동안 해방되었기 때문이다. 바이츠제커는 군의 보안 조처로 만들어진 상아탑에서 보낸 시기를 회상하면서 이렇게 말한다. "가족에 대한 걱정만 없었더라면, 아마도 인생에서 그때만큼 즐거운 시기도 없었을 것이다."

대부분의 수감자들과 마찬가지로 바이츠제커는 오랜 세월 동안 경험하지 못했던 평화 속에서 숙고하고 글을 쓸 수 있었다. 우주의 기원에 관해 가장 중요하고 주목할 만한 개념들 중 일부를 생각한 곳도 바로 이곳이었다. 수감된 또 다른 물리학자인 막스 폰 라우에는 뢴트겐선(X선)을 연구한 결과를 논문으로 썼다. 65세의 이 노벨상 수상자는 건강을 유지하기 위해 매일 10km를 걸었다. 이에 대해 오토 한은 이렇게 전한다. "그러려면 우리에게 할애된 정원을 약 50바퀴나 돌아야 했지요. 그는 한 바퀴 돌 때마다 분필로 벽에 표시를 하면서 걸었습니다."

이들은 전쟁 포로들이 흔히 그러듯이, 핸드볼을 하거나 어려운 문제를 풀거나 오래된 책들이 많이 구비된 그 집 서재에서 독서를 하며 많은 시간을 보냈다. 하이젠베르크는 영국 소설가 앤터니 트롤럽Anthony Trollope의 작품을 거의 다 읽었다. 수감자들은 BBC가 방송하는 콘서트를 들을 때도 있었다. 하지만 매일 '강의'도 있었는데, 10명의 과학자 중 한 사람이 자신의 최신 연구를 설명하는 자리를 마련했다. 이러한 강의에서는 일반적으로 활발한 의견 교환이 일어났다. 토론 내용 전부와 심지어 사적인 대화와 식탁에서의 잡담도 숨겨둔 마이크로폰으로 도청되어 테이프에 녹음되었다. 수감자들은 나중에 우연한 사고 때문에 이 사실을 알게 되었다. 1945년 크리스마스를 얼마 남겨놓지 않은 어느 날 저녁, 수감자들은 갑자기 공동으로 쓰던 거실에서 나가달라는 요청을 받았다. 경비병들의 크리스마스 파티를 위해 확성기를 설치했던 한 군인이 그 과정에서 부주의하게 마이크로폰에 연결된 전선을 자르는 실수를 저질렀기 때문이었다.

영국 정보부의 비밀 문서 보관고에 보존된 이 녹음 기록에서 히로시마 원자폭탄 투하가 발표된 후인 8월 6일 저녁에 팜홀에 수감돼 있던 사람들 사이에서 벌어진 토론을 들어보면 아주 흥미롭다. 하우드스밋은 그 대화를 상당히 길게 기록했지만, 대화에 참여한 당사자들은 그의 보고서를 아주 정확하다고 생각하지 않는다. 하우드스밋은 독일 전문가들이 처음에는 그 이야기를 믿으려 하지 않았다고 말한다. 한 사람은 "그것은 원자폭탄일 리가 없어."라고 말했다고 한다. "그것은 아마도 독일에서 그랬던 것처럼 선전일 거야. 새로운 폭발물이나 아주 큰 폭탄을 만들고서 '원자폭탄'이라고 부를 수도 있어. 하지만 우리가 원자폭탄이라고 부르는 것은 분명히 아닐 거야. 그것은 우라늄 문제하고는 하등의 관계도 없어……." 하우드스밋은 계속해서 "그렇게 결론을 내리고 나서 독일 과학자들은 평화롭게 저녁 식사를 마칠 수 있었고, 심지어 소화도 일부 했습니다. 하지만 9시에 자세한 뉴스가 방송되었지요……. 10명의 과학자가 받은 충격은 매우 컸습니다……. 그들은 그 폭탄의 과학에 대해 토론을 하면서 몇 시간을 보냈고, 그 메커니즘을 알아내려고 노력했습니다. 하지만 라디오는 비록 자세한 보도에도 불구하고 충분한 정보를 제공하지 않았고, 독일 과학자들은 여전히 우리가 전체 우라늄 원자로를 통째로 히로시마에 떨어뜨렸다고 믿었지요……."

일기를 썼던 발터 게를라흐는 하우드스밋의 진술 중 적어도 하나는 옳다고 확인해준다. 그 역시 그때 하이젠베르크가 미국이 만든 원자폭탄의 존재를 믿지 않는다는 사실을 즉각 알아챘다. 하우드스밋의 이야기에 대해 바이츠제커는 다음과 같이 평한다.

하우드스밋은 그토록 생생하게 묘사하지만, 정작 자신은 히로시마에 원자폭탄이 투하되었다는 소식을 들었던 날 저녁에 우리가 구금된 장소에서 나눈 토론에 참석하지 않았습니다. 우리를 책임지고 있던 두 영국 장교의 보고를 바탕으로 이야기를 재구성할 수 있었을 뿐입니다 ……. 하지만 이 장교들은 물리학자가 아니어서 그들이 들었던 원자폭탄의 물리학에 관한 대화 내용을 정확하게 재현할 수 없었을 게 분명합니다. 따라서 하우드스밋의 이야기에는 부정확한 내용이 많이 포함돼 있습니다. 특히 우리는 미국인이 원자로를 투하했으리라고 추정한 적이 전혀 없습니다. 물론 그 당시 우리가 확실히 알지 못했던 기술적 문제들에 관한 토론이었으니만큼 토론 과정에서 누군가가 그런 가능성을 언급하지 않았다고는 말할 수 없습니다. 하지만 만약 그랬다면, 신문 보도 내용을 그렇게 해석하는 것은 우리의 기술적 지식에 기초해 판단할 때 터무니없는 것이라는 결론을 쉽게 내렸을 것입니다 …….

첫 번째 방송 보도를 듣고 나서 우리가 그 폭탄이 원자폭탄일 리가 없다고 생각하면서 스스로 위안했다는 것도 사실이 아닙니다. 흥분한 상태에서 나눈 열 사람의 대화에 귀를 기울이면서 그 모든 대화를 다 들을 수 있는 사람은 당연히 아무도 없습니다. 하지만 우리가 원자폭탄 제조에 내재하는 어려움을 정확하게 알고 있었고, 그러한 어려움이 너무나도 크기 때문에 미국이 전쟁 동안에 원자폭탄을 만들 수 있으리란 생각을 전혀 하지 못했던 것은 엄연한 사실입니다……. 우리만의 작은 집단 내에서 우리는 미국이 만약 모든 자원을 그 목적을 위해 쏟아붓는다면, 다른 문제들뿐만 아니라 우라늄 문제의 해결을 향해 우리보다 더 큰 진전을 이룰 가능성도 있다고 생각했습니다. 하지만 전쟁 동안에 이런 의미에서 미국인의 연구에 큰 진전이 일어나는 것은 불가능하다고 여겼습니다. 왜냐하면, 사실은 우리가 미국의 잠재력을 과소평가해 설사 미국이라 하더라도 원자폭탄을 실제로 만들 가능성은 사실상 배제할 수 있다고 가정했기 때문입니다. 우리는 제반 사정을 고려할 때, 미국 당국은 그런 계획을 전쟁이 끝난 후로 미루기로 결정할 것이라고 생각했습니다. 우리의 상황 평가는 비록 양적으로는 틀렸을지 몰라도 질적으로는 크게 틀린 것이 아니었습니다. 왜냐하면, 원자폭탄이 실제로 완성된 것은 어쨌든 독일과의 전쟁이 끝난 뒤였기 때문입니다.

게를라흐가 일기에 적었듯이, 그러고 나서 팜홀에 머물던 과학자 집단에서 "아주 어려운 상황"이 발생했다. 구금 생활을 몇 달 동안 하는 사이에 그들은 서로 친구가 되었다. 그런데 이제 특히 젊은 사람들이 선배들을 비난하기 시작했다. 원자폭탄을 만들지 않기로 한 그들의 결정이 옳았는가? 만약 독일이 그런 무기를 보유하고 있었더라면, 훨씬 나은 평화 조건을 얻어낼 수 있지 않았을까? 나이 많은 과학자들은 아마도 연합국의 핵물리학자들이 이

제부터 시달리게 될 무거운 죄책감의 짐에서 독일 원자물리학자들이 벗어나서 다행이라고 대답했다.

오토 한은 가열되고 종종 신랄하게 진행된 이들의 논쟁에 거의 참여하지 않았다. 한은 너무나도 의기소침한 상태에 빠져, 동료들은 때로는 그가 자포자기한 나머지 스스로 목숨을 끊지 않을까 염려했다. 그들은 서로에게 "한을 잘 감시해!"라고 속삭였다.

바게는 1945년 8월 7일자 일기에서 이렇게 썼다.

불쌍한 한 교수! 그는 우리에게 원자핵 분열이 초래할 수 있는 끔찍한 결과를 처음 알았을 때, 며칠 밤 동안 잠을 잘 수 없었으며 자살을 생각했다고 말했다. 이러한 재앙을 방지하기 위해 모든 우라늄을 바닷속에 폐기하는 생각도 했다고 한다……. 새벽 두 시에 누가 우리 방 문을 노크하더니, 폰 라우에가 들어왔다. "우리가 뭔가 조치를 취하지 않으면 안 돼. 오토 한이 걱정돼 죽겠어. 이 소식을 듣고 마음이 굉장히 상한 것 같아. 난 최악의 상황이 발생할까 봐 두려워." 우리는 한동안 자지 않고 기다렸다가 한이 잠들었다는 사실을 확인하고 나서야 잠을 자러 갔다.

한에게 원자폭탄 투하 소식을 처음 말한 사람은 두 감시 장교 중 한 명이었다. 한은 상대방이 자신을 위로하려고 한 말에 그 소식 자체만큼이나 큰 충격을 받았다. 왜냐하면, 평소에 히틀러의 광적인 인종 차별을 비난했던 한이 믿을 수 없다는 듯이 "뭐라고요? 10만 명이 죽었다고요? 그토록 끔찍한 일이!"라고 소리치자, 그 정보를 전한 사람은 "그렇게 흥분할 필요 없어요. 우리 군인 한 명이 죽는 것보다야 일본인 수천 명이 죽는 게 낫죠."라고 대답했기 때문이다.*

---

* 일본에 원자폭탄을 투하함으로써 많은 연합국 병사의 생명을 구할 수 있었다는 주장에 대해 훗날 미국의 유명한 성직자 풀턴 신은 "히틀러가 네덜란드를 폭격할 때에도 바로 그와 똑같은 주장을 했다."라고 반박했다.

1 9 4 5 ～ 1 9 4 6

과학자들의 십자군 전쟁

14

로스앨러모스의 원자과학자들도 히로시마 원자폭탄 투하 소식을 듣고서 불안과 당혹감을 감추지 못했다. 오토 프리슈는 연구실에 앉아 있다가 바깥쪽 복도에서 갑자기 큰 환성이 들려오던 날을 기억한다. 문을 열었더니 몇몇 젊은 동료들이 전투에 나가는 인디언처럼 "워피!"라고 소리를 지르며 뛰어다녔다. 그들은 방금 라디오에서 트루먼 대통령이 첫 번째 원자폭탄 투하가 성공적으로 일어났다는 그로브스 장군의 보고를 읽는 것을 들었던 것이다. 프리슈는 "내게 기쁨의 환성은 다소 부적절해 보였다."라고 냉담하게 언급했다. 1939년에 원자핵 분열에서 얼마나 큰 에너지가 나올지 처음 계산한 사람이 바로 그였다. 그 에너지가 이제 수만 명의 목숨을 앗아갔다.

1945년 8월 6일은 아인슈타인과 프랑크, 실라르드, 라비노비치처럼 원자폭탄 사용을 막으려고 최선을 다한 사람들에게는 암울한 날이었다. 하지만 메사 위에 있던 사람들은 진퇴양난의 처지에 빠졌다. 어쨌든 그들은 그 목표를 달성하기 위해 밤낮을 잊고 열심히 일했다. 이제 놀라운 소식이 들려온 이 최초의 순간에 이들은 일반적으로 사람들이 그러리라고 생각한 것처럼 자신들이 한 일에 대해 자부심을 느껴야 할까? 아니면, 무방비 상태의 많은 사람들에게 끼친 고통을 생각하면서 자신들이 한 일을 부끄러워해야 할까? 그것도 아니라면, 같은 개인이 자부심과 부끄러움을 동시에 느끼는 것(이런 입장은 오직 원자물리학의 모순적인 데이터에만 필적할 만한 가장 이상한 것이 될 테지만)이 가능할까?

이해하기 아주 어려운 이 사건의 성격을 각자의 지성과 노력을 모두 쏟아부음으로써 그것을 일어나게 한 사람들과 대비해 살펴보면, 이 모든 것은 더욱 혼란스러워 보인다. 세상 사람들의 눈에는 이제 이들의 위상은 더 이상 자신들의 진짜 성격과 일치하지 않는, 사실은 모순되기까지 하는, 수준으로 성큼 커졌다. 이들이 이룬 일의 규모가 신에 비견할 만큼 컸기 때문에, 이들은 일반 대중의 상상 속에서 실제보다 훨씬 부풀려져 신화적 인물의 위치로까지 격상되었다. 그들은 티탄(그리스 신화에 나오는 거인족)으로 불렸고, 운명의 지배자 제우스에 도전한 프로메테우스에 비교되었다. '마신 Devil God, 魔神'이라고도 불렸다. 하지만 이들은 그 자신에게나 이웃에게는 이전과 똑같은 인간으로, 즉 특별한 선이나 악으로 구별되지 않고, 일하는 시간에 '부수적인' 고려 사항에 한눈을 팔지 않고서 원자폭탄의 파괴 반경을 계산을 하는 버릇이 있는 반면, 여가 시간에는 가장 세심한 정원사인 앨빈 그레이브스 Alvin

Graves처럼 식물에게 말라죽지 않도록 자신의 식수를 나눠주는 모순적인 존재로 보였다.

20년 전에 괴팅겐에서 공부했던 미국 물리학자 로버트 브로드 Robert Brode는 자신과 로스앨러모스에 있던 일부 동료가 그 당시에 느꼈던 감정을 다음과 같이 묘사했다.

우리는 당연히 우리 무기가 초래한 효과에 큰 충격을 받았는데, 특히 그 폭탄이 우리가 생각한 것처럼 분명히 히로시마의 군사 시설을 표적으로 한 것이 아니라 도시 중심부에 떨어졌다는 사실 때문에 특히 충격이 컸다. 하지만 진심을 솔직하게 털어놓는다면, 우리는 공포보다는 안도감이 훨씬 컸다고 고백하지 않을 수 없다. 왜냐하면, 마침내 다른 도시와 나라에 있는 우리 가족들과 친구들이 우리가 왜 몇 년 동안 소식도 없이 사라졌는지 그 이유를 알게 되었기 때문이다. 이제 그들은 우리 역시 자신이 맡은 임무를 성실하게 수행했다는 사실을 알게 되었다. 마침내 우리 자신도 우리가 한 일이 헛된 일이 아니었음을 알게 되었다. 내 생각을 솔직히 털어놓는다면, 나는 죄책감을 전혀 느끼지 않았다고 말할 수 있다.

34세의 전자공학 전문가 '윌리' 히긴보섬 'Willie' Higinbotham(프로테스탄트 성직자의 아들로, 곧 자신들의 연구에 대해 정치적으로나 도덕적으로 책임을 느낀 원자과학자들 중에서 두각을 나타낸)은 로스앨러모스에서 어머니에게 보낸 편지에서 이렇게 썼다.

저는 우리가 한 일이 조금도 자랑스럽지 않아요…… 그 일을 한 유일한 이유는 나머지 세상 사람들보다 앞서기 위해서였어요…… 아마도 이것은 너무나 파괴적이어서 인류는 평화를 추구하지 않을 수 없을 거예요. 이제 평화 외에 다른 대안은 생각도 할 수 없어요. 하지만 불행하게도 그렇게 생각하지 않는 사람들이 항상 있을 거예요……. 나는 이제 '뒤섞인 감정'의 의미를 알 것 같아요. 나는 간디가 현재로서는 예수의 유일한 진짜 사도가 아닐까 생각해요……. 어쨌든 이제 그 일은 끝났고, 하느님은 우리의 미래에 큰 힘을 주었어요. 사랑하는 아들이.

로스앨러모스에서 일한 원자과학자들 중 몇몇은 마지막 원자폭탄(그때까지는 단 3개만 만들어졌다)이 사용할 준비가 된 채 티니언 섬에 보관돼 있다는 사실을 알고 있었다. 히로시마에 투하한 폭탄은 '홀쭉이 thin man'라고 불린 반면에 이 폭탄은 '뚱뚱이 fat man'라고 불렸다. 이번 폭탄이 홀쭉이보다 파괴력이 훨씬 클 것이라고 추정할 만한 이유가 충분히 있었다.(홀쭉이는 우라늄으로 만든 폭탄이었고, 뚱뚱이는 플루토늄으로 만든 폭탄이었다 – 옮긴이) 뚱뚱이를 만드는 데 관여한 한 사람은 충분히 이해할 만한 이유로 이름을 밝히길 원치 않았는데, 다음과 같이 심정을 털어놓았다. "나는 더 '나은' 이 폭탄을 사용하는 것이 몹시 두려웠습니다. 나는 그것이 사용되지 않길 바랐고, 그것이 초래할 파괴를 생각하며 몸서리쳤습니다. 하지만 아주 솔직하게 말한다면, 나는 이 종류의 폭탄 역시 예상한 대로 작동하는지, 다시 말해서 그 복잡한 메커니즘이 제대로 작동하는지 몹시 보고 싶었던 것도 사실입니다. 물론 이것은 끔찍한 생각이란 걸 알지만, 그래도 그 생각이 자꾸 떠오르는 걸 막을 수 없었습니다."

한편, 원자과학자와 조수 25명은 노먼 램지 Norman Ramsay의 지휘 하에 뚱뚱이를 사용할 준비를 하기 위해 로스앨러모스에서 티니언 섬으로 갔다.

특수 경비대가 에워싼 건물들에서 '머리를 길게 기른 사람들'이 정확하게 무슨 일을 하는지 아는 사람이 섬에 아무도 없던 때에는 군인들은 이들을 그저 가벼운 조롱 대상으로 여겼다. 하지만 최초의 원자폭탄 투하 소식이 알려지자마자, 이들을 영웅처럼 대했다. 그런 태도를 보인 데에는 그럴 만한 이유가 충분히 있었다. 그 섬에 주둔한 해병대원들은 곧 다가올 도쿄 만 상륙 작전에서 최전방 부대로 투입될 것이라는 이야기를 들었다. 하지만 이제 이 작전이 실행에 옮겨지지 않을 수 있다고 기대할 만한 이유가 생겼다. 공군 기지에 많은 기자들이 도착하기 시작했고, 상급 장교들도 도착해 에놀라게이호(최초의 원자폭탄을 투하한 비행기로, 이 이름은 파일럿인 폴 티베츠 Paul Tibetts의 어머니 이름을 딴 것이다) 승무원들에게 배지를 나눠주었다.

이 당시 티니언 섬을 방문한 요인들 중에 그 전역의 공군을 지휘하던 총사령관 '투이' 스파츠 'Tooey' Spaatz 장군이 있었다. 그 섬에 있었던 원자폭탄 전문가 허버트 애그뉴 Herbert Agnew는 이런 이야기를 들려주었다. "우리는 자연히 그를 여러 장소 중에서도 첫 번째 원자폭탄을 사용할 수 있게 준비했던 격납고로 안내했습니다. 한 동료가 그에게 그 폭탄의 중심 메커니즘이 들어 있던 작은 상자를 보여주었지요. 그러자 장군은 버럭 화를 냈습니다. 부관을 향해 돌아서더니 '자넨 이 사람의 그럴싸한 말을 믿을 수 있겠지. 하지만 날 놀릴 수는 없어!'라고 했어요. 장군은 그렇게 작은 것이 그토록 어마어마한 파괴를 초래했다는 사실을 믿으려 하지 않았지요."

알바레즈와 애그뉴, 그리고 영국의 폭탄 전문가 페니 Penney를 포함해 몇몇 원자과학자들이 다른 비행기를 타고 이 두 번째 원자폭탄 공습에 동행하기로 결정되었다. 공습에 나서기 직전 알바레즈가 그의 친구 필립 모리슨과 로버트 서버와 함께 맥주를 마시고 있을 때, 그들에게 한 가지 묘안이 떠올랐다. 그들은 폭탄과 함께 전쟁 전에 버클리의 방사선연구소에서 친하게 함께 일했던 일본인 친구 사가네 료키치峨峨根遼吉 교수에게 보내는 편지를 떨어뜨리기로 했다. 급히 손으로 같은 편지를 세 부 써서 알바레즈가 표적 상공에 투하할 측정 장비 세 대에 각각 하나씩 단단히 묶었다. 그 편지 내용은 다음과 같았다.

원자폭탄 사령부 본부

1945년 8월 9일

받는 사람: 사가네 료키치 교수

보내는 사람: 당신이 미국에 체류할 때 함께 지냈던 이전의 세 동료 과학자

우리가 개인적으로 당신에게 이 편지를 보내는 이유는 존경받는 핵물리학자인 당신이 자신의 영향력을 사용해, 전쟁을 계속할 경우 일본 국민이 맞이하게 될 끔찍한 결과를 설명함으로써 일본 참모본부를 설득해달라고 촉구하기 위해서입니다.

만약 한 나라가 필요한 물자를 준비하는 데 소요되는 막대한 비용을 치를 의지가 있다면 원자폭탄을 만들 수 있다는 사실은 당신도 오래전부터 알고 있습니다. 당신은 우리가 그러한 생산 공장들을 만든 것을 보았으므로, 하루 24시간 계속 돌아가는 이 공장들에서 나온 산물이 당신의 조국에서 폭발하게 되리란 사실을 전혀 의심하지 않을 것입니다.

3주일 사이에 우리는 폭탄 하나로 미국의 사막에서 폭발 시험을 했고, 또 하나는 히로시마에 투하했으며, 그리고 오늘 아침에 세 번째 폭탄을 폭발시켰습니다.

우리는 당신이 이 사실들을 일본 지도자들에게 알리고, 만약 계속된다면 일본의 모든 도시가 전멸하는 결과를 초래할 파괴와 인명 손실을 멈추는 데 최선을 다해주길 간청합니다. 우리는 과학자로서 아름다운 발견이 이러한 용도로 쓰인 사실을 개탄하지만, 일본이 즉각 항복하지 않는다면 이러한 원자폭탄의 비가 몇 배나 더 격노한 형태로 쏟아질 게 분명하다는 점을 알려드리고자 합니다.

이 메시지 중 하나가 나가사키 폭격 이후에 발견되어 일본 해군 정보부로 넘겨졌다. 그리고 시간이 한참 지난 뒤에 수신자에게 전달되었다.

이 편지가 일본의 항복을 이끌어내는 데 얼마나 기여했는지는 전혀 알려지지 않았다. 사실, 이 메시지를 보낼 당시 미국은 사용할 원자폭탄이 단 하나도 없었다. 새 폭탄을 다시 만들려면 몇 주일 혹은 어쩌면 몇 달이 걸릴지도 몰랐다.

미국 참모본부는 나가사키를 폭격하면서 특별히 염두에 둔 목표가 한 가지 있었다. 미국이 이미 원자폭탄을 잔뜩 보유하고 있다는 인상을 줌으로써 일본이 즉각 무기를 내려놓도록 유도하는 것이었다. 세 물리학자가 순전히 인도적 목적에서 작성한 메시지는 의도치 않게 이러한 엄포를 돕는 효과를 발휘했다. 결과적으로 서로 다른 나라 과학자들 사이의 우정조차 무기로 오용된 것이다.

1945년 8월 11일 저녁 늦은 시각에 미국 라디오에서 "방금 스위스 베른에서 합동통신이 전해온 보고에 따르면, 일본 정부가 무조건 항복을 제의했다고 합니다……."라는 방송이 흘러나왔다.

이 뉴스에 로스앨러모스 사람들은 열광적으로 기뻐했다. 그 순간만큼은 모든 모순적 감정과 의심도 잠깐 망각되었다. 힐에서 탄생한 두 '아이' 덕분에 추가적인 유혈을 막을 수 있게 된 것이다. 마침내 전쟁이 끝났다! 그들은 은닉 장소로 달려가서 숨겨둔 위스키와 진, 보드카를 비롯해 그 밖의 주류(그때까지 엄격하게 금지된 품목이었지만, 이 순간을 기다리면서 오래전부터 이 도시로 몰래 들여온)를 꺼내왔다. 사람들은 행복한 마음으로 술잔을 들고 평화를 위해 건배했다.

많은 즉석 승전 파티 중 하나가 절정에 이르렀을 때, 폭발물 부서의 주요 전문가인 K 교수가 약간 비틀거리면서 벌떡 일어나더니 사람들이 미처 말릴 겨를도 없이 밖의 어둠 속으로 달려나갔다. 8월 6일부터 그는 전쟁이 끝나는 날에 보여주려고 보안 당국 외에는 아무도 모르게 자기 나름의 깜짝쇼를 준비해왔다.

잠시 후, 사방에서 섬광과 폭음이 터졌다. 집 밖으로 뛰쳐나온 사람들은 장엄한 장관을 보았다. 벼랑 위에 자리잡은 로스앨러모스 전체가 섬광으로 눈부실 정도로 밝게 일렁이는 빛으로 환해졌다. 높이 솟은 붉은색 바위들이 섬광에 반사되어 빛났다. 협곡들에서 불꽃 분수가 화살처럼 솟아올랐다. 폭발과 큰 폭음과 천둥 같은 메아리가 끝없이 계속 이어질 것처럼 보였다. K 교수는 은닉 장소들에 숨겨둔 20~30개의 폭죽 더미들을 전선으로 연결해놓았다가 단추 하나를 누름으로써 그것들을 일제히 폭발시켰다.

간간이 뒤늦게 폭발하는 폭죽 소리가 들리는 가운데 승리의 불꽃놀이가 끝난 뒤, 사람들은 각자 집으로 돌아가 일본의 항복 소식을 더 자세히 들으려고 다시 라디오에 귀를 기울였다. 하지만 일본의 항복 소식은 불행하게도 너무 조급한 판단이었던 것으로 드러났다.

나흘 뒤에 일본이 정말로 항복했다는 발표가 나왔다. 이번에는 곧바로 환호하는 반응이 나오지 않았지만, 잠시 후 그 발표가 나온 시점이 밤늦은 시각임에도 불구하고 로스앨러모스에서는 승리를 축하하는 퍼레이드가 조직되었다. 그 퍼레이드는 10명 이상의 젊은 과학자들이 올라탄 지프가 선도했다. 날씬한 윌리 히긴보섬은 운전사 어깨 위에 걸터앉았다. 그는 잠든 사람들을 깨우기 위해 아코디언으로 활기찬 선율을 연주하고 쓰레기통 뚜껑 두 개로 만든 케틀드럼을 요란하게 두들겼다.

다시 대부분의 집들에 불이 켜졌다. 독신자 숙소들에서는 기숙사 파티가 시작되었다. 춤은 새벽까지 계속되었다. 다음 날은 모든 사람의 근무가 면제되었다. 그래서 축하 파티는 이틀 낮과 이틀 밤 동안 계속되었다.

하지만 축하 열기가 가라앉자, 당분간은 모든 것이 이전과 다름없이 굴러가야 한다는 사실이 드러났다. 전 세계 사람들은 다시 찾아온 평화를 즐기며 살아갈지 모르지만, 로스앨러모스와 오크리지, 핸퍼드, 시카고에서 연구하는 사람들은 전쟁 동안 강요되었던 엄격한 비밀 준수 규칙을 그대로 지키며 살아가야 했다.

특히 맨해튼 계획에 참여한 젊은 연구자들은 이러한 조건을 참을 수가 없었다. 그들은 불평을 하기 시작했다. 대표적인 불만은 젊은 미국 물리학자 허버트 앤더슨에게서 터져나왔다. 그는 컬럼비아 대학에서 일어났던 페르미의 첫 번째 우라늄 실험에 참여했고, 그 과정에서 베릴륨에 중독되어 평생 동안 고생했다. 전쟁 직후에 앤더슨은 친구에게 보낸 편지에서 이렇게 썼다. "우리는 인간과 시민으로서 우리가 지닌 권리를 침해하는 모든 행위에 저항해야 한다. 우리는 전쟁에서 승리를 거두었다. 우리는 다시 자유로워지길 원한다."

이들 과학자는 개인적 자유에만 관심을 가졌던 게 아니다. 그들은 특히 동료 인간들에게 신무기의 공포를 자유롭게 알리길 원했다. 그들은 그 당시 신문에서 국회의원들이 미국이 원자폭탄의 비밀을 혼자만 알고 숨기길 선호한다는 기사를 읽었을 때, 과학이 발달한 나라가 금방 탐지할 수 없는 원자폭탄의 비밀 같은 건 없다고 반박하고 싶었을 것이다. 보어와 실라르드, 프랑크 보고서의 저자가 원했던 것처럼 미국의 주도 하에 원자폭탄의 발전을 통제하기 위한 국제 회의를 즉각 소집하라고 압력을 가하고 싶었을 것이다.

로스앨러모스의 과학자들이 제기한 특별한 문제는 방사능 문제에 대해 군이 벌이는 숨바꼭질 놀이였다. 핵무기가 처음 사용되기 전에도 이미 일부 물리학자들은 그로브스 장군에게 원자폭탄을 투하하는 것과 동시에 이 신무기의 폭발에서 방출되는 방사능의 위험을 알리는 팸플릿을 뿌리라고 간청했다. 군 당국은 이 요청을 거부했는데, 그런 경고는 자신들이 독가스와 같은 종류의 무기를 사용한다고 고백하는 것으로 해석될 우려가 있었기 때문이다.

그들은 아마도 비슷한 동기에서 원자폭탄 폭격의 방사능 효과에 대한 관심을 다른 데로 돌리려고 애썼다. 이제 히로시마의 폐허에는 위험한 방사능이 전혀 없다고 설명했으며, 폭발 순간에 치사량이나 만성 질환을 초래할 정도의 방사능에 노출된 피해자의 수는 비밀로 했다. 그로브스는 의회 청문회에서 방사능으로 인한 죽음은 '아주 즐거운' 것이라고 들었다고 공개적으로 발언했다.

이러한 발언들은 로스앨러모스 과학자들의 피를 끓어오르게 했다. 왜냐하면, 그 당시 26세의 동료였던 해리 대그니언 Harry Dagnian 은 방사능 때문에 끔찍한 죽음의 위협 앞에서 사투를 벌이고 있었기 때문이다.

1945년 8월 21일, 대그니언은 소량의 핵분열 물질을 가지고 실험을 하다가 1초도 안 되는 아주 짧은 시간 동안 연쇄 반응을 일으키고 말았다. 그 바람에 오른손이 상당히 많은 양의 방사선에 피폭되었다. 사고가 일어나고 나서 30분 안에 병원에 입원했는데, 처음에는 손가락의 감각이 약간 상실되는 느낌이 들다가 대신에 가끔 따끔거리는 통증이 느껴지기도 했다. 하지만 얼마 지나지 않아 양 손이 점점 더 많이 부어올랐고, 전반적인 건강이 급속하게 나빠졌다.

섬망譫妄(의식이 흐려지고 착각과 망상을 일으키며 헛소리나 잠꼬대, 알아들을 수 없는 말을 하는 의식 장애 상태–옮긴이)이 나타나기 시작했다. 이 젊은 물리학자는 심한 내부 고통을 호소했는데, 피부 밑으로 파고들어 몸속으로 침투한 감마선의 효과가 이제 눈에 띄게 나타나기 시작했기 때문이다. 머리카락이 빠졌고, 백혈구 수가 빠르게 늘어났다. 그러다가 24일 후에 대그니언은 사망했다.*

로스앨러모스 사람들이 핵무기를 만듦으로써 수만 명의 일본인에게 안겨주게 될 방사능에 의한 죽음은 바로 자신들 중 한 사람에게 맨 먼저 찾아왔다. 처음으로 새로운 힘의 위험한 효과가 멀리 있는 통계 자료의 형태로서가 아니라 자기 집단 구성원 한

---

* 이 첫 번째 사고가 일어나고 나서 정확하게 8개월 뒤에 루이스 슬로틴(12장에 나왔던 물리학자)도 비슷한 사고를 당했다. 이 사고의 비밀을 지키는 것을 아주 중요하다고 여겼기 때문에, 로스앨러모스 주민들은 오래전부터 샌타페이의 명사들을 초대하기로 계획돼 있던 환영회에 참석을 거부할 수도 없었다. 심지어 예컨대 필립 모리슨처럼 슬로틴의 아주 가까운 친구들도 죽어가는 친구의 침대 곁에 있다가 잠깐 빠져나와 이 칵테일 파티에 얼굴을 비치고 세상에 아무런 근심도 없는 척해야 했다.

사람의 고통과 괴로움과 치명적인 질병으로 가까이 다가왔다.

해리 대그니언에게 닥친 사고는 모든 원자력 연구소들에서 전 세계 사람들에게 신무기에 대한 진실을 알리고, 동료들에게 전쟁에 원자력 사용을 포기하라고 간청하려던 과학자들 사이에서 시작된 운동을 더욱 부채질했다. 대그니언을 힐에 있던 병원으로 데려간 지 9일 뒤, 히긴보섬의 주도로 로스앨러모스에 원자과학자협회가 결성되었다. 연구자 100여 명이 즉시 이 협회에 가입했다. 시카고와 오크리지, 뉴욕에서도 비슷한 단체들이 이미 결성돼 있었다. 이 단체들은 서로 접촉하면서 그런 호소가 아직 그들이 따라야 했던 육군 규정의 위반이라는 사실에도 불구하고, 일반 대중을 계몽시킴으로써 정치인들에게 큰 압력을 가하기로 공동 결정을 내렸다. 훗날 다소 과장된 표현으로 '원자과학자들의 반란'이라고 불리게 된 운동은 이렇게 시작되었다.

동포들이 제2차 세계 대전의 종전을 축하하며 광란의 기쁨에 빠진 모습을 지켜보던 로버트 오펜하이머만큼 승리의 환희에 그토록 큰 슬픔을 느끼고, 과찬에 그토록 큰 회의를 느낀 사람도 없었을 것이다. 오펜하이머는 그전까지는 소규모 동료 과학자 집단과 소수의 정치인들에게만 알려져 있었지만, 이제 갑자기 대중의 존경을 받는 인물이 되었다. 이 박식한 물리학자는 '원자폭탄의 아버지' ─ 그는 이것을 지나치게 단순화시킨 명칭이라며 늘 거부했지만 ─로서 어디를 가나 승리를 거둔 총사령관처럼 찬양받았다. 그는 기적적인 무기를 만듦으로써 일본 침공 시 불가피하게 발생할 수많은 사상자와 또 한 번의 겨울 전쟁이라는 공포로부터 나라를 구했을 뿐만 아니라, 놀라운 발견으로 앞으로 모든 군대와 전쟁을 불필요한 것으로 만들 새로운 평화 중재자로 간주되었다.

하지만 이미 너무나 많은 것을 알고 있던 오펜하이머는 미래에 대한 이 압도적인 낙관론의 물결을 마냥 방조할 수 없었다. 그는 그 당시 자세한 사정을 알지도 못하면서 다가올 평화로운 낙원에 큰 열정을 표출하는 사람들을 보면서 가끔 아이들이 순진하게 노는 모습을 바라보며 어른이 느끼는 것과 같은 슬픔을 느꼈을 것이다.

미래를 생각할 때 오펜하이머의 마음은 두 가지 복잡한 사실 때문에 어두워졌다. 첫째, 히로시마와 나가사키에 투하된 두 원자폭탄이 어떤 절정이나 극단적 한계를 대표하는 게 아니라, 그 한계를 아직 알 수 없는 새로운 무기 발전의 시작에 불과하다는 게 명백했다. 우라늄 폭탄이 완성되기 전에 이미 오펜하이머는 전쟁이 끝나기 약 1년 전인 1944년 9월 20일과 1944년 10월 4일에 원자력의 미래를 연구하기 위해 만들어진 연구 위원회 의장을 맡고 있던 친구 리처드 톨먼Richard Tolman 교수에게 쓴 편지에서, 전시의 상황 때문에 비교적 원시적인 원자 무기를 만들 수밖에 없었다고 지적했다. 그가 쓴 글을 그대로 인용해보자.

폭발 무기를 만들기 위해 핵반응을 이용하는 문제의 과학적, 기술적 측면들을 다루는 데에서 현재 이 나라가 지니고 있는 기술적 우위는 어떤 것이건, 모두 몇 년간의 연구에서 나온 것으로, 그 연구는 분명히 집중적으로 철두철미하게 이루어진 것이긴 하지만, 불가피하게 부실한 계획에 따라 진행할 수밖에 없습니다. 그러한 우위는 아마도 그 문제의 기술적 측면과 근본적인 과학적 측면 모두에서 계속 추가적인 발전이 일어나야만 유지될 수 있을 것입니다. 이 목적을 위해서는 방사성 물질의 확보와 능력 있는 공학자와 과학자의 참여가 공히 필수적입니다. 전시에 이룬 이 계획의 결과에 만족한다면, 어떤 정부도 자신의 방위 책무를 제대로 이행하지 못할 것입니다.

둘째, 오펜하이머는 개인적 경험—1943년에 그가 강압적으로 받았던 모멸적인 면담들—을 통해 아직 동맹 관계인 두 강대국 미국과 소련 사이에 원자폭탄 경쟁의 씨앗이 이미 존재한다는 사실을 알고 있었다. 소련이 자체적으로 원자폭탄을 개발하기까지는 10년 또는 20년 혹은 심지어는 60년이 걸릴 것이라고 믿었던 자신의 상관 그로브스 장군과 달리 오펜하이머는 소련의 연구 능력을 높이 평가했다. 이 견해가 옳다는 것은 얼마 전에 소련 과학원의 초청으로 모스크바에 머물다가 돌아온 미국의 노벨 화학상 수상자 어빙 랭뮤어의 증언을 통해 확인되었다. 랭뮤어는 소련이 원하기만 한다면 비교적 짧은 시간에 원자폭탄을 만들 수 있으며, 이미 만들었을지도 모른다고 확신했다. 심지어 소련은 전체주의 국가이기 때문에 미국에서 가능한 것보다 훨씬 큰 규모의 핵무장 계획을 쉽게 시작할 수 있다고 생각했다.

전쟁 직후 과거 그 어느 때보다도 대중 사이에서 명성이 드높아진 원자물리학자 오펜하이머는 처음에는 이러한 현실 정치에 대한 고려 때문에 점점 커져가는 경고의 합창 대열에 참여해 목소리를 크게 내지 못했다. 아인슈타인과 실라르드, 프랑크, 유리 같은 사람들이 소련과 상호 이해를 통한 합의의 필요성을 강조한 반면, 오펜하이머는 바로 그때 소련이나 그 밖의 장소에서 핵실험 폭발을 탐지하기 위해 민감한 측정 장비를 탑재한 항공기의 정찰 활동을 준비하려고 애썼다. 최초의 두 원자폭탄이 투하되던 바로 그 주일에 오펜하이머와 콤프턴, 페르미, 로렌스는 이미 장래의 핵무장이 어디까지 나아가야 할지 선을 정했다. 오펜하이머 자신은 과학자들과 많은 정부 관계자들 사이에 점점 높아간 "로스앨러모스를 사막여우들에게 되돌려주어야" 한다는 주장에 강하게 반대했다. 개인적 대화와 대중 연설을 통해 협력자들을 로스앨러모스에 적어도 좀더 오래 머물도록 설득하려고 노력했고, 대개는 성공을 거두었다. 그는 '세계의 가장자리'에 위치한 이 특별한 정착지에 이전보다 더 큰 책임을 느꼈다. 그는 설득력과 외교적 수완을 통해 로스앨러모스에 주둔한 군인들 사이에서도 새 친구를 많이 얻었다. 그들은 자신들의 봉사에 대한 보답으로 대통령이 공개적으로 특별한 언급을 해주길 기대했다. 하지만 결국 공개적으로 공로를 인정하는 발언이 나오지 않자, 그들은 이에 불만을 품고 항의를 했다. 오펜하이머는 그들의 불만을 알고는 개인적으로 감사의 편지를 써서 직접 서명을 한 다음, 모든 사람에게 하나씩 전해주었다. 이 일로 오펜하이머는 군인들 사이에 인기가 더 높아졌다.

반면에 오펜하이머는 거의 예외 없이 모두가 그를 우상처럼 여겼던 동료들 사이에서는 점점 더 많은 친구들이 떨어져나가기 시작했다. 그들은 오펜하이머가 이제 세상에 대해 자신들의 대변인 역할을 할 것이라고 기대했는데, 그들 자신은 아직도 비밀 준수 서약에 구속을 받았기 때문이다. 하지만 그들이 오펜하이머에게 다가갈 때마다 그는 항상 "참아요, 참아! 장래의 원자력 통제에 관한 미묘한 문제들이 지금 논의되고 있으니까요. 우리 과학자들은 평지풍파를 일으키지 않도록 조심해야 합니다. 우리가 간섭해서는 안 돼요."라고 말했다.

로스앨러모스와 오크리지(오펜하이머가 그곳을 방문했을 때)에서 원자력의 미래를 우려하는 젊은 과학자들에게 이렇게 행동을 미루는 오펜하이머의 대답은 시카고의 야금학연구소 책임자이던 콤프턴이 그 연구소 과학자들에게 한 충고와 비슷했다. 콤프턴은 같은 대답을 계속 반복했다. "어떤 행동도 하지 마세요. 만약 행동을 한다면, 중요한 정치적 상황 전개를 위험하게 할 수 있습니다." 그는 모스크바와의 비밀 협상을 염두에 두고 이러한 발언을 한 것이 분명하다. 그래서 과학자들은 콤프턴이 권고한 대로 입을 다물었다.

하지만 9월 말경에 원자폭탄 문제를 놓고 미국이 소련과 어떤 대화도 시작하지 않았다는 소식이 새어나왔다. 9월 21일에 열린 국무 회의에서 미국 정부는 전 부통령이자 현 상무부 장관인 월리스Wallace를 제외하고는 신성한 책무로 간주되는 원자폭탄에 관한 비밀을 당분간 전혀 공개하지 않기로 결정했다. 그렇다면 도대체 콤프턴이 한 말은 무슨 뜻이란 말인가? 실라르드는 진상을 알아보기로 결심했다. 과학자들이 오펜하이머와 콤프턴이 암시만 한 일의 진상을 마침내 밝혀낸 데에는 실라르드의 집요한 노력이 큰 역할을 했다. 원자력 통제에 관한 대화가 실제로 워싱턴에서 일어났다. 다만, 그들은 많은 과학자들이 추측한 것처럼 국제적 통제 문제를 다룬 것이 아니라, 장래에 미국에서 그 새로운 힘을 어떤 형태로 통제하는 것이 효과적일지를 다루었다.

그 당시에 거의 모든 과학자들의 의견은 원자력을 일종의 공공 관리에 맡겨야 한다는 것이었다. 무책임한 사람의 손에 맡겼다간 그 나라의 모든 시민, 더 나아가서는 전 세계 모든 시민의 목숨을 위험에 빠뜨릴 수 있는 힘이 역사상 처음으로 발명되었다. 하지만 모든 것은 '누가' 국가의 이름으로 그런 통제력을 가지느냐에 달려 있었다. 새로운 원자력 산업의 지휘는 전시와 마찬가지로 군 당국의 손에 맡겨야 할까?

실라르드는 콤프턴으로부터 그런 계획이 추진되고 있다는 정보를 입수했다. 콤프턴은 또한 실라르드의 압력에 못 이겨 원자력 통제를 위해 새로운 법안의 틀을 만든 전쟁부는 그 법안이 상원과 하원을 모두 별 어려움 없이, 또한 가능하면 토론도 없이 통과하는 것을 무엇보다 중요하게 여긴다는 사실도 털어놓았다.

이 소식을 들은 실라르드는 인내심이 폭발했다. 그는 지금까지 그토록 노심초사하며 전 세계 사람들에게 비밀로 해온 그 법안이 정확하게 어떤 내용인지 알기 위해 곧장 워싱턴으로 갔다. 워싱턴에서 산별노조협의회 대표 밥 램Bob Lamb이 그 법안을 손에 넣어 갖다주었다. 실라르드는 그것을 읽어보고는 큰 불안을 느꼈다. 그 문서를 시카고의 자기 대학 법률 자문단에게 보여주었더니, 그들 역시 실라르드의 부정적 반응에 동의했다. 만약 그런 법안이 의회에서 통과된다면, 장차 원자력 연구에서 일어날 모든 발전과 풍부한 에너지원은 마침내 평화적으로 이용할 수 있게 되는 게 아니라, 대부분 군사적 목적으로 오용될 게 뻔했다. 그런데도 원자과학자들은 매우 엄격한 비밀 준수 규정에 따라야 했는데, 위반했다간 장기 징역형을 감수해야 했다! 만약 이 법안이 통과된다면, 그 결과는 곧 록펠러재단 이사 체스터 바너드 Chester Barnard 가 원자폭탄 소식을 처음 듣고서 불안감을 이기지 못하고 외친 것처럼 "민주주의의 종말"을 가져올 것으로 보였다.

그 계획은 아주 천재적으로 고안된 것이었다. 전쟁부는 케네스 로이얼 Kenneth Royall 전쟁부 차관의 지휘하에 그로브스 장군의 도움을 받아 새 법안을 만들었다. 전쟁부는 긴급한 법안들 때문에 업무 과중에 시달리던 의회의 관심을 별로 끌지 않고 이 법안을 제출하는 데 성공했다. 하지만 새 법안을 의회에 제출해 논의하려면 그전에 공개 청문회를 개최하도록 헌법에 명시돼 있었다. 그런 청문회들에서 적절한 자격을 갖춘 지지자와 반대자가 나서 각자 자신의 견해를 표명했다. 켄터키 주의 삼류 변호사 출신인 앤드루 메이 Andrew May 는 하원 의원으로 오랫동안 일하면서 군사위원회 위원장 자리를 꿰찼는데, 언론의 관심을 전혀 받지 않고 법안(자신과 콜로라도 주 상원 의원 존슨 Johnson 이 함께 발의한)에 관한 청문회를 여는 데 성공했다. 이 법안 심사를 위해 증언을 요청받은 사람은 단 네 명밖에 없었다. 그들은 당연히 법안에 찬성하는 전쟁부 장관 패터슨과 그로브스 장군, 그리고 둘 다 법안을 만들 때 자문위원으로 협력했던 과학자 버니바 부시와 제임스 코넌트였다.

마지막 순간에 실라르드가 동료들에게 경종을 울린 후에야 메이는 과학자들의 성명으로 촉발된 여론의 압력 때문에 어쩔 수 없이 유명한 반대자들도 함께 참석하는 추가 청문회를 열지 않을 수 없었다. 제안된 법안에 반대하는 첫 번째 증인으로 즉각 나선 실라르드가 메이에게 얼마나 눈엣가시처럼 보였을지 쉽게 상상할 수 있다.

실라르드가 아인슈타인의 여름 별장을 찾아가면서 자신의 운명적인 임무를 계속 수행해야 하나 하고 의문을 품었던 때로부터 딱 6년이 지났을 때였다. 그때 자신이 예견했던 일이 사실이 되었다. 군 당국은 새로운 에너지원에 대한 통제권을 양보할 생각이 전혀 없었다. 그리고 실라르드 자신은 용감하게 그들에게 맞서면서 새로운 에너지원의 개발에 기여한 공로에도 불구하고 이제 피고보다 못한 취급을 받았다. 청문회를 주재한 메이 의원은 가능한 방법을 모두 다 동원해 실라르드를 자극하고 혼란스럽게 만들려고 했다. 메이는 실라르드의 이름을 제대로 알지 못하거나 제대로 발음하지 못하는 척하며 계속해서 그를 '미스터 사일랜드Mr. sighland'라고 불렀다. 실라르드는 한 시간 40분 동안 발언을 했는데, 그의 발언은 끊임없이 방해를 받고 고의적으로 오해되었다. 복잡한 질문에 '예' 또는 '아니요'로 대답하지 않았다는 이유로 규칙을 지키라는 무례한 말을 듣기까지 했다. 또, 청문회의 소중한 시간을 지나치게 많이 낭비한다는 말도 계속 들었다.

원래 신경질적인 실라르드는 놀라운 자제력을 보이며 끓어오르는 분노를 가라앉혔다. 자신의 앞에 놓인 덫들을 간파하고 잘 피해갔다. 조롱이나 비난에 개의치 않았으며, 결국에는 대부분의 청문회 위원들에게 군부가 원자력 개발의 통제력을 장악하려는 시도에 자신이 저항하는 것은 충분한 이유가 있음을 납득시키는 데 성공했다. 그럼으로써 민간이 통제력을 쥐기 위해 원자과학자들이 한 달간 벌인 투쟁의 첫 번째 작은 전투에서 승리를 거두었다. 군 당국의 이해를 위해 헌신적인 모습을 보였던 자신의 적 메이 의원은 얼마 후 부당한 방법으로 군 계약을 따낸 기업가의 뒤를 봐준 혐의로 공직 생활에서 물러나 교도소에 수감되었다.

메이-존슨 법안 내용이 원자력 연구소들과 대학들에 알려지자, 대부분 젊은 세대의 과학자들로 이루어진 새 과학 단체들의 회원들은 뉴욕과 워싱턴에 대표단을 보내기로 결정했다. 그들은 원자력의 통제를 위해 더 만족스러운 법안에 찬성하는 운동을 벌이기 위해 정치 무대에 뛰어들길 원했다. 11월 중순에 각 지역 단체들이 통합하여 원자과학자연맹이라는 단체가 결성되었다. '원자atomic'라는 단어는 나중에 '미국American'으로 교체되었는데, 회원들 중 대다수가 원자 연구와 전혀 관련이 없는 사람들이었기 때문이다. 하지만 1945년 가을 당시에는 이 불길한 수식어가 여전히 꼭 필요했다. 그것은 여전히 중요한 것을 연상시키는 이름이었다. 새로운 최상급인 '원자'라는 단어 앞에는 모든 문이 저절로 열렸다. 예를 들면, 상원 의원 타이딩스Tydings는 원자과학자는 "많은 측면 – 특히 과학 분야 – 에서 그 지적 발전 수준이 나머지 우리의 그것과 비교한다면 산맥과 두더지의 흙 두둑 정도만큼이나 차이가 나는 극소수 사람들"이라고 선언했다.

원자과학자는 중요한 인물이 되었다. 그것은 그들이 연구소에서 세상으로 돌아왔을 때 처음 발견한 사실이었다. 한 원자과학자는 섬광 전구에 눈이 부시거나 기자들이 마이크로폰과 뉴스 카메라를 들이미는 것에 어느 정도 익숙해진 후에 약간 비꼬는 듯한 초연함을 보이며 이렇게 말했다. "전쟁 전에는 우리는 세상을 전혀 모르고 그것이 돌아가는 방식에 미숙한 사람들로 간주되었다. 하지만 지금은 나일론 스타킹에서부터 최선의 국제 조직 형태에 이르기까지 생각할 수 있는 모든 주제에서 궁극적인 권위자로 간주된다."

이들 중 좀더 예민한 사람들은 오스트리아 출신의 미국 생물학자 시어도어 하우슈카Theodore Hauschka가 오펜하이머에게 공개적으로 보낸 신랄한 편지에서 표현한 것처럼 자신들의 명성이 주로 "죽음의 훌륭한 협력자"였다는 데에서 나왔다는 사실을 깨달으면서 점점 더 큰 양심의 가책을 느꼈다. 하지만 자신의 '죄'를 고백할 때마다 그들에 대한 대중의 관심은 더 커져갔다. 양심 고백을 통해 마음의 짐을 덜려고 한 사람들에게는 거의 항상 동정적인 청중이 있었는데, 이들은 그들을 기꺼이 용서했을 뿐만 아니라 존경하기까지 했다. 많은 과학자들은 축적된 관심과 존경이라는 이 자산을 어쩌면 진짜 정치적 영향력이라는 현금으로 전환할 수 있을지도 모른다는 사실을 곧 알아챘다. 그래서 그들은 '마지막 십자군 전쟁'을 시작했는데, 이 용어는 그 당시 그들을 위해 활동했던 이상주의적인 젊은 작가 마이클 앰린Michael Amrine이 붙여준 이름이다. 그것은 정치 문제에서는 어린아이나 다름없지만, 그럼에도 불구하고(혹은 바로 그 이유 때문에) 워싱턴에서 교활한 정치인과 천하무적처럼 보인 기득 이권에 대항해 용감하게 진격한 사람들이 벌인 십자군 전쟁이었다.

앰린은 이 특별한 운동의 충실한 역사가로서 이 운동에 불을 지핀 분위기를 다음과 같이 묘사한다.

이 사람들은 자신의 개인적, 인간적 양심을 다시 발견하고, 사회를 진보의 길로 다시 안내하고, 전멸에 이르는 길에서 벗어나게 하기 위해 모든 반대를 무릅쓰고 싸우기로 결심했다. 이들이 그 목표를 발표한 선언문은 양쪽에 여백을 한 칸만 남기고 빽빽하게 작성한 작은 종이 한 장이었다. 나중에 한 라디오 기자는 그것은 젖은 손수건에 복사한 것처럼 보였다고 말했다. 물론 그 기자는 이 과학자들에게 엘리베이터도 없는 집 4층에 빌린 사무실 하나밖에 없다는 사실을 알지 못했을 것이다. 그것도 방 하나짜리 사무실로, 탁자와 의자를 놓을 공간도 넉넉하지 않아 세계적인 명성을 지닌 노벨상 수상자들과 학생들은 바닥에 쪼그려 앉은 채 얼마 후 전 세계 사람들이 듣게 될 성명서와 탄원서를 서로 돌려보았다.

백악관과 국무부와 의회의 무관심, 그리고 세력이 강하고 잘 조직된 반대에 맞서 일어난 경이로운 운동은 이렇게 시작되었다. 워싱턴의 노련한 사람들은 모두 고개를 가로저었다. 그들은 '두려움에 빠진 사람들의 연맹'이라고 불린 이 과학자들에게 그 일의 성공을 기대하지 말라고 경고했다.

1945년 겨울 동안 굶주림과 추위가 없는 새로운 세계에 대한 이들 과학자의 비전은 L 스트리트의 래리 커피숍 바로 위에 위치한, 난방도 되지 않는 사무실에서 두꺼운 외투를 걸친 사람들이 글로 옮겼다. 이들은 정치 언어를 놀랍도록 빨리 배웠다. 예를 들면, 처음에 이들은 "질량의 에너지 전환은, 우리가 이해하는 바로는, 지금까지 우리가 생각해왔던 세계의 본질을 근본적으로 변화시켰습니다."라고 썼다. 하지만 이것은 너무 추상적이고 조심스럽게 기술한 문장이어서 별로 깊은 인상을 주지 못했다. 얼마 후, 이들은 다음과 같이 활기가 넘치는 용어들을 사용해 정치인들에게 말했다. "상원 의원님, 만약 새로운 폭탄이 단 하나만 워싱턴 기차역에서 폭발하더라도, 의사당 꼭대기의 대리석이 가루로 변하고 말 것입니다. 폭발이 있고 나서 불과 몇 분 안에 아마도 당신 자신과 대부분의 동료 의원들은 죽고 말 것입니다." 이것은 효과가 있었다.

젊은 과학자들은 모자라는 정치 경험을 열정과 성실로 보완했는데, 이것은 정치인과 특히 워싱턴의 언론 관계자들에게 깊은 인상을 주었다. 아주 기이한 이 로비의 재정적 지원은 오로지 과학자들의 자발적인 기부에서만 나왔고, 몇 년 동안 휴가를 전혀 쓸 수 없었던 이들 과학자 중 많은 사람이 이제 와서 맞이한 첫 번째 자유 시간을 이 공적인 문제를 해결하는 데 바치고 있다는 사실이 널리 알려졌다. 이들이 정말로 포기할 줄 모르고 열심히 투쟁했다는 사실은 연맹을 위해 일한 모든 과학자가 하루 일과가 끝날 때 자신이 그날 한 일을 기록했던 회색 표지의 길쭉한 일지에 적힌 항목들이 증명한다.

아침 일찍 의원들의 대기실에 맨 먼저 찾아온 사람들도 원자과학자들이었다. 그 다음에는 신문사 편집실을 방문해 직접 타자해 복사한 성명서를 배포했다. 정오에는 온갖 종류의 협회에 나가 점심 시간 강연을 했다―"플루토늄은 무슨 색인가요?"와 같은 질문에 답하면서. 오후에는 가끔 호랑이굴이나 다름없는 육군 병원으로 용감하게 가거나 워싱턴 사교계에서 정치적 영향력이 있는 핀촛Pinchot 부인이 그들을 위해 마련한 다과회에 참석했다. 오후 늦은 시각에는 중요한 사람들을 만날 수 있는 칵테일 파티에 모습을 드러냈다. 일부 원자과학자들은 저녁에 의원들과 정부 관리들을 위해 핵물리학 강의를 했다. 또 다른 사람들은 밤늦게까지 의사들과 사회학자들, 교회 대표들, 언론과 영화계 사람들과 함께 자신들이 숭고한 의무감으로 벌이는 이 운동에 대해 토론을 했다.

이 모든 활동에 힘입어 나온 첫 번째 결과는 메이-존슨 법안의 대안으로 과학자들이 상원 의원 맥마흔McMahon과 협력하여 마련해 의회에 제출한 법안이었다. 그 다음 문제는 상원 의원 밴든버그Vandenberg가 그 법안에 추가한 부칙이었는데, 밴든버그는 이러한 간접적 방법으로 군부의 통제를 몰래 다시 집어넣으려고 시도했다. 과학자들은 분노한 유권자 7만 5000여 명에게 항의 편지를 쓰게 함으로써 이 부칙을 고사시켰다. 마침내 1946년 7월, 미국에서 원자력 연구 개발의 통제권을 민간 위원회에 이양하는 맥마흔 법안이 법률로 제정되었고, 과학자들은 승리의 기쁨을 맛보았다.

하지만 곧 이 승리는 상처뿐인 승리였던 것으로 드러났다.

1 9 4 7 ~ 1 9 5 5

고통스러운 시절

15

1945년 10월, 오펜하이머는 로스앨러모스의 최고 책임자 자리에서 사임한다고 발표했다. 그의 결정은 힐에 머물렀던 많은 원자과학자들에게 큰 충격을 주었다. 오펜하이머는 공개 연설에서나 개인 대화에서나 전쟁이 끝날 무렵에 대부분의 동료들 사이에 널리 퍼졌던 견해에 반대했기 때문이다. 그 견해는 무기 연구는 그 실용적 결과에도 불구하고 결국은 핵물리학 분야에서 중요한 새 데이터의 발견을 낳지 않았기 때문에, 이제 그들은 최대한 빨리 평화적 목적을 위한 기본 원리들을 연구하는 일로 돌아가야 한다는 것이었다. 늘 오펜하이머를 존경했지만 개인적으로 사이가 좋았던 적이 없었던 텔러는 이제 오펜하이머의 이 모순적 태도를 지적할 기회를 잡았다. 그는 "석 달 전에 당신은 내게 무슨 일이 있어도 이곳에 머물러야 한다고 말했지요. 그런데 이젠 내가 떠나야 한다고 말하는군요."라고 불평했다.

이전에 오펜하이머는 장차 버클리와 패서디나에서 주로 학생을 가르치는 예전의 활동을 재개하는 데 전념할 작정이라고 말했다. 한때는 실제로 그런 의도를 가지고 있었을지도 모른다. 하지만 전쟁을 겪으면서 오펜하이머는 사람이 변했다. 그는 아주 큰 성공을 거둔 조직자이자 뛰어난 계획자이자 정치인이었다. 1935년에 《뉴욕 타임스》의 유명한 과학 전문 기자 윌리엄 로렌스가 그의 과학 업적 일부를 일반인이 이해할 수 있게 설명해달라고 요청했을 때, 오펜하이머는 거부한 적이 있었다. 하지만 이제 오펜하이머는 대중과의 소통을 어떻게 다루어야 할지 아주 잘 알고 있었다. 장군이 자신의 사단을, 정치인이 지지자들을 뒤에 배치하듯이, 오펜하이머는 막강한 자연의 힘을 자신의 배경으로 삼아 일반 대중에게 새로운 세속적인 종류의 과학자를 대표하는 인물이 되었다.

그의 모습은 갈수록 정부 부처 사무실에서 더 많이 보였고, 강의실에서는 점점 더 보기가 힘들어졌다. 그는 외교관들과 전략가들에게 신탁 사제 Oracle와 같은 존재가 되었다. 이 특별한 사람의 경력에서 새로운 단계가 시작되었다. 이 사실은 그의 외모와 행동 변화에서도 드러났다. 이제 오펜하이머는 하얗게 세어가는 머리를 아주 짧게 깎았다─마치 이 사소한 사실로 자신이 더 이상 '머리를 길게 기른 사람들' 중 하나가 아님을 증명하려는 듯이. 동작도 군인처럼 힘차고 단호하게 변했다. 목소리는 의도적으로 분노를 표출하는 것에서부터 신중한 사색에 잠긴 듯이 보이는 것과 따뜻한 감정이 저절로 표출되는 것에 이르기까지 온갖 종류의 어조로 낼 수 있었다. 그는 중요한 공적 문제의 결정에 중요한 영향력을 지닌 '과학자 정치인'으로, 즉 국무부와 펜타곤의 '숨은 실력자'로 간주되었고, 그와 동시에 사무실을 순식간에 강의실로 바꾸고는 칠판 앞에 서서 핵물리학의 기초를 가르치는 능력이 있는 권력자들의 교사로도 간주되었다.

하지만 오펜하이머의 친구들은 그가 워싱턴에 미친 영향력보다 워싱턴이 오펜하이머에게 미친 영향력이 더 크다고 믿었다. 그들은 오펜하이머가 과학계 동료들과 자리를 함께 할 때에는 메이-존슨 법안을 개인적으로 비판하면서도 공개 성명에서는 '전술적 이유'로 그 법안을 선호하는 태도에 분개했다. 그는 "법이 없는 것보다는 악법이 낫다."라는 논리를 내세웠다.* 오펜하이머가 물리학자들은 이제 자신들이 '죄를 알았다는' 사실을 인식한다고 언급했지만, 어떻게 자신들의 후회를 실제적인 형태로 보여줄 수 있는지에 대해 아무 말도 하지 않았다는 사실 역시 그에게 불리하게 작용했다. 그가 원자력 연구의 통제에 대해 과학자들이 지지하는 계획(미국 과학자들은 그것을 국제연합에 위임하려고 했다)을 세우는 데 주도적 역할을 한 것은 의심의 여지가 없지만, 그와 동시에 개인적으로 장군들과 정치인들에게는 자신은 그 제안이 너무 지나친 것이어서 소련 측이 받아들이지 않을 것이라고 생각한디고 말했다. 그래서 그 문제에 대해 크게 염려할 필요가 없다고 암시했다.

---

* 오펜하이머는 그 법안에 관한 청문회에서 마셜 장군에게 원자력위원회 위원장 자리를 맡겨야 한다고 제안했다.

이번에 오펜하이머를 만나 물리학자들은 그가 더 이상 자신들과 같은 편이 아니라는 인상을 받았다. 물론 일부 사람들은 그를 둘러싼 화려한 광휘에 혹했지만, 그를 냉담한 태도로 대한 사람들은 특히 가장 친한 친구들이었다. 이전에 오펜하이머가 가장 총애한 제자였던 사람은 이렇게 말한다. "오피가 딘 애치슨Dean Acheson 국무 차관을 그냥 '딘'이라 부르고, 마셜 장군도 그냥 '조지'라고 부르기 시작했을 때, 나는 우리가 더 이상 같은 집단으로 움직이는 게 아니라, 서로 갈라설 때가 되었다는 사실을 알았습니다. 나는 그가 갑작스럽게 얻은 명성과 새로 얻은 지위 때문에 우쭐해진 나머지 자신을 온 세계를 바로잡을 수 있는 하느님처럼 생각하기 시작했다고 봅니다."

오펜하이머가 로스앨러모스를 떠난 후, 대탈출이 일어나기 시작했다. 거대한 이삿짐 트럭들이 새로 건설된 널따란 도로를 따라 계곡 쪽으로 내려가는 모습이 자주 보였다. 이 트럭들은 가구와 트렁크, 그리고 인디언 팔찌에서부터 허버트 앤더슨이 시카고로 데려간 다 자란 승용마에 이르기까지 온갖 종류의 현지 기념물을 실어날랐다. 그로브스 장군은 의회에서 시설들의 관리에 관한 법이 새로 통과될 때까지 연구소들의 최고 책임자로 남아 있었다. 그는 "나의 첫 번째 팀과 두 번째 팀은 이미 떠났다. 이제 세 번째 팀과 네 번째 팀이 떠나고 있다."라고 불평했다.

이 시기인 1946년 2월에 훗날 원자력위원회 위원장이 된 데이비드 릴리엔설David Lilienthal은 원자력의 국제적 통제를 위한 미국의 계획을 준비하는 국무부 고문 자격으로 로스앨러모스를 방문했다. 그곳 정착지는 다소 방치된 상태에 놓여 있었다. 그는 다음과 같이 보고했다.

예상한 대로 상태가 나빠지기 시작했다. 많은 과학자가 이 계획에서 손을 털고 떠났다. 듀폰 같은 하청업자들은 계속 일을 하길 거부했다. 듀폰은 핸퍼드에서 계약을 반납했다. 큰 불확실성이 존재한다. 사기가 크게 꺾였다. 가장 심각한 상황은 로스앨러모스에서 일어났는데, 아주 유능한 사람들이 일부 남긴 했지만, 이 계획의 최고 관리자들은 대학들로 떠났기 때문이다. 건강 위험 요인과 화재 위험 요인이 아주 많이 존재하는데, 이것들은 사기를 크게 떨어뜨린다……. 재산 목록조차 없다. 회계도 없다. 이 모든 일이 너무나도 급히 일어나는 바람에 이런 것을 정리할 겨를이 없었다. 이런 이유들 때문에 여기서 일하는 사람들은 자신들이 무슨 일을 하는지 파악하기가 어렵다. 그 순수 효과는 심각한 사기 침체로 나타난다.

오펜하이머의 후임이 된 전직 물리학자이자 해군 예비군 장교 출신인 노리스 브래드버리 Norris Bradbury 는 주민들의 사기를 진작하기 위해 유명한 재즈 오케스트라와 레슬링 팀을 초대했다. 특히 레슬러들은 큰 성공을 거두었다. 전쟁 후부터 발간하기 시작한 《로스앨러모스 타임스》는 레슬러들이 "물어, 물라고! 머리카락을 잡아뽑아! 당신 아이들은 걱정 마! 우리가 돌봐줄 테니까!"라는 요란한 함성 응원을 받았다고 보고했다. 하지만 이러한 배출구는 힐 주민들의 억눌린 공격성을 완화하기에 충분치 않았던 것으로 보인다. 그래서 그들의 신경증을 치료하기 위해 정신과 의사 존 워켄틴John Warkentin을 로스앨러모스로 초빙했다.

통상적인 물 부족 문제와 도로·울타리·공공 용지의 관리 소홀, 생나무로 급하게 지었던 주택들의 파손 문제에 더해 이 외딴 고지대에서도 여론 변화가 눈에 띄게 나타났다. 분위기 변화는 '과학자들의 십자군 전쟁'과 히로시마 참사의 끔찍한 목격담, 노먼 커즌스Norman Cousins의 유명한 사설 - 커즌스는 나중에 이 글을 더 발전시켜 『현대인은 시대에 뒤떨어졌다Modern Man Is Obsolete』라는 짧은 책으로 펴냈다 - 같은 글들의 영향으로 일어났다. 아직도 원자폭탄 연구를 하는 것은 이제 시대에 뒤떨어졌거나 심지어는 불명예스러운 짓으로 간주되었다.

시인 허먼 해지돈Hermann Hagedorn이 쓴 서사시 「미국에 떨어진 폭탄The Bomb That Fell on America」은 많은 미국인이 느낀 깊은 감정을 아주 생생하게 표현해 몇 달 만에 수십 쇄를 찍었다. 일부를 소개하면 다음과 같다.

> 그 폭탄이 미국에 떨어졌을 때, 그것은 사람들 위에 떨어졌지.
> 그것은 히로시마에서 사람들을 녹인 것처럼 그들을 녹이진 않았다네.
> 그것은 그들의 몸을 녹이진 않았지.
> 하지만 그것은 그들 중 가장 훌륭한 사람에게도 가장 미천한 사람에게도 아주 중요한 것을 녹였지.

그것이 녹인 것은 그들과 과거와 미래를 잇는 연결이었다네.

세상에는 새로운 것이 생겨나 그들을 과거와 영영 갈라놓았지.

상상 가능한 지상의 어떤 규모도 뛰어넘는 무섭고 거대한 것
    이…….

그것은 그토록 단단해 보이던 땅을, 아주 잘 포장된 것처럼 보이
    던 메인 스트리트를, 흔들거리고 발밑에서 갈라지는 일종의 거
    대한 젤리로 만들었다네…….

우리는 무슨 짓을 했단 말인가, 내 조국이여, 우리는 무슨 짓을 했
    단 말인가?

사람들이 느끼던 안전감에 미친 심대한 충격은 《타임》이 소개
한, 어떤 질문에 대한 여덟 살짜리 꼬마의 답변이 잘 보여주었다.
"어른이 되면 어떤 사람이 되고 싶니?"라는 질문에 꼬마는 "살아
있고 싶어요!"라고 대답했다.

하지만 '현실주의자들' ─ 원자폭탄의 비밀을 미국만 알고 있길
선호하고, 이미 미군의 무기고에서 신무기를 지휘하는 위치에 오
르려고 준비하고 있던 사람들이 스스로를 일컫던 이름 ─ 은 여론
변화에 아랑곳하지 않고 자신들의 군비 확충 계획을 착착 진행해
나갔다. 종전 후 한 달이 채 지나지 않은 1945년 9월, 로스앨러모
스에서 멀지 않은 앨버커키 근처의 샌디아 산맥 기슭에 새로운 원
자폭탄 공장을 만들기 위한 부지가 조성되기 시작했다. 이곳에서
는 최초의 원형을 만들 때 크게 신경 썼던 세부 내용에 고민할 필
요 없이 폭탄들을 대량 생산할 계획이었다.

그로브스 장군은 처음의 실망감을 극복하고 나자, 병기 연구소들에서 원자과학자들이 대규모로 빠져나간 상황을 처음만큼 그렇게 염려하지 않았다. 그는 자신의 '작은 양들'이 다시 돌아올 것이라고 확신했다. 한편, 미국 과학자들의 항의에도 불구하고, 미국 정부는 독일의 병기 기술자들을 계속 미국으로 데려오고 있었다. 이런 식으로 채용된 기술자들은 주로 독일 항공부 산하의 연구 부서들에서 일하던 사람들과 '보복 무기'(V-1과 V-2 로켓을 가리킴 – 옮긴이)를 만들던 사람들이었다. 이전에 가졌던 정치적 견해는 전혀 문제가 되지 않았다. 점령하의 독일에서 히틀러 밑에서 일했거나 자신의 의사에 반해 히틀러에 복종했던 사람들과 미국인이 악수하는 것조차 허용되지 않던 시절이었지만, 나치즘을 공공연히 지지하면서 V2 로켓을 만드는 곳이나 그 밖의 파괴 무기 제조 시설에서 일했던 많은 사람들이 미국의 병기 산업을 돕기 위해 미국으로 초대되었다.

그렇게 이상한 인물들을 선택하는 조치에 대해 한스 베테를 비롯해 여러 사람이 비판을 했지만, 군부는 이를 무시했다. 군부는 만약 이 우수한 과학적 두뇌들을 우리가 확보하지 않으면, 소련에 빼앗길 것이라고 생각했다. 사실, 소련은 서양 동맹들 못지않게 이념을 전혀 문제 삼지 않는 태도를 보이며 상당수의 과학자와 기술 전문가를 전리품으로 데려갔다.

심지어 미국도 나중에는 정식 계약 관계로 고용하긴 했지만, 적대 행위가 끝난 직후에 독일 과학자들을 확보하는 과정에서 다소 거친 방법들을 사용했다. 예를 들면, 전쟁이 끝나고 몇 달이 지난 후에도 미군 헌병들은 브레멘에서 특정 '원자과학자'를 체포했다. 그리고 그 과학자의 맹렬한 항의에도 불구하고 그를 미국으로 보냈다. 미국에서 그는 핵물리학을 어느 수준까지 아는지 날마다 심문을 받았다. 하지만 새로운 지배자에게 전쟁 동안에 한 일을 순순히 털어놓은 대부분의 독일 과학자들과 달리 이 과학자는 끈질기게 버텼다. 그는 신문에서 읽은 것 말고는 원자 무기 연구에 대해 아는 게 아무것도 없노라고 완강하게 주장했으며, 자신의 직업은 사실은 재단사라고 했다. 심문자들은 그가 거짓말을 한다고 믿었는데, 누가 정말로 재단사가 맞는지 바늘과 실을 줘보자고 말했다. 그는 자신을 구금한 자들의 셔츠와 바지를 아주 능수능란하게 손질함으로써 그들의 어안을 벙벙하게 만들었다. 결국 이 사람이 대서양 건너편에서 끌려온 이유는 단지 이름이 하인리히 요르단 Heinrich Jordan이었기 때문으로 드러났다. 헌병은 이 사람을 유명한 이론물리학자이자 막스 보른의 제자였던 파스쿠알 요르단으로 착각했던 것이다.

군 당국이 저지른 또 다른 실수는 쉽게 되돌릴 수가 없었다. 그로브스 장군 집무실에서 내린 것으로 추정되는 명령에 따라 일본 점령군으로 파견된 한 부대는 오한O'Hearn 소령의 지휘하에 니시나 교수의 사이클로트론 누 대를 파괴했는데, 원자폭탄 제조에 쓰일지 모른다는 오해에서 비롯된 사건이었다. 니시나 교수의 강력한 항의가 미국의 동료들에게 전달되기 전에 제8군 폭파 팀은 5일 밤낮에 걸쳐 이미 파괴 작업을 완료했다. 미국 물리학자들은 이러한 파괴 행위를 히틀러가 책을 불태운 행위에 비교하면서 탄원서를 제출했지만, 그것은 책임자에게 너무 늦게 전달되었다.

미국 과학자들이 가장 강한 반대 의사를 표명한 것은 1946년 여름에 실시하기로 계획된 원자폭탄 실험이었다. 그들은 나머지 세계의 여론이 그러한 실험을 '무력 과시'로 간주해 국제적 통제를 위한 협상에 악영향을 미칠 것이라고 주장했다. 핵실험은 해군이 제안했는데, 해군의 새로운 전력 보강 계획과 미래의 해군 전략, 그리고 신무기에 대응하는 해군의 대비에 필요한 예비 단계라고 주장했다. 원자과학자연맹과 그 밖의 많은 과학자들은 비키니 환초 주변 바다에서 실시할 예정인 이 핵실험은 어떤 과학적, 전략적 중요성도 없다고 반대했다. 전쟁이 일어날 경우, 적은 그렇게 값비싼 무기를 전함처럼 타격하기 어려운 표적이 아니라 최대한의 파괴 효과를 낼 수 있는 대도시에 사용할 것이라고 그들은 지적했다. 그리고 제안된 핵실험에서 대중은 신무기의 위력에 대해 완전히 잘못된 생각을 갖게 될 것이라고 예측했다.

비키니 환초에서의 핵실험은 잠시 연기되었다. 미국이 국제적 통제를 위한 계획을 국제연합에 곧 제출하기로 돼 있었는데, 이런 시기에 핵실험을 하는 것은 적절치 않다고 판단되었기 때문이다. 하지만 핵실험은 1946년 7월에 일어났다. 전문가들이 예언한 것처럼 그 물리적 효과는 놀라울 정도로 미미했다. 하지만 정신적 효과는 아주 컸다. 이 핵실험은 일본에 투하한 원자폭탄이 미국에서 일반 대중의 두려움을 크게 높였던 것과 거의 비슷한 수준으로 거꾸로 두려움을 누그러뜨리는 효과를 낳았다. 미국인 기자들 중에서 앨라모고도의 핵실험 현장과 나가사키 원자폭탄 투하 현장에 유일하게 모두 참석을 허락받은 윌리엄 로렌스는 그 당시에 이렇게 썼다.

비키니 환초에서 돌아온 뒤, 원자폭탄 문제에 대한 대중의 태도에 큰 변화가 일어난 것을 발견하고 놀라지 않을 수 없다.

비키니 환초의 핵실험 이진에는 전 세계 사람들은 이 새로운 우주적 힘을 두려움에 가득 찬 마음으로 바라보았다. 비키니 환초의 핵실험 이후에는 이러한 두려움이 대체로 증발하고, 현 상황의 암울한 현실과는 무관한 안도감으로 대체되었다. 보통 시민들은 거의 1년 동안 악몽에 시달리며 살다가 이제 마음의 평화를 되찾게 해줄 엉성한 수단을 얻게 된 것에 너무나도 기뻐한다.

이러한 심리적 효과는 비키니 환초의 핵실험을 기획했던 사람들이 처음부터 의도한 것이었다는 이야기가 전해진다. 하지만 이 견해는 마키아벨리 같은 책략가가 이토록 치밀한 계획을 세웠다고 가정해야만 성립한다. 그보다는 미 해군은 원자폭탄 개발에 참여하는 승인을 얻는 경쟁에서 육군에 패배한 뒤에 대중의 관심을 끌기 위해 사체 실험을 빌어붙였던 것으로 보인다.*

---

* 미국에서 원자 무기 연구를 위해 맨 처음 제공된 공적 자금 6000달러는 해군에서 나왔지만, 그로브스 장군은 해군이 자체 실험을 위해 우라늄을 구입하는 것조차 허락하지 않았다. 전쟁 동안에 해군을 대신해 원자폭탄 문제의 조기 해결책을 연구했던 조지 가모프는 삼군 중에서 줄을 잘못 골라잡는 바람에 자신의 연구를 계속할 수 없었다.

사실, 미국의 일반 대중은 격심한 불안과 전쟁 속에서 13년을 보낸 뒤라, 추가적인 공포 예측이나 경고에 귀를 기울일 여력도 없었고 그러길 원하지도 않았다. 사람들 사이에 냉담한 태도가 증가한 이유는 단지 과학자들이 쏟아낸 카산드라 Cassandra (그리스 신화에 나오는 여자 예언자. 일반적으로 사람들의 믿음을 얻지 못하면서 불길한 일을 예언하는 사람을 가리킴－옮긴이)의 예언 같은 발언 때문만이 아니라, 드 세버스키 de Seversy 소령이 《리더스 다이제스트》에 기고한 히로시마에 관한 보고서처럼 그 공포스러운 참상을 의도적으로 축소한 글들이 대중의 불안을 진정시켰기 때문이기도 했다. 노스캐롤라이나 주나 캔자스 주, 텍사스 주의 어느 도시 시민들이 원자물리학자의 강연에서 새로운 폭탄을 방어할 수단이 전혀 없다는 말을 들었을 때 보이는 전형적인 반응은, 설문 조사를 통해 여론을 평가하려고 한 코넬 대학의 연구자들이 조사한 바에 따르면, 예컨대 이런 것이었다. "나는 그런 일이 일어났을 때 죽음을 맞이할 많은 사람들 중 하나에 지나지 않는다. 만약 내가 지진이 일어나는 나라에 산다면, 매일 밤 잠자리에 들 때마다 지진을 두려워해봐야 무슨 소용이 있겠는가?"

인간 자신이 해방시킬 능력을 지닌 이 자연의 힘 앞에서 새로이 느끼는 무력감 때문에 사람들은 시민의 책임을 포기하는 상황에 이르렀다. 1946년 8월에 코넬 대학의 연구자들이 면담한 평균적인 시민 중 한 사람은 "나는 그것에 대해 전혀 염려하지 않아요. 분명히 정부가 어련히 알아서 예방 대책을 마련하겠지요. 내가 전혀 통제할 수 없는 것에 대해 내가 고민할 필요가 있나요?"라고 말했다.

심지어 처음에는 핵무장에 반대하기 위해 노조원들을 동원하려고 했던 노조들도 갈수록 이 문제에 관심이 시들해졌다. 다음 사건이 그것을 증언한다.

제임스 펙James Peck 회장이 이끈 평화주의 노동자 단체는 1946년 여름에 원자력을 전쟁 목적으로 사용하는 것에 반대하는 시위를 하기로 결정했다. 여전히 밤낮으로 원자폭탄의 폭발성 물질을 생산하고 있던 오크리지의 공장들 밖에서 시위를 벌이기로 계획했다. 하지만 그 공장들에서 산별노조협의회 지도자로 활동하던 사람들이 시위를 중단시켰는데, 핵무장 공장들을 닫는 것을 목표로 한 운동은 궁극적으로는 이곳에서 일하는 노동자들의 일자리를 위협할 수 있다는 이유에서였다.

대중의 이러한 무관심에 맞서기 위해 하이먼 골드스미스Hyman H. Goldsmith와 유진 라비노비치가 이끈 시카고 대학의 원자과학자들은《원자과학자 회보The Bulletin of the Atomic Scientists》라는 정기 간행물을 창간했다. 그 목표는 새로운 에너지원의 사회적, 정치적 결과를 설명하기 위한 것이었다. 이 아이디어는 캠퍼스 건너편에 있던 57번가의 한 약국에서 벌어진 토론에서 처음 나왔다. 편집은 에가드 홀 지하실에서 했고, 인쇄는 이스트사이드에 있던, 체코 이민자들을 위한 소규모 신문사에 하청을 주었다.《원자과학자 회보》는 제한된 부수에도 불구하고 처음부터 여론을 주도하는 미국 지식인들에게 큰 영향을 미쳤다. 그럼에도 불구하고, 아마도 원자력 시대에 시도된 가장 중요한 홍보 노력으로 평가받는 이 신간 잡지는 늘 심각한 재정적 어려움에 시달렸다. 한 편집자는 이렇게 회상한다. "《원자과학자 회보》가 아주 적은 자본으로 창간되었다고 말하는 것은 태어날 때부터 옷을 잔뜩 껴입고 있었다고 말하는 것이나 다름없어요. 몇 년 동안 시카고 원자과학자들과 빚과 골드스미스의 신념으로 근근이 버텨나갔지요."

1952년, 몇 년 동안 힘겹게 버텨온 끝에《원자과학자 회보》는 드디어 폐간할 수밖에 없는 처지에 몰린 것처럼 보였다. 하지만 마지막 순간에 시대의 추세에 못 이겨 결국 두 손을 든 원자과학자비상위원회의 자발적 해체 덕분에 살아남을 수 있었다. 그 회원들은 무기를 내려놓기 전에 남은 자산을 죽어가던 시카고의 정기 간행물에 넘겨주었는데, 이것은《원자과학자 회보》에 요긴한 '활력소'가 되었다. 원자과학자비상위원회는 전쟁 직후에 아인슈타인의 제안으로 원자력에 대해 기대할 것과 두려워할 것이 무엇인지 일반 대중을 계몽할 목적으로 설립되었다. 이 위대한 과학자는 1939년 8월에 자신이 서명한 역사적인 편지가 낳은 결과에 큰 충격을 받았다. 히로시마 원폭 투하 이후 아인슈타인은 원자폭탄에 반대하는 사람들 중에서도 가장 단호한 사람이 되었다. 독일에서 민족주의와 군국주의를 피해 수천 km를 여행한 그는 이러한 힘들이 미국 대륙을 침범하는 것을 공포의 눈으로 지켜보았다. 하지만 분노에 넘친 그의 열정적인 연설과 선언과 항의도 별다른 성과를 거두지 못하는 것 같았다. 세상에 대한 염려 때문에 결국 아인슈타인은 반복되는 공개 탄원서에 기꺼이 서명을 하게 되었다. 졸리오-퀴리의 초기 협력자였던 레프 코바르스키는 종전 후에 한 미국인 교수들과 학생들 집단에 무엇에 대해 그토록 열심히 토론하고 있느냐고 물었을 때, 다소 풍자적인 대답을 들은 일을 기억했다. "오, 우리는 아인슈타인이 최근에 대통령에게 보낼 편지에서 우리가 뭐라고 말해야 할지 고민하고 있을 뿐이에요!"

하지만 자기 세대에서 가장 유명했던 이 과학자는 1947년에 이미 자신과 동료들의 모든 노력이 대중의 완고한 무관심을 뚫고 들어가는 데 실패했다는 사실을 이미 알아챘다. 실망한 나머지 그는 외국 언론사 기자들 앞에서 다음과 같은 성명을 발표했다. "핵전쟁의 끔찍한 성격을 경고했지만, 대중은 아무것도 하지 않았고, 대체로 자신의 의식에서 그 경고를 지워버렸습니다. 이 나라에서 원자폭탄을 만든 것은 예방 조치였다는 사실을 잊어서는 안 됩니다. 그것은 독일이 그 비밀을 발견했을 경우, 독일이 원자폭탄을 사용하는 것을 막기 위해서였습니다. 사실상 지금 우리는 마지막 전쟁에서 적이 보여준 수준 낮은 태도를 보이고 있는 거나 다름없습니다."

아인슈타인은 프린스턴에서 그의 과학 조수로 일한 젊은 수학자 에른스트 슈트라우스 Ernst Straus 와 함께 산책을 하던 도중에 정치적 노력이 거의 완전한 실패로 끝난 데 대해 스스로 위로하려는 듯이 이렇게 말했다. "그래, 이제 우리의 시간을 그처럼 정치와 방정식으로 쪼개야 해. 하지만 내게는 방정식이 훨씬 중요해. 정치는 단지 현재의 관심사에 관한 문제일 뿐이거든. 수학 방정식은 영원히 남지."

하지만 과학자들의 십자군 전쟁을 결국 멈추게 한 것은 많은 정치인들의 이해 부족이나 군부의 반격이나 대중의 무관심이 아니었다. 무엇보다도 소련 정치인들의 태도가 가장 중요한 역할을 했다. 소련 신문들이 그 주제를 다루는 태도를 통해 의도적이었건 아니면 더 잘 알지 못해서 그랬건, 소련은 서방 진영보다 원자 폭탄의 중요성을 경시한다는 사실이 명백하게 드러났다. 소련 신문들은 히로시마 원폭 투하를 거의 다루지 않았고, 나가사키 원폭 투하는 전혀 언급하지 않았다. 종전 후 처음 몇 년 동안 소련은 국민에게 핵전쟁의 진정한 본질과 위험을 알리려는 노력을 거의 기울이지 않았다.

서방 민주주의 국가들에서 원자과학자들이 원자력의 국제적 통제를 위해 벌인 운동에도 소련의 동료 과학자들은 별로 관심을 보이지 않았다. 미국의 원자과학자들은 1945년 말에 모스크바에서 열릴 예정이던 4개국 회담에 한 저명한 과학자의 참석을 보장하도록 하기 위해 백악관과 국무부를 상대로 모든 노력을 기울였다. 처음에는 정치인들이 반대했지만, 이들은 결국 뜻을 이루었다. 하지만 과학계를 대변한 제임스 코넌트가 모스크바 회담에 참석했을 때, 그는 과학자들의 교류와 국제적 통제를 위해 치밀하게 준비한 제안을 발표할 기회를 전혀 얻지 못했다. 몰로토프 Molotov 는 그 문제를 다음 국제연합 회의에서 다루도록 연기함으로써 논의 자체를 봉쇄했다. 코넌트는 단 한 마디도 말하지 못한 채 돌아와 동료들에게 충분한 이유가 있는 실망감을 표시했다.

그럼에도 불구하고, 서양의 거의 모든 원자과학자들은 오펜하이머의 지원으로 마련되고 자신들의 의견이 많이 반영된 핵무기 통제를 위한 미국의 계획에 소련 사람들이 적어도 진지한 관심을 보일 것이라고 기대했다. 하지만 1946년 7월 24일에 소련 대표 안드레이 그로미코Andrey Gromyko가 그 계획을 분명하게 거절하자, 많은 원자과학자들은 큰 좌절을 맛보았다.

국제연합 총회에서 그로미코가 연설을 한 지 6일 뒤, 트루먼 대통령은 그것을 쟁취하기 위해 원자과학자들이 그토록 열심히 노력한, '새로운 에너지원'에 대한 민간의 통제권을 확립하는 맥마흔 법안에 서명했다. 하지만 승리를 거둔 과학자들은 국내 정치에만 영향을 미치는 이 성공에 더 이상 크게 기뻐할 수 없었다. 그들은 이미 험악한 국제 상황 때문에 결국에는 군인들이 곧 원자력 개발에 관한 결정을 좌지우지하지 않을까 의심했다. 왜냐하면, 민간인이 관리하는 원자력위원회의 가장 중요한 고객은 바로 군부가 될 게 분명했기 때문이다.

국제연합 총회에서 핵무기 통제에 관한 논의가 계속 지연되자, 원자과학자비상위원회는 자국 정치인들에게 교착 상태에서 빠져나올 길을 보여줄 수 있으리라는 기대에서 동서 진영 원자과학자들 사이의 광범위한 의견 교환을 추진하려고 시도했다. 그러한 핵물리학자들의 국제 회의는 공산주의 진영과 비공산주의 진영 사이의 오해를 풀 뿐만 아니라, 과학자들이 자기 나라에서 따라야 하는 공식적인 비밀 유지 정책 때문에 서방 진영의 연구소들 사이에 벌어지던 경쟁을 잠재우기 위해 추진되었다. 예를 들면, 영국은 미국이 1943년에 원자력 자료의 상호 교환에 관한 퀘벡 회담의 합의 사항을 지키지 않았다고 불평했다. 영국 측은 원자폭탄 제조의 역사를 다룬 미국의 공식 간행물조차 영국과 프랑스와 캐나다 과학자들의 기여를 축소했다고 생각했다. 비키니 환초의 핵실험을 담은 미국의 공식 필름에서 영국 과학자 어니스트 티터턴Ernest Titterton이 확성기로 카운트다운을 하는 목소리가 삭제되고 미국인 억양의 목소리로 대체된 것은 미국의 이런 태도를 보여주는 대표적 예로 보인다.

이렇게 구상된 물리학자들의 국제 대가족 모임에서는 전쟁 동안에 일어난 오해들을 불식시키고 과학자들 사이의 국제적 형제애를 부활하는 시도가 일어날 것으로 기대되었다.

해리슨 브라운은 미국 과학자들의 이름으로 국제연합의 폴란드 대표를 통해 안드레이 그로미코에게 과학자들이 핵무기 통제에 관한 문제들을 논의할 수 있도록 이런 종류의 국제 회의를 소집하자는 제안을 전달했다. 회의 장소로는 자메이카를 추천했다. 이에 대해 브라운은 이렇게 진술한다.

우리는 회의가 열리기 전에 양 진영의 비밀 경찰이 회의 장소인 호텔에 도청 장비를 설치할지도 모른다고 생각했습니다. 어쩌면 그들은 이 기회를 이용해 상대를 좀더 잘 알게 될 수도 있었지요. 놀랍도록 빠른 시간에 모스크바에서 답장이 왔습니다. 우리는 그것을 듣기 위해 뉴욕의 파크 애비뉴에 위치한 유엔 주재 소련 대표부로 초대를 받았습니다. 기대에 부푼 우리는 심장 박동이 빨라졌지요. 하지만 그곳에 도착했을 때, 그로미코의 분위기는 첫 번째 만남 때와는 사뭇

달랐습니다. 그는 매우 공식적인 어조로 우리의 제안을 거절하는 답변을 우리에게 ― 그리고 아마도 방 안에 숨겨져 있던 마이크로폰에 ― 읽어주는 것에 그쳤습니다.

공산주의 진영의 거대한 수용소에서 우호적인 목소리가 서방 원자과학자들에게 전해진 것은 딱 한 번뿐이었다. 카피차는 비키니 환초 핵실험을 언급하면서 서방 동료들에게 원자력을 전쟁에 사용하는 것을 막기 위한 싸움을 계속해나가라고 촉구했다. 전에 러더퍼드의 조수와 친구였던 카피차는 "원자력을 원자폭탄과 동일한 것으로 이야기하는 것은 전기를 전기 의자와 동일한 것으로 이야기하는 것과 같다."라고 선언했다.

서방 과학자들이 카피차의 발언을 들은 것은 그것이 마지막이었다. 카피차에게 일어난 일은 그로부터 10년이 지난 뒤 미국의 일부 과학자들이 소련에서 열린 물리학자들의 회의에 초대받았을 때 알게 되었다. 지금 와서 생각하면 1946년에 카피차가 단지 서방의 원자과학자들만 겨냥한 게 아니라 소련의 원자과학자들까지 겨냥한 그 성명을 발표한 뒤, 소련의 핵무기 제조에 협력하길 거부했다는 이유로 스탈린은 그를 가택 연금시켰다. 그와 동시에 카피차는 자신을 위해 설립된 물리학문제연구소 소장 자리에서도 해임되었다. 카피차는 7년 동안 즈베니고로드에 있던 자기 집에 갇혀 지냈다. 그동안에 서방 언론에서는 소련의 원자폭탄 개발은 다른 사람이 아닌 카피차가 주도했다는 오보가 계속 보도되었다. 1956년 여름에 모스크바를 방문한 미국 물리학자들은 스탈린 치하에서 키피차 외에도 다수의 핵물리학 전문가들이 원자폭탄 개발 연구를 거부하여 유배형과 강제 노동형을 받았다는 이야기를 들었다. 하지만 그렇게 저항한 사람들은 극소수에 불과했다.

1947년 봄, 과학자들의 십자군 운동이 실패했다는 것은 누구의 눈에도 명약관화했다. 핵무장 경쟁에 본격적으로 불이 붙었다. 새로운 과학자 조직들은 수세에 몰리게 되었다. 무기 연구소로 귀환하는 여행이 시작되었다.*

그로브스 장군의 추측이 옳았다. 훗날 그는 반역자들에 대해 "모든 일은 내가 예상한 대로 일어났다. 그들은 약 6개월 동안 과도한 자유를 누린 후에 발이 근질거리기 시작했고, 알다시피 거의 전부 다 정부 연구로 되돌아왔는데, 그것이 너무나도 흥미진진한 일이었기 때문이다."라고 유머러스하게 언급했다.

사실, 그로브스 장군의 발언은 실제 상황을 지나치게 단순화시킨 것이다. 미국의 원자과학자들 중에서 정부가 후원하는 연구에 다시 참여해야 하는가 하는 문제에서 완전히 자유롭게 결정을 내릴 수 있었던 사람은 극소수였다. 대부분은 어쩔 수 없이 되돌아갈 수밖에 없었는데, 직업을 바꾸지 않는 한 선택의 여지가 없었

---

* 원자력을 전쟁에 사용하는 것을 막기 위한 투쟁의 선두에 섰던 원자과학자연맹이 1947년 봄에 실시한 한 설문 조사(발표를 목적으로 한 것은 아니었음)에서는 "미국이 원자폭탄 생산을 계속해야 한다고 생각합니까?"라는 질문에 긍정적인 답변이 243표 나왔다. 부정적인 답변은 174표에 불과했다. 로스앨러모스에서는 원자폭탄 생산 중단에 반대하는 표가 137표 나왔고, 찬성하는 표는 31표밖에 나오지 않았다.

기 때문이다. 그들은 민간의 원자력 통제를 옹호하는 운동에 참여해 활동하는 동안 군부가 배후를 치는 묘수를 들고 나와 과학자들 자신의 본거지인 대학으로 침투했다는 사실을 알아챘다.

전쟁 동안에 대학들은 군부라는 아주 부유한 새 후원자를 만났다. 무기 연구를 위한 이 지원은 전쟁이 끝날 때까지 일시적으로 제공되는 것으로 여겨야 마땅했지만, 과학자들은 군부의 재정적 지원에 기대 물리학, 화학, 테크놀로지, 생물학 부문을 크게 확대했다. 전쟁이 끝난 후, 평화 시의 예산 확보에 골몰하던 대학 총장들에게 해군연구소나 전쟁부의 G6(연구를 담당하는) 대표들이 찾아왔다. 그들은 이렇게 설명했다. "우리는 예산 지원을 앞으로도 계속하려고 합니다. 확대한 연구소를 닫거나 어떤 연구원도 해고할 필요가 전혀 없습니다. 심지어 당장 사용할 수 있는 발명을 하라고 요구하지도 않을 것입니다. 이론 연구에만 전념해도 좋습니다. 우리는 대학에서 연구가 번성하도록 돕길 원합니다. 이번 세기에는 한 나라의 국력은 단지 보유한 무기뿐만 아니라 연구소들도 그 척도가 됩니다. 조용히 평화 시대의 과제들을 수행해주세요."**

이렇게 해서 1946년 말에 군부는 이미 자신의 연구 조직뿐만 아니라 대학 연구소에도 수천만 달러의 예산을 썼다. 1946년 말에 이미 필립 모리슨은 《뉴욕 헤럴드 트리뷴》이 실시한 공공 문제

** 무기 개발 연구를 방지하기 위해 과학자들은 정부 예산으로 운영되는 국립과학재단을 설립해 대학들에 공익적 문제들에 관한 이론 연구에 연구비를 제공하자고 제안했다. 하지만 이 재단은 주로 과학자들 자신의 이견 때문에 몇 년이 지난 뒤에야 설립되었다. 이 재단의 연간 예산은 군부가 지원하는 기금에 비하면 아주 적었다.

에 관한 연례 포럼에서 이런 상황에 대해 불안을 표시했다.

버클리에서 열린 지난 미국물리학회 회의에서 제출된 논문들 중 딱 절반은…… 전부 또는 일부를 삼군 중 한 곳에서 지원을 받았고……일부 학과들은 연구비 중 90%를 해군 기금에서 지원받았다……. 해군 계약은 관대하다. 온갖 종류의 연구가 논문으로 만들어지는데……전시에 탄생한 이 팽창에 대해 과학계 종사자들이 느끼는 불안 중 일부는 그것이 붕괴하지나 않을까 하는 두려움에서 나온다. 그들은 이런 것들을 두려워한다. 후원자들 ― 육군과 해군 ― 은 한동안은 지원을 계속할 것이다. 공포스러운 신무기의 형태로 나오는 결과들은 거기에 투입된 비용에 비해 효과가 신통치 않아 지원이 줄어들기 시작할 것이다. 지금은 우호적인 계약이 나중에는 엄격해질 것이고, 작은 글씨로 적힌 세부 조항들에 결과와 특정 무기의 문제에 관한 언급이 포함되기 시작할 것이다. 그리고 과학 자체가 전쟁에 할부로 팔리고 말 것이다.

물리학자는 이런 상황이 잘못되었고 위험하다는 사실을 안다. 하지만 돈이 필요하기 때문에 이런 상황을 계속 끌고 갈 수밖에 없다. 전쟁 동안 지원을 풍부하게 받을 때 연구의 효율성이 크게 높아진다는 교훈을 배웠을 뿐만 아니라, 자기 분야에서 소규모 집단으로 할 수 있는 연구들로는 더 이상 큰 성과를 얻을 수 없다는 사실을 알게 되었기 때문이다. 미래의 연구를 하려면 실제로 큰 기계 ― 연쇄 반응 원자로와 많은 사이클로트론, 싱크로트론, 베타트론 등 ― 를 갖출 필요가 있다. 그래서 대학의 능력을 넘어서는 지원이 필요하다. 만약 해군연구소나 그에 상응하는 육군의 새 조직 G6가 근사한 계약을 제시할 때 그것을 거절하려면 초인적인 능력이 필요할 것이다.

모리슨이 예견한 상황은 대부분의 비관적인 비평가들이 예상한 것보다 훨씬 더 빨리 그리고 더 완전하게 다가왔다.* 전 세계적으로 언론의 자유가 보장되는 본산인 대학들에서 비밀 준수 정신이 자리를 잡았다. 일부 연구는 군의 안전 장치와 법을 따르면서 진행되었다. 대학들 주위에는 보이지 않는 장벽과 참호가 설치되었다. 교수들에게 비밀이 생기기 시작했고, 자신들이 하는 일을 논의하고자 할 때에는 특이한 종교의 사제들처럼 특별한 언어로만 말했다. 그들이 어떤 일을 하는지 정확하게 아는 사람은 극소수였기 때문에, 자신이 하는 연구에 양심의 가책을 느끼는 사람들도 자리를 지킬 수 있었다. 무기에 관한 비밀 엄수가 가장 큰 영향력을 떨칠 때에는 군부 외에 나머지 비난은 두려워할 이유가 없기 때문이다.**

---

* 10년 뒤에 1957년 1월 12일자 《비즈니스 위크》는 '국방부, 과학의 최고 후원자'라는 제목의 기사를 실었다. "미국에서 과학 연구와 개발을 위해 군부가 지출하는 비용은 제2차 세계 대전 기간에는 연 평균 2억 4500만 달러이던 것이 올해에는 15억 달러로 껑충 뛰었다. 이러한 추세는 계속 증가할 것이다……. 간접적인 군사 및 개발 비용은……적어도 36억 달러에……이른다]."

** 그 당시에 시카고 대학에서는 무기 과학자들이 사용하는 새 전문 용어들을 재미있게 패러디한 다음 이야기가 회자되었다.

"여러분, 여러분의 오해를 바로잡기 위해 X 공장 작업에 관한 진실을 말해야겠다는 생각이 듭니다. 물론 이것은 철저히 비밀로 해주기 바랍니다. 왜냐하면, 이것을 아는 사람은 저뿐이기 때문입니다. 그러니 제가 이야기한 것을 다른 사람에게 이야기할 때에는 반드시 그 사람에게도 비밀을 지키라고 요구하세요.

전체 절차는 이렇습니다. 그들은 플럼스크레이트를 취합니다. 반드시 가공되지 않은 플럼스크

1947년 3월 21일, 트루먼 대통령은 '충성 명령'을 내려 경찰에 모든 정부 공무원의 정치적, 도덕적 신뢰성을 철저히 조사하라고 지시했다. 연구소 안이나 밖에서 일어나는 원자력 연구는 대부분 직접적으로나 간접적으로 연방 정부의 재정 지원을 받았기 때문에, 원자물리학자들은 특히 이 명령에 영향을 받았다. 오크리지 원자연구소의 방사화학부 책임자인 스워타웃 Swartout 박사가 한 과학회의에서 한 다음 이야기가 그 당시 '원자 도시들'에 팽배했던 분위기가 어떠했는지 말해준다.

1947년 어느 여름날 저녁, 한 과학자 - 여기서 쓴 '한 과학자'란 용어는 이것이 전형적인 사례에 불과하다는 것을 나타냅니다 - 가 저녁을 먹다가 문을 노크하는 소리에 정신이 퍼뜩 들었습니다. 나가보았더니 제복을 입은 경비병이 서 있었는데, 그 과학자에게 그가 살던 도

레이트를 써야 한다는 데 주의하세요. 그것을 발리스포틀 탱크에 넣습니다. 이것을 발리스포틀 탱크라 부르는 이유는 그 내부가 플럼스크레이트의 강도를 완전하게 보존하는 쿼드렐스타이블로 코팅돼 있기 때문입니다.

그 다음에는 이것을 새러퓨터실로 가져갑니다. 이곳에는 전문가 새러퓨터만이 일하고 있지요. 물론 이곳에서는 전체 마스터퓨지에 녹시파잉이 일어나게 하는 성분인 퉁보륨을 첨가합니다. 이것을 젤리처럼 무게 5파운드의 주괴 속에 집어넣은 뒤 스펀대글로 두껍게 코팅하면 전체 산물이 사라집니다. 스펀대글러라고 부르는 작업자들 역시 사라집니다.

이제 보이지 않는 화합물을 역시 보이지 않는 애블스너팅 건물로 가져갑니다. 여기서는 운반을 위해 유리 스내글 갈고리들을 추가하지요.

이걸로 작업은 끝납니다. 다음 문제는 운반인데요. 매달 세 번째 화요일 12시 20분에 머리에서 뇌를 일시적으로 뽑아냈기 때문에 시즐프링크라고 부르는 작업자 800명이 일렬로 늘어서서 각자 우스텐스터프팅글(완성된 제품의 이름) 주괴를 2개씩 들고 언덕을 넘어 블랭크블랭크로 행진합니다. 그리고 거기서 완성된 제품을 충분한 원자재와 맞바꾸어 다음 번 우스텐스터프팅글을 만드는 데 사용하지요."

시와 일하던 시설의 출입 수단으로 사용하던 배지를 반납하라고 요구했습니다. 경비병은 아무런 이유도 대지 않았기 때문에, 과학자는 자신의 상사에게 전화를 걸어 물어보았는데, 상사조차도 무슨 일이 일어났는지 전혀 몰랐습니다. 점점 더 높은 단계로 계속 문의한 끝에 과학자는 경비병의 지시에 응하고, 다음 날 아침 일찍 자신이 일하는 시설의 책임자 사무실에 나와 보고하라는 이야기를 들었습니다. 다음 날 아침, 책임자들을 만난 그는 FBI 조사에서 자신의 보안 위험이 의심스럽다고 간주할 수밖에 없는 정보가 나왔다는 이야기를 들었지요. 그리고 자신의 성격, 충성심, 인간 관계에 관해 자신을 변호하는 진술서를 제출해야 하며, 그것을 워싱턴에 있는 원자력위원회 이사회에서 검토할 것이라는 말도 들었습니다. 그동안에는 임시 출입증을 발부받아 자신의 집에 출입할 수는 있지만, 일하는 장소에는 출입할 수 없다고 했습니다.

여러분이 이 과학자의 입장이 되었다고 상상해보세요. 만약 자신의 성격과 충성심과 인간 관계를 변호하라는 요구를 받는다면, 여러분은 어떻게 하시겠습니까? 도대체 무엇 때문에 변호를 해야 한단 말입니까? 그가 아는 어떤 사람 때문에, 그리고 그가 한 어떤 일이나 말때문에 이런 혐의로 조사를 받아야 한단 말입니까?

이 이야기는 그래도 행복한 결말로 끝났다―이것은 훨씬 덜 전형적인 사례이지만. 혐의를 의심받은 과학자는 자신의 지위를 회복했다. 스워타웃 박사는 "하지만 이 모든 것이 회복되기까지는 몇 달이라는 시간이 걸렸는데, 그동안에 그는 자신의 일자리와 과학자 경력이 사라질지도 모른다는 두려움을 견뎌내야 했으며, 또 그동안에 일을 할 수도 없었습니다. 원자력위원회에 직접 고용된 사람들의 경우에는 그동안 급료도 지급되지 않았지요. 하청업체에 고용된 사람들은 형편이 좀 나았지만, 그런 정신적 스트레스를 늘 받으면서 몇 달 동안 쉬는 것은 휴식으로 권할 만한 것이 아닙니다.”라고 덧붙였다.

이 ‘고통스러운 시절’에 이런 사례는 수백 건이나 있었다. 통계 수치만으로는 그 사례들을 제대로 묘사할 수 없는데, 수치로는 근거 없는 비난이나 잊은 지 오래된 과거의 사건 때문에 겪었던 모든 당사자들의 불안과 두려움, 슬픔을 담아낼 수 없기 때문이다. 나중에 익명의 고발인과 판사(대개는 이런 사건들을 마지못해 다루었던)가 기본적인 시민권과 인권을 침해했다는 이유로 그들이 제기한 의혹이 부당한 것으로 밝혀진다 하더라도, 그 가혹한 절차를 거치며 희생자가 겪은 그 모든 고통은 보상할 길이 없었다. 이들은 정식 재판에 회부된 적은 한 번도 없지만, 나라를 배신했다는 의심을 받으며 살아가야 했다. 이들은 정부로부터 감시를 받았고, 대부분의 이웃들로부터 불신과 기피 대상이 되었다. 많은 동료들은 더 이상 이들과 아무 거리낌 없이 대화를 나누려고 하지 않았다. 그것은 추방 선고, 곧 자기 나라에서 이 모든 고통을 참고 견뎌내며 살아야 하는 유배 선고가 떨어지던 시대였고, 사람들을 자살로 내몬 슬픔과 굴욕의 시대였다.

1947년부터 서방 과학자들이 살아간 환경은 점점 더 억압적으로 변해갔다. 서방 세계 정치 권력의 중심지인 워싱턴이 사용한 새로운 방법들은 런던과 파리의 정신적 분위기에도 영향을 미쳤다. 얼마 지나지 않아 영국과 프랑스에서도 평이 좋지 않은 과학자들은 충성 위원회들의 조사를 받았고, 여권을 빼앗기고 일터에서 쫓겨났다. 과학계 사람들 사이의 우정은 불신과 두려움의 중압감에 못 이겨 무너져내렸다. 수십 년 동안 지속돼온 과학자들 사이의 서신 왕래도 끝났다. 서방 세계의 연구소들에서조차 이전에 전체주의 국가에서만 그랬던 것처럼 사람들은 국가의 도청을 경계하여 불안에 떨며 서로 속삭이기 시작했다.

하지만 불건전한 의심의 분위기와 비난, 부당한 혐의 변호를 위한 시간 낭비 등의 부작용을 낳은 그렇게 크게 제한된 자유조차도 철의 장막 뒤에서 들려오는 공산주의 국가들의 과학자들이 맞이한 운명, 즉 완전한 노예 상태보다는 훨씬 나았다. 특히 트로핌 리센코Trofim Lysenko의 이론과 어긋난다는 이유로 징계를 받거나 심지어 유명한 식물육종학자 니콜라이 바빌로프Nikolai Vavilov처럼 살해당한 소련 유전학자들이 받은 박해는 서방 세계에서 큰 동정심을 불러일으켰다.

'아름다운 시절'에 원자과학자들은 연구비 부족에 시달렸다. 하지만 그 대신에 자유롭고 행복한 분위기에서 일할 수 있었다. 그들의 연구는 대개 별로 주목을 받지 못했지만, 바로 그 이유 때문에 그들은 더욱 큰 존경을 받았다. 그들은 수가 아주 적었고, 육지와 바다 건너 아주 먼 거리에 떨어져 있더라도 서로를 잘 알았다. 지금은 그 수가 아마도 100배는 더 많아졌을 것이다. 그들의 과학은 하나의 패션이 되었다. 그들의 모임은 대중 집회 비슷한 것이 되었다. 많은 사람들은 그들을 두려워하거나 심지어 미워했다. 그들은 중요한 인물로 간주되었다 – 너무나도 중요한 인물로 간주된 나머지 때로는 홀로 죽도록 가만히 내버려두지 않는 지경에 이르렀다.

그 당시에 군의 엄중한 경호 속에 한 중환자가 의식을 잃은 채 샌프란시스코의 레터먼 병원으로 실려왔다. 그는 곧 격리 병동으로 옮겨졌다. 처음에는 무장 경비병이 그 병동 문 앞에 서 있었다. 나중에 병원에서 비판의 목소리가 나오자 경비병은 철수했다. 그 환자를 돌본 의사와 간호사는 모두 사전에 정치적 신뢰성 조사를 받았다. 그리고 그 환자가 섬망 상태에서 지껄이는 말은 어떤 것이건 즉시 잊어야 한다는 주의를 받았다.

문제의 환자는 미네소타 주 출신의 핵화학자 윌리엄 트위첼William G. Twitchell로, 나이는 36세였다. 그는 캘리포니아 대학의 방사선 연구소에서 어느 정도 권위 있는 자리에서 몇 년 동안 일했다. 세계적으로 유명한 이 연구소의 한 부서는 그 당시 원자무기를 개선하는 연구에 전념하고 있었기 때문에, 트위첼은 아마도 원자 무기의 중요한 비밀을 일부 알고 있었을 것이다. 이 젊은 과학자가 어떻게 해서 건강이 나빠졌는지는 결코 공개되지 않았다. 어쨌든 버클리 보안국 – 오펜하이머가 1943년에 첫 자백을 했던 바로 그 사무실 – 의 책임자였던 피들러Fiedler는 이 사건이 외부로 알려지지 않도록 최선을 다했다. 피들러는 육군 측에 그 환자를 민간 병원보다 더 엄격한 보안 규정을 적용할 수 있는 자체 병원으로 옮기라고 요청했다.

6개월 뒤에 《뉴욕 타임스》의 한 기자가 우연히 이 사건에 관심을 갖게 되었다. 하지만 그 기자도 트위첼이 앓았던 병의 성격이 정확하게 어떤 것인지 밝혀낼 수 없었다. 어쩌면 단순히 침묵을 지켜야 하는 중압감을 이기지 못하고 쓰러졌을 수도 있다. 전쟁 동안에 오크리지의 원자연구소에서 일했던 한 해군 장교에게 바로 그런 일이 일어났다. 그는 혼잡한 열차에서 사람들에게 원자도시에서 일어나는 일들을 이야기하다가 보안 담당자들에게 체포되었다. 정신적으로 불안정해진 이 한 사람을 치료하기 위해 의사들과 직원들이 상주하는 소형 특별 진료소가 세워졌다. 민간 정신병원으로(공립 정신병원은 말할 것도 없고) 보내는 것은 바람직하지 않다고 간주되었기 때문이다.

트위첼에게는 그런 조치가 필요 없었는데, 입원 뒤 며칠 만에 숨을 거두었기 때문이다. 마지막 임종 순간에 그의 옆을 지키도록 허락받은 친구나 친척은 아무도 없었다.

1 9 4 9 ~ 1 9 5 0

'조I'과 '슈퍼'

16

1949년 8월 말 무렵에 폭격기 승무원의 보호에 필요한 데이터를 모으기 위해 B-29에 설치된 미 공군의 '하늘을 나는 실험실'은 충격적인 발견을 했다. 극동 지역 상공을 비행하고 돌아와 촬영한 사진을 분석했더니, 그 대기에서 설명할 수 없는 방사성 물질의 흔적이 발견되었다. 우주에서 날아온 입자들이 흔히 음판에 남기는 흰색 실 같은 자국 외에 새로운 선들이 많이 있었다. 이 현상은 아주 특이해서 즉각 암호로 워싱턴으로 보고되었다. 당장 방사능 탐지 장비가 특별히 실린 RD 항공기를 보내 조사하라는 명령이 떨어졌다. RD 항공기는 일종의 끈끈이를 사용해 높은 고도에서 빗방울과 대기 최상층부에서 미세한 재 입자 시료를 채취했다. 이 시료들은 철저한 방사화학 분석 과정을 거쳤다. 그때까지만 해도 미 공군과 원자력위원회의 과학자들은 처음부터 의심하고 있던 말을 차마 입 밖으로 내지 못하고 있었다. 발견된 방사능은 아시아 지역의 소련에서 일어난 핵폭발에서 나온 게 분명했다.

이 사실을 안 극소수 전문가들은 크게 놀라지 않을 수 없었다. 그때까지 미국인은 소련이 설사 원자폭탄을 보유한다 하더라도, 1956년이나 1960년 이전에는 그런 일이 일어나지 않을 것이라는 예측을 철석같이 믿으며 살아왔다. 미 공군의 전문가들은 그 시기를 좀더 앞선 1952년으로 제시했지만, 육군과 해군은 그 평가를 소련의 능력을 과대평가한 것이라고 여겼다. 하지만 이제 와서 보니, 그마저도 지나치게 낙관적인 평가로 드러났다.

펜타곤의 전략가들은 처음의 충격에서 벗어난 뒤에 스스로 위안하기 위한 추측을 하기 시작했다. 아마도 높은 농도의 방사능은 실전에 배치할 수 있는 단계의 원자폭탄 실험에서 나온 것이 아니라, 소련의 어느 원자력연구소에서 일어난 폭발 사고에서 나온 것이 아닐까 하고 추측했다. 하지만 그토록 큰 규모의 폭발이라면 소련이 이미 상당히 많은 양의 핵분열 물질을 처리했다는 것을 의미했다. 그토록 많은 양의 우라늄-235나 플루토늄-239를 만드는 방법을 어떻게 생각해냈을까? 그들은 어떻게 1945년 이후 4년 만에 그 목적에 필요한 광범위한 시설들을 지을 수 있었을까? 이 중대한 질문에 대해서도 이 사건의 중요성을 최대한 깎아내리려는 답이 나왔다. 핵분열 물질이 철의 장막 뒤에서 만들어진 것이 아니라, 간첩을 통해 몰래 소련으로 유입되었다는 가정이었다. 이 가정은 그다지 신빙성이 없어 보였는데, 그 다음 몇 달 동안 상원 의원 히켄루퍼 Hickenlooper가 원자력위원회가 한 일을 모두 자세하게 조사했기 때문이다. 이 과정에서 사라진 우라늄-235는 모두 합쳐

겨우 4g에 불과한 것으로 보고되었다.

　종전 후 처음 4년 동안 서방 진영이 소련이 예측 가능한 시간 안에 원자폭탄을 제조할 수 있는 능력을 이토록 과소평가한 것은 앞서 독일의 원자폭탄 제조 능력을 과대평가한 것보다 더 놀랍다. 1945년 말까지 소련 측은 전문 분야의 글이나 심지어 매일 보도되는 언론을 통해 핵물리학에 대한 큰 관심과 이 분야에서 일어난 자신들의 연구를 아주 공공연히 언급했다.

　레닌그라드의 라듐연구소와 기술물리학연구소, 모스크바의 레베데프연구소와 물리학문제연구소, 그리고 하르코프에 있는 한 연구소는 1920년대 초부터 핵 연구에 어느 정도 관심을 기울였다. 소련이 대규모 우라늄 광상을 보유하고 있고 또 그것을 알고 있다는 사실은 유명한 지질학자 블라디미르 베르나드스키 Vladimir Vernadsky가 발표한 글을 통해 명백히 알 수 있었다. 베르나드스키는 제자들과 함께 1921년 무렵에 레닌의 지시로 소련 전 지역의 광물 자원을 탐사하고 기술하는 작업을 시작했다.

　오토 한의 발견 소식이 발표되자마자 소련 과학자들은 서방 진영의 동료들에 못지않은 열정을 가지고 그 의미를 연구하고 가능성을 평가하기 시작했다.* 1939년에 모스크바에서 핵물리학 분

---

* 　소련 과학자들뿐만 아니라 소련 정부도 처음부터 우라늄 핵분열에 관심을 보였다. 1939년에 베를린을 방문한 소련 교육부 장관 카프타노프 Kaftanov는 특별히 한의 연구소를 방문하고 한을 개인적으로 만나 그가 한 실험에 대해 이야기를 나누고 싶어했다. 독일 측은 그의 요청을 들어주었다.

야의 문제들을 다루는 공식적이고 공개적인 회의가 열렸다. 1940년 4월, 소련 과학원은 월간 회보에서 특별한 우라늄문제위원회를 설립했다고 발표했다. 1940년에 모스크바 지하철의 수직 통로에서 어떤 실험을 하다가 자연 발생적인 우라늄 핵분열을 최초로 발견한 게오르기 플로료프 Georgy Flyorov와 콘스탄틴 페트르작 Konstantin Petrazak을 포함해 소련의 주요 물리학자들은 모두 이 소련우라늄협회에 소속돼 있었다.

1939년에 이미 브로드스키 A. I. Brodsky 는 우라늄 동위원소의 분리에 관한 논문을 발표했고, 이고리 쿠르차토프 Igor Kurchatov와 야로슬라프 프렝켈은 프리슈와 보어, 휠러와 거의 같은 시기에 우라늄 핵분열 과정에 대한 이론적 설명을 내놓았다. 일간 신문《이즈베스티야》는 1940년 신년 전야 발간호에서 '우라늄 235'라는 제목의 기사를 실었는데, 거기에는 다음과 같은 구절이 포함돼 있었다. "인류는 지금까지 알려진 것들을 모두 합친 것보다 100만 배가 넘는 새 에너지원을 얻게 될 것이다……. 우리는 고갈돼가는 석탄과 석유 자원을 대체할 연료를 얻어 연료 기근으로부터 산업을 구할 것이다……. 인류의 힘은 새로운 시대로 접어들고 있다……. 인간은 에너지를 원하는 대로 얼마든지 얻게 될 것이고, 그것을 어디든지 원하는 목적에 사용할 수 있을 것이다." 1941년 10월, 카피차는 많은 소련 신문에 소개된 강연에서 "이론적 계산은…… 원자폭탄 하나로……수백만 명이 거주하는 대도시 하나를 쉽게 파괴할 수 있음을 증명한다."라고 말했다.

1941년에 독일이 침공해오자, 소련은 원자 무기 연구 계획을 당분간 포기한 것처럼 보인다. 미 공군의 명령에 따라 활동하는 랜드 사가 하는 일 중에는 소련의 기술 발전에 관한 보고서를 발행하는 것도 있는데, 1956년에 발표한 보고서에서 다음과 같이 기술했다. "하지만 소련은 그 당시 벌어지고 있던 전쟁에 그것[그 폭탄]을 사용하는 게 실현 가능하다는 생각을 포기한 것으로 보인다. 그들은 원자 무기 연구를 중단했다는 사실을 감추려는 시도를 전혀 하지 않았다. 그리고 대외 첩보 활동에서 원자력 문제를 우선시하지 않은 것으로 보인다……. 1943년 무렵에 소련은 핵무기를 보유하려는 의도를 분명히 가지고 원자 개발 계획을 재개했다."

앞서 독일의 원자폭탄 개발 계획에 대해 미국이 잘못된 결론을 내렸다는 사실도 소련의 원자폭탄 연구와 전체주의 국가인 소련에서 일어난 진전을 과소평가하는 데 일조했다. 스탈린 치하에서는 히틀러 치하에서와 마찬가지로 관료 집단이 이념적인 이유로 현대 물리학을 공격했다. 양자론과 상대성 이론, 그리고 '아인슈타인주의' – 소련의 과학 기술 부문 언론에서 부른 명칭 – 는 '이상주의적'이고 '반동적'이라고 비난받았다. 하지만 두 독재 국가 사이의 비슷한 점은 여기까지였다. 나치스가 지배한 독일에서는 자연 과학을 장려하지 않았다. 하지만 스탈린 치하의 소련에서는 가능한 것이라면 어떤 물질적 지원도 아끼지 않았다. 물리학자는 급료와 생활 수준이 가장 높은 직업 중 하나였을 뿐만 아니라, 그 연구소들도 연구 계획에 예외적으로 많은 지원금을 제공받았다. 따라서 소련의 핵물리학자들은 1939년 이전에 유럽 최초의 사이클로트론을 만들 수 있었다. 그들은 1941년까지 이 거대한 원자 파괴 장치를 두 대 더 만들었다. 하나는 그 당시 미국에서 운영하던 가장 큰 장치보다 방사능 세기가 3배나 크도록 설계되었다.

미 공군을 위해 소련의 원자폭탄 연구 진척 상황을 조사하는 두 전문가 러글스Ruggles와 크레이미시Kramish는 "소련은 1945년에 아무것도 없는 상태에서 핵 연구 계획을 시작한 것이 아니라, 그 시점에도 이미 미국이 도달한 지식과 기술 수준에 비해 크게 뒤떨어지지 않았던 게 분명하다. 이 점을 감안하면, 1949년에 폭발한 원자폭탄을 소련 산업이 만들기까지 4년이 더 걸렸다는 사실이 오히려 약간 놀랍다."라고 결론내렸다.

소련의 핵 개발을 이렇게 현실적으로 평가한 의견은 1956년까지는 나오지 않았다. 종전 후 처음 몇 년 동안 그런 평가가 나왔더라도, 1947년에 핵은 더 이상 소련 과학자들에게 비밀이 아니라고 선언한 몰로토프의 발언과 마찬가지로 미국에서 그것은 과장된 것으로 일축되었을 가능성이 높다.

1949년 8월에 소련에서 최초의 핵폭발 증거가 발견돼 우려가 증폭되던 시기에 워싱턴 당국은 다행히도 여러 가지 추측이 주는 기만적인 위안에 만족하지 않았다. 그들은 전문가들로 구성된 위원회를 소집해 수집 가능한 모든 증거를 바탕으로 추가 보고서를 내게 했다. 버니바 부시가 주재하고 오펜하이머와 바커가 참여한 이 위원회는 회의를 여러 차례 열었다. 모든 정보를 검토한 뒤에 그들은 원자폭탄과 분명한 관련이 있다는 결론을 내렸을 뿐만 아니라, 그 조성과 폭발 위력에 관한 데이터도 내놓았다. 미국 과학자들은 그 무렵에는 소련이 원자폭탄을 보유하고 있다고 확신하여 거기에 '조 I'이라는 이름까지 붙였는데, 이오시프 스탈린의 이름을 '기려' 그렇게 불렀다.(이오시프 스탈린은 영어로는 조지프 스탈린으로 표기하는데, '조'는 조지프에서 딴 이름이다-옮긴이)

그 다음에는 트루먼 대통령과 원자력에 관한 의회 합동위원회에 조 I의 등장을 알려야 했다. 대통령과 공화당 상원 의원 밴든버그는 둘 다 이 정보에 동일한 질문으로 반응했는데, 이것은 이들의 충격이 얼마나 컸는지 보여준다. "이제 우리는 어떻게 해야 합니까?" 첫 번째로 필요한 결정은 이 비밀을 세상에 공개하느냐 마느냐 하는 것이었다. 존슨 국방부 장관은 미국 시민들에게 공포를 야기할 것을 우려해 비밀로 하자는 의견을 내놓았다. 표결을 통해 존슨의 의견은 채택되지 않았다. 1949년 9월 23일, 트루먼 대통령은 짧지만 아주 조심스럽게 작성한 메시지를 읽으면서 소련에서 원자폭탄 폭발이 일어났다고 발표했다.

이 정보를 접하고도 일반 대중은 별로 큰 충격을 받지 않은 것처럼 보였고, 핵무기 위협에 대한 구제할 길 없는 무관심에서 벗어나지 못했지만, 미국 원자과학자들의 관심은 크게 높아졌다. 1945년 이후부터 이들은 거의 예외 없이 미국의 핵무기 독점 상황은 한시적인 것에 그칠 것이라고 지적했다. 이제 이들은 핵무장 경쟁을 끝낼 희망은 사실상 사라졌으며, 반대로 더욱 치열해질 가능성이 높다고 믿었다. 이들은 그 불안감을 상징적으로 표현했다. 그전까지는 매달《원자과학자 회보》표지에 12시 8분 전을 가리키는 분침 그림이 실렸다. 그런데 이제 이 그림은 12시 3분 전을 가리키는 것으로 바뀌었다. 시간의 종말이 그만큼 더 가까이 다가온 것이다.

소련의 핵폭발 뉴스가 나오고 나서 소위 '전문가'들 사이에 벌어진 토론에서 외부 사람들은 거의 이해하지 못한 단어 하나가 계속해서 반복적으로 나왔다. 그것은 바로 '슈퍼Super'라는 단어였다. 원자과학자들 사이에서 국제적으로 존경받는 기관지이자 토론 광장으로 발전한 《원자과학자 회보》는 몇 년 동안 자발적으로 이 용어가 무엇을 의미하는지 언급하길 자제해왔다. 이 단어가 암시하는 무기 기술의 가공할 추가 발전 가능성에 다른 사람의 관심을 끌지 않는 것이 최선의 방책이라고 여겼다.

왜냐하면, 슈퍼는 히로시마를 파괴한 원자폭탄보다 1000배나 더 강력한 폭탄이 될 가능성이 높았기 때문이다. 보통 원자폭탄과 달리 그것은 그 규모에 '제한이 없는 무기'였다.

그런 폭탄은 태양 내부에서 일어나는 자연 과정을 지상에서 재현하는 데 성공할 때에만 만들 수 있었다. 하늘에서 밝게 빛나는 태양은 수소 핵융합 반응을 통해 막대한 에너지를 끊임없이 방출한다. 여기서 방출되는 힘은 우라늄 핵분열에서 방출되는 것과는 비교도 할 수 없을 만큼 강하다.

슈퍼를 처음 검토하기 시작한 것은 1942년 여름부터였다. 그 당시 오펜하이머는 버클리에서 소규모 이론물리학자 팀을 조직해 만들기 가장 좋은 종류의 핵폭탄이 어떤 것인가 하는 문제를 생각하게 했다. 논의 도중에 가모프의 제안으로 별 내부에서 일어나는 열핵반응을 몇 년 동안 연구해온 텔러가 핵분열 폭탄의 다음 단계로 그런 종류의 핵융합 반응 가능성을 시사했다.

버클리의 캘리포니아 대학에서는 대부분의 대학생이 이미 방학이나 군 복무로 캠퍼스를 떠나고 없었다. 논의에 참여한 과학자들—7명을 넘은 적이 드문—은 사실상 캠퍼스 전체를 독차지한 것이나 다름없었다. 처음으로 대화 주제가 인공 태양 개념으로 흘러간 것은 종탑에서 정기적으로 시간을 알리는 차임벨 소리가 천구의 음악처럼 흘러나오는 가운데 키 큰 삼나무들 사이에 펼쳐진 푸른 잔디밭이나 창문이 많은 강의실 중 한 곳에서 논의를 할 때였다. 훗날 텔러가 회상한 것처럼 그 당시는 "자연 발생적으로 분출되는 표현과 모험과 놀라운 발상의 정신"이 넘치던 시절이었다. 새로운 차원의 인간 지식과 힘을 발견하면서 느낀 흥분 때문에 그들은 대부분 자신들이 실은 죽음의 수단을 설계하기 모였다는 사실을 잊어버렸다.

버클리에서 일어난 대화들의 결과로 주로 우라늄 폭탄의 제조에 집중하는 것으로 시작하되, 한편으로는 슈퍼 폭탄 문제에도 진지한 관심을 더 기울이기로 결정되었다. 고려해야 할 문제 중 하나는 특별히 불길했다. 한 폭탄의 폭발로 일단 열핵반응 과정이 시작되면, 그것이 지구의 대기와 물에 심각한 영향을 미칠 가능성이 제기되었다. 슈퍼에서 막을 수 없는 전 지구적인 연쇄 반응이 일어나 아주 짧은 시간 안에 지구 전체가 활활 타오르면서 죽어가는 행성으로 변할지도 몰랐다. 이 끔찍한 개념을 연구하는 일은 처음에는 두 이론물리학자 에밀 코노핀스키 Emil Konopinsky 와 클로이드 마빈 주니어 Cloyd Marvin. Jr. 에게 맡겼다. 두 사람 모두 안심할 만한 답변을 내놓았지만, 모든 사람이 그 답변을 듣고 확신을 가졌던 것은 아니다. 최종 결정은 현명하고 정확한 사고로 유명한 물리학자 그레고리 브레이트 Gregory Breit 에게 맡겼다.

그레고리 브레이트는 차르 치하의 러시아에서 집단 학살을 피해 열다섯 살 때 미국으로 건너왔다. 미국에서 그는 자신의 내성적인 성격에 어울리는, 살기에 조용한 장소를 발견했다. 그는 나머지 세계에 크게 신경 쓸 필요 없이 읽고 생각하고 가르칠 수 있었다. 그런데 1940년의 어느 화창한 날, 그 모든 것을 싹 바꾸어놓는 사건이 일어났다. 브레이트 교수는 워싱턴의 한 공원에서 여느 때처럼 산책을 즐기고 있었는데, 자동차 한 대가 다가오더니 옆에 섰다. 그러더니 운전자가 목적지까지 태워다주겠다고 제의했다. 평소 같으면 거절했을 테지만, 그날따라 약간 피곤했던 그는 고마워하며 그 제의를 받아들였다. 알고 봤더니 그 친절한 운전자는 해군의 과학연구부에서 일하는 사람이었다. 그는 수줍음이 많은 교수에게 끌려 하루 이틀 안에 자기 사무실을 한번 방문해달라고 부탁했다. 그러면서 해군은 해결해야 할 아주 흥미로운 물리학 문제가 있다고 했다.

교수는 찾아가겠다고 약속했다. 브레이트는 전쟁과 파괴에 도움이 되는 일을 할 의향이 전혀 없었지만, 해군 장교는 그런 일을 하라는 요구는 하지 않았다. 그들은 독일의 신형 자기 기뢰로부터 전함을 보호하는 방법을 제시해줄 수 있는 사람을 찾고 있었다. 그것은 그저 인명과 재산을 보호하는 문제에 불과했다. 브레이트는 도움을 주기로 동의했다. 그는 해군을 위해 일하기 시작했고, 그의 아이디어는 곧 해군 연구부의 물리학자들이 올바른 길을 찾는 데 도움을 주었다.

얼마 지나지 않아 브레이트는 또다시 한 정부 부처로부터 부름을 받았다. 그리고 자신이 새로운 폭탄에 관한 일을 통합 조정하고 지휘하기에 유일하게 적합한 사람이라는 이야기를 들었다. 정부 부처 담당자들은 새로운 폭탄을 전쟁에 사용할 의도는 전혀 없다고 덧붙였다. 독일이 비슷한 폭탄을 개발할 경우에 대비해 억지력을 확보하기 위한 것일 뿐이라고 했다. 브레이트의 연구는 나라 전체를 재앙으로부터 구하는 데 기여할 것이라고 했다. 브레이트는 "나는 나쁜 관리자입니다. 통합 조정을 하는 일이라면 나보다 더 부적합한 사람도 찾기 힘들 겁니다."라고 이의를 제기했다. 하지만 상대방은 "이 일을 맡을 수 있는 사람 중에서 미국 시민은 아무도 없습니다. 이 문제에 관여한 나머지 물리학자들은 거의 다 외국인입니다."라고 말했다.

그래서 평화를 사랑하는 교수는 설득에 넘어가 워싱턴에서 '빠른 핵분열'(원자폭탄 안에서 일어나는 통제 불능 상태의 연쇄 반응을 묘사하는 데 쓰던 표현)을 연구하는 첫 번째 위원회를 주재하게 되었다. 몇 달 뒤, 브레이트는 책임이 큰 이 자리에서 물러날 수 있게 되어 크게 안도했다. 이제 자신이 하던 평소의 과학 연구로 되돌아갈 수 있을 것이라고 생각했다.

하지만 얼마 지나지 않아 '전 지구적인 연쇄 반응'이라는 또 다른 문제에 대해 조언을 해달라는 요청을 받았다. 맨 처음에는 전함의 파괴를 막는 방법을 도와달라는 부탁을 받았다. 그 다음에는 미국의 멸망 가능성 문제에 도움을 달라는 부탁을 받았다. 이번에는 전 세계의 멸망 가능성이었다!

모든 책임이 오롯이 그에게 지워져 있었다. 자신의 판단이 최종적인 것으로 받아들여지게 돼 있었다. 그 문제는 극비였기 때문에, 동시에 그 문제를 알게 된 다른 물리학자들에게 의지할 수도 없었다. 신화나 전설에서조차 어느 누구에게도 던져진 적이 없는 이토록 중요한 문제에 만약 틀린 답을 내놓는다면 어떻게 될까? 만약 관련 요소 중 일부를 간과하기라도 한다면? 만약 "괜찮아요, 당신이 언급한 위험은 인간의 마음으로 예견할 수 있는 한 존재하지 않습니다."라고 대답했는데, 그것이 틀린 것으로 드러난다면? 원자 내부에 잠자고 있는 힘의 방출 가능성도 가장 유명한 과학자들이 오래전부터 일축하지 않았던가? 그런 판단 오류가 또다시 일어나지 말란 법이 있는가?

만약 브레이트가 초인적인 책임을 져야 하는 그 일을 맡지 않겠다고 거절하더라도, 사람들은 충분히 그를 이해해줄 것이다. 하지만 그럴 경우에 그 일은 어쩌면 자신보다 판단력이 떨어질지도 모를 다른 과학자에게 맡겨질 게 뻔하다는 점을 명심해야 했다. 게다가 그는 자신의 성실함만큼은 절대적으로 믿을 수 있었다.

지구와 그 주민의 운명이라는 무거운 짐이 브레이트의 좁은 어깨 위에 놓여 있던 상당히 오랜 시간 동안 브레이트는 밤낮을 가리지 않고 계산과 숙고를 거듭했다. 결국 그는 단지 계산을 해서 그 결과를 자신에게 일을 맡긴 사람에게 제출하는 일밖에 할 수 없었다. 이제 그는 열핵폭탄에서 해방된 반응이 지구의 가벼운 원소들을 유례가 없는 방식으로 융합시키는 일은 어떤 상황에서도 일어날 수 없다는 것을 의심의 여지 없이 증명했다고 믿었는데, 그런 과정은 자연의 법칙에 어긋나기 때문이었다.

하지만 그러고 나서도 브레이트는 다른 의심들 때문에 고민을 한 게 분명하다. 그의 의견은 사실 장래에 슈퍼폭탄을 만드는 네 가장 큰, 어쩌면 생각할 수 있는 것 중 가장 큰 장애물을 제거했다. 하지만 만약 그런 폭탄이 실험적으로가 아니라 악의적이고 고의적으로 사용되어 전 세계적 규모의 파괴를 낳는다면, 이제 자신도 거기에 책임을 져야 하지 않을까?

매력적인 이 작은 남자는 숙고 끝에 이런 결론에 이르렀을 때, 분명히 큰 정신적 고통을 겪었을 것이다. 이 끔찍한 전쟁 동안 그는 큰 재앙을 피하는 데 도움을 주려고 노력한 것 외에 어떤 일도 하지 않았다. 어떻게 하면 죄를 짓는 일을 피할 수 있을까?

버클리에서 일어난 논의들에서 과학자들은 슈퍼폭탄을 만드는 데 시간이 아주 오래 걸릴 것이라고 생각하지 않았다. 하지만 1943년부터 1945년까지 연구실에서 실험을 하는 동안 그 목표는 점점 더 뒤로 후퇴하는 것처럼 보였다. 어쨌든 보통 원자폭탄을 먼저 개발해야 했다. 그것은 슈퍼를 만들기 위한 필수 전제 조건이었다. 이런 종류의 우라늄 핵분열 폭탄을 수소폭탄 내부에 신관으로 집어넣어 사용해야만 열핵반응을 일으키는 데 필요한 초고

온을 얻을 수 있기 때문이다. 이 과제를 해결하는 것은 예상보다 훨씬 어렵고 시간도 더 오래 걸리는 것으로 드러났다.

에드워드 텔러에게는 불만스럽게도 슈퍼 계획은 시간이 지날수록 점점 더 뒷전으로 밀려났다. 처음에는 그조차도 그것을 연구할 수가 없었는데, 그것 말고도 더 시급한 일이 많았기 때문이다. 하지만 텔러는 기질상 보통 과학자들과 함께 협력해 일하지 못했다. 그는 조직적인 일에는 관심이 없었다. 그 결과로 심각한 마찰이 발생했다. 그의 상사인 한스 베테는 나중에 이렇게 보고했다.

나는 이론물리학 부서의 일들을 그에게 의지했고, 아주 많이 의지할 수 있길 기대했다. 하지만 그는 협력을 원치 않았다. 그는 연구소의 모든 사람들이 생산적인 방법이라고 동의한 연구 방법을 따르려고 하지 않았다. 항상 새로운 것을 제안했고, 기존의 방법에서 벗어나는 것을 제안했다. 그는 이론 부서의 틀 안에서 자신과 자신의 팀이 해야 하는 것으로 기대되는 일을 하지 않았다. 그래서 결국에는 로스앨러모스의 일반적인 개발 라인의 모든 일에서 그를 제외시킬 수밖에 없었다. 그리고 이론 부서 밖에서 자신의 팀과 함께 제2차 세계 대전과는 아무 관계도 없는 자신의 아이디어를 추구하게 했다.

이것은 우리에게 큰 타격이었는데, 그 일을 수행할 능력이 있는 사람이 매우 적었기 때문이다.

그 당시에 텔러가 남긴 공백은 루돌프 파이얼스와 클라우스 푹스가 채웠다. 텔러는 소규모 팀과 함께 자신이 '마이 베이비my baby'

라고 부른 슈퍼 문제를 연구했다.

전쟁 기간에 로스앨러모스처럼 인간 관계가 긴밀한 공동체에서 텔러 같은 아웃사이더는 특별한 주목을 끌 수밖에 없었다. 시간이 지나면서 그는 시샘과 짜증과 심지어 증오를 유발했다. 다른 과학자들은 이전에는 그런 것을 꿈도 꾸지 않았지만, 이제 군대의 규율을 따랐다. 매일 아침 이른 시간에 그들은 철조망 건너편의 기술 지역으로 출근했다. 하지만 텔러는 늦게 일어났고, 집에서 일했으며, 혼자서 긴 산책을 다녔다. 대학 도시에서라면 이런 습관이 있더라도 별 뒷말이 없었을 것이다. 하지만 힐에서는 "도대체 저 사람은 여기서 하는 일이 뭐야? 왜 저 사람은 모든 사람이 따르는 규정을 따르지 않아도 되는 거야?"라는 말들이 나왔다.

텔러에 대한 불만은 로스앨러모스 연구소 책임자 오펜하이머에게 전달되었다. 많은 불만 사항은 사소한 흠을 지적한 것이었다. 아이가 하나밖에 없는 텔러 가족의 집에 정말로 여분의 방이 하나 더 있단 말인가? 왜 그들은 자전거 거치대가 있어야 할 아파트 앞에 어린 아들의 유아용 놀이 울타리를 설치하는가? 텔러가 밤늦게 피아노를 쳐서 이웃의 평안을 방해하는 행동을 내버려두어야 하는가?

오펜하이머는 이러한 고자질을 거의 신경 쓰지 않거나 전혀 신경 쓰지 않았다. 그는 텔러가 자신을 심하게 비판하지만 또 존경한다는 이야기를 들었다. 많은 점에서 두 사람은 닮은 데가 많았다. 둘 다 비슷하게 불타는 야심을 갖고 있었다. 둘 다 자신이 동료들보다 훨씬 월등하다고 여겼다. 그리고 그들과 오랜 세월 함께 일한 베테가 말한 것처럼 둘 다 "과학자보다는 예술가에 더 가까웠다."*

지나치게 예민한 오펜하이머는 자신과 이 특이한 동료 사이의 관계가 순탄하지만은 않다는 사실을 잘 알았다. 두 사람은 자주 함께 회의를 했음에도 불구하고, 서로 연락을 주고받는 일은 절대로 없었다. 그런 이유 때문에 그는 텔러가 반감의 표시로 간주할 만한 조치를 절대로 취하지 않으려고 특별히 신경 썼다.

반면에 오펜하이머는 텔러를 칭찬하는 데 인색했다. 한 목격자는 "만약 그 시절에 오펜하이머가 거의 모든 기계공을 다루는 법을 아주 잘 이해했던 것처럼 에드워드에게 아주 가끔이라도 칭찬을 조금만 했더라면, 두 사람의 운명은 달라졌을지 모릅니다."라고 말한다. 이 증언은 훨씬 나중에 오펜하이머와 텔러 사이의 공감 부족이 중대한 결과를 초래하는 분쟁으로 비화할 때 나왔다.

전쟁이 끝난 뒤 텔러는 처음에는 대학 연구소들로 돌아가는 일반적인 대열에 합류하지 않았다. 전쟁 기간에도 텔러를 중상한 사람들은 그가 오펜하이머의 자리를 탐낸다고 말했다. 이제는 자신 말고는 아무도 그를 만족스러운 행정가로 생각하지 않는 것처럼

---

* 이전의 한 가까운 협력자는 저자에게 보낸 편지에서 텔러의 성격을 눈길을 끄는 단어들을 사용해 다음과 같이 묘사했다. "그가 내……책의 한 장을 쓰는 일을 도와줬을 때 나는 그를 더 잘 알게 되었습니다. 그는 전형적인 현대의 생각하는 기계였는데, 심장이 없거나 감수성이 결코 없는 것은 아니었습니다. 하지만 이 두 가지 기능은 보통보다 낮은 수준이었고, 그에게서 분출되는 지적 즐거움의 활력과는 경쟁이 되지 않았습니다."

보이는데도, 텔러가 스스로를 적합한 후계자로 여긴다는 소문이 나돌았다.

오펜하이머의 자리를 물려받은 노리스 브래드버리 Norris Bradbury 도 이런 소문을 들었을 것이다. 그는 텔러를 불러 베테가 떠나면서 공석이 된, 연구소에서 두 번째로 중요한 자리인 이론 부서 책임자 자리를 제안했다.

두 사람 사이의 대화에서는 비우호적인 뉘앙스를 품은 말이 많이 오갔다. 텔러는 평소의 공격적인 스타일로 "한 가지 조건이 있습니다. 일 년에 핵분열 무기 12개 정도를 실험하거나, 혹은 대신에 열핵폭탄 문제를 철저하게 연구해야 합니다."라고 선언했다. 이에 대해 브래드버리는 "당신도 잘 알겠지만, 그것은 안타깝게도 불가능합니다."라고 대답했다. 그러자 텔러는 로스앨러모스에 계속 남아달라는 브래드버리의 부탁을 거절하고 시카고 대학으로 가버렸다.

하지만 1946년에 텔러는 특별한 회의에 참석하기 위해 로스앨러모스로 돌아와 며칠 동안 머물렀다. 30여 명의 물리학자를 초대한 이 회의에서 논의된 주제는 바로 슈퍼였다. 참석자 중 다수는 그런 무기의 개발은 시간이 많이 걸리고 복잡할 수밖에 없다고 결론내렸다. 텔러가 주도한 소수파는 반대로 그 폭탄을 2년 안에 만들 수 있다고 주장했다. 그러고 나서 회의는 끝났다. 그중에서 특히 한 참석자는 텔러의 주장에 깊은 인상을 받았던 것으로 보인다. 그는 자신의 연락원들에게 그 사실을 즉각 알렸다. 그는 클라우스 푹스였는데, 그가 소련 측에 마지막으로 넘긴 중요한 정보는 슈퍼에 관한 이 최종 회의에 관한 내용이었다.

텔러는 시카고 대학에서 물리학 교수로 일하면서 슈퍼폭탄의 제조를 계속 옹호했다. 예를 들면, 그는 원자과학자비상위원회가 단지 자신의 말에 귀를 기울이는 데 그치지 않고, 이 가공할 무기의 제조를 요구하고 나서야 한다고 주장해 비상위원회 위원장이던 아인슈타인을 크게 분노케 했다. 아인슈타인은 텔러의 주장에 동조하길 강하게 거부했다. 1947년 이후의 세계 정세, 특히 1948년 2월에 체코슬로바키아에서 공산주의 쿠데타가 일어난 이후의 세계 정세를 보고 텔러는 우라늄 폭탄의 제조를 주장하던 실라르드 주변의 소집단에 속해 활동하던 1939~1941년의 시기가 떠올랐다. 지금 상황도 그때와 별반 다를 게 없지 않은가라고 그는 반문했다. 동일한 무기로 보복하는 것 외에는 대응 수단이 없는 무기로 전체주의 국가가 또다시 자유를 위협할 위험이 있었다. 왜 스탈린을 히틀러보다 더 신뢰해야 한단 말인가?

하지만 매우 기묘하게도 텔러는 기회가 날 때마다 세계 정부라는 대의를 주장하고 나섰다. 그에게 세계 정부는 평화를 보전하는 유일한 희망처럼 보였다. 그는 다른 원자과학자들에게 "폭탄이 아주 커져서 모든 것을 멸망시킬 수 있을 때가 되어야만 사람들이 정말로 공포에 질려 정치에서 합리적인 노선을 취하기 시작할 것입니다. 수소폭탄에 반대하는 사람들이 그런 반대를 통해 평화를 진작시킬 수 있다고 생각한다면, 바보 같은 짓입니다."라고 자주 말했다.

하지만 텔러는 마찬가지로 세계 정부를 선호한 해럴드 유리만큼 극단적인 행동을 취하지는 않았다. 유리는 핵무기의 국제적 통제를 옹호하는 데 앞장섰다가 실패를 겪은 후, 이제는 사실상 예방 전쟁을 주장하고 나섰는데, 그 전쟁이 마침내 끝나고 나면 인류가 평화와 자유를 다시 누릴 수 있을 것이라고 했다.

조 I의 폭발이 알려지기 전에는 수소폭탄 제조를 주장하는 텔러의 운동은 별로 지지를 받지 못했다. 하지만 그 소식이 전해지자마자, 전에는 다소 조롱하는 투로 텔러를 '슈퍼의 사도'라고 불렀던 사람들은 모두 그의 경고를 떠올렸다. 군비 경쟁이 불가피하다고 확신한 사람들은 핵무기 분야의 우위를 유지하려면 슈퍼로 조 I을 눌러야 한다고 생각했다.

아니면, 그러기에는 이미 늦은 것은 아닐까? 소련이 이 섬뜩한 속도 경쟁에서 이미 앞서가고 있는 것은 아닐까? 이것은 루이스 알바레즈가 스스로에게 반문한 질문이었다. 알바레즈는 티니언 섬에서 자신의 임무를 마친 뒤, 버클리 방사선연구소의 이론 연구로 다시 돌아갔다. 그의 일기장에는 다음과 같이 기록돼 있다.

1949년 10월 5일. 래티머 Latimer 와 나는 각자 개별적으로 소련이 슈퍼를 열심히 연구하고 있으며, 우리보다 앞서 성공할지 모른다고 생각했다. 할 수 있는 유일한 일은 먼저 성공하는 것뿐이다―하지만 그것이 불가능한 것으로 밝혀지길 기대하자.

알바레즈는 즉각 전부터 같은 방향으로 생각해온 어니스트 로렌스와 상담했다. 두 사람은 즉시 텔러와 연락을 하기로 결정했지만 그가 어디 있는지 몰랐고, 시카고에 있던 그의 아파트로 전화를 했지만 통화가 되지 않았다. 텔러는 언제나처럼 가만히 있지 못하고 로스앨러모스에서 잠시 일을 재개할 수 있도록 대학에서 1년간 휴가를 얻었다. 먼저 몇 주일 동안 외국을 방문하는 것으로 활동을 시작했다. 그는 소련의 원자폭탄 실험 소식을 일반 대중과 마찬가지로 1949년 9월 23일에 워싱턴을 지나갈 때 들었다. 즉각 오펜하이머에게 전화를 걸어 그 발표를 어떻게 생각하는지 들어보려고 했지만, 오펜하이머는 별로 염려하는 것 같지 않았다. 그저 "흥분하지 말고 진정하세요."라고만 대답했을 뿐이었다.

텔러는 서둘러 로스앨러모스로 갔다. 거기서 10월 6일에 애타게 그를 찾던 알바레즈와 로렌스와 마침내 전화로 연결이 되었지만, 통화 상태가 좋지 않았다. 버클리의 두 물리학자는 이틀 뒤에 워싱턴으로 날아갈 예정이었기 때문에 일정을 쪼개 도중에 로스앨러모스에 들러 텔러와 자세한 논의를 하기로 결정했다.

로스앨러모스는 이제 주민 수가 거의 1만 명에 이르렀다. 1946년에 주민 수가 줄어든 이후에 이 도시에는 놀라운 변화가 많이 일어났다. 무기 개발 계획이 강도 높게 재개되고 확대되었을 뿐만 아니라, 더 많은 연구소와 주택을 짓느라 많은 예산이 투입되었다. 이제 잘 포장된 거리들이 놓였고, 회관을 갖춘 지역 문화 센터와 극장과 온갖 종류의 가게가 들어섰다. 큰 병원과 훌륭한 지역 도서관, 좋은 학교들, '로스앨러모스 원자폭탄 제조자들 Los Alamos Atomic Bombers'이라는 이름의 스포츠 클럽도 생겼다. 이제 원자폭탄의 순교자로 숭배되고 있던 루이스 슬로틴의 이름을 딴 경기장도 건설되고 있었다.

알바레즈와 로렌스는 공항 택시를 타고 앨버커키에서 힐까지 갔다. 텔러가 그들을 차에 태우고 선임 과학자들이 아늑한 작은 빌라들에서 살고 있는 '서부 지역Western Area'에 있는 자기 집으로 데려갔다. 나중에 얼마 전에 임시 자문위원으로 로스앨러모스에 온 가모프와 재능 있는 폴란드 수학자 스탄 울람Stan Ulam도 일행에 합류했다.

1946년과 1947년에 울람과 영국인 턱J. L. Tuck은 열핵반응 문제에 관해 아주 흥미로운 연구를 해 논문으로 썼다. 그중에는 중공 작약hollow charge에서 발생한 수렴 충격파가 만들어내는 효과도 포함돼 있었다. 여기서 핵융합 반응을 일으키기에 충분할 만큼 아주 높은 온도를 얻을 수 있었다. 하지만 전쟁이 끝난 지 몇 년밖에 지나지 않은 그 당시에는 열핵반응의 계산은 계산기로는 관련 문제들을 제대로 처리할 수 없어서 큰 지장을 받았다.

로스앨러모스에서 이 다섯 사람이 논의하는 과정에서 새로운 종류의 폭탄에 대한 소련의 관심이 추정과 달리 과대평가된 것이 아닐까라는 질문이 나왔다. 소련은 이런 가능성을 아직 모르는 게 아닐까? 그러자 가모프는 과거에 자신이 소련에서 경험했던 이야기를 들려주었다. 소련을 최종적으로 떠나기 전인 1932년에 가모프는 한 과학 회의에서 태양에서 가벼운 원자핵들의 융합이 일어날 것이라고 처음 추측한 앳킨슨과 호우테르만스의 연구를 언급했다. 가모프가 강연을 마치고 나자, 인민위원회 위원이던 니콜라이 부하린Nikolai Bukharin이 그에게 다가와 그런 반응을 지상에서 재현할 수는 없는지 큰 관심을 갖고 물어보았다. 심지어 가모프에게 레닌그라드의 발전소들에서 생산되는 모든 전류를 매일 밤 몇 시간씩 실험 목적으로 사용해도 좋다고 제의하기까지 했다.*

가모프의 이야기를 듣고 나서 텔러와 알바레즈와 로렌스는 정부에 슈퍼폭탄의 제조에 착수해야 한다고 최대한 빨리 촉구하기로 결심을 굳혔다. 그들은 이 목적을 위해 자신들의 힘으로 할 수 있는 것을 다 하기로 서로 약속했다.

---

* 독일 원자물리학자 게를라흐와 요오스의 보고서에 따르면, 독일군이 소련을 침공했을 때, 성형 작약을 사용해 가벼운 원자의 핵융합 반응을 일으키려고 시도하던 한 원자물리학자를 발견했다고 한다. 불행하게도 게를라흐와 요오스는 그 실험을 한 소련 과학자의 이름을 기억하지 못한다.

1 9 5 0 ~ 1 9 5 1

양심의 딜레마

17

한스 베테는 평생 동안 동료들과 친구들 사이에서 변함없이 훌륭한 유머와 그보다 더 좋은 식욕으로 유명했다. 그는 내적으로나 외적으로 자신감이 넘치는 건강하고 행복한 사람이었고, 대중이 흔히 떠올리는, 양심의 가책에 고뇌하는 원자과학자의 모습은 전혀 찾아볼 수 없었다. 하지만 베테도 다른 물리학자들과 마찬가지로 수소폭탄을 만들어야 하느냐 말아야 하느냐라는 질문에 직면했을 때 특별히 괴로워하며 고민하는 모습을 보였다.

훗날 로스앨러모스에서 일할 때 원자폭탄을 만드는 것에 대해 도덕적 가책을 전혀 느끼지 못했느냐는 질문을 받자, 베테는 "유감스럽게도 솔직히 말하면, 나는 그 문제에 별로 큰 관심이 없었습니다. 적어도 전쟁 동안에는 우리는 해야 할 일이 있었고, 그것도 아주 힘든 일이었습니다."라고 말했다. 히로시마 원자폭탄 투하 이후에는 태도가 변했다. 많은 원자과학자들처럼 베테는 이 끔찍한 무기를 만드는 데 자신이 담당한 역할 때문에 괴로워했다. 베테는 원자과학자비상위원회 위원으로 활동하면서 핵전쟁 위험에 대해 대중의 경각심을 일깨우고 국제적 통제가 필요하다고 주장한 사람들 사이에서 지도적인 역할을 했다. 그는 과학자들이 자신의 영향력을 유지하길 원한다면, 정치의 소용돌이로부터 어느 정도 거리를 두어야 한다는 사실을 대부분의 동료들보다도 더 일찍 깨달았다.

유명한 독일 생리학자의 아들로 태어난 베테는 1933년에 조국을 떠나야 했지만 그러기가 너무나도 싫었다. 이민을 떠나기 전 마지막 며칠을 바덴바덴에서 보냈는데, 이곳에서 자신을 필연적인 후계자로 여겼던 스승 조머펠트에게 아주 우울한 작별 편지를 썼다. 미국에 도착한 순간부터 베테는 화려한 경력을 쌓아갔지만, 스승이 마련해준 보잘것없는 장학금에 의존해 살아가야 했던 옛 시절을 그리움이 넘치는 마음으로 자주 떠올렸다. 전쟁이 끝난 뒤, 조머펠트는 베테에게 뮌헨 대학의 이론물리학 학과장 자리 – 조머펠트가 떠난 후 이 자리는 상상할 수 있는 후보 중 최악의 후계자가 차지하고 있었는데, 독일 물리학의 열렬한 신봉자인 뮐러 Müller 가 그였다 – 를 맡을 의향이 없느냐고 물었다. 하지만 베테는 거절할 수밖에 없었다. 그는 그동안 새로운 조국에 정이 들었고, 무엇보다도 미국에 봉사해야 할 아주 큰 책무가 있다고 느꼈기 때문에 이전의 가장 야심만만했던 목표, 즉 독일 대학에서 교수로 일하고 싶다는 생각에 마음이 흔들리지 않았다.

코넬 대학에 미국에서 가장 존경받는 핵물리학 연구소 중 하나가 들어선 것은 다 베테의 강한 개성 덕분이었다. 1949년 10월 중순, '지옥 폭탄'의 옹호자인 텔러가 이 순수 연구의 낙원을 침범했다. 텔러는 베테를 유혹에 빠뜨리려고 시도했다. 딱 1년만 로스앨러모스로 돌아와 일해달라고 간청했는데, 새로운 무기를 만드는데 그의 협력이 꼭 필요했기 때문이었다.

베테는 자신의 가치를 잘 알고 있었다. 그는 텔러가 단순히 아부하는 것이 아니라, 정말로 자신의 도움이 없으면 그 일을 해나갈 수 없다는 사실을 알고 있었다. 베테의 뛰어난 동료는 헝가리의 불르바르 희곡 작가와 비슷한 면이 있었는데, 뛰어난 아이디어는 장엄한 1장을 여는 데에는 아주 훌륭하지만 계속 잘 이어나가 끝까지 잘 마무리짓는 능력이 부족했다. "텔러는…… 약간의 지휘 능력, 그 문제에 관한 과학적 사실이 무엇인지 찾아내는 능력이 더 뛰어난 다른 사람이…… 필요하다. 나쁜 아이디어를 좋은 아이디어에서 솎아낼 다른 사람이……." 베테는 자신을 찾아온 사람을 이렇게 평가했고, 그 '다른 사람'의 역할에 자신이 적임자라는 사실을 알아챘다.

베테가 금전적 유혹에 흔들리지 않는다는 사실을 알아챈 텔러는 열핵반응의 성격에 관한 일부 눈부신 개념들로 그를 현혹시키려고 했다. 베테가 스스로 인정했듯이, 실제로 그는 "그 개념들에 깊은 인상을 받았다." 텔러와 울람, 가모프, 그리고 어쩌면 페르미와 함께 일할 수 있다는 사실, 특히 그 당시에는 성능이 크게 향상되었지만 오로지 군사용으로만 엄격하게 사용이 제한돼 있던 전자 계산기의 도움을 받을 수 있다는 매력도 거부할 수 없을 정도로 컸다. 그토록 예외적인 팀에서는 아주 흥미로운 발견들이 많이 쏟아질 게 틀림없었다.

하지만 한스 베테는 망설였다. 텔러에게 즉각 말한 것처럼 "훨씬 더 큰 폭탄을 개발하는 것은 두려운 일"로 보였다. 그는 인생에서 중요한 문제는 전부 젊은 아내(유명한 독일 과학자 에발트Ewald의 딸인)와 상의를 했다. 두 사람은 그날 밤 늦게 텔러의 요청을 놓고 논의를 했다. 훗날 베테는 어떻게 해야 할지를 놓고 크게 고뇌했다고 회상했다. "열핵폭탄의 개발은 우리가 직면한 어려움 중 어느 것도 해결해주지 못할 것처럼 보였는데, 그런데도 나는 거절을 해야 할지 말아야 할지 확신이 서지 않았다."

베테는 과학자가 어떤 문제를 풀 수 없을 때 하는 행동을 했다. 즉, 최종 결론을 내리기 전에 사실을, 특히 정치적 사실과 군사적 사실을, 더 많이 살펴보기로 했다. 그런 정보는 오펜하이머에게서 가장 잘 얻을 수 있을 것이라고 생각했는데, 오펜하이머는 정부의 여러 비밀 위원회에 참여해 일했기 때문에 세계적 상황을 베테 자신보다 더 정확하게 평가할 수 있는 위치에 있다는 것은 의심의 여지가 없었다.

베테가 하룻밤을 이사카에서 머문 텔러에게 이 결정을 알리자마자, 전화벨이 울렸다. 전화를 한 사람은 오펜하이머였다. 그는 알바레즈와 로렌스, 텔러가 당국에 슈퍼의 필요성을 설득하려고 노력한다는 이야기를 전해 듣고서 베테가 무슨 생각을 하는지 알고 싶어 했다. 그는 텔러가 이 문제를 논의하기 위해 이사카에 와 있다는 이야기를 듣고는 세 사람이 프린스턴에서 함께 만나 그 문제를 논의하자고 제안했다.

　이것은 바로 베테가 바라던 바였지만, 텔러는 오펜하이머가 개인적으로 자신에게 반대하거나 슈퍼에 반대하는 주장을 펼치려는 의도가 아닌가 의심했다. 텔러는 이런 대화가 있고 나서 기분이 몹시 상했던 것으로 보인다. 몇 년 뒤에 그는 이렇게 회상했다. "나는 오펜하이머가 열핵폭탄이나 열핵폭탄의 개발에 반대한다는 인상을 받았다……. 나는 베테에게 '우리가 오펜하이머와 대화를 나눈다면, 당신은 오지 않을 게 뻔해요!'라고 말하면서 이러한 우려를 표현했다고 확신한다."

　이틀 뒤, 베테와 텔러는 프린스턴의 고등연구소장 사무실에 앉아 있었다. 오펜하이머는 1947년부터 고등연구소를 책임져 왔으며, 이 일을 자신이 새로 맡은 일 중에서 가장 중요한 것으로 여겼다. 그들이 앉아 있는 방은 밝고 잘 정돈돼 있었으며, 창문 밖으로는 가장자리에 나무들이 서 있는 널따란 풀밭이 보였다. 전쟁 동안 세 사람은 마치 병영 같았던 로스앨러모스의 오펜하이머 사무실에서 만난 적이 있었는데, 이곳은 그곳과는 아주 대조적이었다. 그 시절에 오펜하이머는 동료들에게 개척 시대의 황량한 서부에서 개척자들의 정착촌을 열정적으로 세우고 이끌어나간 지도자처럼 보일 때가 많았다. 그런데 지금은 고상한 취향으로 장식된 으리으리한 집에서 손님들을 접대하는 영국 신사를 연상시켰다. 오펜하이머 사무실에서 몇 개의 방 건너편에는 아무 장식도 없는 휑한 방에서 이제 70대가 된 아인슈타인이 중력과 빛과 물질의 모든 현상을 아우르는 통일장 이론을 연구하고 있었다. 아인슈타인이 연구소장과 과학 문제를 놓고 논의하는 일은 아주 드물었다. 하지만 조간 신문에서 마음에 들지 않는 뉴스를 읽을 때마다 집 전화로 오펜하이머에게 전화를 걸어 "자, 이걸 어떻게 생각하시오?"라고 분노에 찬 질문을 하곤 했다.

베테가 프린스턴을 찾았을 때 답을 듣고자 한 질문은 본질적으로 단순한 것이었다. 하지만 그 답은 그의 질문에 답하기 위해 나온 것이 아니었다. 오펜하이머는 베테와 텔러에게 제임스 코넌트로부터 받은 편지를 보여주었다. 연구자들 사이에서 '엉클 짐'이란 별명으로 불린 코넌트는 새로운 폭탄 개발 계획에 강한 반대 의사를 나타냈다. 그는 편지에서 만약 사람들이 기필코 그것을 원한다면, 자신의 시체를 밟고 지나가야 할 것이라고 선언했다.

겉으로 보기에 오펜하이머는 코넌트의 견해에 동조하는 것 같지 않았지만, 그것에 반대하는 결정적인 말은 한 마디도 하지 않았다. 그는 만약 미국이 수소폭탄을 개발하려고 한다면, 원자폭탄을 개발할 때보다 처음부터 덜 비밀스럽게 일을 추진해야 할 것이라고 말했다. 그는 미국을 투명한 유리에, 그리고 소련을 반쯤 불투명한 줄마노에 비유했다. 전체 면담 시간 동안 오펜하이머는 솔직한 의견 표명을 삼갔는데, 텔러가 자리를 함께 해 조심하느라 그랬거나, 베테에게 영향을 줄 발언을 하고 싶지 않아 그랬거나, 그것도 아니라면 단순히 아직 자신의 마음을 결정하지 않아서 그랬을 가능성이 있다.

베테는 그 면담에 크게 실망했는데, 너무나도 실망한 나머지 오펜하이머의 사무실에서 나오고 나서 텔러에게 "안심하게. 난 가기로 결정했네."라고 말했다.

하지만 텔러가 떠나자마자 베테는 다시 양심의 가책에 괴로워하기 시작했다. 그래서 로스앨러모스에서 '신탁 사제'로 불렸던 가까운 친구이자 동료인 빅토어 바이스코프에게 조언을 구했다. 전쟁이 끝난 후, 바이스코프는 핵무기와 관련된 일은 어떤 것이건 단호하게 거부해왔다. 지금은 MIT에서 강의를 하고 있었고, 자기 세대의 최고 핵 전문가 중 한 명으로 인정받았다.

화창하고 따뜻한 어느 가을날 저녁, 두 사람은 어둠이 깔리고 나서 한참 지날 때까지 천천히 거닐면서 깊은 대화를 나누었다. 주위에는 나무들이 높이 솟아 있었고, 산들거리는 바람은 노래를 부르며 새빨갛게 물든 가을 단풍을 잠재웠고, 졸졸거리며 흐르는 시냇물은 아름다운 멜로디를 만들어냈다. 인류에게 이렇게 아름다운 세계를 파괴하거나 위태롭게 할 권리가 있을까? 1939년에 바이스코프는 실라르드와 함께 긴급한 행동을 요구한 집단의 일원이었지만, 군인에게 무기를 주면 군인은 그 방아쇠를 당기고 싶은 유혹을 억누르기 어렵다는 교훈을 경험을 통해 배웠다.

두 사람은 다음 날 공동의 친구인 게오르크 플라츠제크와 함께 뉴욕으로 차를 타고 가면서 전날의 대화를 계속 이어갔다. 플라츠제크는 단지 훌륭한 물리학자이기만 한 게 아니라 뛰어난 역사학자이기도 했는데, 특히 중세의 역사에 깊은 조예가 있었다. 도중에 전통이라곤 전혀 찾아볼 수 없는 단조로운 산업 지역을 지나가면서 유럽에서 태어난 세 사람은 훗날 베테가 전했듯이 "그런 전쟁

후에는 설사 우리가 승리를 한다 하더라도, 세상은 그런 세상이 아닐 거야. 우리가 보존하길 원하는 그런 세상 말이야. 우리는 지키려고 싸웠던 것들을 잃게 될 거야."라는 의견에 동의했다. "그것은 아주 길고 또 아주 어려운 대화였다……."

베테는 자신의 양심과 씨름하던 싸움을 마침내 끝냈다. 그날 저녁, 그는 이사카의 자기 대학으로 돌아가고 싶었지만, 이 중요한 논의 때문에 비행기를 놓치고 말았다. 그는 "어쩌면 잘된 일일지 몰라. 오늘 텔러와 한 번 더 이야기해 봐야지."라고 생각했다.

큰 도시에서 동료를 찾기란 어려웠지만, 마침내 전화가 연결되었다. 텔러는 원자력위원회의 다섯 이사 중에서 슈퍼를 만들기 위한 '긴급 계획'에 유일하게 찬성한 루이스 스트로스Lewis Strauss의 집에 있었다. 베테는 "에드워드, 계속 생각해봤는데, 나는 못 갈 것 같네."라고 말했다.

1949년 10월 29일 아침, 워싱턴의 신문들은 고무적인 통계 자료를 보도했다. 신문들은 "현재 이 도시의 사망률은 과거 그 어느 때보다도 낮다."라고 선언했다. "지난 10년 사이에 사망률은 약 25%나 감소했다. 이것은 만약 의학과 위생에 그토록 고무적인 진전이 일어나지 않았더라면, 동료 시민과 이웃 중 1만 5000명이 지금 우리 곁에 살아 있지 않을 것이라는 뜻이다."

하지만 신문들은 같은 날에 콘스티튜션 대로에 있던 원자력위원회 건물 2층에서 해당 인구의 사망률을 순식간에 80~90%로 높일 수 있는 무기를 만드는 문제를 놓고 중요한 논의가 일어나고 있다는 사실을 보도하지 못했다. 바로 이날, 미국의 주요 과학자 9명으로 구성된 일반자문위원회가 슈퍼 문제에 대한 결정을 내리기 위해 회의를 열었다는 사실을 안 사람은 미국 내에서 100여 명 정도밖에 없었다.

1947년 초부터 일반자문위원회는 처음부터 이 기구를 책임진 로버트 오펜하이머의 주재로 몇 달에 한 번씩 회의를 열었다. 이번에 소집된 이유는 '슈퍼맨 superman'(유명한 만화 주인공에서 따온 이름)인 로렌스와 알바레즈, 텔러, 스트로스가 제기한 문제에 답을 내놓기 위해서였다. 이들이 제기한 문제는 "미국이 열핵폭탄의 제조를 긴급한 현안으로 추진해야 하는가?"라는 것이었다.

오펜하이머는 논의할 문제를 한 번 더 천명하면서 회의를 시작했다. 그러고 나서 자기 외에 참석한 위원 7명*(9명 중에서 글렌 시보그는 외국에 나가 있었다) 각자에게 차례로 의견을 물었다. 모두가 의견을 발표하고 나자, 오펜하이머도 자신의 의견을 밝혔다. 5분 또는 10분 이상 발언한 사람은 아무도 없었다. 그 다음 며칠 동안은 두 건의 보고서를 작성하고 논의했다. 첫째, 슈퍼는 아마도 기술적으로는 실현 가능하지만, 그것을 실제로 만드는 것은 엄청나게 복잡하고 비경제적이어서 아주 다양한 종류로 점점 더 많이 만들고 있던 핵분열 폭탄 개발 계획에 부정적 영향을 미칠 것이

---

* 하버드 대학 총장 제임스 코넌트, 캘리포니아 공과대학 총장 리 두 브리지 Lee Du Bridge, 시카고 대학의 엔리코 페르미, 컬럼비아 대학의 이지도어 아이작 라비, 유나이티드과일회사 회장 하틀리 로 Hartley Rowe, ATT 회장 올리버 버클리 Oliver Buckley, 시카고 대학의 시릴 스미스 Cyril S. Smith.

라는 데 모두가 동의했다. 둘째, 군사적 관점에서 볼 때, 굳이 슈퍼를 만들 필요가 있을까 하는 의심이 제기되었는데, 소련에서 그런 폭탄을 써야 할 만큼 충분히 큰 표적은 단 두 군데 - 모스크바와 레닌그라드 - 밖에 없었기 때문이다. 하지만 가장 크게 강조한 것은 세 번째 사항이었는데, 만약 그런 무기를 개발하면 전 세계에서 미국의 도덕적 지위가 크게 추락할 것이라고 모든 위원들은 믿었다.

이 견해는 라비와 페르미가 자신들의 공동 보고서에서 특별히 명확하고 강력하게 표현했다. 그 일부를 인용하면 다음과 같다.

이 무기는 그 파괴력에 한계가 없다는 사실 때문에 그 존재 자체와 그것을 만드는 지식은 인류 전체에 중대한 위협이다. 어떤 측면에서 고려하더라도, 이 무기는 필연적으로 유해하다. 이런 이유들 때문에 우리는 미국 대통령이 미국 국민과 전 세계 사람들에게 그런 무기를 개발하는 것은 기본적인 윤리 원칙에 입각할 때 잘못이라고 생각한다고 말하는 것이 중요하다고 믿는다.

라비와 페르미는 그런 폭탄을 만들자는 제안에 대한 반대 의견과 함께 대통령이 그것을 공개적으로 거부하면서 소련 측에 그것을 거부하는 데 동의하도록 요구함으로써 정치적으로 이용할 수 있다는 제안도 병행했다. 열핵폭탄 문제에 관한 그런 합의를 장래에 어느 한쪽이 어긴다면, 그것은 전쟁을 정당화하는 명분으로 간주할 수 있었다.

나머지 여섯 위원은 더 신중하긴 했지만 마찬가지로 부정적인 결론에 이르렀다.

우리 모두는 이런저런 방법으로 이 무기 개발을 피할 수 있길 희망한다. 우리 모두는 미국이 이 무기의 개발을 앞장서서 주도하는 모습을 보고 싶지 않다. 우리 모두는 현재로서는 그 개발을 위해 전면적인 노력을 기울이는 것은 잘못이라는 데 합의했다.

슈퍼폭탄 개발을 추진하지 않기로 하는 결정을 통해 우리는 솔선수범하여 전쟁 전반에 일부 제약을 가하고, 그럼으로써 두려움을 제거해 인류의 희망을 높일 특별한 기회를 얻을 수 있다고 본다.*

이러한 이성과 절제의 승리는 딱 석 달 동안만 지속되었다. '운동가'들은 완고하게 슈퍼 지지 운동을 계속했다. 그들은 미 공군

---

* 한스 베테는 그 위원이 아니었으므로 일반자문위원회 회의에 참석하지 않았다. 그 당시에 이 문제에 대해 베테가 아주 결연하게 표명한 견해를 살펴보는 것도 흥미롭다. "나는 이전에 알려진 그 어떤 것보다 훨씬 큰 위력을 지닌 것으로 예상되는 무기로 충격을 주어 그들을 무관심이나 적대감에서 벗어나도록 하기 위해 한 번 더 소련 측과 합의를 시도하는 것이, 또 그 당시에 어느 나라도 이 무기를 개발하지 않도록 하는 합의에 이르도록 한 번 더 노력하는 것이 대안이 될 수 있거나 대안이 되어야 한다고 생각했다. 이것은 열핵폭탄을 개발하는 데 아주 거추장스러운 장치가 되기 때문에, 만약 양국이 그것을 개발하지 않기로 합의했다면, 그런 무기를 가질 가능성이 아주 희박했을 것이다.

어쩌면 다시 협상을 하자는 제안은 자포자기 상태에서 나온 것일 수도 있다. 하지만 그것은 아직 존재하지 않는 것을 만들고 사용하는 것에 관한 협상이고, 이미 세상에 실제로 존재하는 것을 포기하는 것보다는 아직 존재하지 않는 것을 만들고 사용하는 것을 포기하는 쪽이 더 쉽다는 차이점이 있었다. 이런 이유 때문에 나는 다시 약간의 희망이 있을지 모른다고 생각했다. 수소폭탄으로 싸우는 전쟁은 쌍방 모두의 파멸을 초래할 게 너무나도 명백했기 때문에, 어쩌면 소련도 제정신을 차릴지 모른다고 생각했다."

과 원자력에 관한 의회 합동위원회 위원장 브라이언 맥마흔_{Brien} McMahon과 함께 협력해 일을 성공적으로 진행시켰다. 그들은 국방부 장관 존슨과 국무부 기획실장 폴 니치 _{Paul Nitze} 의 방어벽을 돌파했다. 전 세계 사람들이 미국 기술의 우위를 계속 믿는 것이 절대로 필요하다고 생각했다. 니치는 그런 믿음은 새로운 무기 개발에 소요될 것으로 예상되는 5억 달러의 비용만큼 충분한 가치가 있다는 의견을 내놓았다.

마침내 슈퍼 지지자들은 분별력과 온건한 태도로 정평이 난 오마 브래들리 _{Omar Bradley} 합참의장까지 자기 편으로 끌어들이는 데 성공했다. 브래들리는 1950년 1월 13일에 보낸 서한에서 소련이 수소폭탄을 먼저 만들어 군비 경쟁에서 우위를 차지할 가능성은 생각만 해도 끔찍하다고 말했는데, 이 서한은 그러지 않아도 이미 일어나고 있던 분위기 변화를 촉진하는 데 무엇보다도 큰 역할을 했다. 이제 딱 한 가지 충격만 더 있으면 백악관의 지지를 끌어내기에 충분한 상황이 마련되었다.

그 충격은 제때 일어났다. 1950년 1월 27일, 클라우스 푹스는 하웰에 있던 영국의 원자력연구소를 떠나 런던으로 갔다. 그는 패팅턴 역에서 제임스 윌리엄 스카든 _{James William Skardon} 경감을 만났다. 두 사람은 서로 우호적으로 인사를 나눈 뒤, 차를 타고 전쟁부로 가서 한 방에 들어가 자리에 앉았다. 스카든은 "진술할 준비가 되었나요?"라고 물었고, 푹스는 고개를 끄덕였다. 푹스는 자신이 얼마 전부터 의심을 받고 있다는 사실을 알았다. 그리고 이제 모든 것을 완전히 자백하기로 마음먹었다. 그는 "나는 하웰에 있는 원자력연구소에서 과학 부책임자(최고 책임자 대행 직위)로 일하고 있습니다. 나는 1911년 12월 29일에 뤼셀스하임에서 태어났습니다. 아버지는 목사였고, 나는 아주 행복한 유년기를 보냈습니다……."라는 말로 진술을 시작했다.

같은 날, 워싱턴에서 관계 당국은 푹스가 오래전부터 자신이 접근한 원자폭탄에 관한 비밀을 모두 소련 측에 전달했다는 사실을 알게 되었다. 그는 얼마나 많은 것을 알고 있었을까? 다음 날, 원자력위원회는 질의에 답하면서 푹스가 개선된 새 우라늄 폭탄에 관련된 정보를 제공받았을 뿐만 아니라, 슈퍼에 관한 강연과 논의에도 참석했다고 밝혔다.

푹스는 스카든 경감에게 자신이 첩자로 활동한 일을 모두 이야기했다. 자신이 전달한 전문적인 정보를 자세히 이야기하는 것은 삼갔는데, 스카든은 원자폭탄에 관한 자료를 알 권리가 없었기 때문이다. 이 주제에 관한 이야기는 1월 30일에 그 목적을 위해 임명된 과학자 마이클 페린Michael Perrin을 만났을 때 모두 다 털어놓았다. 페린은 전시에 미국과 영국 사이의 원자 무기 문제에 관한 연락 담당자로 활동했다.

이 충격적인 소식은 그때 워싱턴에서 다시 회의를 열고 있던 일반자문위원회에 큰 영향을 미쳤다. 다음 날인 1월 31일, 백악관 바로 옆에 있는 낡은 국무부 건물에서 슈퍼 문제를 다루기 위해 만들어진 국가안전보장회의 특별위원회가 회의를 열었다. 이 위원회는 존슨 국방부 장관, 애치슨 국무부 장관, 릴리엔설 원자력위원회 위원장, 그리고 그 동료들로 구성되었다. 푹스 사건에 큰 충격을 받은 이들은 2(존슨과 애치슨) 대 1(릴리엔설)의 표결로 대통령에게 수소폭탄을 만들기 위한 긴급 계획을 명령하라고 권고하기로 결정했다.

같은 날 오후, 이 문제에 대해 의견을 표명할 기회조차 주어지지 않았던 미국 국민은 미국 역사에서 가장 거대한 결정 중 하나를 듣게 되었다. 트루먼 대통령은 엄숙하게 다음과 같이 선언했다. "나는 원자력위원회에 '수소폭탄', 즉 슈퍼폭탄을 포함해 온갖 형태의 원자 무기에 대한 연구를 계속하라고 지시했습니다. 원자 무기 분야의 나머지 모든 연구와 마찬가지로 이것은 평화와 안보를 위한 우리 계획의 전반적인 목적과 일치하는 기반 위에서 수행되고 있고 앞으로도 그렇게 수행될 것입니다."

이 놀라운 성명을 신문에서 읽은 수십만 명의 사람들 중에 클라우스 푹스도 있었다. 그때, 푹스는 여전히 자유로운 상태에 있었다. 1950년 2월 2일, 푹스는 페린으로부터 전보 연락을 받고서 셸멕스하우스에 있는 그의 런던 사무실을 방문하기로 했다. 푹스는 그렇게 모든 것을 솔직하게 자백하고 나서도 처벌을 받지 않을 것이라고 믿었다. 그는 약속한 대로 오후 3시 정각에 페린의 사무실을 방문했다. 그를 체포하라는 명령을 받은 경찰관은 체포 영장에 적힌 문구를 놓고 벌어진 논란 때문에 아직 그곳에 도착하지 않은 상태였다. 경찰관은 자그마치 50분이나 늦게 도착했다. 얼마 후, 클라우스 푹스는 자신의 첫 번째 수감 장소인 보스트리트 경찰서로 끌려갔다.

핵무기 문제 분야에서 일어난 미국과 영국 사이의 관계와 협상의 역사는 아직도 대부분 비밀로 남아 있다. 그것을 아는 극소수 사람들은 미국에 파견된 영국 대표단이 양국 사이의 핵무기 정보 교환의 범위를 확대하려고 시도하던 바로 그 순간에 푹스 사건이 터졌다는 데 주목했다. 로스앨러모스에 영국 대표단의 일원으로 머물렀던 푹스가 체포되자, 성공적으로 타결될 가능성이 매우 높았던 그 논의가 갑자기 종료되었다. 이제 미국 측은 핵무기 비밀을 보호하기 위한 영국 측의 보안 조치가 너무 느슨하다고 믿었다. 소련 측이 이런 사태를 초래할 목적으로 스스로 푹스를 영국 정보부에 밀고함으로써 그 목적을 달성하는 데 성공한 것은 아닐까? 푹스가 소련 측에 마지막으로 정보를 제공한 것은 약간 오래전이었다. 소련 측이 더 이상 이용 가치가 없는 사람을 달리 활용할 방도를 찾았던 것은 아닐까? 즉, 미국과 영국 사이의 긴밀한 협력을 와해시키는 무기로 활용하려고 한 것은 아닐까?* 만약 이것이 정말로 소련 측이 의도한 목적이었다면, 그들은 원하던 목적을 분명히 달성한 셈이다. 하지만 만약 그랬다면, 미국이 '지옥 폭탄'을 만들도록 결심하는 데 그들 자신이 마지막 추진력을 제공한 셈이다.

이번에는 일반 국민의 여론도 큰 충격을 받은 나머지 마침내

---

* 이 가정을 뒷받침하는 사례가 하나 있다. 이탈리아 출신의 핵물리학자 브루노 폰테코르보 Bruno Pontecorvo 는 나중에 영국에서 일했는데, 또 다른 영국 대표단이 워싱턴에서 핵무기에 관한 비밀 양도를 놓고 협상을 벌이던 바로 그 시점에 소련 측은 폰테코르보가 망명해 모스크바에 있다고 공개했다.

체념의 분위기에서 벗어났다. 그때부터 흔히 '에이치 밤 H-bomb'이라 불리게 된 수소폭탄은 최초의 원자폭탄과 동일한 두려움과 분노를 불러일으켰다. 전 세계의 성직자와 학자, 정치인, 편집자가 나서 그 위험을 경고하고, 동서 진영이 상호 이해를 위한 새로운 노력을 기울일 것을 긴급하게 요구했다. 미국의 형제 저널리스트인 조지프 앨솝Joseph Alsop과 스튜어트 앨솝Stewart Alsop은 "창조의 가장 심오한 비밀을 파괴 목적으로 이용하는 것은 충격적인 행동이다."라고 썼다. 노벨상 수상자인 콤프턴은 이렇게 선언했다. "이것은 군사 전문가와 과학자를 막론하고 전문가만의 문제가 아니다. 그들이 할 수 있는 것이라곤, 만약 우리가 그런 파괴적 무기를 개발하려고 시도하거나 시도하지 않을 때 그 결과가 어떤 것인지 설명하는 것뿐이다. 미국 국민은 그런 무기로 자신들을 방어하길 원하는지 원하지 않는지 스스로 의사를 표시해야 한다." 실라르드는 방송에 나와 슈퍼폭탄의 방사능 효과는 너무나도 심각해서 중수소 500톤만 폭발해도 지구상의 모든 생명이 절멸하고도 남을 것이라고 말했다. 아인슈타인은 공포에 질려 이렇게 말했다.

처음에는 예방 조치로 간주되었던 미국과 소련 사이의 군비 경쟁은 발작적 성격을 띠게 되었다. 쌍방 모두 대량 파괴 수단을 아주 미친 듯이 급하게 완료했다 ─ 각자 비밀의 벽 뒤에서.

만약 성공한다면, 대기의 방사능 오염과 그에 따른 지구상의 모든 생물의 전멸이 기술적 가능성의 범위 안에 들어오게 된다. 이러한 상황 전개가 지닌 유령 같은 성격은 겉보기에 불가피한 것처럼 보이는 추세에 있다. 모든 단계는 그 전 단계의 불가피한 결과로 보인다. 결국 이것은 전반적인 전멸을 향해 점점 더 분명하게 다가가는 결과를 초래한다.

수소폭탄 반대 운동을 이끈 지도자는 베테였다. 그는 그 두려움을 특히 생생하게 표현했다. "오늘날 우리의 군비 계획에서 원자폭탄을 제거하는 것은 거의 불가능하다. 왜냐하면, 우리의 전략 중 대부분이 원자폭탄을 기반으로 하고 있기 때문이다. 나는 수소폭탄과 관련해서도 같은 상황이 벌어지는 걸 원치 않는다." 그는 정평 있는 정기 간행물인 《사이언티픽 아메리칸》에 슈퍼폭탄의 과학적, 정치적, 도덕적 측면을 다룬 글을 발표했는데, 그중 일부를 소개하면 다음과 같다.

나는 가장 중요한 문제는 도덕적 문제라고 생각한다. 우리 나라뿐만 아니라 국가들 사이에서도 도덕과 인간의 품위를 항상 강조해온 우리가 완전한 전멸을 초래할 이 무기를 세상에 도입할 수 있을까? 대통령의 결정이 나오기 이전의 광란에 빠진 일주일 동안 그리고 그 이후에 자주 들을 수 있었던 흔한 주장은, 우리가 소중하게 여기는 인간의 모든 가치를 부정하는 나라에 대항해 싸우고 있으며, 그 나라와 그 신조가 세계를 지배하는 것을 막으려면 아무리 무서운 무기라도 거리끼지 말고 사용해야 한다는 것이다. 이들은 자유를 잃느니 차라리 생명을 잃는 게 낫다고 주장하는데, 나는 개인적으로 이에 동의한다. 하지만 이것은 문제의 본질이 아니라고 생각한다. 나는 수소폭탄을 사용하는 전쟁에서는 우리의 생명보다 훨씬 많은 것을 잃게 될 것이라고 믿는다. 즉, 우리는 자유와 인간의 가치도 모두 동시에 잃게 될 것이며, 그것도 아주 철저하게 잃어서 예측할 수 없을 만큼 긴 시간 동안 원상을 회복하지 못할 것이다.

우리는 상호 신뢰를 바탕으로 한 평화를 믿는다. 수소폭탄을 사용해 그것을 이룰 수 있을까? 우리가 러시아 인 수백만 명을 죽임으로써 그들에게 개인의 가치를 믿게 할 수 있을까? 만약 우리가 전쟁을 하여 수소폭탄으로 승리한다면, 역사는 우리가 그것을 위해 싸운 '이상'을 기억하는 것이 아니라, 그것을 달성하기 위해 사용한 방법을 기억할 것이다. 이 방법은 페르시아의 모든 주민을 잔혹하게 살해한 칭기즈 칸의 전투와 비교될 것이다.

정부 요원들은 국방에 중요한 비밀을 공개했다는 핑계로 이 글이 실린《사이언티픽 아메리칸》수천 부를 언론의 자유를 무시하고 압수해 폐기했다.

베테는 1950년 2월 4일에 트루먼 대통령의 결정에 반대하는 성명을 발표한 미국 물리학자 12명 중 한 명이기도 했다.*

우리는 그 대의가 아무리 정당한 것이라 하더라도, 어떤 나라도 그

---

* 새뮤얼 앨리슨, 베인브리지, 한스 베테, 로버트 브로드, 찰스 로리첸Charles C. Lauritsen, 프랜시스 루미스Francis W. Loomis, 조지 피그램, 브루노 로시Bruno Rossi, 프레더릭 세이츠Frederick Seitz, 멀 튜브Merle Tuve, 빅토어 바이스코프, 밀턴 화이트Milton G. White.

런 폭탄을 사용할 권리가 없다고 믿는다. 이 폭탄은 더 이상 전쟁 무기가 아니라, 전체 인구의 절멸 수단이다. 그 사용은 도덕의 모든 기준과 기독교 문명 자체를 배신하는 것이다……. 전 세계의 모든 나라에 그러한 상존 위험을 만드는 것은 러시아와 미국 모두의 사활적 이익에 반한다……. 우리는 미국이 선출 정부를 통해 우리가 절대로 이 폭탄을 먼저 사용하지 않을 것이라고 엄숙하게 선언할 것을 촉구한다. 우리가 그것을 사용하지 않을 수 없는 상황은 우리나 우리 동맹이 '이' 폭탄에 공격을 받을 때이다. 우리의 수소폭탄 개발을 정당화할 수 있는 이유는 오직 하나밖에 없는데, 그것은 바로 그 사용을 막기 위해서이다.

미국 정부는 그때나 그 후에나 사람들을 안심시키는 그런 약속을 한 적이 전혀 없다.

슈퍼폭탄을 둘러싼 논란이 벌어지자, 많은 과학자들은 자신의 연구 결과에 대한 개인적 책임 문제를 다시 매우 통렬하게 생각하게 되었다. 이 문제는 유명한 수학자 노버트 위너가 맨 처음 아주 명쾌하게 제기했다. 위너는 전쟁이 끝나고 나서 얼마 후 장거리 유도탄을 생산하던 한 항공기 제조사의 연구부를 대표해 질문을 받았는데, 그 질문 내용은 전쟁 동안에 특정 군사 당국의 요청을 받아 위너가 쓴 보고서 사본을 그 회사가 갖도록 허용할 것이냐 하는 것이었다. 위너의 답변 중에는 다음과 같은 내용이 포함돼 있었다.

원자폭탄 개발에 참여해 일한 과학자들의 경험에 따르면, 이런 종류의 연구는 과학자들이 그 사용을 전혀 맡기고 싶지 않은 사람들의 손에 무제한의 힘을 쥐어주는 결과를 초래한다는 것을 시사한다. 현재 우리의 문명 상태에서 어떤 무기에 대한 정보를 퍼뜨리는 것은 사실상 그 무기의 사용을 확실하게 보장할 것이라는 점 또한 너무나도 명백하다.

따라서 무방비 상태의 사람들에게 폭격을 하거나 중독시키는 일에 내가 참여하길 원치 않는다면 – 나는 분명히 원치 않는다 – 나는 내가 발견한 과학 개념을 알려주는 사람들에게 중대한 책임을 져야 한다.

나는 내가 장래에 한 연구 중에서 무책임한 군사 전문가들의 손에 들어가 해가 될 수 있는 것이라면 어떤 것이건 발표하고 싶지 않다.

대부분의 미국 과학자들은 위너의 과격한 태도를 단호하게 반박했다. 그들은 대체로 루이스 리드나워 Louis N. Ridenour가 위너의 주장에 대한 답변에서 펼친 반론에 의존했다. "어떤 과학 연구가 어떤 결과를 낳을지는 아무도 알 수 없다. 그리고 그런 연구의 결과로 나타나는 실용적인 최종 산물의 성격을 아무도 예측할 수 없다는 것은 절대로 확실하다……."

계속 반복되는 이 반론에 대해 영국의 결정학자 캐슬린 론스데일 Kathleen Lonsdale은 이렇게 응수했다. "비록 그 자체는 좋은 것이라 하더라도, 어떤 연구가 오용될 위험을 항상 고려해야 한다. 하지만 연구 자체는 아무리 정상적인 것이라 하더라도, 알려진 목적이 범죄적이거나 악한 것이라면, 책임을 피할 수 없다."

서방 세계에서 실제로 이 원칙에 따라 행동한 과학 연구자는 극소수뿐이었다. 이들은 자신의 정직한 성품 때문에 자기 직업의 장래를 위태롭게 하고 경제적 손해에 직면했지만, 결연한 태도로 이를 감수했다. 실제로 자신이 계획했던 경력을 포기한 사례도 일부 있었는데, 막스 보른의 젊은 영국인 조수 헬렌 스미스 Helen Smith 가 바로 그런 길을 선택했다. 그녀는 원자폭탄과 그 이용에 관한 이야기를 듣자마자, 물리학을 그만두고 법학 쪽으로 진로를 바꾸었다.

무기 연구에 적대적이었던 미국의 많은 과학자들은 과학의 사회적 책임 협회에 가입했다. 이 협회 회원들은 다른 단체 구성원들과 결정적으로 다른 점이 한 가지 있었다. 그들은 정치인들이 마침내 집단 군축을 결정할 때까지 기다리려 하지 않았다. 반대로 모든 개인이 즉각 핵무장 경쟁의 지속에 직접 반대하는 태도를 취하길 원했다.

이 협회의 창립자 중 한 명인 컬럼비아 대학의 빅터 파시키스 Victor Paschkis 교수는 그 역사를 다음과 같이 기술한다.

1947년 8월, 나는 《프렌즈 인텔리전서 Friends' Intelligencer》[퀘이커교도의 정기 간행물]에 '이중 기준 Double Standards'이란 제목의 글을 발표했는데, 여기서 내가 매우 불합리하다고 여긴 견해를 밝혔다. 그것은 원자 무기의 위험에 대해 대중을 계몽하려는 목적으로 기금을 모으려고 노력하는 과학자들이 그와 동시에 문제의 무기에 대한 연구를 계속하고 있다는 사실이다. 화해협회 회장인 머스트 A. J. Muste 는 내게 전화를 걸어 "똑같이 생각하는 연구자들이 또 분명히 있을 것입니다……."라고 말했다.

이 협회는 무기 개발 기술에 대해 느낀 공포를 성명서뿐만 아니라 행동으로도 표현했다. 이 협회는 아마도 미국이 슈퍼폭탄을 만들려고 한다는 발표가 나왔을 때 회원을 좀 모았겠지만, 1950년에 아인슈타인과 막스 보른이 회원이 되었는데도 그 수는 미국 내에서 과학자 300여 명을 넘은 적이 없다. 불행하게도 이들의 영향력은 미미했다. 심지어 미국의 모든 과학 단체들을 아우르는 조직인 미국과학진흥협회에 가입하는 것조차 거부당했다.* 반대 목소리는 곧 가라앉았다. 시간이 좀 지나자, 수소폭탄에 관한 이야기는 공개적인 자리에서 더 이상 들리지 않았다.

1950년 6월, 한국 전쟁이 일어났다. 지금까지 무기 개발 연구소에서 일하길 주저했던 과학자들 중 상당수가 전쟁과 관련된 연구로 복귀했다. 그들은 이제 그것을 애국적 의무라고 여겼다.

그중에는 다른 사람도 아닌 한스 베테가 있었다. 베테는 나중에 말한 것처럼 자신의 연구를 통해 수소폭탄을 원리적으로 만들 수 없다는 확신을 얻길 기대했다. 그런 확신이야말로 소련보다 슈퍼폭탄 전쟁에 훨씬 두려워할 게 많은 미국을 위한 최선의 해결책처

---

* 과학의 사회적 책임 협회는 무기 연구에 참여하길 거부하여 일자리를 잃은 과학자들에게 일자리를 소개하는 일도 했다. 일부 사람들은 저개발 국가들에서 일자리를 얻었는데, 기아와 가난에 맞서싸우는 데 자신의 과학 지식을 활용했다.

럼 보였다. 결국 베테는 그 자신이 그토록 두려워하고 증오한 폭탄의 궁극적인 제조 과정에서 자신의 월등한 지식과 체계적 연구 때문에 결정적 역할을 맡게 되었다. 그리고 무엇보다 아이러니하게도, 결국 기술 측면에서 그 역사를 쓰는 임무까지 맡게 되었다.

하지만 1954년에 베테는 이렇게 말했다. "나는 내적 갈등을 겪었고, 그런 갈등이 지금도 남아 있지 않나 의심하며, 이 문제를 여태까지 해결하지 못했다. 나는 아직도 잘못된 일을 했다는 느낌이 있다. 하지만 나는 그 일을 했다."

1950년 초에 자연 자체는 처음에는 반대하다가 결국에는 슈퍼 계획에 참여한 원자과학자들보다 텔러의 계획에 저항하는 것처럼 보였다. 백악관의 지시가 나온 직후 로스앨러모스의 이론 부서는 새로운 폭탄을 만들기 위한 계산을 시작했다. 두 팀이 각자 독자적으로 이 문제를 담당했다. 한 팀은 최초의 대형 전자 계산 기계인 에니악ENIAC을 사용했다. 폰 노이만의 계획으로 제작된(실제로 제작한 사람은 존 윌리엄 모클리John William Mauchly와 존 프레스퍼 에커트 John Presper Eckert이다 ─ 옮긴이) 에니악은 주로 탄도 곡선을 계산하기 위한 목적으로 필라델피아에서 대포 발사 실험장으로 보냈다. 두 번째 팀은 단 두 사람뿐이었는데, 울람과 그의 조수 에버렛Everett이었다. 이들이 사용한 유일한 기계 장비는 보통 계산기였는데, 최초의 원자폭탄을 만들 때에도 계산에 사용했던 것이었다.

동일한 문제를 두 팀이 각자 따로 계산해 그 결과를 비교하는 이 방식은 로스앨러모스에서는 이미 하나의 전통이 되었다. 솔직히 말하면, 그것은 일종의 지적 스포츠처럼 실행되었다. 베를린에서 미국으로 이민하여 전쟁 동안에 텔러의 팀에서 일했던 롤프 란츠호프Rolf Landshoff는 이 '경주'에 관련된 기억을 떠올리며 이렇게 이야기한다. "텔러의 사무실에서 페르미와 폰 노이만, 파인먼이 함께 회의를 열었는데, 내가 그 자리에 참석한 것은 그 회의에서 계획된 계산을 수행할 사람이었기 때문입니다. 많은 아이디어들이 오고 가는 가운데 몇 분마다 한 번씩 페르미나 텔러가 즉석에서 수치를 확인하는 방법을 고안하고는 곧장 행동으로 옮겼는데, 파인먼은 탁상 계산기로, 페르미는 늘 가지고 다니던 계산자로, 폰 노이만은 머릿속으로 계산했습니다. 대개는 머리가 가장 빨랐는데, 세 가지 답이 거의 항상 비슷하게 나온 게 경이로웠습니다."

슈퍼를 위한 계산의 경우에는 울람이 예상했던 불리한 조건은 거의 감당하기 어려울 정도로 커 보였다. 에니악이 계산을 끝마치고 나서 며칠 혹은 심지어 몇 주일이 지날 때까지도 자신은 계산을 마치지 못할 것처럼 보였다. 하지만 잘 알려진 바처럼 이 인공두뇌는 자기 나름의 언어를 사용하기 때문에, 어떤 문제라도 먼저 그 언어로 번역할 필요가 있다. 그러한 프로그래밍 과정에서는 오류가 발생하게 마련이다. 기계는 그런 사실을 '알아채고' 무분별한 답을 내놓는데, 이것을 자세히 조사하면 오류가 어디에 있는지 알 수 있다.

이 과정에는 시간이 걸리는데, 울람은 이를 어떻게 이용해야 할지 잘 알았다. 에니악 팀이 오류 탐지 시간이 끝나 수정한 질문을 전자 신탁에 집어넣기 전에, 울람은 과감한 지름길 방법을 일부 사용함으로써 이미 목표 지점에 도착해 그 결과를 제출했다. 이 결과들은 만약 옳다면 텔러의 계획에 치명타가 될 것으로 드러났다. 이 자료들에 따르면, 수소폭탄은 완전히 실현 불가능하거나 희귀한 수소 동위원소인 삼중수소가 엄청나게 많이 필요해 그 비용이 막대할 것으로 보였다.

텔러는 이 소식에 동양의 폭군처럼 반응했다. 그는 나쁜 소식을 가져온 울람의 목을 벨 수는 없었지만, 울람의 신뢰성을 깎아내리는 방법을 썼다. 얼마 후 에니악 팀에서 나온 첫 번째 결과가 유망한 것처럼 보이자, 텔러는 울람이 고의로 자신을 속였을지 모른다고 생각했다. 사실, 로스앨러모스에는 슈퍼가 불가능한 것으로 입증되길 기대하면서 일하는 사람들이 다수 있었다. 하지만 얼마 후, 애버딘 대학의 거대한 컴퓨터에서 나온 추가 결과는 폴란드 수학자의 계산이 옳음을 훌륭하게 확인해주었다. 그것은 울람의 계산이 아주 세세한 것까지 옳다고 인정했다.

그것은 수학적으로 확실하다고 분명하게 명시돼 있었다. 지금까지 슈퍼를 만들려고 했던 모든 연구는, 텔러 자신의 말을 빌리면, '환상에 지나지 않는 것'이었다. 모든 것을 처음부터 다시 해야 했다. 지금까지 계산의 기초 자료로 쓰인 예비 측정값 자체가 부정확했던 것은 아닐까? 그것을 확인하려면 실제 실험을 통해 다시 측정하는 수밖에 없었다. 실제 결과를 얻으려면, 새로운 실험에서는 이전에 원자폭탄을 위해 실시했던 것보다 훨씬 정밀한 관찰을 할 필요가 있었다. 지금까지 알려지지 않은 속도와 정확도를 지난 장비들이 필수적이었다. 카메라는 몇분의 1초 만에 수천 장의 사진을 찍을 수 있어야 했다. 폭발의 힘으로 파괴되기 전에 그 장비가 '경험한 것'을 멀리 떨어진 통제 지점으로 중계하는 신호 전달 체계도 필요했다. 전자 눈과 귀와 코처럼 인간의 감각보다 월등한 수많은 인공 기관이 데이터를 남태평양의 외딴 곳에 위치한 에니웨톡 환초에 설치된 실험실로 전송해야 했다. 그러면 이론 물리학자들은 그런 데이터를 바탕으로 성공할 가능성이 있는 새로운 절차를 고안할 수 있을지도 모른다.

1950년부터 1951년 5월 중순까지 텔러와 그 측근들이 준비한 실험은 '그린하우스Greenhouse'라는 암호명이 붙었다. 그들 자신은 '아이스박스Icebox'(어떤 면에서 더 적절한 이름인)라고 부를 때가 더 많았다. 공중 높이 올려보내려고 한 괴물 같은 장비는 중수소나 삼중수소를 폭발에 필요한 집적 상태로 유지하기 위해 아주 낮은 온도로 보관해야 했다. 모든 슈퍼폭탄 실험 중에서 아주 값비싸고 거창한 이 실험은 훨씬 나중에 '슈퍼플루어스Superfluous'('과잉' 또는 '쓸데없는' 이란 뜻)라는 별명이 붙었다. 이 실험에서는 아주 풍부한 결과를 얻긴 했지만, 기대와 달리 슈퍼의 위기를 해결하는 데에는 별로 도움이 되지 않는 것으로 드러났다.

자신의 계산을 통해 처음의 수소폭탄 개발 계획이 터무니없는 것임을 보여준 스탠 울람은 그 실험을 하기 전에 완전히 새로운 영감이 떠올랐다. 그는 완전히 방향이 다른 이 아이디어를 텔러에게 전달했는데, 그전에 텔러는 앞서 울람을 의심한 것에 대해 사과를 했다. 텔러는 처음에는 이 방향의 연구를 추진하고 싶지 않았지만, 결국에는 그것을 채택했다. 그는 먼저 이 제안을 젊은 조수인 프레데리크 데 호프만 Frédéric de Hoffman과 논의했다. 호프만은 그 당시에는 그것을 대수롭지 않은 것으로 생각했다고 기억하는데, "왜냐하면, 어쨌든 에드워드는 항상 아이디어가 넘쳤기 때문이지요. 하지만 다음 날 아침 그는 내게 오더니, '프레디, 난 정말로 대단한 것을 발견했다고 생각해. 거기다가 수치를 좀 대입해 봐.'라고 했어요. 그는 내게 그 아이디어를 이야기했고, 나는 탁상계산기로 계산을 하기 시작했어요. 그 답은 옳은 것으로 나왔지요."

마침내 미국이 슈퍼를 만들게 해준 이 천재적인 아이디어는 처음에 울람이 제시한 제안에서 비롯되었다. 1951년 6월에 텔러는 '열핵폭탄 문제'의 현 상태에 대해 주말 동안 토론을 하기 위해 고등연구소에 모인 다수의 전문가들에게 자신의 아이디어를 처음으로 공개했다.

이 자리에 모인 사람들 중 다수는 1949년 10월에 주로 정치적, 윤리적 이유로 슈퍼폭탄의 제조에 반대한다고 선언했지만, 지금은 그때와는 지적 분위기가 크게 달라져 있었다. 그런 분위기 변화는 이 회의에 참석했던 원자력위원회 위원장 고든 딘 Gordon Dean의 보고에 분명하게 드러나 있다.

1951년 6월에 열린 그 회의에는 어떤 기여를 할 수 있는 사람들이 모두 다 모였다고 나는 생각합니다. 로스앨러모스 연구소 책임자 노리스 브래드버리와 그의 조수 한두 사람이, 그리고 수소폭탄 개발 계회에 아주 적극적이었던 노르트하임 박사도, 로스앨러모스에서 그곳으로 왔다고 믿습니다. 무기 개발에서는 세계에서 가장 뛰어난 사람 중 하나인 자니 폰 노이만은 프린스턴에서 왔고, 텔러 박사, 베테 박사, 페르미 박사, 자니 휠러, 모두 각 연구소에서 최고인 이들이 이 테이블 주위에 앉아 있었고, 우리는 이틀 동안 그 문제를 놓고 논의를 했습니다.

이 회의에서 에드워드 텔러가 자신의 머리에서 나온 아이디어를 내놓았는데, 그것은 열핵 무기에 완전히 새롭게 접근하는 방법이었습니다.

나는 그것을 묘사할 수 있었으면 좋겠지만, 그것은 원자력 계획에서 가장 민감한 부분 중 하나입니다……. 그 시점에서는 그것은 그저 하나의 이론에 불과했습니다. 칠판에 그림들이 그려졌지요. 계산들도 일어났는데, 베테 박사와 텔러 박사, 페르미 박사가 가장 많이 참여했습니다. 오피는 매우 적극적인 자세까지 보였습니다.

이틀간의 회의가 끝날 무렵, 방 안에 있던 사람들은 모두 적어도 아이디어 측면에서 뭔가 실현 가능성이 있어 보이는 것을 처음으로 얻었다고 확신했습니다.

나는 회의장을 떠날 때, 테이블 주위에 앉아 있던 모든 사람들이 예외 없이, 오펜하이머 박사도 포함해서요, 예측할 수 있는 것을 손에 쥐었다는 사실에 매우 흥분했다는 인상을 받았던 것이 기억납니다. 나는 거길 떠난 지 4일 만에 새로운 공장을 만들겠다고 언명한 것을 기억합니다……. 우리 예산에는 그 일을 위한 돈이 하나도 없었는데, 일단 이 일이 본궤도에 오르면서 처음으로 계획 전체에 열정이 흘러

넘쳤습니다. 언쟁은 온 데 간 데 없이 사라졌지요. 논의는 아주 잘 끝났고, 우리는 불과 약 1년 안에 그 장치를 준비할 수 있었습니다.

이 보고는 오랜 내적 갈등 끝에 마지못해 '반대'를 포기한 사람들의 입에서 나온 것처럼 들리지 않는다. 슈퍼 괴물에 대해 이전에 품었던 모든 양심의 가책과 반대를 일소해버린 이 섬뜩한 열정을 어떻게 설명할 수 있을까? 오펜하이머는 그 궁극적인 결과가 아무리 큰 재앙을 가져올 수 있는 것이라 하더라도, 오랫동안 씨름을 해온 어떤 문제의 성공적인 해결책이 마침내 눈앞에 보일 때, 오늘날의 과학자들이 가끔 주저하면서도 결국에는 왜 그렇게 자주 마음을 바꾸는지 그 이유를 설명하는 데 한 가지 단서를 제공한다. 1949년 10월에 일반자문위원회가 수소폭탄을 거부한 것을 회상하면서 오펜하이머는 이렇게 말했다.

나는 여기서 우리가 기술적 문제를 놓고 논쟁하길 원한다고 생각하지 않습니다. 그리고 나는 그 당시 기술적 그림이 나중처럼 더 자세했더라면 우리가 어떤 반응을 보였을지 생각하는 것이 큰 의미가 있다고 생각하지 않습니다.

하지만 이런 문제들에서는 기술적으로 달콤한 것을 보았다면, 계속 나아가서 그것을 해내고는, 기술적 성공을 거둔 뒤에야 그것을 가지고 어떻게 해야 할지 논의를 한다는 게 제 판단입니다. 원자폭탄의 경우가 바로 그랬습니다. 나는 그것을 만드는 것에 반대한 사람은 아무도 없었다고 생각합니다. 만들어진 뒤에는 그것을 가지고 어떻게 해야 하는가를 놓고 일부 논쟁이 있었습니다. 만약 우리가 1951년에 초에 알게 된 것을 1949년 후반에 알았더라면, 그래도 우리 보고의 논조가 같은 것이었을지는 잘 상상이 되지 않는군요.

이 진술에서는 일반자문위원회 보고서에서 그토록 강력하게 표현된 윤리적 의문의 흔적을 더 이상 찾아볼 수 없다. 여기서 오펜하이머는 의도했건 아니건 현대의 연구 과학자들이 지닌 위험한 경향을 드러낸다. 어쩌면 그의 이 놀라운 실토는 왜 20세기의 파우스트가 성공에 집착한 나머지, 가끔 느끼는 양심의 가책에도 불구하고, 자기 앞에 나타난 악마의 설득에 넘어가 악마가 내민 계약서에 서명을 하고 마는지 설명을 제공하는지도 모른다. '기술적으로 달콤한' 것은 도저히 거부할 수 없기 때문이다.

'MANIAC'의 징표

18

기억에 남을 만한 프린스턴의 주말이 지난 후, 슈퍼로 가는 길을 안내하는 방향이 알려졌지만, 처음부터 거의 넘기 어려울 만큼 높은 숫자들의 산맥이 가로막고 나섰다. 원자폭탄과 관련된 계산조차도 수천수만 가지의 정밀한 연산이 필요했다. 열핵 폭발을 정확하게 결정하는 계산은 그보다 훨씬 더 어려울 것으로 보였는데, 수많은 단계들을 포함하는 물리적 과정이 순식간에 일어나야 하기 때문이었다. 그 단계들을 가능한 한 아주 정확하게 예측해야만 했다. 이 가정들을 바탕으로 판단할 때, 무한히 복잡한 장비를 만들지 않으면 안 될 것 같았다.

이 모든 일은 제2차 세계 대전 때 필요했던 것보다 훨씬 빠른 속도로 진행해야 했다. 트루먼 대통령이 슈퍼를 만들라고 지시하고 나서 벌써 18개월이 지나갔다. 아마 소련도 같은 문제에 매달려 전력을 쏟아붓고 있을 것이다.

텔러와 로스앨러모스 연구소 책임자 노리스 브래드버리는 수학적 에베레스트 산을 정복하기 위해 가용 자원을 총동원했다. 연구소에서 일하는 사람들은 즉각 주 5일 근무 대신에 주 6일 근무를 하기로 결정했고, 컴퓨터 부문은 주야 교대조를 도입해 24시간 내내 계속 돌아갔다.

새로운 '전자 두뇌' 분야의 전문가 서다 에번스Cerda Evans는 이렇게 진술한다.

규칙적인 간격으로 서로 임무를 교대하면서 하루 24시간 내내 컴퓨터 앞에 앉아 일했던 그 몇 개월만큼 그토록 말도 안 되는 시간에 잠을 자고 아침 식사를 했던 적은 내 평생에 일찍이 없었습니다. 우리가 사용한 에니악은 이전의 어떤 수학 장비보다 빠르긴 했지만, 변덕스럽고 연약했습니다. 이 진공관 아니면 저 진공관, 혹은 어떤 회로가 완전히 꺼지는 일이 늘 일어났습니다. 그런 일이 일어나면, 우리는 그저 기다리는 수밖에 없었지요. 한번은 폭풍 때문에 전체 메커니즘이 엉망이 되고 말았습니다. 모두 우리 방에 있던 전화기 앞에 앉아 수리반으로부터 작업을 진행해도 된다는 보고가 오길 기다렸습니다. 그들은 여러 차례 전화를 걸어 모든 것이 10분 안에 정상으로 돌아갈 테니 현장으로 돌아가도 된다고 말했습니다. 하지만 우리가 현장으로 돌아가면, 그것은 또다시 잘못 울린 경보였던 것으로 밝혀졌지요. 그런 식으로 꼬박 일주일이 흘러갔습니다.

모든 계산이 완료되기 전에는 실질적 진전이 조금이라도 일어날 가능성이 전혀 없었다. 하지만 계산은 시간이 너무 오래 걸려서 끝이 보이지 않았다. 또다시 위기가 눈앞에 닥친 것처럼 보였다. 바로 그 순간, 수학자이자 원자과학자인 존 폰 노이만이 구세주로 등장했는데, 그는 텔러에게 몇 달 안에 에니악과는 비교도 할 수 없을 만큼 효율적인 전자 컴퓨터를 만들 수 있다고 말했다.

헝가리 출신의 천재 폰 노이만은 괴팅겐 대학생 시절에도 기계 장난감에 대한 열정 때문에 동료 학생들 사이에서 '기적의 박사'라고 불렸다. 그들은 E. T. A. 호프만E. T. A. Hoffmann(독일의 후기 낭만주의 작가이자 작곡가. 그림과 음악에 뛰어났고 대법원 판사를 지냈으며, 나중에 소설을 쓰기 시작했는데, 공상적이며 마법적인 기괴한 작품이 많으며 에드가 앨런 포에게 영향을 주었다 – 옮긴이)의 작품에 나오는 이상한 자동 기계 제작자를 떠올렸는데, 작품 속에서 그는 실물과 똑같은 인형 올림피아를 만들고는 결국 그 인형과 깊은 사랑에 빠졌다.

1930년, 이미 자기 세대에서 선도적인 수학자로 인정받던 폰 노이만은 미국으로 이민했다. 처음에 그는 신세계가 전혀 편하지 않았다. 폰 노이만은 수학 외에 무엇보다도 자유롭고 편안한 사교 생활을 좋아했다. 하지만 프린스턴에는 중앙유럽과 달리 커피 한 잔을 시켜놓고 몇 시간이고 잡담과 논쟁을 즐길 수 있는 카페가 하나도 없었다. 이 학구적인 남자는 그러한 제도를 너무나도 그리워한 나머지 얼마 안 되는 재산을 털어 그 사업에 투자할까 아주 진지하게 고민하기까지 했다. 미국인 동료들은 "하지만 자니, 프린스턴 시민들은 유럽식 카페에서 무엇을 해야 할지 모를 거야."라고 반대했다. 그러자 폰 노이만은 "그건 염려하지 않아도 돼. 유럽 인 동료들을 몇 명 포섭하면 되니까. 그들은 며칠 동안 오후 내내 카페에 앉아 있으면서 사람들에게 이 카페가 어떤 곳인지 보여줄 거야."라고 대답했다.

새 동포가 된 사람들은 폰 노이만이 마침내 포기한 이 계획보다 로봇에 대한 그의 열정에 더 큰 관심을 보였다. 그 당시 미국의 전자공학 부문에서 일어난 발전 덕분에 폰 노이만의 취미를 발전시키기에 유리한 조건이 조성되었다. 곧 폰 노이만도 거기에 점점 더 많은 시간을 쏟아부었다. 그는 인간과 기계 사이의 유사성에 큰 매력을 느꼈다. 그리고 결국 인간의 속성이나 심지어 초인적인 속성을 지닌 일련의 메커니즘을 발명했다.*

텔러는 같은 헝가리 출신인 폰 노이만을 처음부터 아무 어려움 없이 슈퍼 계획에 참여하도록 설득할 수 있었다. 새로운 폭탄 개발 계획에 처음에는 양심의 가책을 느꼈던 오펜하이머와 그 밖의 원자과학자들과 달리 폰 노이만은 즉각 제안을 수락했는데, 그에게는 세상에서 공산주의만큼 두려운 것이 없었기 때문이다. 그는 열세 살 때 제1차 세계 대전이 끝나고 나서 부다페스트에서 잠깐 공산주의자가 지배하던 시절을 경험하면서 공산주의를 증오하게

---

* 이와 관련해 폰 노이만은 여러 가지 모델 중에서도 원자재를 충분히 공급하기만 하면 계속 자기 재생할 수 있는 모델을 구상했다. 그것은 상자 하나와 그 후손을 만드는 데 필요한 기본 요소를 모두 담고 있는 '유전자 꼬리'로 이루어져 있었다. 폰 노이만의 제자인 존 조지 케메니John George Kemeny는 "더 나아가 원자재의 공급을 제한함으로써 심지어 서로를 죽이는 지경에 이르기까지 기계들이 '생활권'을 놓고 경쟁을 벌이게 할 수도 있었습니다."라고 말한다.

되었다. 그의 인생에서 그 시절에 느꼈던 공포와 그 도시를 탈출한 사건만큼 그에게 깊은 인상을 남긴 경험은 거의 없었다. 그 후로 폰 노이만은 볼셰비키가 거론될 때마다 강경한 태도를 보였다.

폰 노이만은 '지옥 무기'를 만드는 데 자신의 새 컴퓨터가 얼마나 중요한 역할을 하게 될지 즉각 알아챘다. 그래서 그것의 완성 속도를 앞당기기 위해 최선을 다했고, 그와 동시에 그의 제자인 니컬러스 메트로폴리스Nicholas Metropolis와 제임스 리처드슨James H. Richardson이 로스앨러모스에서 동일한 컴퓨터를 조립해 만들었다.

겨우 스물일곱 '단어'만 기억할 수 있었던 에니악은 새로운 전자 두뇌에 비하면 새 발의 피에 지나지 않았다. 이 새 컴퓨터는 한 번에 4만 비트의 정보를 저장할 수 있었고, 필요할 경우 나중에 정보를 다시 불러올 수 있었다. 그리고 주어진 지시를 검토하여 오류를 확인하고, 그럴 기회를 주면 잘못된 지시까지 수정할 수 있어 아주 정확했다. 폰 노이만이 자신의 최종 발명품을 사람들이 사용할 수 있도록 만들어 내놓았을 때, 그것을 가지고 일한 사람들은 모두 경탄을 금치 못했다. 로스앨러모스의 이론 부서 책임자였던 카슨 마크Carson Mark는 이렇게 회상한다. "세 사람이 석 달 동안 매달려야 풀 수 있었던 문제를 이 컴퓨터를 사용하면 동일한 세 사람이 약 열 시간 만에 풀 수 있었습니다. 그 과제를 던져준 물리학자는 다음 단계로 나아가기 위해 석 달을 기다리는 대신에 바로 그날 오후에 원했던 데이터를 얻을 수 있었지요. 수소폭탄을 만들려면, 이제 하루 치 일로 줄어든 그러한 석 달 치의 계산들을 많이 하는 것이 필요했습니다."

따라서 수소폭탄을 만드는 일에서 진정한 영웅은 바로 이 계산 기계였다. 나머지 전자 두뇌들과 마찬가지로 이 기계에도 나름의 이름이 붙었다. 폰 노이만은 늘 말장난과 짓궂은 장난을 좋아했다. 자신의 기계를 원자력위원회에 '수학 분석기, 수치 적분기 및 계산기 Mathematical Analyzer Numerical Integrator And Computer'라는 거창한 이름으로 소개했을 때, 일상적으로 사용하기에는 지나치게 딱딱하다는 느낌 말고는 아무도 이 표현에서 이상한 것을 느끼지 못했다. 이 경이로운 기계를 사용한 사람들은 그 머리글자들을 조합해 준말을 만들고 나서야 그것이 'MANIAC'('미치광이'란 뜻)이란 단어가 된다는 사실을 깨달았다.

매니액에 관련된 일은 로스앨러모스 팀과 또 하나의 큰 두뇌인 에드워드 텔러 사이에 벌어진 마찰에 비하면 별 문제 없이 잘 굴러간 편이었다. 제2차 세계 대전 동안 다른 사람들과 조화롭게 일하는 데 실패한 것과 마찬가지로, 이번에도 텔러는 로스앨러모스 책임자인 브래드버리의 활동에 대해 그 속도와 방법을 지시하려고 부단히 시도했다. 텔러는 워싱턴의 영향력 있는 친구들에게 메사의 책임자들이 아직도 오펜하이머의 견해에 너무 신경 쓰고 있으며, 그래서 수소폭탄의 제조보다 성능이 더 나은 원자폭탄의 제조에 더 관심을 쏟는다고 넌지시 알렸다. 텔러는 이런 불만에서 로스앨러모스 외에 두 번째 핵무기 연구소를 세우고 자신이 그 책임자를 맡아야겠다고 생각했다. 그 연구소는 열핵폭탄 문제에만 전념할 예정이었다.

공군이 이 아이디어에 특별한 관심을 보였다. 1952년 당시에 공군은 독점하고 있던 원자폭탄 사용 권리를 나머지 두 군, 특히 육군과 공유해야 하는 상황이 올까 봐 노심초사했다. 오펜하이머 가 이끌던 일반자문위원회는 두 번째 연구소 설립 아이디어를 불 필요하다는 이유로 여러 차례 거부했지만, 1952년 여름에 일반자 문위원회의 허를 찌르는 사건이 일어났다. 캘리포니아 대학의 연 구를 위해 가끔씩만 사용되던 작은 연구소를 확대하는 일이 추진 된 것이다.

원자 무기를 만들기 위해 이 새로운 시설이 들어선 작은 도시 는 리버모어였다. 운명의 아이러니라고나 할까, 이 도시는 나폴레 옹과 맞서싸우던 해군 전투에 지쳐 이탈한 퇴역 군인 로버트 리 버모어 Robert Livermore가 세운 곳이었다. 영국 전함 커널영호의 일반 수병이었던 리버모어는 캘리포니아 주 몬터레이 항구에서 탈영 했다. 그는 이리저리 방랑하다가 1835년에 중부 이탈리아의 풍경 을 연상시키는 푸른 계곡에 이르렀다. 그곳에서 현지 여성과 결혼 해 여덟 자녀를 낳았고, 자신의 땅인 라스포시타스를 번창한 사유 지로 발전시켰다. 그런데 1952년에 서부의 이 목가적인 은둔처로 불도저들이 침입해왔고, 몇 달 뒤 원자력위원회의 열핵무기연구 소가 들어섰다. 텔러는 1952년 7월에 로스앨러모스를 떠나 이곳 으로 왔다. 얼마 후, 그는 어니스트 로렌스와 허버트 요크 Herbert York 와 함께 새 시설들을 관리하는 책임자가 되었다.

한편, 힐에서는 그 정신적 아버지는 가고 없었지만, 최초의 슈 퍼폭탄이 완성 단계에 이르렀다. 그해 가을, 이 일의 마지막 단계를 지휘한 마셜 할로웨이 Marsahll Holloway가 1945년 이후 시설 확충과 기술 장비를 위해 2억 5000만 달러의 세금을 쏟아부은 로스앨러모스에 새로운 장비들을 설치할 계획을 세웠다. 새로운 장비들은 작업에서 가장 위험한 부분인 폭탄 내부의 임계 질량을 결정하는 일에서 사실상 위험 요소를 제거했다.

이제 실험은 더 이상 루이스 슬로틴 시대에 그랬던 것처럼 원시적인 방법으로 진행되지 않고, 원격 조종되는 핵심 조립 장치의 도움을 받아 일어났는데, 이 장치에는 '제제벨 Jezebel'이란 이름이 붙었다. 제제벨은 비슷한 두 장치인 '톱시 Topsy'와 '고다이버 Godiva'와 함께 두 평지붕 건물 내부의 육중한 방사능 차폐벽 뒤에 설치되었는데, 이 건물들은 너무 '뜨거워'(즉, 방사능 강도가 아주 높아서) 특별한 사전 예방 조치를 취한 뒤에야 들어갈 수 있었다. 기계 장치들을 제어하는 제어실은 위험 지역에서 400m쯤 떨어진 주 실험실에 있었다. 이 건물들을 '키바 kiva'라고 불렀는데, 키바 내부에서 일어나는 일은 텔레비전 화면으로만 볼 수 있었다. 키바는 푸에블로족 인디언이 신성한 종교 의식에 쓰던 지하의 큰 방을 가리키는데, 인디언 무당들은 큰 경외감을 품고서 이 방에 다가갔다.

텔러와 폰 노이만, 100여 명의 헌신적인 과학자, 매니액과 제제벨이 결국 만들어낸 열핵무기는 아직은 실질적인 탄도체가 아니라 무게가 자그마치 65톤이나 나가는 열핵 장치였다. 그 속에 든 여러 성분 중에서도 삼중수소는 우라늄 원자로에서 만든 인공 수소 동위원소로, 아주 복잡하고 육중한 냉동 장치 속에서 일정한 저온으로 유지해야 했다.

1952년 10월 초에 수천 명의 과학자와 시험 엔지니어, 기계공, 군인, 수병이 핵실험 장소로 선택된 에니웨톡 환초에 모였다. 에니웨톡 환초는 미국의 감독 하에 국제연합의 신탁 통치를 받던 마셜 군도의 한 섬이었다. 그들은 '마이크Mike'(그 괴물 폭탄의 별명)를 폭발시킬 준비를 했다. 실험 전에 제2차 세계 대전 때 미국의 연구를 이끌었던 버니바 부시는 이 '끔찍한 종류의 세계'로 새로운 한 걸음을 내딛기 전에 미국 정부가 소련 측과 협상을 벌이게 하려고 열심히 노력했다. 하지만 그의 조언은 거절당했다. 폭탄 장비는 에니웨톡 환초의 작은 섬인 엘루겔라브 섬에 설치되었다. 그것은 거대한 보호 창고에 설치되었는데, 직육면체 모양의 그 창고를 보고 일부 사람들은 검은 돌이 보관돼 있는 메카의 이슬람교 성전 카바를 연상했다.*

1952년 10월 31일과 11월 1일 사이의 밤에 모든 요원들의 최종 점호가 실시되었다. 보안 책임자 로이 라이더Roy Reider는 예방 조치로 모든 섬들의 주민을 대피시켜야 한다고 주장했다. 그래서 주민들을 전원 대기하고 있던 배에 태웠다. 그런 실험에서는 항상

---

* 첫 번째 수소폭탄 실험 장소로 이곳을 선택한 것과 관련해 미국의 저자이자 화가인 길버트 윌슨 Gilbert Wilson은 기묘한 우연의 일치를 지적한다. 그는 『모비 딕 Moby Dick』을 읽다가 "허먼 멜빌 Herman Melville이 위대한 작품을 쓴 지 불과 100년 만에 미국의 원자공학자들은 자기도 모르게 광대한 태평양 중에서도 하필이면 일본 해안으로부터 남동쪽으로 수천 km 떨어진 바로 그 장소, 그러니까 소설에서 피쿼드호 - 복수심과 광기에 불타는 에이허브 선장이 지휘한 미국의 포경선 - 가 흰 고래에 부딪혀 침몰한 그 장소를 선택했다······. 멜빌은 에이허브를 통해 그 고래를 '오, 삼중의 고리로 둘러싸이고 단단하게 결합된 힘의 둔부여!'라고 미술가들이 사용하는 전통적인 원자 상징과 놀랍도록 비슷한 이미지로 묘사한다."

안전을 위해 계산한 것보다 10배 더 큰 폭발을 고려해야만 했다. 소규모 전문가 집단을 빼고 모든 사람들은 폭발 예상 지점으로부터 최소한 60km 밖으로 물러났다. 이들 전문가는 먼동이 트기 직전에 폭탄을 폭발시키기 위해 엘루겔라브 섬에 남았다. 라이더는 이들은 "배회하는 나환자 집단처럼 외로운 처지였습니다. 비록 후방의 통제소 본부와 교신이 끊긴 적은 전혀 없긴 했지만 말입니다."라고 회상했다. 이 전문가들 역시 안전한 장소로 이동하자마자, 배들의 확성기를 통해 분초를 세는 카운트다운이 시작되었다. 모든 눈은 저 멀리 최초의 인공 별에서 빛이 뿜어져나올 장소로 향했다.

에드워드 텔러는 브래드버리로부터 태평양의 슈퍼 실험에 참석해달라고 공식 초대를 받았다. 하지만 텔러는 이해할 만한 이유로 그 초대를 거절했다. 그 굉장한 사건이 일어나기 약 15분 전─미국 서해안에서는 정오 직전이었다─에 텔러는 버클리의 캘리포니아 대학 구내에서 한 공원을 가로지르는 좁은 길을 따라 고개를 숙인 채 해빌랜드 홀을 향해 천천히 걸어가고 있었다. 해빌랜드 홀은 지하실에 세상에서 손꼽을 만큼 민감한 지진계가 설치돼 있었다. 이곳에서 텔러는 8000km 떨어진 곳의 실험에서 발생한 충격의 징후를 보려고 했다. 민감한 장비가 암석 바닥에 묻혀 있는 작은 방 안에는 빨간색 램프 하나만 켜져 있었다. 그 불마저 껐다. 텔러는 크게 재깍거리는 벽시계와 아주 미세한 진동도 두께 1mm의 광선으로 필름 위에 나타낼 수 있는 기록 장비와 함께 방 안에 홀로 있었다. 텔러는 그 다음에 일어난 일을 다음과 같이 이야기한다.

눈이 어둠에 적응하자, 그 장소가 매우 불안정해 보인다는 사실을 깨달았습니다. 분명히 이것은 끊임없이 일어나는 지구의 진동, 즉 대양의 파도가 대륙 해안에 부딪치면서 일어나는 '맥동(지진 이외의 자연적인 원인으로 지각이 비교적 규칙적으로 진동하는 현상-옮긴이)'으로 인한 변화보다 더 큰 것이었지요. 그것은 어둠 속에서 주변의 단단한 물체들을 보면서도 안정을 찾지 못한 내 눈의 움직임 때문이었습니다. 곧 그 밝은 점은 가볍게 불규칙적으로 움직이는 배에 타고 있는 듯한 느낌을 주었고, 그래서 나는 상비의 한 부분에 연필을 갖다대 고정시킨 뒤에 그것을 밝은 점에 가까이 가져갔습니다. 이제 그 점은 정지한 것처럼 보였고, 나는 다시 단단한 땅 위로 돌아온 것 같은 느낌이 들었지요.

그때는 실제로 폭발이 일어난 시각 무렵이었어요. 아무 일도 일어나지 않았고, 또 일어날 수도 없었습니다. 그 충격이 태평양 해분 아래 깊숙한 곳을 통해 캘리포니아 주 해안까지 도달하려면 약 15분은 걸리니까요. 나는 조바심을 내며 기다렸고, 지진계는 매분마다 선명한 진동을 그려냈는데, 이것은 시각 신호 역할을 했습니다. 마침내 폭발의 충격 뒤에 나타나야 할 신호가 나타났습니다. 정말로 그것이 나타난 것처럼 보였습니다. 밝은 점이 거칠고 불규칙적으로 춤추는 것처럼 보였지요. 이것은 단지 내가 표지로 삼으려고 쥐고 있던 연필이 내 손에서 떨렸기 때문이었을까요? 나는 몇 분을 더 기다린 뒤에야 그 기록이 첫 번째 충격 뒤에 잇따라 일어난 충격들을 하나도 놓치지 않았다는 확신을 얻었습니다. 그리고 마지막으로 필름을 떼어내 현상했지요. 그때까지 나는 내가 틀렸고, 내가 본 것은 최초의 수소폭탄에서 온 신호가 아니라, 내 손의 움직임이라고 거의 믿을 뻔했습니다. 그때 필름에 그 흔적이 나타났습니다. 그것은 선명하고 크고 오해의 여지가 없는 것이었습니다. 그것은 수천 km를 이동한 압축파가 만든 흔적이 분명했고, 마이크가 성공했다는 확신을 주었지요.

태평양에 길이 1.6km, 깊이 53m의 폭발 구덩이가 생겼다. 최초의 슈퍼에서 나온 불덩어리, 즉 지름이 5.6km나 되는 돔 모양의 화염이 사라지고, 거대한 버섯 모양의 연기 구름이 하늘 높이 치솟자마자, 관찰자들은 처음에는 도저히 믿을 수 없었던 사실을 깨달았다. 엘루겔라브 섬이 통째로 사라진 것이다. TNT 3메가톤(300만 톤)에 해당하는 에너지가 방출된 그 폭발은 최초의 원자폭탄과 마찬가지로 모든 예상과 심지어 매니악의 계산마저도 훨씬 뛰어넘는 것이었다.

마이크의 성공적인 폭발은 태양에서 일어나는 과정을 지구에서 재현할 수 있음을 처음으로 입증한 증거였다. 이 '괴물'은 아직은 비행기로 실어나를 수 있는 수준의 폭탄은 아니었다. 군비 경쟁에 참여해 일하고 있던 미국 과학자들은 이 괄목할 만한 기술적 성공에도 불구하고 그다지 만족하지 못했다. 그들은 같은 속도로 삼중수소 대신에 리튬 동위원소를 사용해 냉동 장치가 필요 없는

'마른dry' 폭탄 연구를 시작하기로 결정했다. 이들이 로스앨러모스와 리버모어에서 이 새로운 폭탄을 만드는 연구를 여전히 하고 있을 때, 소련에서 날아온 소식이 전 세계의 과학자들을 깜짝 놀라게 했다.

스탈린의 후계자인 게오르기 말렌코프Georgy Malenkov는 1953년 8월 8일에 "미국은 더 이상 수소폭탄 제조에서 독점적 위치에 있지 않다."라고 선언했다. 나흘 뒤, 방사능 탐지 초계기는 아시아 상공에서 소련이 새로운 폭탄 실험을 한 흔적을 발견했다. 그 시료를 실험실로 보내 분석했다. 그 결과를 본 미국 원자과학자들의 흥분 상태에 필적할 만한 것은 소련이 최초의 원자폭탄 실험을 했다는 소식 다음에 터져나왔던 것밖에 없었다. 방사화학자들은 소련이 이미 '마른 폭탄'을 보유하고 있다고 보고했다.* 의회 원자력위원회 위원장 스털링 콜Sterling Cole이 큰 불안을 느끼면서 소수의 동료들에게 설명한 것처럼, 소련은 아마도 이제 언제라도 수소폭탄으로 미국을 위협할 수 있는 위치에 있는 반면, 미국은 현재로서는 보복 수단이 원자폭탄밖에 없는 상황이었다. 하지만 미국 정부는 이러한 사실을 국민에게 알릴 수 없었다.

워싱턴 당국이 그토록 오랫동안 두려워해온 상황이 실제로 일

---

* 유명한 오스트리아 물리학자 한스 티링Hans Thirring은 1946년에 빈에서 출판된 자신의 책 『원자폭탄의 역사Die Geschichte der Atombombe』에서 이미 그런 폭탄의 가능성을 예견했다. 이 책에서 그는 이렇게 썼다. "사실, 리튬도 전혀 희귀한 원소가 아니다. 따라서 현재의 폭탄에는 플루토늄을 수 킬로그램 쓰는 데 비해 슈퍼 원자폭탄에서는 수소화리튬을 수 톤이나 쓸 수 있다. 이런 조건에서는 지금까지 알려진 것보다 수천 배나 큰 효과를 얻을 수 있다. 수소화리튬 6톤의 폭탄이 폭발하는 나라에 신의 가호가 있기를."

어나고 있었다. 이제 '절대 무기'를 향한 경쟁에서 상대방이 앞서 나갔다. 상대를 따라잡고 될 수 있으면 추월까지 하려면 어떻게 해야 할까? 그 경쟁은 이제 정신없이 빠른 속도로 가속되었다. 단 한 번의 타격으로 수백만 명의 인명을 앗아가고 미국의 산업 시설을 무력화시킬 수 있는 적대적 맹공격이 닥치기 전에 몇 분간의 유예 시간을 얻기 위해, 북극점에 도달한 뒤 거기서 멀리 바다로 뻗어나아가도록 설계된 '전자 벽'을 설치하는 작업이 시작되었다. 몇 분의 시간을 절약하기 위해 1945년 이후로 간혹 가벼운 관심만 받았던 한 가지 아이디어가 되살아났다. 그것은 바로 원격 조종으로 유도하여 30분 미만의 시간에 대서양이나 북쪽의 눈 덮인 황야를 건너갈 수 있는 무인 미사일을 배치하는 것이었다.

이 '대륙간 탄도 미사일'은 V2를 만들다가 미국으로 귀화한 독일인들의 주도로 계획되었다. 대륙간 탄도 미사일을 많이 만들지 않은 주요 이유는 8000km를 날아갈 때 표적 지점에서 이탈하는 범위가 약 1%, 즉 80km나 되기 때문이었다. 제어 장치가 개선되면서 오차 범위를 0.2%까지 줄이는 데 성공하긴 했다. 하지만 그래도 표적 지점에서 약 16km나 벗어난다는 이야기가 된다. 따라서 만약 그런 미사일을 모스크바를 겨냥해 발사한다면, 미사일은 도시 중심에 떨어지지 않고 외곽에 떨어져 폭발할 것이다. 만약 레닌그라드 비행장을 겨냥해 장거리 로켓을 발사한다면, 그것은 탁 트인 시골이나 심지어 바다에 떨어질지도 몰랐다.

그럼에도 불구하고, 공군은 만약 정확도를 더 높이기만 한다면, 이 사악한 공중 어뢰가 소련이 최근에 손에 쥔 에이스 카드를 가장 신속하게 꺾을 수 있는 카드라고 믿었다―그러기에 너무 늦지 않았다면. CIA의 보고들은 이미 소련이 정확하게 똑같은 장거리 유도탄 분야에서 놀라운 진전을 이루고 있다는 정보를 펜타곤에 알리기 시작했다.

이미 치유 불가능한 암을 앓고 있던 존 폰 노이만이 이 문제를 검토하는 비밀 위원회 책임자로 임명되었다. 이 위원회는 소련이 수소폭탄 실험을 했다는 발표가 나온 지 한 달 뒤인 1953년 9월에 처음 회의를 열었다. 폰 노이만은 과거에 원자력위원회에 긴밀하게 관여했고, 얼마 후에 그 위원이 되었다. 그래서 그는 원자력위원회가 '3단' 폭탄을 만들기 위한 계획을 세웠다는 사실을 알았다. 그들은 2단으로 된 열핵폭탄(즉, 중심부에서 원자폭탄이 폭발하면서 그것을 둘러싼 열핵 연료에 핵융합 반응을 일으켜 훨씬 큰 폭발 효과를 내는)에다가 폭탄 외피의 핵융합 반응이 일어나는 세 번째 단을 추가하길 원했다. 외피는 보통 물질 대신에 우라늄-238로 만들 계획이었다. '분열-융합-분열 fission-fusion-fission' 또는 줄여서 FFF 폭탄이라 부르는 이 폭탄이 아직까지 만들어지지 않은 유일한 이유는 막대한 파괴를 초래할 가능성이 높다고 간주되었기 때문이다. 그 방사능 핵분열 물질은 750km²가 넘는 면적에 퍼질 것으로 보였다. 따라서 이 폭탄은 '과잉 파괴' 무기로 간주되있나.

하지만 폰 노이만은 이제 마음속으로 대륙간 탄도 미사일의 표적 타격 불확실성을 3단 폭탄의 효과가 미치는 엄청난 확산 면적과 결합하는 작업을 시작했다. 그는 지금까지 전쟁 목적으로는 실행 불가능한 것으로 간주되었던 두 괴물을 불경스럽게 결합시켜 그것을 자신을 고용한 사람들에게 '절대 무기'로 제시했다. 이제 설사 대륙간 탄도 미사일이 표적에서 멀찌감치 벗어나 폭발하더라도, 표적은 여전히 죽음의 반경 안에 포함되어 철저히 파괴되고 말 것이다. 미국 잡지《포춘》은 나중에 폰 노이만의 천재적인 복합체에 대해 이렇게 보도했다. "열핵 탄두의 파괴력에 일어난 양자 도약 덕분에, 치명적인 낙진 면적이 훨씬 더 넓어지는 것은 말할 것도 없고, 표적 중심에서 13~16km쯤 벗어난 곳에 떨어지더라도 군사적으로 만족스러운 수준의 목표를 달성할 수 있다."

《포춘》이 "녹색 신호를 준 수학자"라고 표현한 폰 노이만은 신무기 발명가에서 과학적 전략가로 진화한 과학자를 보여주는 대표적 사례이다. 미국의 군사 문제 전문가 핸슨 볼드윈Hanson W. Baldwin은 제2차 세계 대전이 끝난 이후 몇 년 동안 "기술 혁명에 큰 진전이 일어나, 나폴레옹 이후 150년이 지나는 동안 전쟁 기술에 일어난 것 중 가장 큰 효과를 낳았다."라고 썼다. 원자과학자들은 온갖 종류와 크기의 핵무기 가족을 낳았다. 항공역학 전문가들과 항공기 엔지니어들은 유례없는 기동력과 속도를 지닌 제트 전투기를 만들었다. 로켓 전문가들은 엄청나게 빠른 미사일을 아주 다양하게 개발했다. 게다가 볼드윈이 설명한 것처럼 "방사능 먼지와 가스 같은 생물학 무기와 화학 무기"도 만들 수 있게 되었다.

전자공학 분야에서 일어난 발전 덕분에 이 모든 죽음의 전령들을 아주 높은 속도에서도 표적을 향해 정확하게 보낼 수 있게 되었다. 하지만 장군들은 그냥 혼자 내버려두었더라면, 전쟁의 기술에 일어난 이 '양자 도약'에 정신적 보조를 절대로 맞출 수 없었을 것이다. 그들은 기술에 새로운 진전이 일어날 때마다 계획을 세우고 필요하면 그것을 수정하는 데 도움을 받기 위해 곁에 과학자를 두어야 했다. 이 전쟁 게임에 참여한 과학자들은 대부분 1939년 이후부터 시달려온 불안과 의심의 강박에 사로잡혀 그 일을 계속했다. 이들이 갈수록 점점 더 필사적으로 치닫는 위협과 대응 위협 조치에 관여한 이유는 평화를 보전하고 싶으면 그렇게 해야만 한다는 믿음 때문이었다.*

이런 종류의 미래 전쟁을 계획하는 것(사전에 철저히 준비만 한다면 그런 전쟁은 결코 일어나지 않으리라는 희망에서)은 또한 매니액과 그것을 본떠 만든 그 밖의 전자 '신탁 사제'들에게 전략 부문에서 엄청나게 빠른 평가와 결정을 내리는 데 필수적인 도구로 활약하는 새 역할을 부여했다. 매니액에게는 세상의 종말조차 그저 계산으로 답해야 할 또 하나의 질문에 지나지 않았다. 만약 한 도시나 한 국가를 기계의 언어로 그에 대응하는 표현으로 번역한다면, 역사와 생명은 무미건조한 수많은 숫자들로 수렴할 것이고, 수백만 명의 사람들을 전멸시킬 공식들을 도출할 수 있을 것이다. 폰 노이만의 제자들이나 그에 대응하는 소련 과학자들이 컴퓨터 앞

---

* 미국의 정신과 의사 로렌스 쿠비 Lawrence S. Kubie 는 군비 경쟁에 참여한 과학자들의 깊은 동기를 조사하여 《아메리칸 사이언티스트 The American Scientist》 1954년 1월호에서 다른 해석을 내놓았다. "우리는 냉담하고 냉소적이고 비도덕적이고 적의를 품고 환멸에 찬 젊은 과학자 세대의 발전을 목격하고 있는가? 만약 그렇다면, 당분간은 파괴 수단을 만드는 일이 그들의 파괴적 감정을 분출하기에 편리한 배출구를 제공한다. 하지만 만약 몇 년이 지나도 이러한 경향이 계속 증가하고 더 파국적인 표출 통로를 찾는다면, 잘못은 그들에게 있는 게 아니라 우리에게 있을 것이다."

에 앉아 전쟁 가능성을 계산할 때, 그들은 한 국가의 자원을 그 국민의 공포와 절망으로 나누거나 거기다가 그 국민의 창조적 능력과 승리에 대한 집착을 곱했다. 이 문제는 패자가 0으로 줄어들 때에만 풀리는 것일까? 혹은 처음부터 철저한 보복 대신에 서서히 수위를 높여가는 단계별 보복을 진행해야 할까? 이런 계산에서는 늘 100만 명에서부터 수억 명에 이르기까지 수많은 인명 희생이 포함되었다. 그리고 전멸이 임박할 때까지의 경과 시간은 점점 더 짧아졌다. 만약 사람들 개개인의 목숨이 거기에 달려 있다는 사실을 잊어버릴 수만 있다면 – 실제로 사람들은 그런 장비의 콘솔 앞에 앉아 있으면서 그것을 점점 잊어가다가 거의 완전히 잊어버렸다 – 이 모든 일은 원리적으로는 새로운 폭탄의 내부 메커니즘에서 수많은 원자 입자들의 행동을 확인하는 확률 계산 중 하나에 불과한 것으로 간주할 수 있었다.

하지만 아무도 고려할 생각조차 하지 않았던 아주 평범한 바닷바람이 그토록 놀라운 정확성을 보여준 이 모든 계산을 갑자기 방해하고 나섰다. 1954년 3월 1일의 기상 예보는 바닷바람이 비키니 환초에서 북쪽으로 불 것이라고 알렸다. 그런데 갑자기 예상을 깨고 바람은 방향이 바뀌어 롱겔라프 환초와 롱게리크 환초, 우테리크 수로 위로 불었으며, 결국에는 일본의 저인망 어선 제5후쿠류마루第伍福龍丸가 지나가고 있던 외해로 나아갔다. 이 배는 맑은 하늘에서 쏟아진 '눈보라'에 휩싸였다. 그로부터 2주일이 지나고 나서야 그 눈보라가 실은 방사성 낙진이라는 사실이 세상에 알려졌다. 일본 과학자들이 배의 널빤지 이음매에서 발견한 작은 먼지 입자들에는 1954년 3월 1일에 새로운 계열의 수소폭탄 실험 중 첫 번째 실험을 통해 처음 폭발한 3단 폭탄의 비밀이 담겨 있었다.

바로 그 순간에 전쟁이 벌어질 위험은 다시 한 번 특별히 심각한 상태로 치달았다. 인도차이나에서 프랑스군의 디엔비엔푸 요새가 막 함락되기 직전이었다. 워싱턴과 파리는 인도차이나에서 공산군의 진격을 막기 위한 미국의 개입을 검토했다. 해군 참모총장 래드퍼드Radford 제독은 얼마 전에 '전술적 원자폭탄'을 사용해야 한다고 제안했다.

하지만 그런 일은 일어나지 않았다. 1945년 8월과 1950년 2월에 이어 이제 세 번째로 전 세계 사람들은 신무기의 가공할 폭력을 목격하고 공포에 사로잡혔다. 일본인 어부들은 미국인이 정한 위험 지역에서 한참 벗어난 지점에 있었다. 그들은 폭발 지점에서 약 200km나 떨어진 곳에 있었는데도 그 효과에 노출되었다. 그들은 3월 14일에 고향 항구인 야이즈로 돌아갔는데, 모두 설명할 수 없는 고통을 겪으며 건강이 나빠져 즉각 병원에 입원했다.

과학자들이 TNT 1800만~2200만 톤의 에너지를 방출한 새 폭탄에 대한 통제력을 잃었다는 소문이 나돌았다. 이에 비해 앞서 실험한 마이크의 폭발력은 다이너마이트 300만 톤에 불과했나. 과학자들은 그 폭발력이 예상했던 것보다 두 배나 강했다는 사실을 인정했다. 하지만 이 소식보다 더 곤혹스러운 것은 새 폭탄의 독성 효과였는데, 그것은 그 다음 며칠 동안 일본에 내린 비와 인도 항공기의 윤활유, 오스트레일리아에 불어온 바람, 미국 상공과

멀리 유럽 상공에서 확인되었다.

이전의 폭탄들은 인류의 양심에만 영향을 미쳤고, 그 양심조차 금방 무관심 상태로 되돌아갔다. 하지만 관련 보고서들에서 최신 '지옥 폭탄'은 사람들이 숨쉬는 공기와 마시는 물, 먹는 식량을 위험하게 만든다는 사실이 분명히 확인되었다. 지옥 폭탄은 평화 시에도 어디에 살건 상관없이 모든 사람의 건강을 위협했다.

스트로스Strauss 제독은 당연히 지체없이 반격을 시도했다. 그는 과학자들의 견해에 따르면 고농도 방사능의 확산으로 인해 그 방사능이 발견되는 곳에서는 어디서건 생명에 큰 위협을 초래하지 않을까 두려워하는 것은 과민한 반응이라고 발표했다. '달래는 사람들'과 '불안을 조장하는 사람들' 사이에 논쟁이 벌어졌는데, 그것은 족히 몇 년은 걸릴 것처럼 보였다. 핵실험을 통해 확산된 방사능의 가장 위험한 결과─후손에 미치는 효과─는 수 세대가 지나기 전까지는 정확하게 평가할 수 없었기 때문이다.

모든 유전학자들은 폭탄에서 방출된 세포 독성 물질 때문에 후손의 건강에 위험이 미칠 수 있다는 데 의견이 일치했다─비록 위험의 정도에 대해서는 의견이 일치한 것은 아니지만. 미국의 유명한 유전학 전문가 앨프리드 스터티번트Alfred Sturtevant가 스트로스를 비판한 반론은 특히 예리하다. 그는 이렇게 썼다.

이미 폭발한 폭탄은 결국에는 결함이 있는 개인을 수많이 낳을 것─만약 인류가 많은 세대 동안 살아남는다면─이라는 결론을 피할 길이 없다……. 나는 그런 책임 있는 자리에 있는 공직자가 저선량의 고에너지 방사선은 생물학적 해가 전혀 없다고 말했다는 사실을 유감스럽게 생각한다.

얼마 후, 스터티번트는 공개 연설에서 그 폭탄 실험이 일어났던 1954년에 태어난 어린이들 중 아마도 1800명은 이미 고에너지 방사선에 중독되었을 것이라고 말했다. 같은 해에 미국 동물학자 커트 스턴Curt Stern은 "이제 전 세계의 모든 사람은 몸속에 이전의 수소폭탄 실험에서 나온 방사능이 소량 들어 있다. 뼈와 이에는 '뜨거운' 스트론튬이, 갑상샘에는 '뜨거운' 요오드가 들어 있다."라고 선언했다.

미국 물리학자 랠프 랩Ralph Lapp은 원자력위원회의 한 생물학자와 나눈 대화를 바탕으로 더 심각한 경고를 했는데, 그 생물학자는 해고 위험 때문에 자신의 이름을 밝히길 거부했다. 랩은 이렇게 말했다.

1945년에 TNT 5만 5000톤에 해당하는 폭발이 있었다. 그 후 간헐적으로 실험이 일어나다가 온 나라가 냉전의 촉수에 휘감기자 실험 횟수가 급격히 늘어났다. 1954년의 실험 횟수는 1945년에 비해 천 배나 늘어났다. 내 계산에 따르면, 만약 세계가 내가 가정한 실험 일정을 1962년까지 따를 경우, 상당한 양의 방사성 스트론튬이 성층권에 축적되다가 1970년대의 어느 시점에 가서는 전체 세계 인구의 '최대 허용량'에 이르게 될 것이다.

어떤 방사성 물질의 최대 허용량이란 무엇을 의미할까? 이 양보다 많아지면 질병이나 죽음을 야기할까? 만약 그렇다면, 얼마나 더 많아야 그런 일이 일어날까? 모든 사람의 뼈 속에 잔류한 스트론튬이 1MPA(maximum permissible amount, 최대 허용량)라면, 그것은 안전할까? 과거의 모든 최대 허용량 제한은 통제된 조건에서 일하면서 알려진 위험에 노출된 건강한 성인 소집단을 위해 마련한 것이었다.

그런 사람들을 위해 국제방사선방호위원회는 직업적 최대 허용량을 확실하게 정했다. 전체 인구 집단을 위한 최대 허용량을 어떻게 정해야 하는지는 관계자들 사이에 이견이 분분하다.

방사성 스트론튬의 경우, 성장하는 어린이는 어른보다 스트론튬의 독성에 더 민감하다는 사실이 잘 알려져 있다. 따라서 대부분의 전문가들은 전체 인구를 위한 최대 허용량은 직업적 수준보다 10배는 낮아야 한다고 생각한다.

방사성 스트론튬은 암의 원인 중 하나이다. 이 독성 물질이 핵실험을 통해 전 세계에 이미 얼마나 많이 확산되었는지 파악하기 위해 스트로스 제독은 특별 조사 위원회를 다섯 대륙에 보내 식물과 동물과 인간에게서 침전된 스트론튬 시료를 조사하게 했다. 이 위원회는 처음부터 '햇살 작전 Operation Sunshine'이라는 위장된 이름을 사용했는데, 철저하게 그 이름에 맞게 활동했다. 그 보고서는 의도적인 낙관론이 넘친다.

오염된 일본인 어부 23명 중 한 사람인 무선 기사 구보야마 아이키치久保山愛吉는 몇 달 뒤에 사망했다. 일본 사람들은 그를 "수소 폭탄에 희생된 첫 번째 순교자"라고 불렀다.

다른 사람들은 아직도 일본 병원들에서 치료를 받고 있다. 그중한 사람인 미사키 스스무見崎進는 자신을 찾아온 힐마르 파벨Hilmar Pabel 기자를 통해 전 세계 사람들에게 다음과 같은 메시지를 보냈다. "우리의 운명은 온 인류를 위협합니다. 책임 있는 사람들에게이 이야기를 전하세요. 신이여, 그들이 귀를 기울이게 하소서."

오펜하이머의 추락

19

전자 두뇌와 수소폭탄과 유도탄의 도움을 받아 군비 경쟁이 새로운 국면으로 접어들면서 오펜하이머는 그동안 미국 정부에서 누렸던 영향력을 점점 잃어갔다. 그 과정은 1952년 7월에 크게 존경받던 원자력위원회 산하 자문 기관인 일반자문위원회 의장 자리에서 물러나면서 시작되었다. '과학자들의 내전'에서 적극적 행동주의자들이 승리를 거두면서 그 자리에서 물러나지 않을 수 없었다. '과학자들의 내전'은 미국의 비평가이자 저술가인 존 메이슨 브라운John Mason Brown이 수소폭탄을 둘러싼 전문가들의 싸움에 붙인 이름이다. 그 후로 원자력위원회에서 오펜하이머의 활동은 가끔 맡는 특별 자문 위원의 일에 국한되었다. 하지만 'Q 기밀 취급 인가' 자격은 계속 보유했는데, 그 덕분에 핵무기 개발에서 매일 일어나는 상황에 관한 극비 정보에 계속 접근할 수 있었다. 워싱턴에서 오펜하이머의 조언을 요청하는 경우는 아주 드물었다. 1년 동안 원자력위원회가 그에게 자문을 구한 횟수는 겨우 여섯 차례에 불과했다.

미국 지식인들 사이에서 오펜하이머가 지닌 정신적 지도자로서의 명성은 해가 갈수록 높아지고 있었다. 그는 새로 발견된 원자력의 영역으로 그들을 안내하는 가장 인기 있는 안내자가 되었다. 자기 나라 사람들의 생각과 정치에 영향을 미치려고 시도했다가 실패한 뒤 자신의 전문 영역으로 되돌아간 대부분의 다른 핵물리학자들과는 달리, 오펜하이머는 그 방향의 노력을 계속 기울였다. 그는 아주 유능하고 때로는 장엄하기까지 했던 일련의 연설을 통해 과학자들과 나머지 동시대인들 사이의 간극을 보여주려고 시도했고, 가능하면 그 간극을 메우려고 노력했다. 일반 대중을 대상으로 이런 강연을 할 때에는 과학 대중화 강연자들이 통상적으로 쓰는 방법을 쓰지 않았다. 오펜하이머는 비범한 설명 능력 덕분에 청중에게 현대 물리학의 위대한 모험에 대해 공감을 불러일으킬 수 있었다. 새로운 과학 영역의 탐험에 나선 사람들이 느꼈던 크나큰 흥분을 그들에게 전달할 수 있었다. 오펜하이머는 이 기묘한 신세계를 잘 이해할 뿐만 아니라, 그것을 철학적이고 생생한 이미지로 당대의 문제와 조화시키는 방법을 아는 사람이라는 명성이 너무나도 자자한 나머지 1953년에 BBC의 연례 리스 강연Leith Lecture 을 하는 영예를 안았다. 그리고 그와 동시에 영국을 방문했을 때, 옥스퍼드 대학에서 명예 박사 학위를 받았는데, 그것은 그의 여섯 번째 박사 학위였다.

1945년 이래 오펜하이머는 전쟁 동안에 이룬 업적을 인정받아

온갖 종류의 영예와 학위를 자주 받았다. 그것은 전쟁 동안 축적한 자산에서 나오는 이자라고 볼 수 있었다. 그중에는 트루먼 대통령이 수여한 공로 훈장처럼 아주 중요한 것도 있었다. 오펜하이머는 트로피를 아주 좋아한 것으로 보이는데, 가리지 않고 그것들을 모았다. 그래서 조지아경목재회사에서는 웨지상을 받았고, 미국아기협회가 올해의 아버지로 선정하는 것을 수락했으며, 대중잡지《파퓰러 매캐닉스 Popular Machanics》가 선정하는 20세기 전반 명예의 전당에 오르는 것도 수락했다. 그의 벽장은 외국 학술원들의 회원 가입 증서, 명예 졸업장, 감사장으로 가득 찼다. 그의 비서 중한 명은 언론에 보도된 오펜하이머에 관한 모든 뉴스와 글, 캐리커처, 사진 등을 오려 분류하고 정리하느라 매일 몇 시간을 보냈다. 명성은 영광스러운 것이었고, 비록 야윈 얼굴(지금은 앙상하게 변했지만) 때문에 아주 금욕적인 사람처럼 보였는데도 불구하고, 오펜하이머는 그러한 영예를 분명히 즐겼다. 오직 순수한 과학적 명성만 줄어들었다. 한때 중요한 논문 저자로 유명했던 J. R. 오펜하이머란 이름은 이제 물리학 학술지에서 보기가 힘들어졌다. '큰 세계'로 가기 위해 학계를 떠났던 1943년부터 1953년까지 오펜하이머가 발표한 과학 논문은 다섯 편뿐이었고, 그마저도 중요도가 떨어지는 것이었다.

자그마치 35개나 되는 정부 위원회 위원으로서 오펜하이머가 수행하던 공식 임무는 아이젠하워 대통령의 새 행정부가 들어서면서 점점 줄어들었다. 그래서 해외 여행 계획을 더 자주 짤 수 있었다. 1953년 여름에는 남아메리카에서 강연을 했다. 늦가을에는 아내와 함께 유럽 여행을 했다. 오펜하이머가 유럽에서 찾아간 많은 친구들 중에는 자기 때문에 어려운 운명을 맞이한 것에 늘 양심의 가책을 느꼈던 하콘 슈발리에도 있었다.

로맨스 어 교수를 지냈던 슈발리에는 오펜하이머가 간첩 행위에 관한 이야기를 할 때 그의 역할을 과장하는 바람에 정치적으로 의심을 받은 이후로 미국에서 더 이상 교수 자리를 구할 수 없었다. 결국 슈발리에는 고국을 떠나 파리에 정착해 전문 번역가로 살아갔다. 슈발리에는 소련 간첩으로 활동하거나 공산당과 적극적으로 접촉한 적이 전혀 없었기 때문에, 경찰은 수 년간의 조사에도 불구하고 그의 간첩 행위를 입증할 증거를 아무것도 발견하지 못했다. 하지만 슈발리에는 1950년에 파리 주재 미국 대사관에 여권 갱신을 신청했을 때 알아챈 것처럼 "항상 뭔가가 발목을 잡았다." 이러한 어려움들 때문에 슈발리에는 오펜하이머에게 연락을 하게 되었는데, 물론 오펜하이머가 '슈발리에 사건'에서 어떤 역할을 했는지 전혀 모르고 있었다. 오펜하이머는 슈발리에에게 편지를 보냈고, 슈발리에는 그 편지를 활용해 여권을 갱신할 수 있었다.

1953년 겨울, 슈발리에는 오펜하이머를 친구이자 영향력 있는 보호자로 계속 간주할 이유가 많았다. 다년간 보지 못하다가 오펜하이머를 다시 만날 수 있다는 소식에 너무나도 기쁜 나머지 오펜하이머가 자신을 보고 싶다는 소식을 듣자마자, 슈발리에는 그 보수가 절실히 필요했는데도 불구하고 밀라노 회의장에서 맡고 있던 통역 일을 내팽개치고 프랑스 수도로 달려갔다.

수 년간 헤어졌다가 다시 보게 된 두 사람의 만남은 매우 화기애애했다. 슈발리에 부부는 몽마르트르 언덕에 위치한 방 두 개까지 아파트에서 조촐한 축하연을 준비했다. 두 사람의 아내도 참석했고, 대화는 주로 가족과 공동의 친구를 중심으로 흘러갔다. 정치 이야기는 피했다. 그날 저녁에 미묘한 문제를 언급한 것은 딱 한 번뿐이었다. 슈발리에는 원자폭탄 연구에 관한 정보를 소련에 넘기는 간첩 행위를 했다는 죄목으로 사형 선고를 받았던 로젠버그 Rosenberg 부부가 처형된 일을 비판했다. 오펜하이머는 그들이 처벌을 받아야 마땅하다고 생각하지만, 형량이 너무 가혹하다고 비판했다. 오펜하이머는 이 기회에 친구에게 1943년에 패시 대령에게 심문을 받을 때 자신이 슈발리에를 지나치게 왜곡된 간첩 행위 이야기의 주인공으로 만들었다는ー원래는 그의 이름을 말하지 않으려는 의도로 시작했다가ー사실을 고백할 수도 있었다. 하지만 오펜하이머는 그 고백을 하지 못했다. 그리고 슈발리에가 유네스코에서 통역자로 일하는 자리를 잃을지도 모르겠다고 이야기했을 때, 뒤늦은 고백을 하기에 더 좋은 두 번째 기회가 찾아왔다. 슈발리에는 얼마 전에 유네스코에서 일하는 모든 미국인을 대상으로 보안 심사를 실시하라는 명령이 내려왔는데, 자신은 그 심사를 통과하지 못할 것 같다고 말했다. 만약 오펜하이머가 그 사건의 진실을 이야기했더라면, 슈발리에는 마침내 자신이 그동안 겪었던 모든 어려움의 이유를 알았을 것이다. 그랬더라면 당국의 의심에 대해 자신을 더 효과적으로 변호할 수 있었을 것이다. 하지만 이번에도 오펜하이머는 입을 다물었다.

오펜하이머는 그곳을 떠나면서 두 친구와 포옹을 했다. 슈발리에는 지금도 그때의 작별 제스처를 떠올리면 몸서리를 친다. 그후로 그는 오펜하이머를 다시는 보지 못했다. 자신이 진실을 알고나서 6개월 뒤에 쓴 편지에 대해 아주 짧고 공식적이고 애매한 내용의 답장 한 통 외에는 아무런 연락도 받지 못했다.*

1953년 겨울 무렵에 적어도 오펜하이머 개인에게는 이제 10년이나 지난 슈발리에 사건은 완전히 끝난 것으로 보였다. 하지만미국 당국 관계자들은 아직 잊지 않고 있었다. FBI 국장이던 에드거 후버J. Edgar Hoover는 오펜하이머의 생애에서 이 특별한 에피소드가 만족스럽게 설명되었다고 생각한 적이 없었다. 1947년, 후버는오펜하이머에게 허락된 기밀 취급 인가를 취소해야 한다고 주장했지만, 목적을 이루지 못했다. 그 후 후버의 지시로 FBI 요원들은추가 정보를 부지런히 수집했다.《뉴욕 헤럴드 트리뷴》의 워싱턴주재 기자였던 로버트 도노번Robert J. Donovan은 1953년 당시의 오펜하이머 파일은 그 문서를 한 줄로 죽 쌓으면 높이가 사람 키와 거의 비슷한 135cm에 이를 것이라고 말했다.

오펜하이머가 영국에 가 있던 1953년 11월, 후버는 이 방대한

---

* 슈발리에는 다음과 같은 과정을 통해 진상을 알게 되었다. 그는 몽마르트르에서 검은색 푸들인 코크시그뤼를 데리고 장을 보러 나왔다. 평소처럼 푸들은 주인을 위해 석간 신문《르 몽드》를 운반했다. 집으로 돌아와 자리에 앉자마자, 푸들은 그 신문을 주인에게 가져다주었다. 슈발리에는 "신문을 펼치자, 워싱턴발 기사의 충격적인 헤드라인에 오펜하이머의 이름이 있는 것이 눈에 들어와 그것을 읽다가 내 이름을 발견했습니다. 그리고 그토록 오랫동안 비밀리에 내 운명을 좌우했던 실체가 무엇인지 마침내 알게 되었습니다……."라고 말했다.

양의 정보를 압축해 요약본을 작성했다. 11월의 마지막 날, 그는 이 요약본을 모든 정부 관계자들뿐만 아니라 아이젠하워 대통령에게도 보냈다. 오펜하이머 사건에 이렇게 새로운 관심을 불러일으킨 직접적 계기가 된 것은 상원 의원 맥마흔의 선임 보좌관을 지낸 윌리엄 보든 William L. Borden이 보낸 편지였다. 보든은 1953년 11월 7일에 보낸 이 편지에서 비밀 정보인 J. R. O. J. R. Oppenheimer 파일에 대한 개인적 지식을 바탕으로 이 과학자는 위장한 소련 첩자일 것이라는 의견을 피력했다.

아이젠하워 대통령은 정치적으로 의심스러운 공직자를 대상으로 한 수많은 보안 관련 법적 절차에는 대개 개인적으로 관여하지 않는 것을 원칙으로 했다. 하지만 이 예외적인 사건에서는 백악관에 긴급 특별 회의를 소집하라고 지시했다. 이 회의는 1953년 12월 3일에 열렸다. 내각에서는 법무부 장관 허버트 브로넬 주니어 Herbert Brownell Jr.와 국방부 장관 찰스 어윈 윌슨 Charles Erwin Wilson이 참석했고, 국가안전보장회의 위원 로버트 커틀러 Robert Cutler와 원자력위원회 의장 루이스 스트로스도 참석했다. 짧은 논의 끝에(아이젠하워는 버뮤다 회담을 위해 곧 출발할 예정이었다) 대통령은 오펜하이머와 모든 정부 기밀 사이에 즉각 벽을 설치하라고 지시했다.

12월 후반에 오펜하이머는 자신을 향해 다가오는 폭풍을 전혀 모른 채 두 자녀와 함께 휴일을 보내려고 프린스턴으로 돌아갔다. 스트로스 제독이 그곳으로 긴급 전화를 걸어왔다. 원자력위원회 의장은 오펜하이머에게 당장 워싱턴으로 오라고(정확하게는 크리스마스 이전에) 요구했다.

12월 21일 오후, 오펜하이머는 콘스티튜션 대로에 위치한 흰색 원자력위원회 건물을 방문해 제독의 사무실인 236호실로 들어갔다. 오펜하이머는 그곳에 스트로스 혼자만 있는 게 아님을 알고 놀랐다. 그의 총무부장인 니컬스도 그 옆에 서 있었다. 니컬스는 오펜하이머가 자신의 경력에서 하나의 전환점이 된 11년 전에 처음 만났던 바로 그 사람이었다. 그때, 그는 특별 객차에서 니컬스와 그로브스 장군과 함께 최초의 핵무기 연구소를 세우기 위한 계획을 짰다.

세 사람은 이사회 회의 때 쓰는 긴 테이블 주위에 자리를 잡고 앉았다. 스트로스가 오펜하이머를 대한 태도는 몇 년 동안 그다지 우호적이지 않았지만, 제독은 오펜하이머에게 당장 나쁜 소식을 전하기가 어려웠다. 그래서 먼저 얼마 전에 죽은 파슨스 제독에 관한 이야기를 꺼냈는데, 그는 핵무기 개발 역사에서 중요한 역할을 한 사람이었다. 1945년에 에놀라게이호가 비운의 도시 히로시마에 투하할 폭탄 홀쭉이를 싣고 비행하는 동안 어두컴컴한 비행기 뒤편 선실에서 폭발에 필요한 메커니즘을 준비한 사람이 바로 그였다. 하지만 다른 참석자들은 이런 회상을 반쯤 흘려들었다. 각자는 언제쯤 본론이 나올까 기다리고 있었다. 그러다가 갑자기 스트로스가 비수를 들이댔고, 오펜하이머는 얼굴이 잿빛으로 변했다. 훗날 그 회의 장면을 기술한 니컬스는 오펜하이머의 첫 번째 반응은 원자력위원회 자문위원 자리에서 즉각 사임하겠다는 의사 표시였다고 회상한다. 그러고 나서 스트로스는 니컬스가 작성한 편지를 오펜하이머에게 건넸는데, 거기에는 원자력위원회가 제기한 혐의 내용이 명시돼 있었다.

오펜하이머는 그 문서를 훑어보았다. 스물세 가지 항은 그와 공산주의자 사이의 '연관성'에 관한 것이었다. 하지만 가장 놀라운 것은 스물네 번째 항이었다. 그것은 트루먼 대통령이 결정을 내리기 이전뿐만 아니라 이후에도 오펜하이머가 수소폭탄의 제조에 '강하게 반대'했다고 비난했다. 편지는 "당신의 진실성과 행동과 심지어 충성심에 의문을 제기하는 것"으로 결론을 맺었다.

스트로스는 자리에서 일어섰다. 그는 오펜하이머에게 스스로 즉각 사임할지 아니면 충성 심사국에서 이 문제를 다루길 원하는지 결정하라고 하루의 말미를 주었다. 오펜하이머는 집으로 돌아와 다음의 짧은 편지를 원자력위원회 의장에게 썼다.

루이스에게,

어제 당신이 날 보자고 했을 때, 원자력위원회에서 나의 기밀 취급 인가가 정지될 것이라고 처음 말했지요. 그리고 바람직한 한 가지 대안으로, 만약 내가 원자력위원회의 자문위원으로 일하는 계약의 종료를 요청한다면, 원자력위원회가 조치한 행동의 근거가 되는 혐의들의 명시적 검토를 피할 수 있을 것이라고 말했지요. 하루 안에 이런 결정을 내리지 않으면, 제게 기밀 취급 인가 정지와 고소를 통보하는 편지를 받을 것이라는 이야기도 했고, 그 편지의 초안도 보여주었습니다.

나는 제안받은 대안을 아주 진지하게 생각해보았습니다. 현 상황에서 이런 행동은 지금까지 약 12년 동안이나 정부를 위해 일해온 내가 이 정부에서 일하기에 적합하지 않다는 견해를 받아들이고 동의한다는 것을 의미합니다. 나는 그렇게 할 수 없습니다. 만약 내가 그렇게 자격이 없다면, 내가 그동안 노력해온 것처럼 우리 나라를 위해 일할 수 없었을 것이고, 프린스턴의 우리 연구소 책임자가 될 수도 없었을 것이며, 우리 과학과 우리 나라의 이름을 걸고 연설을, 그런 연설을 한 적이 분명히 한 번 이상 있었지요, 할 수도 없었을 것입니다.

어제 우리가 만나고 나서 당신과 니컬스 장군은 편지에 적힌 혐의들은 잘 알려진 것들이라고 말했는데, 시간이 짧아 나는 그 편지를 아주 대충만 훑어보았습니다. 이제 나는 그것을 자세히 읽고 적절한 응답을 하려고 합니다.

로버트 오펜하이머

다음 날인 1953년 12월 23일, 워싱턴에서 오펜하이머가 잠깐 훑어보았던, 혐의 사실들이 담긴 니컬스의 편지가 공식적으로 오펜하이머에게 전달되었다. 그 순간부터 오펜하이머는 모든 정부 기밀에 접근이 차단되었다. 원자력위원회의 보안 담당자들이 프린스턴으로 와서 오펜하이머가 원자력위원회의 동의를 받아 '기밀' 또는 '중요한 기밀'이란 도장이 찍힌 특정 문서들을 그 안에 보관하는 습관이 있던 금고를 싹 비웠다.

오펜하이머는 늘 드레퓌스 사건에 큰 관심을 보였다. 이제 그는 부당한 의심을 받고서 제복에서 견장이 뜯겨나가고 자신이 보는 앞에서 자신의 검을 부러뜨리는 일을 당한 그 프랑스 장교와 같은 느낌이 들었을 것이다. 그는 결코 완전히 벗어날 수 없었던 많은 도덕적 가책을 무시해가면서 미국을 위해 일해왔다. 이 모든 노력과 헌신이 헛된 것이었단 말인가? 이대로 영원히 무인 지대로 쫓겨나고 말 것인가?

일반 대중은 석 달 뒤인 1954년 4월까지 오펜하이머를 대상으로 열릴 예정인 청문회에 대해 아무것도 듣지 못했다. 오펜하이머의 변호사 로이드 개리슨Lloyd Garrison은 비공개로 열리기로 한 청문회 절차가 시작될 때,《뉴욕 타임스》의 워싱턴 사무소 책임자로 있던 제임스 레스턴James Reston에게 니컬스 장군이 보낸 혐의 내용이 적힌 편지와 1954년 3월 4일에 보낸 오펜하이머의 43쪽짜리 답장을 건네주었다.

미국 정부가 오펜하이머에게 취한 행동은 사람들에게 아주 강한 인상을 심어주었다. 그것은 단지 비난의 대상이 된 과학자가 많은 사람들에게 원자력 시대의 상징이 된 유명인이기 때문만은 아니었다. 거의 모든 동시대인이 양심에 고통받은 이 과학자의 운명에 개인적으로 큰 감명을 받았기 때문이기도 했다. 태평양의 핵실험 장소로부터 돌아온 스트로스 제독이 일본인 어부들에게 닥친 재앙 때문에 전 세계적으로 분출된 불안에 대처하기 위해 그곳에서 폭발한 수소폭탄의 강력한 효과에 대해 더 정확한 공식 정보를 발표하지 않을 수 없었던 때로부터 채 2주일이 지나지 않은 시점이었다. 이제 많은 신문들은 오래전부터 알려져 있었고 먼 과거의 일인 오펜하이머와 공산주의자와의 연관성을 다시 끄집어낸 것은 그가 "수소폭탄에 반대했기" 때문이라고 썼다. 그들에게 아주 큰 영향을 미치는 문제의 논의 과정에 다년간 참여 자체가 봉쇄되었던 전 세계 사람들은 이에 충격을 받고 경악한 나머지 오펜하이머를 자신들의 옹호자로 간주하게 되었다. 그 순간, 보통 사람들에게는 오펜하이머는 신무기를 만드는 데 관여한 모든 사람들 가운데에서 유일하게 섬세하고 사려 깊은 과학자로 보였다. 청문회 절차가 시작되기도 전부터 오펜하이머에게는 순교자의 후광이 생기기 시작했다.

오펜하이머의 과학자 동료들은 처음부터 만장일치에 가깝게 그의 편에 섰다. 하지만 이들의 지지가 개인적 공감에서 비롯된 경우는 매우 드물었다. 이들은 1945년 이래 오펜하이머가 보여준 오락가락한 태도와 타협에 관한 이야기를 너무나도 잘 알고 있었기 때문에, 사건의 진상을 잘 모르는 일반 대중처럼 그를 인류애의 확고한 옹호자로 여기지는 않았다. 이들이 그를 지지한 1차적 동기는 직업적 연대와 자기 이익이었다. 만약 정부에 자문을 한 전문가가 자기 분야의 전문가 자격으로 표명한 견해를 설명하라고 소환을 받고 불명예스럽게 해고당할 위협을 받는다면, 나중에 동료들에게 같은 일이 또 일어나지 말란 법이 없었다. 이들 중 많은 사람들은 오펜하이머가 전쟁부의 지원을 받은 메이-존슨 법안을 지지한 이후로 정부의 요구를 너무 순종적이고 유순하게 따르는 모습을 반복적으로 보아왔다. 다른 사람도 아닌 그가 지금 와서 정부의 일을 방해한 사람으로 비난받는 것은 역사의 아이러니처럼 보였다. 노벨상 수상자인 해럴드 유리와 표준국 국장을 지낸 에드워드 콘든 같은 과학자들은 이전에 오펜하이머를 정치적으로 지나치게 유순하고 소심하다고 자주 비판했다. 그런데 놀랍게도 이제 그들은 그러한 오펜하이머를 변호하기 위해 나섰다.*

피고석에 서다

20

오펜하이머 사건을 다루기 위한 청문회 절차는 1954년 4월 12일에 시작되었다. 그것은 꼬박 3주일 동안 계속되었다. 처음부터 이것은 재판이 아니라, 순전히 행정부 차원의 조사라는 점을 분명히 밝혔다. 그럼에도 불구하고, 증인들의 심문과 반대 신문 같은 재판 절차가 사용되었다. 게다가 원자력위원회를 대표한 로저 로브_{Roger Robb}는 공격적이고 무자비한 검사처럼 행동했다. 그는 오펜하이머를 자신의 사건에 증언하러 나온 증인으로 다루지 않고 대역죄로 기소된 사람처럼 다루었다.

일반인은 단 한 명도 이 청문회에 참석할 수 없었다. 청문회 장소는 전시에 임시 사무용 건물로 사용된 별 특징 없는 T-3 건물이었다. 정면의 흰색 널빤지들, 창고들을 연결하는 목제 '탄식의 다리', 임시변통으로 올린 보기 흉하고 푸르스름한 색의 지붕은 오펜하이머가 책임자로 일할 때 자신의 사무실이 있었던 로스앨러모스에 처음으로 들어선 행정 사무용 건물들의 모습과 거의 똑같았다. 출석하는 모습이 사람들의 눈에 띄는 것을 피하기 위해 오펜하이머는 항상 뒷문을 통해 들어와 2층에 있는 2022호실로 안내되었다. 2022호실은 길이 7.2m, 폭 3.6m 크기의 평범한 사무실이었는데, 벽을 따라 탁자와 의자를 몇 개 놓아 일종의 법정처럼 꾸몄다. 벽 한쪽 끝에는 원자력위원회가 이 청문회의 주재를 위해 임명한 인사보안국 담당자 세 사람이 앉아 있었다. 의장인 고든 그레이 Gordon Gray 는 지적이고 잘생겼지만 다소 무미건조한 공무원이었다. 백만장자의 아들로 태어난 그는 특히 육군 차관으로 일하면서 공직에서 실력을 인정받았다. 그 무렵에 그는 노스캐롤라이나 대학 총장을 지내면서 많은 신문과 방송국을 소유하고 있었다. 그의 오른편에는 과묵한 토머스 모건 Thomas A. Morgan 이 앉았는데, 모건은 1952년까지 스페리 자이로스코프 회사 회장을 지낸 기업가였다. 그레이의 왼편에는 유명한 화학 교수 워드 에번스 Ward V. Evans 가 앉았다. 에번스는 가끔 익살맞은 질문을 던지고, 심문하는 증인에게 개인적으로 또는 직업적으로 아는 여러 사람들에 관한 질문을 무심하게 던지는 버릇 때문에 비극의 분위기가 감도는 진지한 청문회에 다소 편안한 분위기를 조성하는 역할을 했다.

세 재판관과 마주 보는 방 반대편 끝에는 낡은 가죽 소파가 있었다. 그곳에는 증인들이 엄숙하게 진행된 선서를 하고 나서 앉아 있었다. 자그마치 40여 명이나 되는 유명한 과학자들과 정치인들과 군인들이 나와 증언을 했다. 검사 로브는 창문을 통해 들어오는 빛에 등을 돌린 채 앉아 있었다. 오펜하이머는 변호인과 함께 반대쪽에 앉아 있었다. 10명 또는 12명 이상이 동시에 출석하는 경우는 드물었다. 가끔 휴대용 확성기로부터 육체에서 분리된 목소리가 흘러나오기도 했는데, 전시에 조사를 받을 때 자신도 모르게 녹음된 오펜하이머 자신의 진술이었다. 기소자 측은 이것을 현재 오펜하이머가 주장하는 진술을 논박하기 위한 목적으로 사용했다.

다른 사람들의 진술을 들은 두 차례를 제외하고는 첫 번째 일주일은 오전 청문회 일정이 시작된 순간부터 저녁까지 계속 오펜하이머를 심문했다. 우리 시대에 자신과 자신의 기대와 두려움, 자신의 업적과 실수에 대해 그토록 많이, 그토록 기꺼이, 그토록 자세히 말할 수 있는 사람은 거의 없을 것이다. 기록된 어떤 자서전도 진실성 면에서는 그 당시 2022호실에서 일어난 독백과 대화의 기록과 상대가 되지 않을 것이다 ─ 그런 자서전은 항상 자기 비판을 거치면서 저자의 경험을 잘못 전하거나 삭제하는 일이 일어나게 마련이기 때문이다. 그 기록은 빽빽하게 인쇄된 문서로 무려 992쪽에 이르렀다.

청문회 기록을 읽어보면 다른 때에는 훌륭한 연설자로서 청중을 휘어잡았던 오펜하이머가 청문회에서는 불분명하고 소심하게 자신을 변호했다는 사실에 깜짝 놀라지 않을 수 없다. 자신의 가장 강력한 자산의 사용을 자발적으로 포기한 것처럼 보일 정도이다. 청문회 절차가 시작되기 전에 자신의 생애를 짧게 기술한 글에서처럼 자신이 준비한 서면 진술에서만 뛰어난 언어 구사 능력을 보여주었다.

오펜하이머를 유창한 언변으로 반대자에게도 자신의 견해를 받아들이게 하면서 어떤 토론에서도 지배적인 영향력을 발휘한 인물로 알아왔던 증인들은 이 청문회에서는 그가 얼이 빠진 듯한 인상을 주었다고 말했다. "그는 그 사건을 위해 피고석으로 마련한 소파에 귀찮은 듯이 등을 기댔으며, 때로는 정신이 딴 데 있는 것처럼 보였다."라고 보도되었다. 슈발리에(몇 년 동안 말로의 작품을 번역했던)를 통해 오펜하이머를 만난 적이 있는 앙드레 말로André Malraux는 청문회 기록을 읽고 나서 그토록 저명한 과학자가 왜 자신의 주적인 로저 로브로부터 받은 모욕적인 대우를 참았는지 이해가 가지 않는다고 말했다. 이 위대한 프랑스 작가는 이렇게 외쳤다고 전한다. "그는 당연히 자리에서 당당하게 일어나서 '여러분, 내가 바로 원자폭탄입니다!'라고 외쳐야 했다."

하지만 오펜하이머는 성격상 그런 행동을 할 수 없었다. 그는 태양왕보다는 셰익스피어의 덴마크 왕자에 더 가까웠다(태양왕은 루이 14세, 덴마크 왕자는 햄릿을 가리킴 - 옮긴이). 햄릿처럼 그도 한때는 자신이 시대를(혹은 세상을) 바로잡기 위해 태어났다고 상상했다. 하지만 그는 그 '열린 마음'—자신의 애매한 태도를 표현하기 위해 자주 사용한 용어—때문에 항상 중요한 결정을 내리기 전에 아주 오랫동안 망설이고 미루고 마음이 왔다 갔다 하다가 결국에는 개인적 야심이나 대중의 압력에 휘둘려 얼마 지나지 않아 후회하고야 말 결론을 내리곤 했다.

오펜하이머처럼 복잡하고 일관성 없는 성격을 가진 사람이 오로지 한 가지 생각만 밀고 나가는 로저 로브 같은 사람과 맞닥뜨렸으니 처음부터 불리할 수밖에 없었다. 로브는 인정사정없이 피고를 모순에 빠뜨리고, 함정으로 유인하고, 궁지로 몰았다. 하지만 그는 갈팡질팡하는 적의 약점을 이런 식으로 드러나게 함으로써 오히려 오펜하이머를 크게 돕는 결과를 초래했다. 왜냐하면, 그 후로 후세대의 눈에는 '원자폭탄의 아버지'가 실망한 일부 친구들의 눈에 보인 것만큼 부도덕하거나 심지어 사악한 사람으로 보이지 않게 되었기 때문이다. 이제 오펜하이머는 이성을 초월하는 믿음만이 제공할 수 있는 확고한 신념이 부족해 내면에서 서로 충돌하는 충동들 때문에 괴로워하는 사람으로 비쳤다.

이 상황에서 오펜하이머가 겪은 정신적 고통과 미숙한 대처 방식을 가장 잘 보여주는 것은 아마도 로브와 나눈 다음 대화일 것이다.

로브: 당신은 도덕적 가책 때문에 히로시마에 원자폭탄을 투하하는 것에 반대했습니까?

오펜하이머: 우리는 의견을 제시했는데…….

로브: '우리'가 아니라 '나'에 관한 것을 묻고 있는 것입니다.

오펜하이머: 나는 나의 염려와 함께 다른 의견을 제시했습니다.

로브: 폭탄 투하에 반대한다는 주장을 했다는 뜻입니까?

오펜하이머: 나는 그것의 투하에 반대하는 주장을 제시했습니다.

로브: 원자폭탄 투하 말이지요?

오펜하이머: 네. 하지만 나는 그 주장을 명시적으로 지지하진 않았습니다.

로브: 그러니까 답변에서 당신이 다소 훌륭하게 표현한 대로 삼사 년 동안 밤낮으로 원자폭탄을 개발하는 일에 매달린 뒤에 그것을 사용해서는 안 된다고 주장했다는 말인가요?

오펜하이머: 아니요. 그것을 사용하지 말아야 한다고 주장하진 않았습니다. 전쟁부 장관이 내게 과학자들의 의견이 어떤지 물었지요. 나는 반대 의견과 찬성 의견을 제시했습니다.

로브: 하지만 당신은 일본에 그 폭탄을 투하하는 것을 지지했지요, 그렇지요?

오펜하이머: 여기서 지지한다는 건 무슨 뜻인가요?

로브: 당신은 표적을 선택하는 일을 도왔지요, 그렇지 않습니까?

오펜하이머: 내 일을 했을 뿐입니다. 내가 해야만 하는 일이었지요. 로스앨러모스에서 나는 정책을 결정하는 위치에 있지 않았습니다. 폭탄을 다른 형태로 만드는 것을 포함해 기술적으로 가능하다고 판단되는 경우에는 요청받은 일은 어떤 일이라도 했을 겁니다.

로브: 당신은 열핵무기도 만들었겠지요, 그렇지 않습니까?

오펜하이머: 나는 그럴 수 없었습니다.

로브: 그것을 물은 게 아닙니다, 박사님.

오펜하이머: 아마도 그 일을 했을 겁니다.

로브: 만약 당신이 로스앨러모스에서 열핵무기를 만드는 방법을 발견했더라면, 그렇게 했을 겁니다. 만약 그것을 발견할 수 있었더라면, 그렇게 했겠지요, 그렇지 않나요?

오펜하이머: 물론 그렇게 했을 겁니다.

1954년 4월 22일, 오펜하이머는 50세가 되었다. 정상적인 상황이라면 이 날은 큰 성공을 거둔 사람의 생일을 축하하는 날이 되었을 것이다. 하지만 그날은 청문회를 하는 날이었다. 그날은 청문회를 시작한 지 두 번째 주였고, 증인들이 줄지어 출석하던 중이었다. 증언한 사람들은 모두 오펜하이머에 대한 찬사를 늘어놓았다. 그들은 로스앨러모스 책임자로서 오펜하이머가 보여준 정력과 지도력, 간첩 행위를 막기 위한 엄격한 조치의 필요성 인식, 조직 능력, 충성심을 칭찬했다.

각 증인이 그레이와 로브와 오펜하이머의 변호인에게 몇 시간 동안 심문을 받으면서 증언을 마치기 전에 대개 에번스 교수가 끼어들어 증언한 과학자들의 개인적 성격과 습관에 관한 질문을 던졌다. 이 특별한 날 오전에도 그랬다.

오펜하이머의 뒤를 이어 로스앨러모스 책임자가 된 브래드버리가 가죽 소파에 앉아 있었다. 에번스는 다음과 같은 말로 질문을 했다.

에번스 박사: 당신은 과학자는 대체로 다소 괴상한 사람이라고 생각합니까?

브래드버리: 내가 아내를 때리는 걸 멈춘 게 언제냐고 묻는 겁니까?

(이것은 당시 청문회에 출석한 과학자들이 부적절한 질문에 대해 자주 사용한 표현인데, 만약 이 질문에 "나는 그러지 않았다."라고 대답하면, 상대는 아직

도 내가 아내를 때리는 걸로 이해한다는 뜻으로 이런 예를 들었다. – 옮긴이)

그레이: 특히 화학 교수들이 그렇지요?

에번스 박사: 아뇨, 물리학 교수들이 그렇습니다.

브래드버리: 과학자는 인간입니다 ……. 과학자는 알길 원합니다. 과학자는 올바르고 참되고 정확하게 알길 원합니다……. 따라서 과학계에서 상상력이 뛰어난 사람들 가운데에서, 옳고 그름에 대해 선험적인 신념 없이 이 상수나 이 곡선 또는 저 곡선, 이 함수 또는 저 함수가 결정적인 것이라는 확신을 얻기 위해, 똑같은 종류의 관심과 조사하고 싶은 의욕을 가지고 여러 다른 분야를 살펴보고 싶어 하는 개인들을 발견할 수 있으리라 생각합니다.

다른 인간 활동 분야들을 탐구하고 싶어 하는 같은 종류의 마음이 아마도 과학자들의 특징이 아닐까 생각합니다. 만약 이 때문에 과학자가 괴상하다면, 나는 그것은 바람직한 괴상함이라고 생각합니다.

에번스 박사: 당신은 그런 행동을 하지 않았지요, 그렇죠?

브래드버리: 글쎄요…….

에번스 박사: 당신은 낚시를 가거나 그와 비슷한 일을 합니까?

브래드버리: 예, 나는 많은 일을 합니다. 어떤 사람들은 그렇죠. 아마도 나 자신도 포함해서요. 나는 그 당시에 실험물리학자였고, 나 자신의 연구 결과에 깊이 몰두하고 있었지요.

에번스 박사: 하지만 그렇다고 해서 당신이 괴상한 사람이 되는 것은 아니지 않습니까, 그렇지요?

브래드버리: 그 대답은 다른 사람들에게 넘겨야 할 것 같군요.

에번스 박사: 더 젊은 사람들은 가끔 실수를 저지르지요, 그렇지 않

습니까?

브래드버리: 그것은 성장 과정의 일부라고 생각합니다.

에번스 박사: 당신은 오펜하이머 박사가 어떤 실수를 저질렀다고 생각합니까?

이렇게 해서 논의의 주요 주제인 로버트 오펜하이머가 다시 튀어나왔다. 그는 로마 시대의 가면 같은 얼굴을 한 채 앉아서 듣고 있었다. 체격은 작지만 활기차고 신랄한 말을 잘하는 노벨상 수상자 라비는 유럽에서 학생과 젊은 강사로 지낼 때부터 오펜하이머를 알았는데, 하루 전에 현재의 청문회에 대해 다음과 같은 주목할 만한 의견을 피력했다.

"그것은 소설에 딱 들어맞습니다. 극적인 순간과 주인공의 역사, 그를 행동하게 만든 요소, 그가 한 일, 그가 어떤 종류의 사람인가 하는 것이 다 있지요. 여러분이 여기서 실제로 하고 있는 일이 바로 그것입니다. 여러분은 한 사람의 생애를 쓰고 있는 것입니다."

이 진술과 1954년 4월 12일부터 5월 6일 사이에 2022호실에서 일어난 그 밖의 많은 진술은 한 사람의 인생 이야기뿐만 아니라 한 세대 전체에 해당하는 원자과학자들의 이야기를 들려주었다. 이 청문회는 근심 없던 이들의 젊은 시절과 독재자에 대한 혐오, 자신들이 이룬 발견의 압도적인 성격에 대해 느낀 경이로움, 아직 준비가 돼 있지 않은데도 떠맡게 된 무거운 책임, 그들의 파멸을 위협한 명성, 도저히 떨쳐낼 수 없는 관여와 깊은 고통을 드러냈다. 그 좁은 법정에서는 비단 로버트 오펜하이머의 운명만 논의된 것이 아니었다. 원자력 시대가 시작되면서 과학자들이 직면한 새로운 미해결 문제들과도 관련이 있었다. 사회에서 그들이 담당해야 할 새로운 역할, 자신들이 만들어내는 데 일조한 테러의 기계화와 대테러 조치로 위협받는 세계에서 살아가는 불안, 그리고 무엇보다도 이전에 모든 과학이 성장하는 바탕이 된 윤리적 믿음 체계의 상실과도 관련이 있었다.

이 뛰어난 사람들이 청문회에서 한 진술, 그 당시에는 더 광범위한 일반 대중에게 알려질 것이라고 결코 상상하지 못했던 자신들과 자신들의 운명에 관한 진술을 읽어보면, 왜 이들 최고의 계산기들이 자신의 인생을 위해 한 계산에서 그토록 완전히 예상에서 벗어나는 답을 찾았을까 하고 자문하게 된다. 그들의 운명은 얼마나 역설적인 것이 되고 말았는가! 정치적 폭풍의 중심으로 끌려들어간 그들이 부름에 응한 것은 무엇보다도 혼란스러운 무법 상태인 세계에서 도망치고 싶었기 때문이었다. 더 포괄적인 진리를 발견하려고 애썼던 사람들이 결국에는 자기 생애의 황금기를 점점 더 완벽한 파괴 수단을 발견하는 데 쏟아부은 일이 어떻게 일어날 수 있었단 말인가?

이 청문회에서 나온 일부 진술은 이 모든 일이 심지어 가장 충성심이 강한 시민에게도 너무 지나친 것이었음을 증명해준다. 이것은 예컨대 제임스 코넌트의 삶에 닥친 위기가 분명하게 보여준다. 코넌트가 청문회 증인 중 한 명이긴 했지만, 이 이야기는 코넌트 자신이 한 것은 아니다. 그 이야기를 한 사람은 루이스 알바레즈인데, 그는 다음과 같이 말했다. 1949년 여름에 버클리에서 샌프란시스코로 차를 타고 가는 도중에 "로렌스 박사는 코넌트 박사에게서 방사능전의 가능성에 대해 의견을 들으려고 애썼는데, 코넌트 박사는 아무 관심이 없다고 말했습니다. 그는 그 문제에 신경 쓰고 싶지가 않았어요. 코넌트 박사가 자신은 너무 늙고 지쳐서 그런 종류의 문제에 조언을 해줄 수 없다는 논지의 이야기를 한 게 기억에 강하게 남아 있습니다. 그는 '나는 전쟁 동안에 내가 해야 할 일을 다 했어.'라고 말하고는, 자신은 이제 완전히 소진된 상태여서 새로운 프로젝트에 어떤 열정도 느끼지 못한다고 했지요."

과학의 왜곡된 오용에 대해 코넌트가 표출한 강한 혐오감을 알바레즈가 깊은 도덕적 원칙의 표현으로 간주하지 않고, 그저 위대한 학자이자 스승이 "늙고 지치고 소진된" 징후로 간주했다는 사실이 매우 놀랍다.

청문회에서 에번스 박사가 제기한 질문들은 사소하고 오펜하이머 사건의 요지에서 벗어난다고 간주될 때가 많았다. 하지만 실제로는 오펜하이머의 추락이 부각시킨 가장 중요한 문제의 핵심을 겨냥한 것은 순진함으로 포장된 바로 이 질문들이었다. 그것은 바로 이 새로운 인물, 그토록 강력하면서도 너무나도 무력한 이 과학자의 진정한 성격이 무엇이냐 하는 것이었다.

공식 조사 위원회 위원으로 활동할 때조차도 항상 인간적이었던 이 특이한 화학 교수는 아마도 그의 직업을 더 이상 우스꽝스러운 것이 아니라 이제 공포스러운 것으로 간주하게 된 이후로 존경심과 두려움이 섞인 눈으로 오펜하이머를 바라본 모든 보통 시민을 대변하여 이 질문을 했을 것이다. "과학자는 괴상한 사람인가요?" 에번스가 던진 이런 종류의 투박한 질문은 실제로는 수백만 일반 대중의 목소리를 대변하는 것이었다. 그들은 과학자가 다음과 같은 질문에 답을 해주길 원했을 것이다. "당신은 우리와 같은 종류의 존재인가요? 당신은 아직도 절제와 인간의 존엄성과 창조자의 명령을 믿는 게 타당하다고 생각하나요? 당신이 정말로 추구하는 것이 뭔지 말해주실래요?"

인사보안국 사람들 앞에서 차례로 증언한 원자과학자들은 사실 법정에 선 것이나 다름없었다. 그리고 그들이 대답했어야 할 중요한 질문은 "당신은 국가에 충성했습니까?"가 아니라 "당신은 인류에게 충실했습니까?"였다.

오펜하이머 드라마의 마지막 장은 그 단순성이라는 측면에서 말로와 괴테가 파우스트를 주제로 한 그들의 비극에 사용할 소재를 발견했던 이전 세기들의 민요와 전통적인 구경거리를 연상시킨다. 오펜하이머의 추락은 인사위원회의 결정에 따라 공식화되었는데, 기밀 취급 인가 회복에 관한 안건에서 에번스가 찬성표를 던진 반면 그레이와 모건은 반대표를 던졌다. 이 결정은 오펜하이머의 항고를 원자력위원회가 각하함으로써 최종적으로 확정되었다. 원자력위원회는 오펜하이머의 항고를 4대1(항고에 찬성표를 던진 사람은 헨리 스마이스 한 명뿐이었다)로 각하했다.*

하지만 바로 그 순간부터 이 시련의 주제는 더 순수한 공기가 펼쳐지는 다른 차원으로 새롭게 상승하기 시작했다. 공적 임무를 수행해야 하는 부담과 정치적, 전략적 조언을 제공하는 의무에서 벗어난 오펜하이머는 주로 고등연구소 일을 관리하고, 현대 핵물리학이 제기한 정신적, 지적 문제들을 연구하는 데 몰두했다. 오늘날 그를 만나는 사람들은 그동안 크게 변한 그의 용모에서 내

---

* 인사위원회는 다음과 같이 결정했다.

"우리는 최종 권고에 이르기까지 우리 앞에 놓인 이 문제를 특정 기준이나 오펜하이머 박사의 생애 중 특정 시기에 초점을 맞춘 단편적인 문제로 고려하거나 충성심이나 성격, 인간 관계를 각기 따로 고려하지 않고 전체적인 문제에 몰두하려고 노력했다.

그러나 이 절차의 결과로 이 위원회가 가려내야 할 가장 심각한 사실은 물론 오펜하이머 박사의 국가에 대한 불충 문제였다. 그런 이유 때문에 우리는 그의 충성심 문제에 특별한 관심을 기울였으며, 미국 국민에게는 다행스럽게도 그가 충성스러운 시민이라는 명백한 결론에 이르렀다. 따라서 이것이 유일한 고려 사항이라면, 우리는 그의 기밀 취급 인가 회복이 공동의 방위와 보안에 위험이 되지 않는다고 권고했을 것이다.

그러나 우리는 오펜하이머 박사의 기밀 취급 인가 회복이 미국의 보안 이익에 분명히 부합한다는 결론을 내릴 수 없었고, 따라서 기밀 취급 인가 회복을 권고하지 않기로 결정했다.

이런 결론을 내리는 데에는 다음 고려 사항들이 중요하게 작용했다.

1. 우리는 오펜하이머 박사의 계속된 행동과 인간 관계는 보안 시스템의 요구 사항을 심각하게 무시했다고 본다.

2. 우리는 미국의 보안 이익에 심각한 결과를 미칠 수 있는 영향에 쉽게 흔들릴 수 있는 요소를 발견했다.

3. 우리는 수소폭탄 계획에서 그가 보여준 행동은 앞으로도 그의 참여가, 국방과 관련된 정부 계획에서 보여준 것과 동일한 태도를 보인다면, 최선의 보안 이익에 분명히 부합할지 의심을 불러일으킬 만큼 충분히 염려스럽다고 본다.

4. 우리는 유감스럽게도 오펜하이머 박사가 이 위원회 앞에서 한 여러 증언 사례에서 덜 솔직했다고 결론 내리지 않을 수 없다.

이상과 같이 의견을 제출함.

고든 그레이, 의장

토머스 모건."

적 갈등과 패배의 흔적을 발견한다. 그와 동시에 그의 얼굴에서 금욕적인 겸손에서 얻은 평온함도 볼 수 있다. 이제 그가 매진할 주요 목표는 우리 시대의 성격과 무제한의 기술적 힘이 우리 앞에 던진 중대한 문제들을 명확하게 설명하는 일에 동참하는 것으로 보인다.

반면에 유명한 과학자들 중에서 유일하게 오펜하이머에게 불리한 증언을 함으로써 자신의 경쟁자를 끌어내리는 데 결정적 기여를 한 에드워드 텔러는 오늘날 스스로 요란하게 내세운 수소폭탄의 아버지라는 명성 때문에 크게 불안해하면서 큰 고민에 빠진 듯한 인상을 풍긴다. 오펜하이머 청문회가 끝나고 나서 처음 몇 달 동안 텔러는 동료 과학자들 사이에서 나환자 같은 취급을 받았고, 심지어 더 심하게는 정부를 위해 일하는 정보원으로 취급받아 그가 있는 곳에서는 사람들이 솔직하게 속내를 보이려 하지 않았다. 그는 로스앨러모스에서 동료들이 모인 자리에서 자신의 입장을 변호할 기회를 달라고 주장했다. 사람들은 그의 말을 얼음 같은 침묵을 보이며 들었으나, 그의 말에 설득당한 사람은 아무도 없었다.

텔러는 겉으로 매우 자신감 넘치는 모습을 보이면서 자신의 무력감을 숨겼지만, 엔리코 페르미에게 조언을 구했다. 페르미는 텔러가 언제든지 그 의견을 경청할 준비가 되어 있는 극소수 사람들 중 한 명이었다.

두 사람의 면담은 특이한 상황에서 일어났다. 페르미는 병상에 누워 있었다. 페르미는 몇 주일 전에 자신이 암에 걸렸으며 회복

가능성이 거의 없다는 사실을 알았다. 이 사실은 텔러도 알고 있었다. 그 때문에 이전보다 더 솔직하게 속마음을 털어놓을 수 있었다. 텔러는 그때 일을 회상하면서 이렇게 말했다. "우리는 책에서 대개 죽음을 앞둔 사람이 살아 있는 사람에게 죄를 고백한다고 읽는다. 하지만 나는 그 반대가 되어야 더 논리적이지 않을까 하고 늘 생각해왔다. 그래서 나는 내 죄를 페르미에게 털어놓았다. 그때 내가 한 이야기는 신을 제외하고는, 만약 신이 있다면, 페르미 외에는 아무도 모른다. 그리고 페르미는 기껏해야 하늘에서만 그 정보를 전할 수 있다."

죽음과 인간의 약함을 생생하게 인식한 상황에서 일어난 이 대화의 한 가지 결과는 텔러가 《사이언스》에 글을 쓰는 데 페르미의 도움을 받고 지지까지 받는 것으로 나타났다. 개인적인 겸손과 정직성 면에서 설득력이 있는 이 글은 수소폭탄의 개발 과정을 기술한 것이었다. '많은 사람들의 결과물 The Work of Many People'이란 제목의 이 글은 로스앨러모스에서 동료들의 저항에 맞서 거의 혼자서 슈퍼를 발견하고 만들었다는 취지로 대중 사이에 널리 퍼진 이야기(그때까지 그 이야기의 확산에 텔러 자신도 약간 일조한)를 반박했다. 이 글은 어느 정도 인정을 받았다. 텔러는 다시 원자과학자 공동체에 받아들여졌다. 이제 그는 더 이상 기피 인물이 아니었다. 사람들은 그를 너그럽게 받아들였다. 하지만 그래도 완전히 용서를 한 것은 아니었다.

텔러에 대한 반감의 뿌리는 대부분의 물리학자들이 인식한 것보다 더 깊은 곳에 있는 것으로 보인다. 텔러는 단지 자신의 동료를 배신한 사람으로 간주되었을 뿐만 아니라, 과학의 이상을 배신한 사람의 살아 있는 본보기이자 화신으로 간주되었다. 강의를 하다가 리버모어의 폭탄 연구소로 달려가고, 강의실에서 국무부나 전략공군사령부의 회의에 참석하기 위해 비행기를 탈 때마다 그는 과학 자체의 동요와 포로 상태를 생생하게 보여주는 상징으로 떠올랐다.

그의 인터뷰와 대중 강연(동료들의 눈에는 대부분 충분한 숙고 끝에 나온 것이 아니고 부정확해 보였던)은 가능한 한 많은 신문의 헤드라인을 굵은 글씨로 장식할 목적으로 기획된 것으로 보일 때가 많았다. 텔러는 선정적인 뉴스거리를 직감하는 감각을 바탕으로 때로는 일부 인류가 시멘트와 콘크리트 밑에 묻힌 채 두더지처럼 살아가면서 제3차 세계 대전이 끝나길 기다리는 세계의 모습을 제시하는가 하면, 때로는 "모든 세기들 중에서 가장 행복한 세기"를 예측하기도 했다. 텔러와 여전히 가까이 지내는 한 원자물리학자는 이렇게 말한다. "그가 요즘 진지한 연구를 할 시간이 없다는 게 유감스럽습니다. 우리는 그와 함께 매우 창조적인 정신을 잃고 있어요. 얼마 전에 나는 에드워드의 아내에게 다시 그와 함께 뭔가를 썼으면 좋겠다고 말했습니다. 하지만 그녀는 내게 그런 계획 같은 것은 그에게 일절 언급하지 말라고 부탁하더군요. 이미 자신의 문제와 가족을 위해 쓸 시간도 거의 남아 있지 않다고 하면서요. 그래서 나는 그 문제에 대해 단 한 마디도 하지 않았습니다."

텔러의 예전 동료인 스탄 울람에게 텔러에 관해 묻자, 그는 조심스럽게 개인적 의견을 피력하길 거부했다. 그 대신에 책장에서 아나톨 프랑스가 쓴 책을 끄집어내더니, 한 장의 서두를 장식한 인용문을 가리켰다. 그것은 "당신은 그들이 천사라는 것을 몰랐는가?"라는 구절이었다.

울람이 텔러를 선한 천사와 나쁜 천사 중 어느 쪽으로 여기는지는 확실치 않다. 그는 말없이 미소만 지을 뿐이다. 오늘날 많은 원자과학자들이 생각하듯이, 그는 텔러가, 핵무장을 옹호하고 거기에 참여하고 그런 열정을 극단까지 보여준 데에서는 어느 누구에게도 뒤지지 않았기 때문에, 신의 뜻을 실행에 옮기는 도구로 행동하여 평화를 확립하는 데 도움을 주었다고 생각할지도 모른다.

반면에 오펜하이머는 현재로서는 여전히 자신의 맹목적인 행동과 고통을 역사의 일부로 생각한다. 그는 1956년 초여름에 자신을 찾아온 사람에게 자신의 경험을 요약해 설명하려는 취지로 이렇게 말했다. "우리는 악마의 일을 했습니다. 하지만 이제 우리는 진정한 자신의 일로 돌아가고 있습니다. 예를 들면, 라비는 얼마 전에 내게 장차 연구에만 전념할 생각이라고 말했습니다."

그럼에도 불구하고, 한때 오펜하이머를 잘 알았고 그에게 실망했던 사람들 중에는 그가 권력을 영원히 포기했다고 믿지 않는 사람들이 많다. 전에 그의 제자였다가 지금은 유명한 과학자가 된 사람은 회의적인 반응을 보인다. "전 오펜하이미가 자신의 광범위한 레퍼토리 중에서 새로운 역할을 맡은 것에 지나지 않는다고 생각합니다. 지금 당장은 부득이하여 성인과 순교자로 지내고 있지만, 상황이 바뀌면 나머지 사람들과 함께 다시 워싱턴에서 바쁜 나날을 보낼 것입니다."

이 신랄한 견해는 충분히 이해할 만하지만, 예언으로서는 그다지 신뢰하기 어렵다. 오펜하이머 앞에는 정부나 참모본부가 제공할 수 있는 것보다 더 중요하고 자극적인 일들이 기다리고 있다.

최근에 한 강연에서 오펜하이머는 자신이 몰두하길 바라는 목표를 풍부한 상상력을 발휘하며 다음과 같이 밝혔다. "과학을 하는 사람과 예술을 하는 사람은 모두 항상 불가사의에 둘러싸인 채 그 가장자리에서 살아갑니다. 그리고 모두 자신이 만들어낸 창조물의 척도로서, 항상 새로운 것을 익숙한 것과 조화시키고, 새로운 것과 종합 사이에서 균형을 이루고, 전체적인 혼란 속에서 부분적인 질서를 만들려고 노력해야 했습니다. 이들은 자신의 일과 인생에서 스스로를 돕고, 서로를 돕고, 모든 사람을 도울 수 있습니다. 이들은 예술과 과학의 마을들을 서로와 전체 세계와 연결하는 길을 만들어 진정한 세계적인 공동체의 많고 다양하고 소중한 유대들로 발전시킬 수 있습니다. 이것은 쉬운 삶이 될 수 없습니다. 우리는 열려 있고 심오한 상태로 마음을 유지하기 위해, 우리의 미적 감각과 그것을 만드는 능력을 유지하기 위해, 그리고 가끔 멀고 이상하고 낯선 장소에서 그것을 보는 능력을 유지하기 위해 힘든 시간을 보내야 할 것입니다. 우리 모두는 거대하고 열려 있으며 바람이 세게 몰아치는 세계에서 이것들이 번창하도록 유지하기 위해 힘든 시간을 보내야 할 것입니다. 그리고 이런 조건에서 우리는 서로를 도울 수 있는데, 왜냐하면 우리는 서로를 사랑할 수 있기 때문입니다."

마지막 기회

오늘날 오펜하이머 사건 청문회가 열렸던 2022호실은 다시 평범한 사무실로 쓰이고 있다. 해군에 고용된 한 민간인이 쓰고 있는데, 이 사람은 4년 전에 이 네 벽 사이에서 어떤 일이 일어났는지 전혀 모른다. 한때 독일인 핵물리학자들이 구금돼 있었던 팜홀에서는 새 주인이 꽃을 소재로 정물화를 그린다. 하이게를로흐에서는 예전에 지하 실험실이 있던 장소에서 토끼들이 평화롭게 풀을 뜯고 있다. 뉴멕시코 주의 황무지에 최초의 원자폭탄이 남긴 폭발 구덩이는 매립된 지 오래되었다.

원자과학자들의 불안은 아직도 가시지 않았다. 그것은 그 문제와 함께 커져갔다. 바이츠제커는 1954년 가을에 "우리는 무엇을 해야 하는가?"라고 물었다. "우리는 어린이처럼 불을 가지고 놀았고, 그것은 우리의 예상보다 일찍 폭발했다." 전쟁이 끝난 후 거의 모든 핵물리학자들이 맞닥뜨렸던 양심 문제는 지금까지도 널리 인정받으면서 구속력까지 지닌 답이 없다.

제네바에서 열린 '평화를 위한 원자력' 회의에 많은 사람들이 참석한 1955년 여름 이후 원자과학자들은 조금 더 평온한 삶을 살고 있다. 그동안 보안 규정은 약간 완화되었다. 과학자들 사이의 국제적 커뮤니케이션 재개를 방해하던 장애물들은 어느 정도 제거되었다. 많은 성명서와 결의안에 아랑곳하지 않고 남서태평양과 아시아 지역의 소련에 있는 실험 장소들에서 성능이 개선된 수소폭탄이 계속 폭발한 것은 사실이다. 하지만 오늘날 물리학자들은 일반적으로 무기 연구와 개발 문제보다는 오랫동안 게을리 했던 원리들을 연구하는 일과 원자력의 경제적 이용 문제에 더 큰 관심을 쏟고 있다.

역사의 영웅들은 막이 내리거나 마지막 페이지를 넘길 때 사라지는 연극과 소설의 등장인물과 달리 자신의 비극이 끝난 뒤까지도 살아남는 경우가 많다. 그리고 한 기자는 지나간 일보다는 다가오는 일을 바라보면서 새로운 계획과 새로운 희망으로 가득 찬 일상 업무에 둘러싸여 바쁘게 살아가는 그들의 모습을 발견한다.

오늘날 대부분의 자연과학자들은 자신이 발견한 것이 사용되는 방식에 책임이 있다는 사실을 분명히 인정한다. 어떤 사람들은 이 때문에 무기 연구 계획에는 참여하지 말아야 한다고 생각한다. 이렇게 결연한 태도를 보여준 기념비적 사건은 막스 보른과 오토 한, 바이츠제커가 이끄는 18명의 독일 원자과학자들이 1957년 4월 12일에 발표한 선언문이다. 이 선언문은 다음과 같은 말로 끝맺는다. "어떤 일이 있어도 여기에 서명한 사람들 중 어느 누구도 원자 무기의 제조나 실험 또는 비축에 어떤 방식으로도 참여하지 않을 것이다."

반대로 다른 사람들은 새로 생긴 책임감 때문에 싫건 좋건 자국의 무기 개발 계획에 참여하지 않을 수 없다고 생각한다. 에드워드 텔러는 얼마 전에 군축에 관한 상원 대외관계소위원회에 나와서 한 증언에서 이런 견해를 대변했다. "나는 과학자라는 직업을 선택했고 과학을 사랑합니다. 그리고 나는 순수 과학 외에는 어떤 일도 자진해서 또는 열렬히 하지 않으려고 하는데, 순수 과학은 아름답고 내 관심도 거기에 있기 때문입니다. 나는 무기를 좋아하지 않습니다. 나는 평화를 원합니다. 하지만 평화를 위해서는 무기가 필요하며, 나는 내 견해가 비뚤어졌다고 생각하지 않습니다. 나는 평화로운 세계에 기여한다고 믿습니다."

여전히 상호 사찰을 통한 핵무기 연구의 국제적 통제를 목표로 하는 운동에 점점 더 많은 과학자들이 참여하고 있다. 다른 사람들은 현재의 핵 기술 수준은 그런 시스템을 시대에 뒤떨어진 무용지물로 만들어버렸기 때문에 그런 시도는 실현 불가능하다고 생각한다. 일부 원자과학자들은 일반 대중에게 영향을 미치는 데 실망한 나머지 연구실로 물러나고 말았다. 일부 원자과학자들은 외부 세계에 더 많은 신경을 써야 한다고 주장한다. 젊은 사람들 중 상당수는 자신의 과학 연구를 특별히 깊은 의미나 의무와 관계가 없는 일종의 지적 경쟁으로 여긴다. 하지만 이들 중에서도 일부는

자신의 연구에서 종교적 경험을 발견한다.[*]

국제 과학자 가족을 재수립하고 세상의 일에 목소리를 내려는 목적으로 과학자들이 기울인 노력 중 가장 중요한 것은 '퍼그워시 회의Pugwash Conferences'로 알려진 연례 회의였다.

이 운동은 핵 개발의 정치사에서 일어난 많은 사건들처럼 이제 고인이 된 아인슈타인이 결정적 추진력을 제공했다. 아인슈타인은 죽기 이틀 전에 미래 전쟁의 성격에 관한 성명서에 서명을 했는데, 이 성명서는 그의 승인을 받아 유명한 철학자이자 수학자인 버트런드 러셀이 작성했다. 이것은 상대성 이론을 발견한 이 위대한 과학자가 남긴 마지막 공적 활동이었다.

이 성명서를 국제 과학자 단체에 제출하길 원했던 러셀은 '세계 정부를 위한 영국 의회 그룹'(레이버라이트 헨리 어스본Laborite Henry Usborne이 세운 의회의 한 단체)을 설득해 세계 정부를 위한 세계 국회의원 협회를 통해 그런 회의를 열게 했다.

1955년 8월 3일부터 5일까지 런던 카운티 의회 의사당에서 열린 이 회의는 처음에는 그다지 큰 성과를 낼 것처럼 보이지 않았다. 유진 라비노비치는 이렇게 회상한다. "버트런드 러셀이 준비한 성명서 외에는 런던 회의의 프로그램은 다소 즉흥적으로 만든 것이었고, 개인적 초대장은 회의에 기여할 가능성이 아주 높은 과학자들에게까지 확대되지 않았습니다 ─ 한 가지 이유는 그 회의

---

[*] 리처드 파인먼이 1956년 6월에 《엔지니어링과 과학Engineering and Science》에 발표한 '과학과 종교의 관계The Relation of Science and Religion'를 참고하라.

를 실제로 조직하는 일을 과학계를 잘 모르는 사람들이 맡았기 때문이고, 또 한 가지 이유는 여행 경비에 할당할 예산이 사실상 전혀 없었기 때문입니다. 초대장은 관심을 가진 교수들에게 전해달라는 당부와 함께 전 세계 모든 대학의 학장과 총장에게 발송되었습니다. 제네바로 가는 원자물리학자들이 런던에 들렀다 갈 것이라고 기대했지만, 그 기회를 이용해 영국 밖에서 온 유명한 원자물리학자는 오스트레일리아의 마크 올리펀트 교수 한 명뿐이었지요. 나는 미국과학자연맹에 이 회의를 알리고 제네바로 갈 예정이던 일부 미국 원자물리학자에게 런던에 들르도록 설득하려고 노력했지만, 너무 늦게 알리는 바람에 그들은 이미 정해진 여행 일정을 바꿀 수가 없었습니다."

소련 과학원 상임 사무총장 알렉산드르 톱치에프 Aleksandr V. Top-chiev가 이끄는 소련 대표단 4명이 예기치 않게 갑자기 나타난 사건은 회의 조직자들을 놀라게 했을 뿐만 아니라 불안을 야기하기도 한 것으로 보인다. 회의 조직자들은 아마도 그때까지 러셀을 "자본주의의 종이자 피에 굶주린 전쟁광"이라고 불렀던 소련 대표단이 그 회의를 망치려 들거나 선전장으로 전락시키지 않을까 염려했을 것이다. 주최 측은 의제**를 정직하고 철저한 연구 정신을 바탕으로 논의하려는 의지를 단호하게 내비치면서 회의를 이끌어감으로써 그런 사태를 방지했다.

** 네 위원회가 다룬 네 가지 의제는 다음과 같다: 1. 핵무기의 파괴적 잠재력. 2. 비군사적 원자력 개발에 따르는 위험. 3. 기술적으로 핵무기 군축을 통제할 가능성. 4. 과학자들의 책임.

이 회의는 부실한 준비로 산만하게 진행되고 그다지 전망도 밝지 않았지만, 1957년 7월에 캐나다 노바스코샤 주 노섬벌랜드 해협에 위치한, 쾌속 범선을 만들던 진기하고 예스러운 도시 퍼그워시에서 최초의 성공적인 회의를 열리게 하는 계기가 되었다. 인류가 맞닥뜨린 가장 긴급한 최신 문제들을 다루는 과학자들의 회의 장소로는 다소 어울리지 않아 보이는 조용하고 고풍스러운 이 장소가 선택된 이유는 캐나다 출신의 금융가 사이러스 이턴Cyrus Eaton에게 경의를 표하기 위한 것이었는데, 그의 조상들이 이곳에서 일하고 살아갔기 때문이다. 이턴은 조직적 지원을 제대로 받지 못하던 원자과학자들에게 마에케나스Maecenas(고대 로마의 정치가이자 부호로 문예를 후원한 것으로 유명한 가이우스 마에케나스Gaius Maecenas를 가리키며, 이 이름은 문학과 예술의 후원자라는 뜻으로 쓰이기도 한다−옮긴이)로 등장하여 이 회의와 그 이후의 회의에 들어간 재정적 비용을 상당 부분 책임짐으로써 과학자들에게 하고 싶은 일을 마음대로 할 수 있게 했다.

첫 번째 퍼그워시 회의와 그 다음에 열린 두 번의 회의(1957년 4월에 퀘벡 근처의 라크보포르에서 열린 회의와 1958년 9월에 오스트리아 키츠뷔헬에서 열린 회의)는 의도적으로 참석자 수를 제한하고 홍보도 제약했다. 이 두 가지 조처는 대중의 관심을 의식한 발언에서 벗어나 친밀하고 철저하고 자기 성찰적인 대화를 장려했고, 또 (아마도 이것이 가장 중요한 점이 아닐까 싶은데) 서로 다른 과학 분야의 자연과학자들과 국제법 전문가나 전직 국제 공무원, 현대 전략 문제 분석가, 뛰어난 철학자 같은 사람들 사이의 활발한 지적 교류를 장려했다.

따라서 퍼그워시 회의는 동서 진영 사이의 간극을 잇는 가교 역할에 그치지 않고 그 이상의 성과를 냈다. 이 회의는 전문화 때문에 점점 커져가는 간극을 좁히려고 시도했고, 그럼으로써 (아마도 의도적으로 그렇게 하려고 노력하지 않고도) '전인全人'을 목표로 한 새로운 보편성을 향해 나아가는 추세의 일부를 이루었다.

두 번째 퍼그워시 회의의 결과로 두께 5cm에 이르는 두꺼운 회의록이 작성되었다. 여기에는 참석자들이 기고한 주요 논문들뿐만 아니라, 논의된 세부 내용도 기록되었다. 이 두꺼운 문서는 등사 인쇄되어 관심을 가진 정부 지도자들에게 송달되었다. 추가 발행은 고려하지 않았다. 스위치로 조절되는 장치들이 집 안을 환히 밝히는 것만큼 빠르고 효율적으로 지적, 정신적 계몽이 작용하길 기대하는 많은 사람들에게 이것은 미미한 결과처럼 보일 수도 있다. 하지만 실제로는 1945년 이후에 일어난 과학자들의 운동은 일견 비효율적이고 기껏해야 미미한 성공처럼 보였지만, 그것은 더 간접적이고 분산된 방식으로 대중의 마음에 큰 영향을 미쳤고 그 효과는 점점 더 커져갔다. 꾸준히 발전한 그 개념들과 심지어 처음 만들어진 경우가 많은 그 용어들은 무의식적으로 그리고 부지불식간에 대중과 정부의 사고에서 일부를 차지하게 되었다.

이것은 스스로에게 다음 질문을 던져보면 알 수 있다. 히로시마 이후에 원자과학자들이 무관심한 태도와 침묵을 지키기로 선택했다면, 혹은 자신들의 업적을 자랑스러워했다면, 어떤 일이 일어났을까? 그랬더라면 아마도 같은 시대를 살아간 사람들은 원자력 혁명의 성격과 이러한 기술의 '양자 도약'이 인류에게 가져온 전대미문의 새로운 위험을 전혀 몰랐을 것이다. 그랬더라면 양 진영의 권력자들은 여론에 아무런 방해도 받지 않고 원자 검을 휘둘러 복잡하게 얽힌 정치적 매듭을 싹둑 잘라버리고 싶은 유혹에 쉽게 넘어갔을지도 모른다. 권위 있는 과학자들의 반복적인 경고가 불씨가 되어 여론은 흥미로운 우회로를 통해 심지어 철의 장막 건너편에도 영향을 미쳤다. 그들이 자유 세계에서 핵무기 사용에 반대하는 대중 운동을 이끌고 나가자, 비로소 소련의 통치자들도 마침내 자기 국민에게 핵전쟁의 공포에 관한 사실을 알리지 않을 수 없었다.

새로운 책임을 향한 이러한 자각은 마침내 과학자들 자신에게도 확실한 효과를 미쳤다. 자신의 판단이 시기상조이거나 너무 주관적이라는 사실을 잘 알고 있는 관찰자는 원자과학자들 사이에서 자신이 발견한 지적 불안과 심리적 고통은 그 자체가 주목할 만한 현상이라고 믿는다. 300년 동안 자연과학자는 자신을 세계와 분리할 수 있다고 믿었지만, 이제 자신을 세계의 일부로 간주하기 시작했다. 자신도 조건화되며 한계가 있다고 생각한다. 이러한 자각은 새로운 겸손을 향해 나아가는 길을 보여주었다. 그는 자신이 나머지 모든 사람과 마찬가지로, 보어의 말을 빌리면, "존재라는 거대한 연극에서 관객이자 배우"라는 사실을 인정하지 않을 수 없었다.

현대 과학은 "자연을 지배하겠다는 오만한 의지"에 큰 영향을 받았다. 이 태도를 가장 잘 표현한 말은 "아는 것이 힘이다."라는 프랜시스 베이컨Francis Bacon의 경구이다. 하지만 오늘날 우리는 이 것을 "아는 것은 불행하게도 힘이다."라는 형태로 더 자주 듣는다. 과학자들은 파인먼의 표현을 빌리면, "신 같은 자신의 성격을 두 려워하게" 되었고, "답할 수 없고 도저히 답을 알지 못한 채 남아 있을 수밖에 없는 우주의 비밀들 앞에서 지적 겸손"을 고백하게 되었다. 절대 무기의 개발로 절정에 이른 시대는 진보를 과학과 기술에서 일어난 진보와 거의 만장일치로 동일시했다. 하지만 유 명한 물리학자 하이젠베르크는 오늘날 이렇게 선언한다. "인간이 지적 존재로 발전해온 공간은 지난 수백 년 동안 자신이 이동해온 단 한 가지 방향보다 더 많은 차원이 있다."

이 새로운 겸손은 비인간적이고 초인적인 무기와 마찬가지로 원자력 연구라는 나무에서 자라났다. 오래전에 종교가 선언했지 만 지금은 과학적으로 입증하는 것도 가능한 진리 ─ 인간의 관찰 과 판단 능력에는 한계가 있다는 ─ 를 이론물리학자들에게 인식 하도록 가르친 것은 바로 원자 세계의 연구였다. 원자폭탄의 가공 할 힘은 현대인에게 절제력이 부족하다는 것을 가장 명백하게 보 여주지만, 원자폭탄은 핵 연구 경험에 자극을 받아 생겨난 새로운 철학인 절제의 철학과 동일한 뿌리에서 나왔다.

1946년, 웰스H. G. Wells는 죽기 얼마 전에 과학적 진보에 대한 믿 음이 무너졌다는 사실을 발견하고는, 인간은 "자신이 매인 줄의 끝에 이르러" 급속한 멸망을 맞이할 수밖에 없을 것이라고 선언했 다. 하지만 어쩌면 우리는 단지 '한' 줄의 끝에 이른 것인지도 모 른다.

    이전에 원자과학자 가족 사이에서 회의론자로 알려진 볼프강 파울리는 인류가 택할 수 있는 길을 하나 제시했다. 1932년에 코펜하겐에서 벌어진 「파우스트」 연극 공연에서 파울리는 메피스토펠레스 역을 맡았다. 하지만 1955년경에 그의 명민한 마음은 그 시야가 크게 확대되어 그는 오랫동안 등한시되었던, 내면적으로 구원에 이르는 길을 웅변적으로 주창하는 사람이 되었다. 파울리는 '과학과 서양 사상'을 주제로 한 강연 말미에 이렇게 말했다. "17세기 이래 인간 정신의 활동들은 별개의 칸들로 나뉘어 엄격하게 분류돼 왔습니다. 하지만 나는 합리적 이해와 일체성이라는 신비적 경험의 결합을 통해 그런 구분을 없애려는 시도는 우리가 사는 현 시대의 명시적 또는 묵시적 명령을 따르는 것이라고 생각합니다."

    내면적으로 구원에 이르는 길의 새로운 인식과 함께 '새로운 겸손'은 이제 파멸적인 것으로 드러난 자부심 넘치는 정신만큼 다가오는 세기들에 강한 영향을 미칠 수 있을까?

    이 연대기의 저자는 예언을 삼가려고 한다. 그저 하나의 그림만 제시하고자 하며, 그럼으로써 결국에는 두려움이 없는 미래를 위한 계획을 낳을지 모르는 큰 논의에 뭔가 기여할 수 있길 바랄 뿐이다.

정기 간행물

Bulletin of the Atomic Scientists, 1946-1958 (Chicago)

Atomic Scientists News, 1950-1952 (London)

Atomic Scientists Journal, 1953-1956 (London)

Nature, 1939-1956 (London)

Newsletter of "the Federation of American Scientists", 1946-1956 (Washington)

Newsletter of "the Society for the Social Responsibility of Science", 1950-1956 (Gambier, Ohio)

Die Naturwissenschaften, 1933-1939 (Berlin)

Die Naturwissenschaften, 1946-1956 (Göttingen)

Science, 1939, 1945-1956 (Washington)

La Nef (Paris), "L'atome, notre destin" (September 1955)

Politics (New York), "The Bomb" (September 1945)

Fortune (May 1956)

Die Zeit (Hamburg), "Der deutsche Forscher-Anteil" by K. Diebner (August 1955)

"Safety Planning of an Atomic Test Operation" by Roy Reider (Transactions of the National Safety Council, 1954)

도서

H. Hartmann, *Schöpfer des neuen Weltbildes* (Bonn, 1952)

J. R. Oppenheimer, *Science and the Common Understanding* (New York, 1954)

J. R. Oppenheimer, *The Open Mind* (New York, 1955)

H. Schwartz and W. Spengler, *Forscher und Wissenschaftler im heutigen Europa* (Oldenburg, 1955)

J. G. Crowther, *British Scientists of the Twentieth Century* (London, 1952)

J. Bergier and P. de Latil, *Quinze hommes et un secret* (Paris, 1955)

H. De Wolf Smyth, *Atomic Energy for Military Purposes* (Washington, 1945)

Crowther and Whiddington, *Science at War* (London, 1947)

L. Bertin, *Atom Harvest* (London, 1955)

S. A. Goudsmit, *Alsos* (New York, 1947)

S. Werner, *Niels Bohr* (Copenhagen, 1955)

M. F. Rouze, *F. Joliot-Curie* (Paris, 1950)

Carl Selig, *Helle Zeit-Dunkle Zeit-In Memoriam Albert Einstein* (Zurich, 1956)

A. Schilp, *Albert Einstein, Philosopher-Scientist* (New York, 1951)

A. Vallentin, *Das Drama Albert Einsteins* (Stuttgart, 1954)

L. Fermi, *Atoms in the Family* (Chicago, 1954)

A. Moorehead, *The Traitors* (London, 1952)

U. S. Atomic Energy Commission, *In the Matter of J. Robert Oppenheimer* (Washington, 1954)

J. and S. Alsop, *We Accuse-The Story of the Miscarriage of American Justice in the Case of J. Robert Oppenheimer* (New York, 1954)

A. S. Eve, *Rutherford* (Oxford, 1939)

Iris Runge, *Carl Runge und sein wissenschaftliches Werk* (Göttingen, 1949)

E. Rabinowitch, *Minutes to Midnight* (Chicago, 1950)

A. Amrine, *Secret* (Boston, 1950)

B. Barber, *Science and Social Order* (Glencoe, 1952)

R. C. J. Butow, *Japan's Decision to Surrender* (Stanford, 1954)

P. M. S. Blackett, *Military and Political Consequences of Atomic Energy* (London, 1952)

Waiter Gellhorn, *Security, Loyalty and Science* (Ithaca, 1950)

J. R. Shepley and C. Blair, *The Hydrogen Bomb* (New York, 1954)

M. J. Ruggles and A. Kramish, *Soviet Atomic Policy* (Rand Corporation, Santa Monica, 1956. Duplicated)

1944년 7월에 닐스 보어가
루스벨트 대통령에게 보낸 제안서*

앞으로 수 년간 진행될 계획, 결국 이용 가능한 막대한 에너지원이 산업과 운송에 혁명을 가져올 것으로 예상되는 이 계획의 결과를 조망하는 것은 분명히 모든 사람의 상상을 뛰어넘는 일입니다. 하지만 당장 중요한 사실은 미래 전쟁의 모든 조건을 완전히 바꾸어놓을 전대미문의 위력을 가진 무기가 만들어지고 있다는 것입니다.

이 무기를 실전에 사용할 준비가 얼마나 빨리 될 것인가, 그리고 이 무기가 현재의 전쟁에 어떤 역할을 할 것인가 하는 문제와는 별도로 이 상황은 아주 긴급한 관심을 쏟아야 할 문제를 많이 제기합니다. 사실, 새로운 방사성 물질의 사용 통제에 관한 합의가 가까운 시일 안에 이루어지지 않는다면, 일시적으로 얻는 이점은

---

* 288쪽 참고.

그것이 아무리 크다 하더라도, 인류의 안전에 영구적으로 미치게 될 위협에 비하면 아무것도 아닐 것입니다.

원자력을 방대한 규모로 꺼내 쓸 가능성이 가시화된 이래 자연히 통제 문제를 놓고 많은 숙고가 일어났지만, 해당 과학 문제들에 대한 탐구가 진행될수록 어떤 종류의 통상적인 조치로도 이 목적을 달성하기에 충분치 않다는 사실이 더 분명해지고 있습니다. 그리고 그토록 엄청난 성격을 지닌 무기를 놓고 장차 국가들 사이의 경쟁이 초래할 끔찍한 전망은 진정한 신뢰를 가지고 보편적인 합의에 이르러야만 피할 수 있을 것입니다.

이와 관련해 이 방대한 계획이 아직까지는 예상한 것보다 훨씬 작은 규모로 드러났고, 작업의 진전이 방사성 물질의 제조를 촉진하고 그 노력을 강화할 수 있는 새로운 가능성들을 계속 드러냈다는 사실이 특히 중요합니다.

따라서 비밀리에 일어나는 경쟁을 예방하려면, 군사적 준비를 포함해 산업 부문의 노력에 관한 정보 교환과 공개적 태도에 대한 양해가 필요한데, 이것은 모든 당사자가 유례없이 위중한 위험 앞에서 공동의 안전을 보상적으로 보장받을 수 있다는 사실을 확신하지 못한다면 생각하기 어려울 것입니다.

효과적인 통제 수단을 확립하는 데에는 물론 복잡한 기술적, 행정적 문제들이 따를 테지만, 요점은 이 계획을 실현하려면 상호 신뢰의 긴급성 때문에 국제 관계 문제에 대해 새로운 접근 방법이 필요할 뿐만 아니라, 그런 접근 방법을 촉진해야 한다는 데 있습니다.

거의 모든 나라들이 자유와 인간성을 위해 사활을 건 투쟁에 휘말려 있는 현 시점은 일견 이 계획과 관련해 어떤 준비를 하기에 매우 부적절한 순간처럼 보일 수 있습니다. 공격적인 강대국들은 비록 세계를 지배하려는 원래 계획은 좌절되었고 결국에는 항복할 게 확실해 보이지만, 여전히 강한 군사력을 갖고 있을 뿐만 아니라, 이들 국가가 항복하는 일이 일어나더라도 이들의 공격에 대항해 연합한 국가들은 중대한 사회적, 경제적 문제들에 대한 상충되는 태도 때문에 의견 불일치를 낳는 중대한 이유들에 맞닥뜨릴 수도 있습니다.

하지만 좀더 자세히 살펴보면, 바로 이런 상황에서 신뢰를 고취하는 수단으로서 이 계획이 지닌 잠재력이 정말로 중요하다는 것을 알 수 있습니다. 게다가 현 상황은 유일무이한 가능성을 제공하는데, 이 가능성은 전쟁 상황의 진전과 신무기의 최종 완성을 기다리느라 연기되다가 사라질 수도 있습니다…….

이러한 만일의 사태들을 고려할 때, 현 상황은 지금까지 인간의 능력 밖에 있었던 자연의 강력한 힘을 지배하는 노력에서 행운에 힘입어 우위를 차지한 쪽이 일찍부터 주도하기에 가장 유리한 기회를 제공하는 것으로 보입니다.

운명적인 경쟁을 미연에 방지하는 것을 겨냥한 선제적 계획은 당면한 군사적 목적을 방해하지 않으면서, 그 조화로운 협력에 미래 세대들의 운명이 달려 있는 강대국들 사이에서 모든 불신의 원인을 뿌리 뽑는 데 도움이 되어야 합니다.

사실, 연합국들 사이에서 적절한 통제 계획에 기여하기 위해 여러 강대국들이 어디까지 양보할 수 있는가 하는 질문을 제기할 때에만 모든 당사국은 상대방의 의도가 진심임을 확신할 수 있을 것입니다.

물론 책임 있는 정치인들만이 실제로 일어날 정치적 가능성들에 대한 통찰력을 가질 수 있습니다. 하지만 연합국 내의 모든 당사자들이 만장일치로 표현한 미래의 조화로운 국제 협력에 대한 기대가 대중이 모르는 사이에 과학의 발전이 만들어낸 유일무이한 기회와 놀랍도록 일치한다는 사실은 아주 다행으로 보입니다.

사실, 어느 나라도 이 계획의 실행에 수반되는 유망한 산업 발전에 참여를 배제당하지 않고, 불길한 위협으로부터 공동의 안전을 확립하려는 목적을 가진 접근 방법이 환영을 받고, 그에 필요한 통제 조치를 광범위하게 시행하는 과정에서 충성스러운 협력을 받을 것이라는 신념을 정당화할 이유가 많아 보입니다.

바로 이런 점들 때문에 어쩌면 여러 해 동안 공동의 인간 노력에 그렇게 밝은 약속들을 구체화한 세계적 차원의 과학적 협력이 도움이 되는 지원을 제공할지 모릅니다. 서로 다른 나라 과학자들 사이의 개인적 관계는 심지어 예비적이고 비공식적 접촉을 수립하는 수단을 제공할 수도 있습니다.

이런 발언이나 제안이 모든 당사자에게 만족스러운 합의를 얻기 위해 정치인들이 취해야 할 조치의 어려움과 미묘함을 과소평가하는 것이 아니며, 현 상황에서 이 계획을 공동의 대의에 영속적인 이익을 가져다주는 방향으로 전환하는 노력을 촉진할 수 있는 일부 측면을 지적하는 것일 뿐이라는 점은 굳이 덧붙일 필요가 없을 것입니다.

'프랑크 보고서'
1945년 6월에 전쟁부 장관에게 보낸 보고서*

I. 전문

원자력을 물리학 분야에서 일어나는 나머지 모든 발전과 다르게 취급하는 유일한 이유는 원자력이 평화 시에는 정치적 압력수단으로, 그리고 전시에는 갑작스러운 파괴 수단으로 쓰일 가능성 때문이다. 연구와 과학적·산업적 발전, 핵공학 분야에서의 발표를 조직하려는 현재의 모든 계획들이 그런 계획들이 실행에 옮겨질 정치적, 군사적 환경이 어떤 것이냐에 크게 좌우된다. 따라서 전후의 핵공학 조직을 위한 제안을 할 때에는 정치 문제에 관한 논의를 빼놓을 수 없다. 이 계획에 참여한 과학자들은 국가 정책과 국제 정책 문제에 대해서는 권위자처럼 말하려 하지 않는다.

---

* 303쪽 참고.

하지만 우리는 일어난 사건들의 소용돌이에 휘말려 지난 5년 동안 이 나라의 안전뿐만 아니라 나머지 모든 나라들의 미래에 닥칠 중대한 위험, 나머지 사람들은 전혀 모르는 위험을 인식한 아주 작은 시민 집단의 위치에 서게 되었다. 따라서 우리는 원자력의 지배에서 발생하는 정치적 문제들의 중대성을 인식하고, 그것들을 연구하고 필요한 결정을 준비하기 위해 적절한 조치들을 취하도록 촉구하는 것이 우리의 의무라고 생각한다. 우리는 핵공학의 모든 측면을 다루기 위해 전쟁부 장관이 위원회를 만든 것은 정부가 이러한 함의들을 인식했음을 보여준다고 기대한다. 우리는 현 상황의 과학적 요소들에 대한 우리의 지식과 그것이 전 세계에 미치는 정치적 함의에 대한 지속적인 관심 때문에 위원회에 이 중대한 문제들의 가능한 해결책에 관해 몇 가지 제안을 제시해야 할 의무가 있다고 믿는다.

과학자들은 예전부터 국가들의 안녕을 증진시키는 대신에 국가들의 상호 파괴를 위한 신무기를 제공한다는 비난을 자주 받았다. 예컨대 비행의 발견이 지금까지 인류에게 즐거움과 이익보다 고통을 훨씬 더 많이 가져다주었다는 것은 의심의 여지가 없는 사실이다. 하지만 과거에는 과학자들은 자신들이 사심 없이 한 발견을 인류가 다른 목적에 사용한 용도에 대해서는 직접적 책임이 없다고 주장할 수 있었다. 우리는 이제 좀더 적극적인 태도를 취할 필요가 있다고 생각하는데, 원자력 개발에서 우리가 이룬 성공에는 과거의 모든 발명을 합친 것보다 무한히 더 큰 위험이 내재하기 때문이다. 현재의 핵공학 상태를 잘 아는 우리는 우리 나라의 모든 주요 도시들에 진주만 재앙보다 1000배나 더 큰 규모의 재앙이 갑자기 닥쳐 무지막지한 파괴가 일어나는 환영을 눈앞에서 보면서 살아간다.

과거에 과학은 새로운 공격 무기에 대항하는 새로운 보호 방법도 제공하는 경우가 많았지만, 원자력의 파괴적 사용에는 효율적인 보호를 약속할 수 없다. 이러한 보호는 세계적인 정치 조직만이 제공할 수 있다. 평화를 위해 효율적인 국제 조직의 필요성을 역설하는 모든 논거 중에서 가장 설득력이 있는 것은 바로 핵무기의 존재이다. 국제 분쟁에서 무력에 의지하는 모든 수단을 불가능하게 만들 수 있는 국제적 권력이 없는 상태에서도 국가들이 완전한 상호 파괴의 길로 나아가는 것을 피하게 할 수 있는 방법이 있는데, 바로 핵무장 경쟁을 금지하는 국제 협정을 통해서 그렇게 할 수 있다.

II. 군비 경쟁 전망

우리가 발견한 것을 무기한 비밀로 유지하거나, 압도적인 보복에 대한 두려움 때문에 어떤 나라도 우리를 감히 공격할 엄두를 내지 못할 만큼 빠른 속도로 핵무장을 진전시킴으로써 핵무기에 의한 파괴 위험을 피할 수 있다고─적어도 미국만큼은─제안할 수 있다.

첫 번째 제안에 대해서는, 비록 우리가 현재는 이 분야에서 나머지 세계보다 앞서 있다는 것은 의심의 여지가 없지만, 원자력에 관한 기본 사실들은 보편적인 지식이라는 반론을 제기할 수 있다. 영국 과학자들은 전시에 핵공학 분야에서 일어난 기본적인 진전에 대해 우리만큼 많이 알고 있고(공학적 발전에 사용된 구체적인 과정들까지는 세세하게 모른다 하더라도), 프랑스의 핵물리학자들이 전쟁 전에 이 분야의 발전에서 담당한 역할과 그들이 가끔 우리 계획과 접촉한 사실을 감안하면, 적어도 기본적인 과학 발견에서는 이들은 금방 우리를 따라잡을 수 있을 것이다. 이 분야의 전체 발전은 독일 과학자들의 발견에서 비롯되었는데, 이들은 전쟁 동안에는 미국에서 이루어진 것과 같은 수준으로 이 분야의 연구를 진전시키지는 않은 것으로 보인다. 하지만 유럽 전쟁이 끝나는 날까지 우리는 늘 그들이 이룰지 모를 성과 때문에 불안에 떨며 살았다. 독일 과학자들이 이 무기를 연구하고 있으며, 독일 정부는 이 무기가 완성되었을 때 분명히 사용을 주저하지 않을 것이라는 확신은 이 나라에서 미국 과학자들이 군사적 목적을 위한 대규모 핵무기 개발을 촉구하고 나선 주요 동기가 되었다. 소련 과학자들도 1940년에 원자력에 관한 기본 사실과 그 의미를 잘 알고 있었기 때문에, 설사 우리가 그것을 비밀로 감추려고 최선을 다한다 하더라도, 그들은 자신들의 핵 연구 경험을 바탕으로 몇 년 안에 우리가 밟았던 단계들을 충분히 따라올 수 있을 것으로 보인다. 설사 우리가 이 계획과 관련 계획들의 모든 결과를 비밀에 부침으로써 일정 기간 핵공학의 기본 지식에서 우위를 유지한다 하더라도, 이 방법이 우리를 몇 년 이상 보호해주리라고 기대하는 것은 어리석다.

원자력에 필요한 원재료를 독점함으로써 다른 나라들이 군사적 목적의 핵공학을 발전시키지 못하게 할 수 있지 않느냐고 주장할 수 있다. 하지만 현재까지 알려진 가장 큰 규모의 우라늄 광상들이 '서방' 진영에 속한 국가들(캐나다, 벨기에, 영국령 인도)의 통제하에 있긴 하지만, 체코슬로바키아에 있는 오래된 광상들은 이 범위에서 벗어나 있다. 소련은 자국 영토에서 라듐을 채굴한다고 알려져 있다. 그리고 지금까지 소련에서 발견된 광상들의 규모를 우리가 알지 못하긴 하지만, 지구 전체 육지 면적의 5분의 1(게다가 그 영향권 안에 있는 나라들까지 합치면 그 면적은 더 늘어난다)을 차지하는 나라에서 큰 규모의 우라늄 광상이 발견되지 않을 확률은 너무나도 작아서 안심할 근거로 삼기 어렵다. 따라서 경쟁국들에게 원자력에 관한 과학적 기본 사실들을 비밀로 하거나 그런 경쟁에 필요한 원재료를 독점하는 방법으로 핵무장 경쟁을 피할 수 있으리라고는 기대하기 어렵다.

이번에는 이 절 서두에서 언급한 두 가지 제안 중 두 번째를 검토하면서, 과학과 기술 지식의 광범위한 보급과 숙련 노동력의 규모와 효율, 관리자들의 더 많은 경험을 포함해 우리가 지닌 우월한 산업 잠재력—현재의 전쟁에서 이 나라가 연합국의 무기 공장으로 전환되면서 그 중요성을 생생하게 입증한 모든 요인들—덕분에 핵무장 경쟁에서 우리가 안전을 느낄 수 있지 않을까 하는 질문을 검토해보자. 이 모든 이점이 우리에게 줄 수 있는 혜택은 더 크고 성능이 더 좋은 원자폭탄을 더 많이 비축하는 것이다.

하지만 이러한 파괴적 무기 비축의 수적 우위가 기습 공격으로부터 안전을 보장하진 않는다. 잠재적 적은 "수적으로나 화력에서 열세"라는 상황이 두려운 나머지 정당한 이유 없는 기습 공격을 감행하고 싶은 유혹에 사로잡힐 수 있다 – 만약 상대방이 우리가 자신의 안전이나 영향권을 위협하는 공격적 의도를 갖고 있다고 의심한다면 더욱더. 핵전쟁처럼 공격자가 과도하게 유리한 위치에 서는 상황은 나머지 어떤 유형의 전쟁에서도 찾아볼 수 없다. 상대방은 '지옥 기계'를 사전에 우리의 모든 대도시에 설치해놓고 동시에 폭발시킴으로써 대도시 지역에 밀집된 우리 산업의 주요 부분을 파괴하고 전체 인구 중 상당수를 죽일 수 있다. 우리의 보복 가능성 – 설사 보복을 수백만 명의 인명 손실과 대도시들의 파괴에 대한 적절한 보상으로 간주한다 하더라도 – 은 크게 불리한데, 우리는 폭탄의 운반을 공중 수송에 의존해야 할 뿐만 아니라, 산업과 인구가 더 넓은 영토에 분산돼 있는 적을 상대해야 하기 때문이다.

사실, 핵무장 경쟁을 방치할 경우, 기습 공격의 마비 효과로부터 우리 나라를 보호할 수 있는 방법은 전쟁 노력에 필수적인 산업 시설과 대도시 인구를 분산하는 것밖에 없다. 핵폭탄이 희귀한 상태로 남아 있는 한(즉, 우라늄이 핵폭탄 제조에 쓰이는 유일한 기본 물질로 남아 있는 한), 산업 시설과 대도시 인구의 분산은 적이 우리를 핵무기로 공격하고 싶은 유혹을 크게 줄일 수 있을 것이다.

현재 상황에서는 TNT 2만 톤의 파괴력을 지닌 원자폭탄이 사용될 수 있다. 이런 폭탄 하나면 3평방마일(약 7.5km²) 면적의 도시 지역을 파괴할 수 있다. 방사성 물질을 더 많이 포함하고 무게가 1톤 미만인 원자폭탄을 10년 안에 만들 수 있을 것으로 예상되는데, 이런 폭탄은 10평방마일(약 25km²) 이상의 도시 지역을 파괴할 수 있다. 그렇다면 10톤 규모의 원자폭탄으로 우리 나라를 기습할 능력이 있는 나라는 500평방마일(약 1025km²) 이상의 지역에 있는 모든 산업 시설을 파괴하고 대부분의 주민을 죽이는 결과를 기대할 수 있다. 만약 미국 땅에서 선택한 면적 약 500평방마일의 표적 중에서 산업과 인구 비중이 충분히 높지 않아 그것을 파괴하더라도 미국의 전쟁 잠재력과 방어 능력에 심각한 타격을 줄 만한 것이 없다면, 그 공격은 소기의 목적을 달성하지 못할 것이므로 감행하기 어려울 수 있다. 현재 미국에서 그 모든 곳을 동시에 파괴하면 나라 전체에 휘청거리는 타격을 입힐 수 있는 면적 500평방마일의 지역 100군데는 쉽게 선택할 수 있다. 미국의 면적은 약 300만 평방마일(실제로는 약 378만 평방마일임—옮긴이)이므로, 핵공격 표적이 될 만큼 충분히 중요한 500평방마일 지역을 하나도 남기지 않도록 산업 자원과 인적 자원을 분산시킬 수 있어야 한다.

우리 나라의 사회적, 경제적 구조를 그토록 급진적으로 변화시키려면 엄청난 어려움이 따른다는 사실을 우리는 너무나도 잘 안다. 하지만 만약 성공적인 국제 합의에 이르지 못한다면, 국가를 보호하기 위해 어떤 종류의 대안이 있는지 보여주기 위해 이 딜레마를 이야기하지 않을 수 없다. 이 분야에서 우리는 현재 인구와 산업 시설이 더 분산돼 있거나 그 정부가 인구 이동과 산업 시설의 위치를 결정하는 데 무제한의 힘을 가진 국가들에 비해 다소 불리한 위치에 있다는 점을 지적할 필요가 있다.

만약 효과적인 국제 협정이 체결되지 않는다면, 우리가 핵무기의 존재를 처음 보여준 다음 날 아침부터 핵무장 경쟁은 치열하게 시작될 것이다. 그 후 이 나라들이 우리의 유리한 출발 조건을 극복하는 데에는 3~4년이 걸릴 것이다. 만약 우리가 이 분야에서 집중적인 연구를 계속한다면, 우리를 따라잡는 데 8~10년이 걸릴 수도 있다. 인구와 산업을 재배치할 수 있는 데 우리가 쓸 수 있는 시간은 이게 최대치일지 모른다. 당연히 전문가들에게 이 문제에 대한 연구를 지체없이 시작하도록 해야 할 것이다.

III. 합의에 대한 전망

핵전쟁의 결과와 핵 폭격으로 인한 전면적 파괴로부터 나라를 보호하기 위한 조치는 미국과 마찬가지로 다른 나라들에게도 몹시 끔찍할 것이다. 주민과 산업이 좁은 땅에 밀집해 있는 영국과 프랑스, 그리고 유럽 대륙의 더 작은 나라들은 그런 위협 앞에서 특별히 절박한 상황에 놓일 것이다. 소련과 중국은 현재 핵 공격에서 유일하게 살아남을 수 있는 큰 나라들이다. 하지만 비록 이 나라들이 서유럽과 미국보다 인명을 덜 소중하게 여길 가능성이 있고, 특히 소련은 핵심 산업 시설을 분산시킬 수 있는 넓은 땅과 그런 조치가 필요하다고 판단할 경우 즉각 분산 조치를 명령할 수 있는 정부가 있긴 하지만, 소련 역시 현재의 전쟁에서 거의 기적적으로 보존된 모스크바와 레닌그라드, 그리고 우랄 지방과 시베리아의 신흥 산업 도시들이 순식간에 분해될 가능성에 몸서리를 칠 것이 분명하다. 따라서 핵전쟁 방지를 위한 효과적인 합의에 이르는 길을 가로막는 유일한 요소는 합의에 대한 갈망 부족이 아니라 상호 신뢰 부족이다. 따라서 그런 합의의 성사는 본질적으로 합의에 임하는 모든 당사자가 지닌 의도의 진정성과 필요하다면 자국의 주권 중 일부를 기꺼이 희생하려는 의지에 달려 있다.

핵무기를 세계에 선보이는 한 가지 방법―핵무기를 무엇보다도 현재의 전쟁에 이기는 데 도움을 주기 위해 개발된 비밀 무기로 간주하는 사람들의 마음을 특히 끌 수 있는―은 적절히 선택한 일본의 표적 지역에 사전 경고 없이 사용하는 것이다.

핵무기를 갑작스럽게 도입함으로써 중요한 전술적 결과를 얻을 수 있다는 건 분명하지만, 그럼에도 불구하고 우리는 대일본 전쟁에서 원자폭탄을 최초로 사용하는 문제는 군사 당국자들뿐만 아니라 이 나라의 최고 정치 지도자들까지 아주 신중하게 따져보아야 한다고 생각한다.

소련과 심지어 우리의 방법과 의도를 덜 불신하는 연합국들, 그리고 중립국들은 이 조치로 큰 충격을 받을 수 있다. 로켓 폭탄만큼 무차별적이면서 위력은 1000배나 더 강한 신무기를 비밀리에 준비하고 갑자기 사용할 수 있는 나라가 국제 협정을 통해 그런 무기를 폐기하길 원한다는 선언을 전 세계 사람들에게 믿으라고 설득하는 것은 매우 어려울 수 있다. 우리는 독가스를 대량 비축하고 있지만 사용하진 않으며, 최근에 미국인을 대상으로 실시한 여론 조사에 따르면, 설사 극동 전쟁에서 승리를 앞당긴다 하더라도 다수는 그 사용에 찬성하지 않는 것으로 나타났다. 가스전이 폭탄과 총탄을 사용하는 전쟁보다 더 '비인도적'인 것은 결코 아닌데도 불구하고, 대중 심리의 일부 비합리적 요소 때문에 사람들이 독가스를 폭발물보다 더 혐오스럽게 여기는 것은 사실이다. 그럼에도 불구하고, 일반 시민에게 원자폭탄의 효과를 제대로 이해시킬 수 있다고 할 때, 시민의 생명을 그렇게 무차별적으로 대량 살상하는 방법을 우리 나라가 맨 처음 도입하는 것에 미국의 여론이 찬성할지는 전혀 확실치 않다.

따라서 '낙관론적' 관점—핵전쟁 방지를 위한 국제 협정을 기대하는—에서 볼 때, 일본을 대상으로 갑작스럽게 원자폭탄을 사용함으로써 얻는 군사적 이득과 미국인의 인명 보호에서 얻는 이익보다는, 그 결과로 초래될 신뢰 상실과 나머지 세계를 휩쓸 공포와 혐오감, 그리고 심지어 국내의 여론 분열로 입을 손해가 더 클지 모른다.

이런 관점에서 볼 때, 모든 국제연합 회원국 대표들이 보는 앞에서 사막이나 무인도에서 신무기의 시범을 보여주는 것이 최선일지 모른다. 만약 미국이 전 세계를 상대로 "이제 우리가 어떤 종류의 무기를 가지고 있으면서 사용하지 않는지 알겠지요? 만약 다른 나라들도 이 무기를 포기하는 것에 동참하여 효과적인 통제 장치를 수립하는 것에 합의한다면, 우리는 장래에 이 무기의 사용을 포기할 준비가 되어 있습니다."라고 말할 수 있다면, 국제 합의를 달성하기에 가장 좋은 분위기를 조성할 수 있다.

그런 시범을 보이고 난 후 만약 국제연합(그리고 국내 여론)의 승인을 얻는다면, 아마도 일본에 항복하라는 최후통첩을 보내거나 적어도 완전한 파괴에 대한 대안으로 특정 지역의 주민을 대피하라고 한 뒤에 그 무기를 일본을 상대로 사용할 수도 있다. 이것은 환상적인 이야기로 들릴 수도 있지만, 핵무기는 파괴력의 규모가 기존의 무기와는 완전히 다르며, 이 무기의 보유가 우리에게 주는 이점을 최대한 활용하고자 한다면, 새롭고 상상력이 뛰어난 방법을 사용해야 한다.

만약 비관론적 관점에서 현재로서는 국제 합의를 통해 핵무기를 효과적으로 통제할 가능성이 거의 없다고 본다면, 일본을 상대로 핵폭탄을 일찍 사용하자는 주장의 타당성이 더욱 의심스러워진다─어떤 인도적 고려하고도 전혀 상관없이. 만약 첫 번째 시범 직후에 국제 합의에 대한 결론이 나지 않는다면, 이것은 모든 나라가 무한 군비 경쟁을 향해 치닫는 결과를 낳을 것이다. 만약 이러한 경쟁이 불가피하다면, 우리가 지닌 우위를 더 연장하기 위해 그 시작을 최대한 늦추어야 할 이유가 충분히 있다.

핵폭탄의 조기 시범을 포기해 다른 나라들을 '효과적인 방법이 무엇인지' 확실한 지식도 없는 상태에서 막연한 추측을 바탕으로 마지못해 경쟁에 뛰어들게 함으로써 얻을 수 있는 국가의 이익과 장래에 구할 수 있는 미국인의 생명은, 최초의 폭탄이자 상대적으로 비효율적인 폭탄을 일본을 상대로 한 전쟁에 즉각 사용함으로써 얻는 이익보다 훨씬 클지 모른다. 반면에 조기 시범을 보여주지 않으면, 이 나라에서 추가로 핵공학의 집중 개발을 시도할 때 적절한 지지를 얻기가 어려울지 모르며, 따라서 공개 군비 경쟁을 지연함으로써 얻는 시간을 제대로 활용할 수 없을 것이라고 주장할 수 있다. 게다가 다른 나라들도 우리가 현재 이룬 성과를 지금 알고 있거나 혹은 가까운 장래에 알게 될 것이고, 그렇게 되면 결과적으로 시범의 연기는 군비 경쟁을 피한다는 측면에서는 전혀 도움이 되지 않을 것이며, 단지 추가적 불신만 낳게 되어 핵무기의 국제적 통제에 관한 궁극적인 합의 가능성을 높이기는커녕 오히려 악화시킬 것이라고 주장할 수 있다.

따라서 가까운 장래에 합의가 성사될 전망이 낮아 보인다면, 우리가 핵무기를 보유했다는 사실을 조기에 세상에 알리는 방안—일본을 상대로 실제로 사용하는 것뿐만 아니라, 사전에 준비한 시범을 통해서—에 대한 찬성과 반대를 정치와 군사 분야의 최고 지도자들이 신중하게 판단해야 하며, 군사상의 전술적 고려에만 맡겨서는 안 된다.

과학자들 자신이 이 '비밀 무기'의 개발을 시작하고서는 정작 그 무기를 최대한 빨리 적에게 사용하는 것을 망설이는 모습을 보고 이상하다고 지적할 수도 있다. 이 질문에 대한 답은 이미 위에서 이야기했다―이 무기를 그렇게 서둘러 만들려고 했던 이유는 독일이 그런 무기를 개발하는 데 필요한 기술을 보유하고 있고, 독일 정부는 그것의 사용에 도덕적 제약을 전혀 느끼지 않을 것이라는 두려움 때문이었다.

준비가 되는 대로 원자폭탄을 최대한 빨리 사용하자는 안에 찬성하는 또 한 가지 주장은 이 계획들에 납세자들의 돈이 아주 많이 투입되었기 때문에 의회와 미국의 일반 국민은 자신들의 돈에 대한 대가를 요구할 것이라는 논리를 펼친다. 일본에 독가스를 사용하는 문제에 관해 앞에서 언급한 미국의 일반 여론은 때로는 어떤 무기를 오직 극단적인 비상 상황에서만 사용하도록 준비해두는 것이 바람직하다는 사실을 미국 국민이 이해하리라고 기대할 수 있음을 보여준다. 그리고 핵무기의 잠재력이 미국 국민에게 알려지자마자 그들은 그 무기를 사용하지 못하게 할 모든 노력을 지지할 것이라고 확신할 수 있다.

일단 이 목적이 달성되면, 거대한 시설들과 잠재적 군사적 사용을 위해 현재 비축된 폭발성 물질은 전력 생산과 대규모 공학 프로젝트, 방사성 물질의 대량 생산을 포함해 평화 시의 중요한 발전을 위해 사용할 수 있을 것이다. 이런 식으로 전시에 핵공학 개발에 투입된 돈은 평화 시에 국가 경제 발전을 위해 큰 혜택이 될 수도 있다.

IV. 국제적 통제 방법

이제 어떻게 하면 핵무장의 효과적인 국제적 통제를 달성할 수 있는가 하는 문제를 살펴보기로 하자. 이것은 어려운 문제이지만, 우리는 해결 가능하다고 생각한다. 그러려면 정치인들과 국제 변호사들의 연구가 필요한데, 우리는 그런 연구를 위한 예비적인 제안만 몇 가지 할 수 있을 뿐이다.

모든 당사자들이 상호 신뢰를 보이고, 국가 경제의 특정 부분에 대한 국제적 통제를 인정함으로써 주권 중 일부를 기꺼이 포기하려고 한다면, 통제는 두 가지 수준에서 실행에 옮길 수 있다(양자택일 방식으로 혹은 동시에).

아마도 가장 간단한 첫 번째 방법은 원재료−주로 우라늄 광석−의 배분을 할당하는 것이다. 핵폭탄 제조 과정은 대규모 동위원소 분리 공장이나 거대한 생산용 원자로에서 대량의 우라늄을 처리하는 것에서부터 시작한다. 각각 다른 장소의 땅속에서 채굴하는 광석의 양은 국제 통제위원회의 상주 요원들이 통제할 수 있고, 각 나라에는 분열성 동위원소를 대량 분리하는 것이 불가능할 정도의 양만 배정하면 된다.

이러한 제한은 평화적 이용을 위한 원자력 개발도 불가능하게 만드는 단점이 있다. 하지만 이 물질들의 산업적, 과학적, 기술적 사용에 혁명을 가져오기에 충분한 양만큼 방사성 원소들을 생산하는 것조차 가로막아 핵공학이 인류에게 가져다줄 큰 혜택들을 없애서는 안 될 것이다.

더 큰 상호 신뢰와 이해가 필요한 더 높은 수준의 합의는 무제한의 생산을 허용하지만, 채굴되는 우라늄의 운명을 킬로그램 단위로 정확하게 추적하고 기록해나가는 방식이다. 이런 식으로 우라늄과 토륨 광석이 순수한 분열성 물질로 전환되는 것을 일일이 감시한다고 해도, 한 나라나 여러 나라의 손에 그런 물질이 대량 축적되는 것을 어떻게 막느냐 하는 문제가 생긴다. 만약 어떤 나라가 국제적 통제에서 벗어난다면, 이렇게 축적된 분열성 물질을 금방 원자폭탄으로 전환할 수 있다. 순수한 분열성 동위원소들을 의무적으로 변성시키자는 데 합의하는 방안이 제안되었다—생산 뒤에 적절한 동위원소들로 희석시켜 군사적 목적으로는 사용할 수 없게 하는 반면에 에너지원으로서의 유용성은 그대로 남기는 방식으로.

한 가지는 확실하다. 핵무장 방지를 위한 국제 협정은 실제적이고 효과적인 통제가 뒤따라야 한다는 것이다. 문서상의 합의는 충분한 것이 될 수 없는데, 어느 나라도 자국의 존망 자체를 다른 나라들의 서명을 신뢰하는 것에만 맡길 수는 없기 때문이다. 국제 통제 기관을 방해하려는 모든 시도는 협정의 폐기 통보와 동등한 것으로 간주해야 할 것이다.

우리가 과학자 입장에서 구상 중인 어떤 통제 시스템도 세계의 안전에 지장이 없는 한 평화적 목적의 핵공학 개발에는 최대한의 자유를 허용해야 한다고 믿는다는 사실은 굳이 누차 강조할 필요가 없을 것이다.

요약

원자력 개발은 단지 미국의 기술적, 군사적 힘을 크게 증가시킬 뿐만 아니라, 이 나라의 미래에 중대한 정치적, 경제적 문제들도 만들어낸다.

핵폭탄이 우리 나라가 배타적으로 사용하는 '비밀 무기'로 남아 있을 수 있는 시간은 몇 년에 불과할 것이다. 그 제조의 기반이 되는 과학적 사실들은 다른 나라 과학자들에게도 잘 알려져 있다. 핵 폭발물의 효과적인 국제적 통제가 도입되지 않으면, 우리가 핵무기를 보유했다는 사실을 세상에 맨 처음 알리자마자 핵무장 경쟁이 일어날 것이 확실하다. 10년 안에 다른 나라들도 핵폭탄을 가질지 모르며, 무게가 채 1톤도 되지 않는 핵폭탄 하나로 10평방마일(약 25km²) 이상의 도시 지역을 파괴할 수 있을 것이다. 그러한 핵무장 경쟁이 초래할 전쟁에서 비교적 적은 수의 대도시 지역에 인구와 산업이 밀집돼 있는 미국은 인구와 산업 시설이 더 넓은 땅에 분산된 나라들에 비해 불리한 위치에 놓일 것이다.

우리는 이러한 제반 사항을 고려할 때 일본에 예고 없는 조기 핵폭탄 공격을 감행하는 것은 바람직하지 않다고 믿는다. 만약 미국이 이 새로운 무차별적 파괴 수단을 인류를 대상으로 맨 처음 사용하는 나라가 된다면, 전 세계에서 대중의 지지를 잃는 대가를 치를 것이고, 핵무장 경쟁을 가속화시키고, 그러한 무기의 장래 통제에 관한 국제 협정의 체결 가능성에 악영향을 끼칠 것이다.

만약 사람이 살지 않는 지역을 적절히 선택해 시범을 보이는 방법으로 핵폭탄을 먼저 세상에 공개한다면, 그런 협정의 최종적 체결에 훨씬 유리한 조건을 만들 수 있다.

현재 핵무기의 효과적인 국제적 통제를 수립할 가능성이 희박하다고 간주된다면, 이 무기를 일본을 상대로 사용하는 것뿐만 아니라 조기 시범조차도 우리 나라의 이익에 반할 수 있다. 이 경우에는 그러한 시범을 연기하는 것이 핵무장 경쟁의 시작을 최대한 오래 지연시키는 이득이 있을 것이다.

만약 정부가 핵무기의 조기 시범을 선호하는 결정을 내린다면, 이 무기를 일본에 사용해야 할지 결정하기 전에 우리 나라와 다른 나라들의 여론을 고려할 수 있다. 그러면 다른 나라들도 그러한 운명적인 결정에 일정 부분 책임을 지게 될 것이다.

작성하고 서명한 사람들

J. 프랑크

D. 휴즈

L. 실라르드

T. 호그니스

E. 라비노비치

G. 시보그

C.J. 닉슨

옮긴이 이충호

서울대학교 사범대학 화학과를 졸업하고, 교양 과학과 인문학 분야 번역가로 활동하고 있다. 2001년 「신은 왜 우리 곁을 떠나지 않는가」로 제20회 한국과학기술도서 번역상을 수상했다. 옮긴 책으로 「진화심리학」 「사라진 스푼」 「루시퍼 이펙트」 「우주를 느끼는 시간」 「바이올리니스트의 엄지」 「뇌과학자들」 「잠의 사생활」 「우주의 비밀」 「유전자는 네가 한 일을 알고 있다」 「도도의 노래」 「루시, 최초의 인류」 「스티븐 호킹」 「돈의 물리학」 「경영의 모험」 등 다수가 있다.

천 개의 태양보다 밝은 특별판
우리가 몰랐던 원자과학자들의 개인적 역사

초판 1쇄 인쇄 2023년 8월 28일
초판 1쇄 발행 2023년 9월 6일

경영총괄이사 김은영
콘텐츠사업본부장 임보윤
책임편집 강대건 **책임마케터** 권오권
콘텐츠사업8팀 김상영, 강대건, 김민경
편집관리팀 조세현, 백설희 **저작권팀** 한승빈, 이슬, 윤제희
마케팅본부장 권장규 **마케팅3팀** 권오권, 배한진
미디어홍보본부장 정명찬
영상디자인파트 송현석, 박장미, 김은지, 이소영
브랜드관리팀 안지혜, 오수미, 문윤정, 이예주
지식교양팀 이수인, 염아라, 김혜원, 석찬미, 백지은
크리에이티브팀 임유나, 박지수, 변승주, 김화정, 장세진
뉴미디어팀 김민정, 이지은, 홍수경, 서가을
재무관리팀 하미선, 윤이경, 김재경, 이보람, 임혜정
인사총무팀 강미숙, 김혜진, 지석배, 박예찬, 황종원
제작관리팀 이소현, 최완규, 이지우, 김소영, 김진경, 양지환
물류관리팀 김형기, 김선진, 한유현, 전태환, 전태연, 양문현, 최창우
외부스태프 본문 표지 책과이음

펴낸곳 다산북스 **출판등록** 2005년 12월 23일 제313-2005-00277호
주소 경기도 파주시 회동길 490 다산북스 파주사옥 3층
전화 02-702-1724 **팩스** 02-703-2219 **이메일** dasanbooks@dasanbooks.com
홈페이지 www.dasanbooks.com **블로그** blog.naver.com/dasan_books
종이 아이피피 **인쇄** 상지사피앤비 **코팅후가공** 평창피엔지 **제본** 상지사피앤비

ISBN 979-11-306-4594-0 (03400)

다산북스(DASANBOOKS)는 독자 여러분의 책에 관한 아이디어와 원고 투고를 기쁜 마음으로 기다리고 있습니다. 책 출간을 원하는 아이디어가 있으신 분은 다산북스 홈페이지 '투고원고'란으로 간단한 개요와 취지, 연락처 등을 보내주세요. 머뭇거리지 말고 문을 두드리세요.